普通高等院校精品课程规划教材

土木工程材料（第2版）

陈宝璠　编著

中国建材工业出版社

图书在版编目（CIP）数据

土木工程材料/陈宝璠编著．—2版．—北京：中国建材工业出版社，2012.7（2015.8重印）
普通高等院校精品课程规划教材
ISBN 978-7-5160-0116-5

Ⅰ.①土… Ⅱ.①陈… Ⅲ.①土木工程—建筑材料—高等学校—教材 Ⅳ.①TU5

中国版本图书馆CIP数据核字（2012）第023609号

内 容 简 介

本书编写是根据土木工程专业拓宽专业口径，按土木工程专业的《土木工程材料》教学大纲和省级精品课程建设要求编写的。以“一个中心，两条线索”为主线，即以材料的性能为中心，以组成、结构为一条线索，以外界影响因素为另一条线索，来组织和编写土木工程材料的基本理论及应用技术。本书主要内容包括土木工程材料的基本性质、土的工程性质和工程分类、砂石材料、无机胶凝材料、普通混凝土和砂浆、钢材、砌筑材料、沥青材料、沥青混合料、合成高分子材料和功能材料等。

本书编写思路清晰、逻辑缜密、内容详尽，简明易懂，力求循序渐进地帮助读者分析并解决阅读中遇到的问题。该书不但可作为土木工程技术、建筑工程技术、建筑施工技术、建筑设计技术、市政工程技术、工程监理、工程造价、工程管理等相关专业的教学用书和参考用书；也可作为广大土木工程设计、施工、科研，工程管理、监理等单位的实用技术参考书。

土木工程材料（第2版）
陈宝璠　编著

出版发行：中国建材工业出版社
地　　址：北京市海淀区三里河路1号
邮　　编：100044
经　　销：全国各地新华书店
印　　刷：北京鑫正大印刷有限公司
开　　本：787mm×1092mm　1/16
印　　张：22.75
字　　数：562千字
版　　次：2012年7月第2版
印　　次：2015年8月第2次
定　　价：**48.00**元

本社网址：www.jccbs.com.cn
本书如出现印装质量问题，由我社发行部负责调换。联系电话：（010）88386906

前 言

本书编写是根据土木工程专业拓宽专业口径，按土木工程专业的《土木工程材料》教学大纲和省级精品课程建设要求编写的。以“一个中心，两条线索”为主线，即以材料的性能为中心，以组成、结构为一条线索，以外界影响因素为另一条线索，来组织和编写土木工程材料的基本理论及应用技术。本书主要内容包括土木工程材料的基本性质、土的工程性质和工程分类、砂石材料、无机胶凝材料、普通混凝土和砂浆、钢材、砌筑材料、沥青材料、沥青混合料、合成高分子材料和功能材料等。读者通过对该书的认真学习，将能认识土木工程材料的品种、规格，熟悉土木工程材料的技术性能及质量标准，掌握土木工程材料的抽样、检测的方法和技巧。关键是学会如何根据工程要求合理选择、应用土木工程材料。

《土木工程材料》具有如下鲜明特点：

一、时效性强——在编写时力求紧密结合我国最新颁布的各类土木工程材料质量验收规范和行业标准，及时剔除了在工程中已经淘汰的名词、术语、符号、物理量和国际计量单位，而代之以国际通用、国际认可的词语，希望能有助于我们的施工单位与国际接轨，有助于读者对新规范、新标准的理解和运用，具有鲜明的时效性。

二、推陈出新——在总结我国土木工程经验的基础上，系统地介绍了各工种传统的工程材料，同时着重介绍了近十年来采用的新技术、新材料、新设备、新工艺。

三、查阅方便——为方便读者使用，采用了全新的编排方式和体系；该书以实用为主，力求代表性强、技术成熟、资料准确、查阅方便，集资料性与实用性于一体。

该书可作为土木工程技术、建筑工程技术、建筑施工技术、建筑设计技术、市政工程技术、工程监理、工程造价、工程管理等相关专业的教学用书和参考用书；也可作为广大土木工程设计、施工、科研，工程管理、监理等单位的实用技术参考书。

本书由黎明职业大学陈宝璠撰写。在撰写过程中，承蒙黎明职业大学教授、博士林松柏校长的大力支持和指导，深表感谢！也承蒙蔡振元、蔡小娟、陈璇祺、卓玲、朱海平、庄碧蓉、李云龙、戴汉良、陈乙江、欧阳娜、柯爱茹、郭华良、李志彬、李晓耕、蔡益兴、房琼莲、陈远宏、吴良友、陈玉庆、陈金聪、洪申我、杨白菡和陈卫华等同志的大力帮助，在此深表谢忱！

由于新材料、新品种、新技术的不断涌现，各行各业的技术标准不统一，加之笔者水平有限，不妥与疏漏之处在所难免，敬请读者批评指正。

陈宝璠

2012 年 2 月

目　录

第1章　绪　论

教学目的：理解土木工程材料在专业学习中的重要性。学习时，注意这门课的特点和学习方法，一般从土木工程材料的基本组成、技术性能、应用等几个方面来进行掌握，重点放在材料的技术性能和应用上。

教学要求：掌握土木工程材料的定义、分类和标准化；了解土木工程材料在土木工程中的地位和作用，以及土木工程材料的发展历史和发展方向。

1.1　土木工程材料的概念

1.1.1　土木工程的定义

土木工程是一个相对的概念，随着社会经济的发展和城市化的推进，城市的功能日益增加，土木工程也在不断拓展其内涵和外延。这些土木工程都是由国家投资（包括地方投资）兴建，是城市的基础设施，是供城市生产和人民生活的公用工程，通常称为市政公用设施，简称土木工程。土木工程也可称为支柱工程、骨干工程、血管工程，它属于社会主义国家的基本建设。

土木工程设施则是城市的重要基础设施，是城市必不可少的物质技术基础，是城市经济发展和实行对外开放的基本条件。国家的工业化都是以大力发展基础设施为前提，伴随着市政、交通、能源等基础设施发展起来的。建设现代化的城市必须有相适应的基础设施，使之与生存和发展各项建设事业相适应，以创造良好的生活环境，提高城市经济效益和社会效益。它既输送经济建设中的养料，如城市供水设施向企业提供生产用水、向居民提供生活用水，又排除废料，如城市排水设施排放、处理工业废水和生活污水。城市防洪设施既保证生产安全，又保障人民生活安全；城市道路、桥梁保证生产用车和生活用车的通行，沟通城乡物资交流，对于促进农业生产以及科学技术的发展，改善城市面貌，使国家经济建设和人民物质文明生活提高，有极为重要的作用。

1.1.2　土木工程研究范围

随着土木工程内涵和外延的不断发展，土木工程的研究范围也在不断扩展。目前，凡是与城市基础设施工程有关的内容都是土木工程所研究的范围，它主要包括城市的道路、桥涵、隧道、给排水、供电、物资供应、防洪堤坝、燃气、邮政电信、防灾工程、集中供热及绿化等工程。其研究对象主要是城市基础设施工程的规划、设计、施工和维修等。

1.1.3 土木工程研究的内容

土木工程一般属于国家的基础建设，是指城市建设中的道路、桥梁、给水、排水、燃气、城市防洪、环境卫生及照明等基础设施建设，是城市生存和发展必不可少的物质基础，是提高人民生活水平和对外开放的基本条件。

土木工程也称为市政公用设施或城市公共设施，内容十分广泛，有广义和狭义之分。广义的土木工程基础设施，主要包括给水工程、排水工程、交通桥梁工程、电力工程、燃气工程、集中供热工程、消防工程、防洪工程、环境保护工程、城市绿化工程、城市防空工程、环境卫生工程等。狭义的土木工程基础设施，主要是指城市建成区及规划区范围内的道路、桥梁、排水、给水、电力、供热、环卫设施等工程，这些是城市基础设施最主要、最基本的内容。

城市市政基础设施是建设城市物质文明和精神文明的重要保证。城市市政基础设施是保证正常运转和城市发展的基础，是持续地保障城市可持续发展的关键设施。它主要由交通、排水、给水、供电、供热、环卫、通信、防灾等各项工程系统构成。

城市公用设施和城市基础设施、城市的发展规划、城市的环境保护、城市的卫生管理等方面都属于市政，都需要政府把这些事务综合起来，设立相应不同的市政部门，运用各种法律规章和行政手段对其进行管理和规范，保证社会公共事务的正常运行，促使市政及市政管理朝着良性运行的方向发展。

1.1.4 土木工程材料的概念

土木工程材料就是构成土木工程的所有材料的统称。它包括道路、桥梁、排水、给水、电力、供热、环卫设施等工程所用到的各种材料。土木工程材料种类繁多，性能差别悬殊，使用量很大，正确选择和使用土木工程材料，不仅与土木工程的坚固、耐久和适用性有密切关系，而且直接影响到土木工程造价（因为材料费用一般要占土木工程总造价的50% ~60%）。因此，在选材时应充分考虑材料的技术性能和经济性，在使用中加强对材料的科学管理，无疑会对提高土木工程质量和降低工程造价起重要作用。

1.2 土木工程材料的分类

工程材料按一定的原则有各种不同的分类方法。根据材料来源，可分为天然材料和人工材料；根据材料在工程结构物中的使用部位，可分为饰面材料、承重材料、屋面材料、墙体材料和地面材料等；根据材料在工程中的功能又可分为承重结构材料和非承重结构材料、功能（防水、装饰、防火、声、光、电、热、磁等）材料等。

目前，工程材料最基本的分类方法是根据组成物质的种类和化学成分分类，可分为无机材料、有机材料和复合材料，各大类中又可细分，见表1-1。

表 1-1　工程材料分类

工程材料分类	无机材料	金属材料	黑色金属:钢、铁
			有色金属:铝、铜等及其合金
		非金属材料	天然石材:砂石及各种石材制品
			烧土及熔融制品:黏土砖、瓦、陶瓷及玻璃等
			胶凝材料:石膏、石灰、水泥、水玻璃等
			混凝土及硅酸盐制品:普通混凝土、砂浆及各种硅酸盐制品
	有机材料	植物质材料	木材、竹材等
		沥青材料	石油沥青、煤沥青、沥青制品
		高分子材料	塑料、涂料、胶粘剂
	复合材料	无机材料基复合材料	水泥刨花板、混凝土、砂浆、纤维混凝土
		有机材料基复合材料	沥青混凝土、玻璃纤维增强塑料(玻璃钢)

1.3　工程材料的标准化

各类工程使用的各种材料及其制品,应具有满足使用功能和所处环境要求的某些性能,而材料及其制品的性能或质量指标必须用科学方法所测得的确切数据来表示。为使测得的数据能在有关研究、设计、生产、应用等各部门得到承认,有关测试方法和条件、产品质量评价标准等均由专门机构制定并颁发"技术标准"。并对包括产品规格、分类、技术要求、验收规则、代号与标志、运输与储存及抽样等做出详尽明确的规定作为共同遵循的依据。工程材料的技术标准是产品质量的技术依据。

技术标准,按照其适用范围,可分为国家标准、行业标准、地方标准和企业标准等。

国家标准,是指对全国经济、技术发展有重大意义,必须在全国范围内统一的标准,简称"国标"。国家标准由国务院有关主管部门(或专业标准化技术委员会)提出草案、报国家标准总局审批和发布。

行业标准,也是专业产品的技术标准,主要是指全国性各专业范围内统一的标准,简称"行标"。这种标准由国务院所属各部和总局组织制定、审批和发布,并报送国家标准总局备案。

地方标准,在本区域(省、自治区、直辖市)范围内执行的标准称为地方标准,用其汉语拼音首写字母"DB"表示。

企业标准,凡没有制定国家标准、行业标准的产品或工程,都要制定企业标准。这种标准是指仅限于企业范围内适用的技术标准,简称"企标"。为了不断提高产品或工程质量,企业可以制定比国家标准或行业标准更先进的产品质量标准。国家标准及部分行业标准见表 1-2。

表 1-2　国家及行业标准代号

标准名称	代　号	标准名称	代　号
国家标准	GB	交通行业	JT
建材行业	JC	黑色冶金行业	YB
建工行业	JG	石化行业	SH
铁道部	TB	林业行业	LY
中国工程建设标准化协会	CECS	中国土木工程协会	CCES

随着国家经济技术的迅速发展和对外技术交流的增加，我国还引入了不少国际和外国技术标准，现将常见的标准列于表 1-3 中，以供参考。

表 1-3　国际组织及几个主要国家标准

标准名称	代　号	标准名称	代　号
国际标准	ISO	德国工业标准	DIN
国际材料与结构试验研究协会	RILEM	韩国国家标准	KS
美国材料试验协会标准	ASTM	日本工业标准	JIS
英国标准	BS	加拿大标准协会	CSA
法国标准	NF	瑞典标准	SS

1.4　工程材料的发展趋势

1.4.1　工程材料的发展阶段

工程材料的生产和使用是随着人类社会生产力的发展和科学技术水平的提高而逐步发展起来的。根据建筑物或构筑物所用的结构材料，大致分为三个阶段：

1. 天然材料

远古时代人类只能依赖大自然的恩赐，“巢处穴居”。随着社会生产力的发展，人类进入石器、铁器时代，利用简单的生产工具能够挖土、凿石为洞，伐木搭竹为棚，从巢处穴居进入了稍经加工的土、石、木、竹构成的棚屋，为简单地利用材料迈出了可喜的一步。

2. 烧土制品

以后人类学会用黏土烧制砖、瓦，用岩石烧制石灰、石膏。与此同时，木材的加工技术和金属的冶炼与应用，也有了相应的发展。此时材料的利用才由天然材料进入到人工生产阶段，居住条件有了新的改善，砖石、砖木混合结构成了这一时期的主要特征。以后人类社会进入漫长的封建社会阶段，生产力发展缓慢，工程材料的发展也缓慢，长期停留在“秦砖汉瓦”水平上。人类社会活动范围的扩大、工商业的发展和资本主义的兴起，城市规模的扩大和交通运输的日益发达，都需要建造更多、更大、更好以及具有某些特殊性能的建筑物和附属设施，以满足生产、生活和工业等方面的需要。例如，大型公共建筑、大跨度的工业厂房、海港码头、铁路、公路、桥梁以及给水排水、水库电站等工程。

3. 钢筋混凝土

显然，原有的工程材料在数量、质量和性能方面均不能满足上述的新要求。供求矛盾推动工程材料的发展进入了新的阶段。水泥、混凝土的出现，钢铁工业的发展，钢结构、钢筋混凝土结构也就应运而生。这是 18 ~ 19 世纪结构和材料的主要特征。进入 20 世纪以后，随着社会生产力的更大发展，科学技术水平的迅速提高以及材料科学的形成和发展，工程材料的品种增加、性能改善、质量提高，一些具有特殊功能的材料也相继发展了。在工业建筑上，根据生产工艺、质量要求和耐久性的需要、研制和生产了各种耐热、耐磨、抗腐蚀、抗渗透、防爆或防辐射材料；在民用建筑上，为了室内温度的稳定并尽量节约能源，制造了多种有机和无机的保温绝热材料；为了减少室内噪声并改善建筑物的音质，也制成了相应的吸声、隔声材料。

随着社会的进步、环境保护和节能降耗的需要，对工程材料提出了更高、更多的要求。因而，今后一段时间内，工程材料将向以下几个方向发展。

1.4.2 工程材料的发展方向

1. 轻质高强

现今钢筋混凝土结构材料自重大，限制了建筑物向高层、大跨度方向进一步发展。通过减轻材料自重，以尽量减轻结构物自重，可提高经济效益。目前，世界各国都在大力发展高强混凝土、加气混凝土、轻集料混凝土、空心砖、石膏板等材料，以适应各类工程发展的需要。

2. 节约能源

工程材料的生产能耗和建筑物使用能耗，在国家总能耗中一般占20%～35%。研制和生产低能耗的新型节能环保工程材料，是构建节约型社会的需要。

3. 利用废渣

充分利用工业废渣、生活废渣、建筑垃圾生产各类工程材料，将各种废渣尽可能资源化，以保护环境、节约自然资源，使人类社会可持续发展。

4. 智能化

所谓智能化材料，是指材料本身具有自我诊断和预告破坏、自我修复的功能，以及可重复利用性。工程材料向智能化方向发展，是人类社会向智能化社会发展过程中降低成本的需要。

5. 多功能化

利用复合技术生产多功能材料、特殊性材料及高性能材料，这对提高建筑物的使用功能、经济性及加快施工速度等有着十分重要的作用。

6. 绿色化

产品的设计是以改善生产环境，提高生活质量为宗旨，产品具有多功能，不仅无损而且有益于人的健康；产品可循环或回收再利用，或形成无污染环境的废弃物。因此，生产材料所用的原料尽可能少用天然资源，大量使用废渣、垃圾、废液等废弃物；采用低能耗制造工艺和对环境无污染的生产技术；生产配制和生产过程中，不使用对人体和环境有害的污染物质。

1.5 土木工程材料的学习目的和学习方法

《土木工程材料》在土木工程专业中是一门专业技术基础课。学习本课程的目的是使学生获得有关土木工程材料的基本理论、基本知识和基本技能，为学习土木工程规划、设计和施工等专业课程提供有关材料的基础知识，并为今后从事设计、施工和管理工作中合理选择和正确使用土木工程材料奠定基础。

土木工程材料的内容庞杂、品种繁多，涉及许多学科或课程，其名词、概念和专业术语多，且各种土木工程材料相对独立，即各章之间的联系较少。此外，公式推导少，而以叙述为主，许多内容为实践规律的总结。因此，其学习方法与力学、数学等完全不同。学习土木工程材料时应从材料科学的观点和方法及实践的观点来进行，否则就会感到枯燥无味，难以掌握材料组成、性质、应用以及它们之间的相互联系。为此，必须做到：

1.5.1 了解或掌握材料的组成、结构和性质间的关系

掌握土木工程材料的性质与应用是学习的目的，但孤立地看待和学习，就免不了要死记硬背。材料的组成和结构决定材料的性质和应用，因此学习时应了解或掌握材料的组成、结构与性质间的关系。应特别注意掌握的是，材料内部的孔隙数量、孔隙大小、孔隙状态及其影响因素，它们对材料的所有性质均有影响，同时还应注意外界因素对材料结构与性质的影响。

1.5.2 运用对比的方法

通过对比各种材料的组成和结构来掌握它们的性质和应用，特别是通过对比来掌握它们的共性和特性。这在学习水泥、混凝土、沥青混合料等时尤为重要。

1.5.3 密切联系工程实际，重视试验课并做好试验

土木工程材料是一门实践性很强的课程，学习时应注意理论联系实际，利用一切机会注意观察周围已经建成的或正在施工的工程，提出一些问题，在学习中寻求答案，并在实践中验证和补充书本所学内容。试验课是本课程的重要教学环节，通过试验可验证所学的基本理论，学会检验常用材料的试验方法，掌握一定的试验技能，并能对试验结果进行正确的分析和判断。这对培养学习与工作能力及严谨的科学态度十分有利。

实训与创新

通过调查当地某一土木工程，说明土木工程材料的类型及地位，并写出不少于 1000 字的小论文。

第2章　土木工程材料的基本性质

教学目的：通过学习材料的基本性质，要求了解材料科学的一些基本概念，并掌握材料各项基本的力学性质、物理性质和耐久性等材料性质的意义，以及它们之间的相互关系和在土木工程实践中的意义。

教学要求：熟练掌握土木工程材料的基本性质；掌握土木工程材料的基本的力学性质、物理性质和耐久性的基本概念；了解土木工程材料的基本组成、结构和构造，以及土木工程材料的结构和构造与材料基本性质之间的关系。

一切土木工程都是由土木工程材料组成的。不同的土木工程材料在土木工程中起着不同的作用。例如，用于桥梁的材料主要受到各种外力的作用；结构材料除了承受结构物上部荷载的作用外，还可能受到地下水及冰冻的作用；道路工程材料经常受到风吹、日晒、雨淋、紫外线照射等大气因素的作用；地面、机场跑道和路面遭受磨损作用；有些土木工程项目还受到光、热的影响；某些土木工程如给排水、管道工程等还可能受到酸、碱、盐等介质的侵蚀作用等。为了保证土木工程的使用功能、安全性和耐久性，土木工程材料应具有抵御上述各种作用的性质。这些性质又是互相影响的，归纳起来包括材料的物理性质、力学性质、热工性质、声学性质、光学性质和耐久性质等。

掌握土木工程材料的基本性质是掌握土木工程材料知识、正确选择与合理使用土木工程材料的基础。

2.1　土木工程材料的组成和结构以及构造

土木工程材料的各种性质与其化学组成成分、组织结构和构造等内部因素有密切的关系。为了保证结构物的质量，必须正确选择和使用土木工程材料，为此就要了解和掌握土木工程材料的基本性质及其与材料组成、结构和构造的关系。

2.1.1　土木工程材料的组成

土木工程材料的组成分为化学组成与矿物组成。前者是通过化学分析获得的，表明组成土木工程材料的化学成分及其含量；后者是通过测试手段获得的，表明材料所含矿物的种类和含量。

1. 化学组成

土木工程材料的化学组成是决定化学性质（耐蚀、燃烧等）、物理性质（耐水、耐热等）和力学性质的重要因素。不同的化学成分构成了不同的材料,因而也表现出不同的性质。例如,木材轻质高强,但易于燃烧和腐朽;钢材密度较大,强度较高,但易于锈蚀;砖、石材料,抗压强度较高,但抗拉和抗弯强度较低,且容易遭受侵蚀等。所有这些特点说明材料的化学组成是决定材料化学性质、物理性质和力学性质的主要因素之一。

2. 矿物组成

化学组成不同,其材料性质不同;化学组成相同的材料,也可以表现出不同的性质,这是由于其矿物组成不同的缘故。这类材料矿物组成是影响性能的主要因素。如天然石料,由于其矿物组成不同,所以构成了不同的岩石品种。各种水泥也因其具有不同的熟料矿物组成而表现出不同的性能。

2.1.2 土木工程材料的结构和构造

土木工程材料的性能除与其组成成分有关外,还与其组织结构有着密切关系。因此,研究材料的结构和构造以及它们与性能的关系,无疑是材料科学的主要任务之一。

从广义上说,结构与构造是指从原子结构到肉眼能观察到的宏观结构各个层次的构造状态的通称。影响材料性能的结构层次及类别是十分丰富及多样的,大体上可以分为宏观结构、亚微观结构和微观结构三个层次。

1. 宏观结构

宏观结构又称粗通结构。材料的宏观结构通常是指用肉眼或低倍放大镜能够分辨的粗大组织,其尺寸在 10^{-3}m 以上,是比毫米级还大的尺寸范围内的结构状况。

土木工程材料的宏观结构,按其孔隙尺度可分为以下几种:

(1)致密结构

致密结构是指在外观上和结构上都是致密而无孔隙存在(或孔隙极少)的结构,在使用时均为单一的板材、方料、棒材和其他各种形状的土木工程材料,如金属材料、致密岩石和玻璃等。

(2)多孔结构

多孔结构是指在材料中存在均匀分布的孤立或适当连通的粗大孔隙,如加气混凝土、泡沫混凝土及泡沫塑料等。

(3)微孔结构

微孔结构是指在土木工程材料中存在均匀分布的微孔隙。某些材料在生产时,由于掺入可燃性物质或增加拌合用水量,在生产过程中水分蒸发或可燃性物质燃烧后都可形成微孔结构。如石膏制品、黏土砖瓦等均为微孔结构。

按构成形态可分为以下各种:

(1)复合聚集结构

复合聚集结构是指由集料和胶凝材料结合而成的结构,按照需要还可以用纤维等材料加以补强。普通混凝土、砂浆、沥青混凝土、石棉水泥制品以及烧土制品等均属此类。

(2)纤维结构

纤维结构是指植物纤维、矿物棉和人工纤维(主要是玻璃纤维)等纤维材料所具有的结构。纤维结构的性质既受纤维的成分、性质(无机、有机、天然、人工)的影响,也因纤维配置情况及密实度等而不同。如平行纤维方向与垂直纤维方向的强度与导热性就有明显的差异。使用时可以制成毯子、垫子、纺织品以及各种纤维板等。

(3)层状结构

层状结构是将材料叠合成层状,以粘接或其他方法结合成为整体的结构,使具有层状结构的材料获得了单一材料不能得到的性质,如胶合板、纸面石膏板、层状填料塑料板等。

(4)散粒结构

散粒结构是指松散颗粒状结构,如砂子、卵石、碎石和珍珠岩等。

2. 亚微观结构

亚微观结构又称显微结构,一般是指用光学显微镜所能观察到的结构,其尺寸范围为 $10^{-3} \sim 10^{-6}$m。在此结构范围内可以充分显示出天然岩石的矿物组织,金属材料的晶粒大小与金相组织,木材的纤维、导管、髓线等显微组织,也可显示出普通混凝土的孔隙与裂缝等。

3. 微观结构

微观结构又称微细结构,是指材料的原子和分子结构。其尺寸范围为 $10^{-6} \sim 10^{-10}$m。微观结构是由原子的种类及其排列状态决定的。近年来,由于电子显微镜、扫描电子显微镜以及 X 射线衍射仪的出现和使用,对材料的微观结构已能进行观察与研究。

通常所谓材料的内部结构是指亚微观和微观两级结构。不同层次的结构在不同深度和不同方面影响着材料的宏观物理、力学性质,如强度、硬度、熔点、导热性等都受到材料内部结构的制约。

在微观结构中,材料可分为晶体、玻璃体和胶体。

(1)晶体

质点(离子、原子、分子)在空间上按特定的规则呈周期性排列所形成的结构称为晶体结构,如图 2-1 所示。晶体具有如下特点:

① 特定的几何外形。这是晶体内部质点按特定规则排列的外部表现。

② 各向异性。这是晶体的结构特征在性能上的反映。

③ 固定的熔点和化学稳定性。这是由晶体键能和质点所处最低的能量状态所决定的。

④ 结晶接触点和晶面是晶体破坏或变形的薄弱部分。

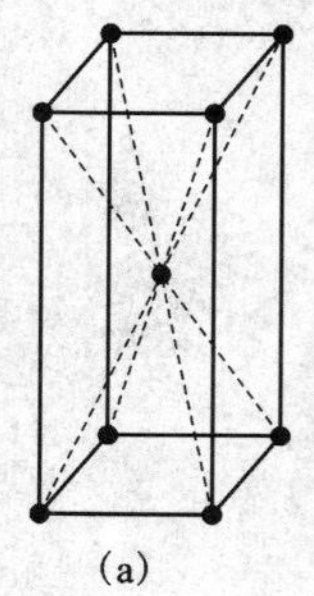
(a)

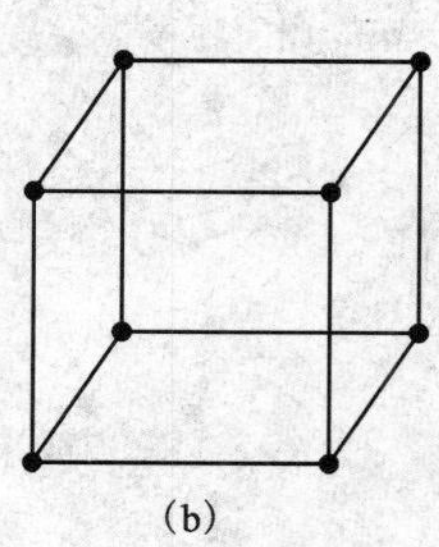
(b)

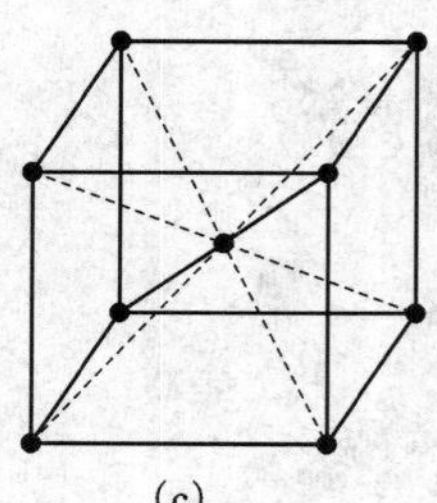
(c)

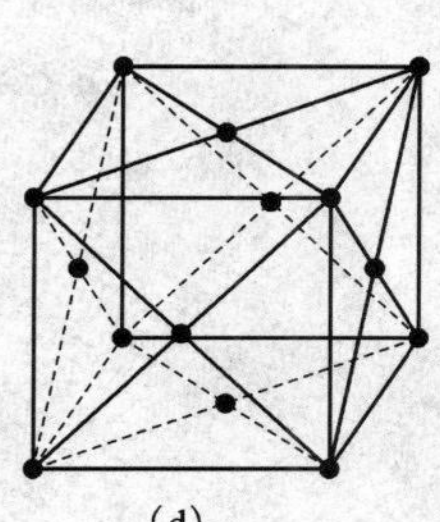
(d)

图 2-1　晶体几何外形示意图

(a)体心四方;(b)简单立方;(c)体心立方;(d)面心立方

根据组成晶体的质点及化学键的不同,晶体可分为:

A. 原子晶体，中性原子以共价键而结合成的晶体，如 SiO_2 等；

B. 离子晶体，正、负离子以离子键而结合成的晶体，如 $CaCl_2$ 等；

C. 分子晶体，以分子间的范德华力即分子键结合而成的晶体，如有机化合物；

D. 金属晶体，以金属阳离子为晶格，由自由电子与金属阳离子间的金属键结合而成的晶体，如钢铁材料。

由于各种材料在微观结构上的差异，它们的强度、变形、硬度、熔点、导热性等各不相同。可见，微观结构对材料的物理、力学性质影响巨大。

在复杂的晶体结构中，其键结合的情况也是相当复杂的。在土木工程材料中占有重要地位的硅酸盐类材料，其结构是由硅氧四面体单元 SiO_4（如图 2-2 所示）与其他金属离子结合而成，其结构就是由共价键与离子键交互构成的。SiO_4 四面体可以形成链状结构，如石棉。石棉中纤维与纤维之间的键合力要比链状结构方向上的共价键弱得多，所以容易分散成纤维状。黏土、云母、滑石等则是由 SiO_4 四面体单元互相连结成片状结构，许多片状结构再叠合成层状结构。层与层之间是由范德华力结合的，故其键合力很弱，此种结构容易剥成薄片。石英是由 SiO_4 四面体形成的立体网状结构，所以具有坚硬的质地。

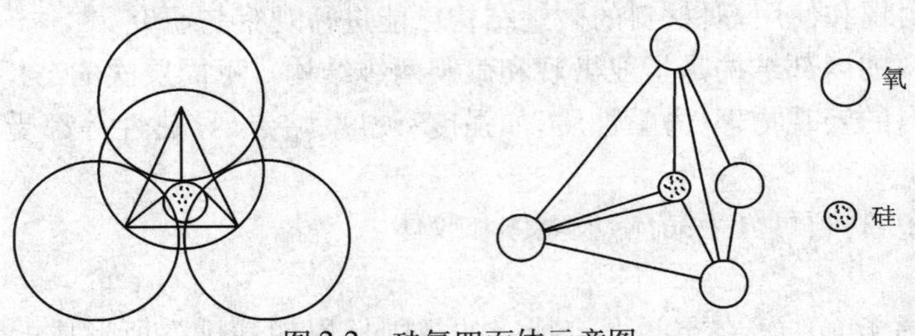

图 2-2　硅氧四面体示意图

（2）玻璃体

玻璃体也称无定形体或非晶体，如无机玻璃。玻璃体的结合键为共价键与离子键，其结构特征为构成玻璃体的质点在空间上呈非周期性排列，如图 2-3 所示。

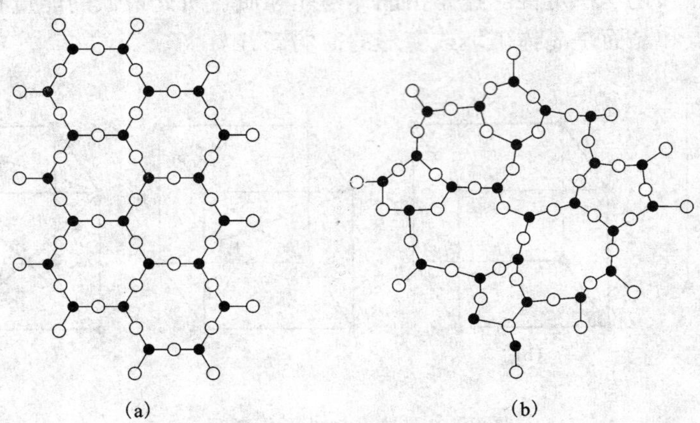

图 2-3　晶体与玻璃体原子排列示意图

（a）晶体；（b）玻璃体

具有一定的熔融物质，在急冷过程中，由于质点来不及按一定规则排列便凝固成为固体，此时物质的微观结构为玻璃体结构。

对玻璃体结构的认识，目前存在如下三种观点：

① 构成玻璃体的质点呈无规则空间网络结构，此为无规则网络结构学说。

② 构成玻璃体的微观组织为微晶子，微晶子之间通过变形和扭曲的界面彼此相连，此为微晶子学说。

③ 构成玻璃体的微观结构为近程有序、远程无序，此为近程有序、远程无序学说。

玻璃体是化学不稳定的结构，容易与其他物质起化学作用。如火山灰、炉渣、粒化高炉矿渣能与石灰在有水的条件下发生化学反应而变成具有一定强度的土木工程材料。玻璃体在烧土制品或某些天然岩石中，起着胶粘剂的作用。

(3)胶体

以结构粒径为 $10^{-7} \sim 10^{-9}$m 的固体颗粒（胶粒）作为分散相，分散在连续相介质中形成分散体系的物质称为胶体。

在胶体结构中，若胶粒较少，液体性质对胶体结构的强度及变形性质影响较大，这种胶体结构称为溶胶结构。若胶粒数量较多，胶粒在表面能的作用下发生凝聚作用，或者由于物理化学作用而使胶粒产生彼此相连，形成空间网络结构，从而使胶体结构的强度增大，变形性减小，形成固体状态或半固体状态，此胶体结构称为凝胶结构。

凝胶结构具有固体的性质，在长期外力作用下，又具有黏性液体流动的性质，如水泥水化物中的凝胶体。

与晶体和玻璃体结构相比，胶体结构强度较低，变形较大。

4. 构造

土木工程材料的构造是指具有特定性质的土木工程材料结构单元间的相互组合搭配情况。构造概念与结构概念相比，更强调了相同材料或不同材料间的搭配组合关系。如木材的宏观构造和微观构造，就是指具有相同材料结构单元——木纤维管状细胞按不同的形态和方式在宏观和微观层次上的组合搭配情况。它决定了木材的各向异性等一系列物理、力学性质。又如具有特定构造的节能墙板，就是具有不同性质的材料经特定组合搭配而成的一种复合材料。这种构造赋予了墙板良好的隔热保温、隔声吸声、防火抗震、坚固耐久等整体功能和综合性质。

随着土木工程材料科学理论和技术的日益发展，深入研究探索土木工程材料的组成、结构、构造与土木工程材料性能之间的关系，不仅有利于为工程正确选用土木工程材料，而且会加速人类自由设计和生产工程所需要的特殊性能新型土木工程材料的进程。

2.2　土木工程材料的物理性质

表征土木工程材料的质量与其体积之间相互关系的主要参数——密度、表观密度、体积密度、堆积密度以及孔隙率、密实度、空隙率及填充率等，是土木工程材料最基本的物理性质。

2.2.1　土木工程材料的密度、表观密度、体积密度与堆积密度

1. 土木工程材料的密度

土木工程材料在绝对密实状态下，单位体积的质量称为密度，即：

$$\rho = \frac{m}{V}$$

式中 ρ——土木工程材料的密度,g/cm^3;

m——土木工程材料在干燥状态下的质量,g;

V——土木工程材料在绝对密实状态下的体积,cm^3。

绝对密实状态下的体积是指不包括土木工程材料内部孔隙在内的体积。除钢材和玻璃等少数材料外,绝大多数土木工程材料都含有一定的孔隙。在密度测定中,应把含有孔隙的材料破碎并磨成细粉,烘干后用李氏比重瓶测定其密实体积。材料粉磨得越细,测得的密度值越精确。对砖、石等材料常采用此种方法测定其密度。

2. 土木工程材料的表观密度

土木工程材料单位表观体积所具有的质量称为表观密度。表观体积包括两个部分:一部分是绝对密实的固体体积;另一部分则是指封闭孔隙体积。表观密度用下式表示:

$$\rho' = \frac{M}{V'} = \frac{m}{V + V_C}$$

式中 ρ'——土木工程材料的表观密度,g/cm^3或kg/m^3;

m——土木工程材料的质量,g 或 kg;

V'——土木工程材料的表观体积,cm^3或m^3;

V_C——土木工程材料体积内封闭孔隙体积,cm^3或m^3。

3. 土木工程材料的体积密度

土木工程材料在自然状态下,单位体积的质量称为体积密度,即:

$$\rho_0 = \frac{m}{V_0} = \frac{m}{V + V_C + V_B}$$

式中 ρ_0——土木工程材料的体积密度,g/cm^3或kg/m^3;

V_B——土木工程材料的开口孔隙体积,cm^3或m^3;

V_0——土木工程材料的自然体积,土木工程材料在自然状态下的体积(包括固体物质所占体积、开口孔隙体积V_B和封闭孔隙体积V_C),cm^3或m^3。

土木工程材料的自然状态体积包括孔隙在内,当开口孔隙内含有水分时,材料的质量将发生变化,因而会影响材料的体积密度值。材料在烘干至恒量状态下测定的表观密度称为干表观密度。一般测定表观密度时,以干表观密度为准,而对含水状态下测定的表观密度,必须注明含水情况。

4. 散粒状土木工程材料的堆积密度

散粒状土木工程材料(指粉料和粒料)在自然堆积状态下,单位体积的质量称为堆积密度,即:

$$\rho'_0 = \frac{m}{V'_0}$$

式中 ρ'_0——散粒状土木工程材料的堆积密度,kg/m^3;

m——散粒状土木工程材料的质量,kg;

V'_0——散粒状土木工程材料的堆积体积,m^3。

测定散粒状土木工程材料的堆积密度时，散粒状土木工程材料的质量是指填充在一定容器内的材料质量，而堆积体积则是指堆积容器的容积而言。所以，散粒状材料的堆积体积既包含颗粒的体积，又包含颗粒之间的空隙体积。在土木工程中，计算材料和构件的自重、材料的用量，以及计算配料、运输台班和堆放场地时，经常要用到材料的密度、体积密度以及堆积密度等数据。常用土木工程材料的密度、体积密度以及堆积密度见表 2-1。

表 2-1　常用土木工程材料的密度、体积密度及堆积密度

材料名称	密度 ρ(g/cm^3)	体积密度 ρ_0(kg/m^3)	堆积密度 ρ'_0(kg/m^3)	孔隙率 P(%)
石灰石	2.60	1800～2600	—	—
花岗石	2.80	2500～2900	—	0.50～3.00
碎石	2.60	—	1400～1700	—
砂	2.60	—	1450～1650	—
黏土	2.60	—	1600～1800	—
水泥	3.10	—	1200～1300	—
普通混凝土	—	2100～2600	—	5～20
轻集料混凝土	—	800～1900	—	—
木材	1.55	400～800	—	55～75
钢材	7.85	7850	—	0
泡沫塑料	—	20～50	—	—
沥青(石油)	约 1.0	约 1000	—	—

2.2.2　土木工程材料的密实度与孔隙率

1. 土木工程材料的密实度

土木工程材料体积内被固体物质所充实的程度称为密实度 D，即：

$$D=\frac{V}{V_0}\times 100\% \quad 或 \quad D=\frac{\rho_0}{\rho}\times 100\%$$

2. 土木工程材料的孔隙率

土木工程材料的孔隙率是指材料内部孔隙体积占材料在自然状态下体积的百分率，又称真气孔率，即：

$$P=\frac{V_0-V}{V_0}\times 100\%=\left(1-\frac{V}{V_0}\right)\times 100\%=\left(\frac{1-\rho_0}{\rho}\right)\times 100\%$$

$$D+P=1$$

式中　P——材料的孔隙率，%。

孔隙率的大小反映了土木工程材料的致密程度。土木工程材料的许多性能，如强度、吸水性、耐久性、导热性等均与其孔隙率有关。此外，还与土木工程材料内部孔隙的结构有关。孔隙结构包括孔隙的数量、形状、大小、分布以及连通与封闭等情况。

土木工程材料内部孔隙有连通与封闭之分，连通孔隙不仅彼此连通且与外界相通，而封闭孔隙则不仅彼此互不连通，且与外界隔绝。孔隙本身有粗细之分，粗大孔隙、细小孔隙和极细微孔隙。粗大孔隙虽然易吸水，但不易保持。极细微开口孔隙吸入的水分不易流动，而封闭的不连通孔隙，水分及其他介质不易侵入。因此，我们说孔隙结构及孔隙率对材料的表观密度、强度、吸水率、抗渗性、抗冻性及声、热、绝缘等性能都有很大影响。

2.2.3 散粒状土木工程材料的空隙率

散粒状土木工程材料的空隙率是指散粒状材料在堆积状态下，颗粒间的空隙体积占堆积体积的百分率，即：

$$P' = \left(\frac{V'_0 - V_0}{V'_0}\right) \times 100\% = \left(1 - \frac{V_0}{V'_0}\right) \times 100\% = \left(\frac{1 - \rho'_0}{\rho_0}\right) \times 100\%$$

$$D' + P' = 1$$

式中 P'——散粒状土木工程材料的空隙率，%。

空隙率的大小表征着散粒状土木工程材料颗粒间相互填充的致密程度。空隙率可作为控制混凝土集料级配与计算砂率的依据。

2.3 土木工程材料与水有关的性质

在土木工程中，绝大多数建筑物和构筑物在不同程度上都要与水接触，有的建筑物本身就是用来装水的，如水池、水塔等。一些构筑物是建在水中的，像桥梁的墩台、拦水大坝等。水与土木工程材料接触后，将会出现不同的物理化学变化，所以要研究在水的作用下土木工程材料所表现出的各种特性及其变化。

2.3.1 土木工程材料的亲水性与憎水性

建筑物和构筑物经常与水或大气中的水汽接触，固体材料与水接触后，出现如图 2-4 所示的两种情况。当液滴与固体在空气中接触且达到平衡时，从固、液、气三相界面的交点处，沿着液滴表面作切线，此切线与材料和水接触面的夹角 θ 称为湿润边角（或接触角）。由图 2-4 可知：$\sigma_{固-气}$、$\sigma_{液-气}$和 $\sigma_{固-液}$分别表示固-气、液-气和固-液各界面间的界面张力。当三力达到平衡时具有下列关系：

$$\sigma_{固-气} = \sigma_{固-液} + \sigma_{液-气} \times \cos\theta \quad 或 \quad \cos\theta = \frac{(\sigma_{固-气} - \sigma_{固-液})}{\sigma_{液-气}}$$

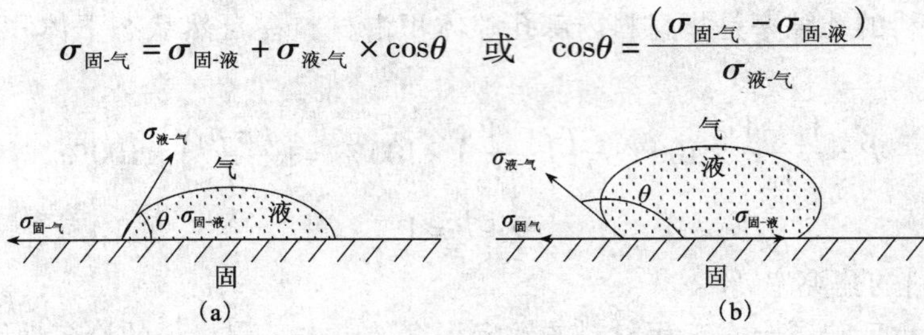

图 2-4 材料的润湿示意图
（a）亲水性材料；（b）憎水性材料

显然，液体能否润湿固体与接触角 θ 大小有关。当 $\sigma_{固-气} - \sigma V_{固-液} = \sigma_{液-气}$，$\cos\theta = 1$，$\theta = 0°$，则液体完全润湿固体。当液体与固体界面上的张力小于固体与气体的表面张力，即 $\sigma_{固-气} - \sigma_{固-液} > 0$ 时，固体能被润湿。当 $\sigma_{固-气} - \sigma_{固-液} < 0$ 时，$\cos\theta < 0$，$\theta > 90°$，则液体不能润湿固体。或者说，液体与固体接触面上的界面张力大于固体的表面张力时，则固体不能被润湿。

一般认为：当 $\theta \leq 90°$ 时，水分子之间的内聚力小于水分子与材料分子间的相互吸引力，这种材料具有亲水性；当 $\theta > 90°$ 时，水分子之间的内聚力大于水分子与材料分子间的吸引力，这种材料具有憎水性。这一概念可以推广到其他液体对固体的润湿情况，并分别称其为亲液性材料或憎液性材料。

亲水性材料能通过毛细管作用，将水分吸入材料内部。憎水性材料一般能阻止水分渗入毛细管中，从而降低材料的吸水作用。所以，憎水性材料不仅可用作防水材料，而且还可以用于亲水性材料的表面处理，以降低其吸水性。

大多数土木工程材料都是亲水性材料，如石料、砖瓦、普通混凝土和木材等，而沥青、建筑塑料、多数有机涂料等则为憎水性材料。

需要指出的是孔隙率较小的亲水性材料同样也具有较好的防水性或防潮性，如水泥砂浆、普通混凝土等。

2.3.2　土木工程材料的含水状态

亲水性材料的含水状态可分为四种基本状态(图 2-5)：

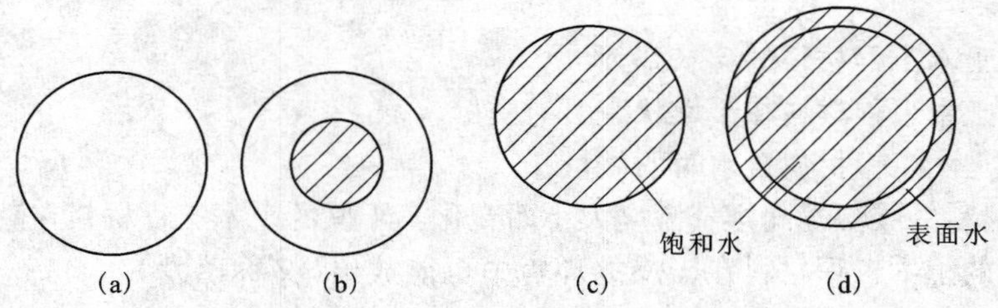

图 2-5　材料的含水状态

(a)干燥状态；(b)气干状态；(c)饱和面干状态；(d)表面润湿状态

干燥状态——材料的孔隙中不含水或含水极微；

气干状态——材料的孔隙中含水时其相对湿度与大气湿度相平衡；

饱和面干状态——材料表面干燥，而孔隙中充满水达到饱和；

表面湿润状态——材料不仅孔隙中含水饱和，而且表面上被水润湿附有一层水膜。

除上述四种基本含水状态外，材料还可以处于两种基本状态之间的过渡状态中。

2.3.3　土木工程材料的吸水性与吸湿性

1. 土木工程材料的吸水性

土木工程材料在水中吸收水分的性质称为吸水性。土木工程材料吸水能力的大小用吸水率表示，即：

$$W = \frac{m_1 - m}{m} \times 100\%$$

式中　W——材料的质量吸水率，%；

m——材料在干燥状态下的质量，g；

m_1——材料在吸水饱和状态下的质量，g。

W称为质量吸水率,有时也用体积吸水率来表示土木工程材料的吸水性。土木工程材料吸入水分的体积占干燥土木工程材料自然状态下体积的百分率称为体积吸水率。

由于土木工程材料的亲水性以及开口孔隙的存在,大多数土木工程材料都具有吸水性,所以土木工程材料中通常均含有水分。

土木工程材料的吸水性不仅与其亲水性及憎水性有关,也与其孔隙率的大小及孔隙特征有关。一般孔隙率越高,其吸水性越强。封闭孔隙水分不易进入;粗大开口孔隙,不易吸满水分;具有细微开口孔隙的材料,其吸水能力特别强。

各种土木工程材料因其化学成分和结构构造不同,其吸水能力差异极大,如致密岩石的吸水率只有0.50%~0.70%,普通混凝土为2.00%~3.00%,木材及其他多孔轻质材料的吸水率则常超过100%。

2. 土木工程材料的吸湿性

土木工程材料在湿空气中吸收水分的性质称为吸湿性。土木工程材料的吸湿性用含水率表示,即:

$$W_{湿}=\frac{m_{含}-m}{m}\times 100\%$$

式中 $W_{湿}$——土木工程材料的含水率,%;

m——土木工程材料在干燥状态下的质量,g;

$m_{含}$——土木工程材料含水时的质量,g。

土木工程材料的吸湿性随空气湿度大小而变化。干燥的土木工程材料在潮湿环境中能吸收水分,而潮湿的土木工程材料在干燥的环境中也能放出(又称蒸发)水分,这种性质称为还水性,最终与一定温度下的空气湿度达到平衡。多数土木工程材料在常温常压下均含有一部分水分,这部分水的质量占土木工程材料干燥质量的百分率称为材料的含水率。与空气湿度达到平衡时的含水率称为平衡含水率。木材具有较大的吸湿性,吸湿后木材制品的尺寸将发生变化,强度也将降低;保温隔热材料吸入水分后,其保温隔热性能将大大降低;承重的土木工程材料吸湿后,其强度和变形也将发生变化。因此,在选用土木工程材料时,必须考虑吸湿性对其性能的影响,并采取相应的防护措施。

2.3.4 土木工程材料的耐水性

土木工程材料长期在饱和水的作用下抵抗破坏,保持原有功能的性质称为耐水性。土木工程材料的耐水性常用软化系数K_R表示:

$$K_R=\frac{f_{饱}}{f_{干}}$$

式中 K_R——材料的软化系数;

$f_{饱}$——材料在吸水饱和状态下的极限抗压强度,MPa;

$f_{干}$——材料在绝干状态下的极限抗压强度,MPa。

由上式可知,K_R值的大小表明材料浸水后强度降低的程度。一般材料在水的作用下,其强度均有所下降。这是由于水分进入材料内部后,削弱了材料微粒间的结合力所致。如果材料中含有某些易于被软化的物质(如黏土等),这将更为严重。因此,在某些工程中,软化系数

K_R的大小成为选择土木工程材料的重要依据。一般次要结构物或受潮较轻的结构所用的材料 K_R值应不低于 0.75；受水浸泡或处于潮湿环境的重要结构物的材料，其 K_R值应不低于 0.85；特殊情况下，K_R值应当更高。

2.3.5　土木工程材料的抗渗性

土木工程材料在压力水作用下，抵抗渗透的性质称为抗渗性。土木工程材料的抗渗性一般用渗透系数 K 表示：

$$K = \frac{Qd}{AtH}$$

式中　K——渗透系数，cm/h；

Q——渗水总量，cm^3；

d——试件厚度，cm；

A——渗水面积，cm^2；

t——渗水时间，h；

H——静水压力水头，cm。

抗渗性也可用抗渗等级（记为 P）表示，即以规定的试件在标准试验条件下所能承受的最大水压（MPa）来确定，即：

$$P = 10H - 1$$

式中　P——抗渗等级；

H——试件开始渗水时的水压，MPa。

对于高抗渗混凝土材料，水压法难以表征抗渗性，目前采用氯离子扩散系数等来表征其抗渗性。

渗透系数越小的材料其抗渗性越好。材料抗渗性的高低与材料的孔隙率和孔隙特征有关。绝对密实的材料或具有封闭孔隙的材料，水分难以透过。对于地下建筑及桥涵等结构物，由于经常受到压力水的作用，要求材料应具有一定的抗渗性。对用于防水的材料，其抗渗性的要求更高。

2.3.6　土木工程材料的抗冻性

材料在吸水饱和状态下，抵抗多次冻融循环的性质称为抗冻性。土木工程材料的抗冻性用抗冻等级（记为 F）表示。抗冻等级用材料在吸水饱和状态下，经冻融循环作用，强度下降不超过 25%（慢冻法）或动弹性模量下降不超过 40%（快冻法），而且质量损失不超过 5% 时所能抵抗的最多冻融循环次数来表示。目前多数标准规定采用快冻法来测试。

冰冻的破坏作用是由于材料中含有水，水在结冰时体积膨胀约 9%，从而对孔隙产生压力而使孔壁开裂。冻融循环的次数越多，对材料的破坏作用越严重。

影响材料抗冻性的因素很多，主要有材料的孔隙率、孔隙特征、吸水率及降温速度等。一般说孔隙率小的材料抗冻性高；封闭孔隙含量多，抗冻性更高。

在路桥工程中，处于水位变化范围内的材料，在冬季时材料将反复受到冻融循环作用，此时材料的抗冻性将关系到结构物的耐久性。

2.4 土木工程材料的热工性质

建筑物的功能除了实用、安全、经济外，还要为人们创造舒适的生产、工作、学习和生活环境。因此，在选用材料时，还需要考虑材料的热工性质。

2.4.1 土木工程材料的导热性

热量在土木工程材料中传导的性质称为导热性。导热性能是土木工程材料的一个非常重要的热物理指标，它说明土木工程材料传递热量的一种能力。土木工程材料的导热能力用导热系数 λ 表示，即：

$$\lambda = \frac{Qd}{(t_1 - t_2)FZ}$$

式中 λ——导热系数，W/(m·K)；

Q——传导热量，J；

d——土木工程材料厚度，m；

$(t_1 - t_2)$——土木工程材料两侧温度差，K；

F——土木工程材料传热面积，m^2；

Z——传热时间，s。

导热系数的物理意义是：在一块面积为 $1m^2$、厚度为 1m 的壁板上，板的两侧表面温度差为 1K 时，在单位时间内通过板面的热量。因此，λ 值越小，材料的绝热性能越好。

各种土木工程材料的导热系数差别很大，大致在 0.03～3.30W/(m·K)之间，如泡沫塑料 $\lambda = 0.03$W/(m·K)，而大理石 $\lambda = 3.30$W/(m·K)，见表 2-2。习惯上，把导热系数不大于 0.175W/(m·K)的材料称为绝热材料。

表 2-2 几种典型材料的热工性质指标

材　料	导热系数[W/(m·K)]	比热容[J/(g·K)]
铜	370	0.38
钢	55	0.46
花岗石	2.9	0.80
普通混凝土	1.8	0.88
松木(横纹)	0.15	1.63
泡沫塑料	0.03	1.30
冰	2.20	2.05
水	0.60	4.19
密闭空气	0.025	1.00

影响土木工程材料导热系数的主要因素有土木工程材料的化学成分及其分子结构、表观密度(包括土木工程材料的孔隙率、孔隙的性质及大小等)、土木工程材料的湿度和温度状况等。由于密闭空气的导热系数很小[$\lambda = 0.025$W/(m·K)]，所以，一般土木工程材料的孔隙率越大，其导热系数就越小(粗大而贯通孔隙除外)。

土木工程材料受潮或冻结后，其导热系数将有所增加。这是因为水的导热系数 $\lambda=0.60\mathrm{W/(m\cdot K)}$，而冰的导热系数 $\lambda=2.20\mathrm{W/(m\cdot K)}$，它们都远大于空气的导热系数。因此，在设计和施工中，应采取有效措施，使保温材料经常处于干燥状态，以发挥其保温效果。

2.4.2　土木工程材料的比热容及热容量

土木工程材料在受热时要吸收热量，在冷却时要放出热量，吸收或放出的热量按下式计算：

$$Q=cm(t_2-t_1)$$

式中　Q——土木工程材料吸收或放出的热量，J；

c——土木工程材料的比热容，J/(g · K)；

m——土木工程材料的质量，g；

(t_2-t_1)——土木工程材料受热或冷却前后的温度差，K。

比热容的物理意义表示 1g 土木工程材料温度升高或降低 1K 时所吸收或放出的热量。土木工程材料的比热容主要取决于矿物成分和有机质的含量，无机材料的比热容比有机材料的比热容小。

湿度对土木工程材料的比热容也有影响，随着土木工程材料湿度的增加，比热容也提高。

比热容 c 与土木工程材料质量 m 的乘积称为土木工程材料的热容量。采用热容量大的土木工程材料作围护结构，对维持建筑物内部温度的相对稳定十分重要。夏季高温时，室内外温差较大，热容量较大的土木工程材料温度升高所吸收的热量就多，室内温度上升较慢；冬季采暖后，热容量大的建筑物吸收的热量较多，短时间停止采暖，室内温度下降缓慢。所以，热容量较大、导热系数较小的土木工程材料，才是良好的绝热材料。

2.4.3　土木工程材料的耐燃性

建筑物失火时，土木工程材料能经受高温与火的作用不破坏、强度不严重下降的性能，称为土木工程材料的耐燃性。根据耐燃性可分为以下三大类材料。

1. 不燃烧类（A 级）

土木工程材料遇火遇高温不易起火、不阴燃、不碳化，如石材、普通混凝土、石棉等。

2. 难燃烧类（B1 级）

土木工程材料遇火遇高温不易起火、不阴燃或不碳化，只有在火源存在时能继续燃烧或阴燃，火焰熄灭后，即停止燃烧或阴燃，如沥青混凝土、经防火处理的木材等。

3. 燃烧类（B2 或 B3 级）

土木工程材料遇火遇高温即起火或阴燃，在火源移去后，能继续燃烧或阴燃，如木材、沥青等。

2.4.4　土木工程材料的耐火性

土木工程材料在长期高温作用下，保持不熔性并能工作的性能称为土木工程材料的耐火性，如砌筑窑炉、锅炉、烟道等的材料。按耐火性高低可将土木工程材料分为以下三类：

1. 耐火材料

耐火度不低于1580℃的材料，如耐火砖中的硅砖、镁砖、铝砖和铬砖等。

2. 难熔材料

耐火度为1350～1580℃的材料，如难熔黏土砖、耐火混凝土等。

3. 易熔材料

耐火度低于1350℃，如普通黏土砖等。

2.5 土木工程材料的力学性质

土木工程材料的力学性质通常是指材料在外力（荷载）作用下的变形性质及抵抗外力破坏的能力。

2.5.1 土木工程材料的弹性与塑性

土木工程材料在外力作用下发生变形，当外力取消后，土木工程材料能够完全恢复原来形状和尺寸的性质称为弹性。这种可以完全恢复的变形称为弹性变形（或瞬时变形）。

土木工程材料在外力作用下发生变形，当外力取消后，土木工程材料不能恢复原来的形状和尺寸，但并不产生裂缝的性质称为塑性。这种不能恢复的变形称为塑性变形（或永久变形）。

实际上，土木工程材料受力后所产生的变形是比较复杂的。某些土木工程材料在受力不大的条件下，表现出弹性性质，但当外力达到一定值后，则失去其弹性而表现出塑性性质，建筑钢材就是这种材料。有的土木工程材料在外力作用下，弹性变形和塑性变形同时发生。当外力取消后，其弹性变形可以恢复，而塑性变形则不能恢复，普通混凝土受力后的变形就是这种情况。

2.5.2 土木工程材料的强度

1. 土木工程材料的理论强度

固体材料的强度来源于内部质点（原子、离子和分子）间相互的作用力。以共价键或离子键结合的晶体，其结合力较强，材料的弹性模量也较高。以分子键结合的晶体，其结合力较弱，弹性模量也较低。

土木工程材料的理论强度一般比较高。所谓理论强度就是根据理论分析得到土木工程材料所能承受的最大应力，或者说克服固体物质内部的结合力而形成两个新表面所需要的力就是理论强度。

土木工程材料的破坏主要是由拉应力使结合键断裂而造成的，或者由剪切使原子间滑动而造成的。从理论上说，当两质点被压缩而不断接近时，将遇到非常强大的排斥力，阻止质点相互接近。因此，土木工程材料是不可能被压坏的。土木工程材料的受压破坏本质上是由压应力引起内部拉应力或剪应力造成的。土木工程材料的理论抗拉强度用下式表示：

$$f_t = \sqrt{\frac{E\gamma}{d}}$$

式中　f_t——土木工程材料的理论抗拉强度，Pa；

E——土木工程材料的纵向弹性模量，Pa；

γ——土木工程材料（固体）的单位表面能，J/m^2；

d——原子间的距离，m。

由以上公式可知，土木工程材料的弹性模量和表面能越大，原子间距离越小，其理论强度越高。

事实上，土木工程材料的真实破坏强度远低于理论强度，这是由于实际土木工程材料中存在各种各样缺陷的缘故，如晶格的错位、杂质的存在以及孔隙和微裂纹的产生等。当材料受力时，能引起晶格的滑移，且在微裂纹的尖端处引起应力集中，致使局部应力急剧增加。导致裂纹不断延伸、扩展直至相互贯通、最终导致材料的破坏。比如，钢的理论强度为 30000MPa，而普通碳素钢的实际强度只有 400MPa 左右，相差两个数量级。

2. 土木工程材料的强度、强度等级和比强度

（1）强度

土木工程材料在外力作用下，内部就产生与外力方向相反、大小相等的内力，单位面积上的内力称为应力。当外力增加时，应力也随之增大，直到质点间的应力不能再承受时，土木工程材料即破坏，此时的极限应力称为土木工程材料的强度。因此，土木工程材料在外力（荷载）作用下抵抗破坏的能力称为强度。这里指的是实际强度。根据外力作用方式的不同，土木工程材料强度有抗压强度、抗拉强度、抗弯强度和抗剪强度（如图 2-6 所示）等。

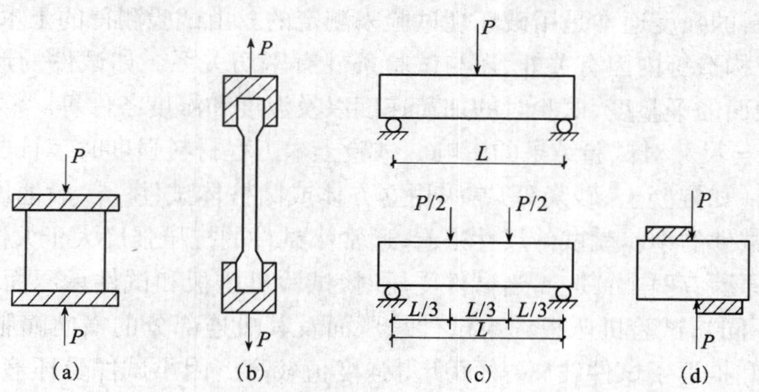

图 2-6　材料所受外力示意图

（a）抗压强度；（b）抗拉强度；（c）抗弯强度；（d）抗剪强度

土木工程材料的拉伸、压缩及剪切为简单受力状态，其强度按下式计算：

$$f = \frac{P}{F}$$

式中　f——土木工程材料的强度，MPa；

P——土木工程材料破坏时的最大荷载，N；

F——土木工程材料受力截面面积，mm^2。

土木工程材料受弯时其应力分布比较复杂，强度计算公式也不一致。一般是将条形试件放在两支点上，中间加一集中荷载。对矩形截面的试件，其抗弯强度按下式计算：

$$f_{弯} = \frac{3PL}{2bh^2}$$

有时可在跨度的三分点上加两个相等的集中荷载，此时其抗弯强度按下式计算：

$$f_{弯} = \frac{PL}{bh^2}$$

式中 $f_{弯}$——土木工程材料的抗弯强度，MPa；

P——土木工程材料弯曲破坏时的最大荷载，N；

L——两支点间的距离，mm；

bh——试件横截面的宽及高，mm。

各种不同化学组成的土木工程材料具有不同的强度值。同一种类的土木工程材料，其强度随其孔隙率及构造特征的变化也有差异。一般孔隙率越大的土木工程材料其强度越低，其强度与孔隙率具有近似的线性关系。表 2-3 是几种常用土木工程材料的强度值。

表 2-3　几种常用土木工程材料的强度

材料种类	抗压强度（MPa）	抗拉强度（MPa）	抗弯强度（MPa）
花岗石	100～250	5～8	10～14
普通混凝土	5～60	1～9	4.8～6.1
松木（顺纹）	30～50	80～120	60～100
建筑钢材	240～1500	240～1500	—

土木工程材料的强度通常是用破坏性试验来测定的。由试验测得的土木工程材料强度除与其组分、结构及构造等内因有关外，还与试验条件有密切关系。如试件的形状与尺寸、试验装置情况、试件表面的平整度、试验时的加荷速度以及温度和湿度条件等。

① 试件形状与尺寸对试验结果的影响。试验土木工程材料强度时，对试件形状均有明确规定，对脆性材料（如混凝土、砂浆等）常采用立方体或圆柱体试件。一般地说，圆柱体试件的强度值比立方体试件的小。就试件尺寸来看，通常小试件的抗压强度大于大试件的抗压强度。出现这种现象的原因有两个：其一，当试件受压时，试验机压板和试件承压面产生横向摩擦阻力（由于变形量不同），试验机压板约束试件承压面及其毗连部分的横向膨胀变形（又称环箍作用），从而抑制和推迟了试件破坏，故而所得强度值较高。因小试件受环箍作用的影响相对较大，故小试件的强度比大试件的高。其二，土木工程材料内部存在有各种构造缺陷，当尺寸较小时，存在缺陷的概率较小，因此小试件的强度值较高。

② 试验装置情况对试验结果的影响。如上所述，脆性材料单轴受压时，试件的承压面受环箍作用影响较大，而远离承压面试件的中间部分，受环箍作用的影响较小，这种影响大约在距承压面$\frac{\sqrt{3}}{2}a$（其中 a 为试件横向尺寸）的范围以外消失。试件破坏以后形成两个顶角相接的截头角锥体，如图 2-7 所示，就是这种约束作用造成的结果。

若在试件承压面上涂以润滑剂，则环箍作用将大大减弱，试件将出现直裂破坏，测得强度也较低，如图 2-8 所示。

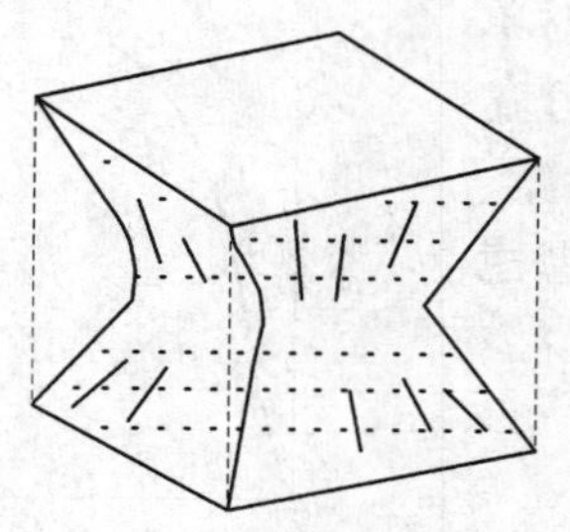
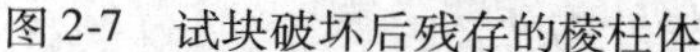

图 2-7　试块破坏后残存的棱柱体

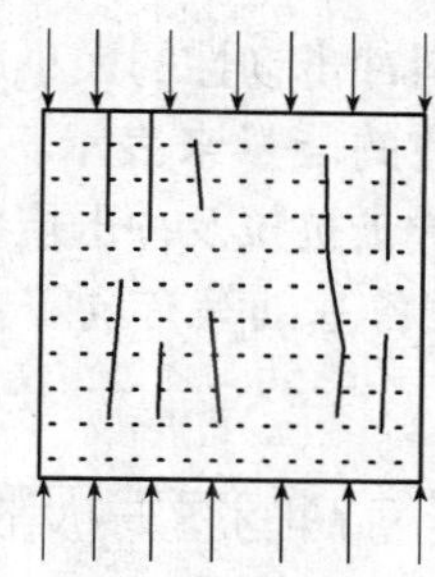

图 2-8　无摩擦阻力时试块的破坏情况

③ 试件表面的平整度对试验结果的影响。试件受压面是否平整,对强度也有影响。如压面上有凹凸不平或缺棱掉角等缺陷时,将会出现应力集中现象而降低强度。

④ 加荷速度对试验结果的影响。试验时的加荷速度对所测强度值也有影响。因为材料破坏是在变形达到一定程度时发生的,当加荷速度过快时,由于变形的增长滞后于荷增长,所以破坏时测得的强度值较高;反之,测得的强度值较低。

⑤ 试验时的温、湿度对试验结果的影响。一般地说,温度升高时材料的强度将降低,沥青混合料受温度波动的影响尤其显著。材料的强度还与其含水状态有关,一般湿度材料比干燥材料的强度低。

除上述诸因素外,试验机的精度、操作人员的技术水平等都对试验强度值的准确性有影响。所以,材料的强度试验,只能提供一定条件下的强度指标。应当指出:不仅强度试验结果如此,材料其他性质的试验结果也带有条件性。为了得到具有可比性的试验结果,就必须严格遵照规定的标准试验方法进行试验。

(2)强度等级

土木工程材料常按其强度的大小被划分成若干个等级,我们称其为强度等级。对脆性材料如砖、石、混凝土等,主要根据其抗压强度划分强度等级,对建筑钢材则按其屈服强度划分强度等级。将土木工程材料划分为若干强度等级,对掌握材料的性质、合理选用材料、正确进行设计和施工以及控制工程质量都有重要的意义。

(3)比强度

承重的结构材料除了承受外力,尚需承受自身质量。因此,不同强度材料的比较,可采用比强度指标。比强度是指单位体积质量的材料强度,它等于材料的强度与其表观密度之比。它是衡量材料是否轻质、高强的指标。

2.5.3　土木工程材料的脆性与韧性

土木工程材料在冲击荷载作用下发生破坏时出现两种情况:一种是在冲击荷载作用下,土木工程材料突然破坏,破坏时不产生明显的塑性变形,土木工程材料的这种性质称为脆性。脆性材料的变形曲线如图 2-9 所示。另一种是破坏时产生较大的塑性变形。一般地说,脆性材料的抗压强度远远高于其抗拉强度,它对承受振动和冲击作用是极为不利的。砖、石、陶瓷、玻璃和铸铁都是脆性材料。

土木工程材料在冲击、振动荷载作用下,吸收能量,抵抗破坏的性质称为冲击韧性或冲击强度。土木工程材料冲击韧性的大小,以标准试件破坏时单位面积或体积所吸收的能量来表示。根据荷载作用的方式不同,有冲击抗压、冲击抗拉及冲击抗弯等。对于用作桥梁、路面、桩、吊车梁、设备基础等有抗震要求的结构,都要考虑材料的冲击韧性。

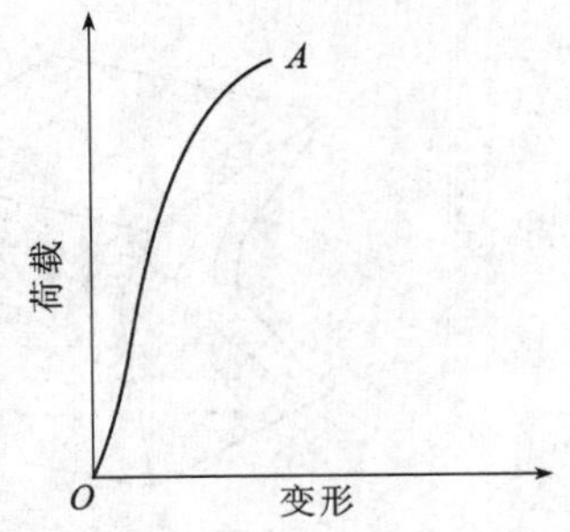

图 2-9　脆性材料的变形曲线

2.5.4　土木工程材料的疲劳极限

土木工程材料受到拉伸、压缩、弯曲、扭转以及这些外力的反复作用,当应力超过某一限度时即会导致土木工程材料的破坏,这个限度叫做疲劳极限,又称疲劳强度。当应力小于疲劳极限时,土木工程材料或结构在荷载多次重复作用下不会发生破坏。疲劳强度的大小与土木工程材料的性质、应力种类、疲劳应力比值、应力集中情况以及热影响等因素有关。土木工程材料的疲劳极限是由试验确定的,一般是在规定应力循环次数下,把它对应的极限应力作为疲劳极限。疲劳破坏与静力破坏不同,它不产生明显的塑性变形,破坏应力远低于强度,甚至低于屈服极限。

对于普通混凝土,通常规定应力循环次数为 $10^6 \sim 10^8$ 次。此时普通混凝土的压缩疲劳极限为抗压强度的 50% ~60% 。

2.5.5　土木工程材料的硬度和耐磨性

硬度是土木工程材料表面抵抗较硬物质刻划或压入的能力。测定硬度的方法很多,常用刻划法和压入法。

刻划法常用于测定无机矿物材料的硬度,即按滑石、石膏、方解石、萤石、磷灰石、正长石、石英、黄玉、刚玉、金刚石的硬度递增顺序分为 10 级,通过它们对材料的划痕来确定所测材料的硬度,称为莫氏硬度。

压入法常用于测定金属材料的硬度,是以一定的压力将一定规格的钢球或金刚石制成的尖端压入试件表面,根据压痕的面积或深度来测定其硬度。常用的压入法有布氏法、洛氏法和维氏法,相应的硬度称为布氏硬度(HB)、洛氏硬度(HRC)和维氏硬度(HV)。

如布氏法的测定原理是利用直径为 D 的淬火钢球,以荷载 P 将其压入试件表面,经规定的持续时间后卸除荷载,即得直径为 d 的压痕;以压痕面积 F 除荷载 P,所得应力值即为试件的布氏硬度 HB,以数字表示,不带单位。硬度计算式如下:

$$\mathrm{HB} = \frac{2P}{\pi D(D - \sqrt{D^2 - d^2})}$$

高分子材料则常用邵氏硬度(HS)、巴氏硬度(BS)表示。

硬度大的材料耐磨性较强,但不易加工。所以,材料的硬度在一定程度上可以表明材料的耐磨性及加工难易程度。

土木工程材料表面抵抗磨损的能力,称为土木工程材料的耐磨性。

土木工程材料受到摩擦、剪切及撞击的综合作用而减小质量和体积的现象称为磨耗。道路工程中的路面、过水路面以及涵管墩台等,经常受到车轮摩擦、水流及其挟带泥砂的冲击作用而遭受损失和破坏,这些均需要考虑材料抵抗磨损和磨耗的性能。

土木工程材料的结构致密、硬度较大、韧性较高时,其抵抗磨损及磨耗的能力较强。

2.6 土木工程材料的装饰性

用于建筑表面的土木工程材料要求具有一定的装饰性,起着装饰作用的土木工程材料我们称之为建筑装饰材料。对建筑装饰材料的基本要求有以下几个方面。

2.6.1 土木工程材料的颜色、光泽和透明性

颜色是材料对光的反射效果。不同的颜色给人以不同的感觉,如红色给人一种温暖、热烈的感觉,绿色、蓝色给人一种宁静、清凉的感觉。

光泽是材料表面方向性反射光线的性质。材料表面越光滑,则光泽度越高。当为定向反射时,材料表面具有镜面特征,又称镜面反射。不同的光泽度,可改变材料表面的明暗程度,并可扩大视野或造成不同的虚实对比。

透明性是光线透过材料的性质。分为透明体、半透明体、不透明体。利用不同的透明度可隔断或调整光线的明暗,造成特殊的光学效果,也可物像清晰或朦胧。

2.6.2 土木工程材料的花纹图案、形状和尺寸

在生产或加工材料时,利用不同的工艺将材料表面做成各种不同的表面组织,如粗糙、平整、光滑、镜面、凹凸、麻点等;或将材料的表面制作成各种花纹图案,如山水风景画、人物画、仿木花纹、陶瓷壁画、拼镶陶瓷锦砖等。

建筑装饰材料的形状和尺寸对装饰效果又很大的影响。改变建筑装饰材料的形状和尺寸,并配合花纹、颜色、光泽等可拼镶出各种线形和图案,从而获得不同的装饰效果,以满足不同建筑型体和线形的需要,最大限度地发挥材料地装饰性。

2.6.3 土木工程材料的质感

质感是材料的组织结构、花纹图案、颜色、光泽、透明性等给人的一种综合感觉,如钢材、陶瓷、木材等材料在人感官中的软硬、轻重、细腻等感觉。组成相同的材料可以有不同的质感,如普通玻璃和压花玻璃。相同的表面处理形式往往具有相同的或类似的质感,但有时也并不完全相同,如人造花岗岩、仿木纹制品,一般均不如天然的花岗岩和木材亲切、真实,而显单调、呆板。

选择建筑装饰材料时应结合建筑物的造型、功能、用途、所处的环境、材料的使用部位等,充分考虑建筑装饰材料的上述三项性质及建筑装饰材料的其他性质,最大限度地表现出建筑装饰材料的装饰效果,并做到经济、耐久。

2.7 土木工程材料的耐久性

工程结构物在使用过程中,除受各种力的作用外,还受到各种自然因素长时间的破坏作用,为了保持结构物的功能,要求用于结构物中的各种土木工程材料具有良好的耐久性。土木

工程材料的耐久性是指土木工程材料在各种因素作用下，抵抗破坏、保持原有性质的能力。自然界中各种破坏因素包括物理的、化学的以及生物的作用等。

物理作用包括干湿交替、热胀冷缩、机械摩擦、冻融循环等。这些作用会使土木工程材料发生形状和尺寸的改变而造成体积的胀缩，或者导致土木工程材料内部裂缝的引发和扩展，久而久之终将导致土木工程材料和结构物的完全破坏。

化学作用包括酸、碱、盐水溶液以及有害气体的侵蚀作用，光、氧、热和水蒸气作用等。这些作用会使土木工程材料逐渐变质而失去其原有性质或破坏。

生物作用多指虫、菌的蛀蚀作用，如木材在不良使用条件下会受到虫蛀、腐朽变质而破坏。

砖、石、混凝土等矿物性材料，受物理作用破坏的机会较多，同时也受到化学作用的破坏。金属材料主要受化学和电化学作用引起锈蚀而破坏。木、竹等有机材料常受生物作用而破坏。沥青、树脂、塑料等高分子有机物在阳光、空气和热的作用下，逐渐老化、变脆或开裂而失去其使用价值。

综上所述，土木工程材料的耐久性是一项综合性能。对具体土木工程材料耐久性的要求，是随着该土木工程材料实际使用环境和条件的不同而确定的。一般情况下，特别是在气温较低的北方地区，常以土木工程材料的抗冻性代表耐久性。因为土木工程材料的抗冻性与在其他多种破坏因素作用下的耐久性具有密切关系。

在实际使用条件下，经过长期的观察和测试做出的耐久性判断是最为理想的，但这需要很长的时间，因而往往是根据使用要求，在试验室进行各种模拟快速试验，借以做出判断。例如，干湿循环、冻融循环、湿润与紫外线干燥、碳化、盐溶液浸渍与干燥、化学介质浸渍与快速磨损等试验。

应当指出，上述快速试验是在相当严格的条件下进行的，虽然也可得到定性或定量的试验结果，但这种试验结果与实际工程使用下的结果并不一定有明确的相关性或完全符合。因此，评定土木工程材料的耐久性仍需要根据材料的使用条件和所处的环境情况，作具体的分析和判断，才能得出正确的结论。

实训与创新

通过重点掌握土木工程材料的基本性质，到实训基地考察、研究土木工程材料与水有关的性质；考察研究土木工程材料的弹性、塑性等的科学实例，并选择其中之一写出不少于500字的小论文。

复习思考题与习题

2.1　土木工程材料应具备哪些基本性质？为什么？

2.2　材料的内部结构分为哪些层次？不同层次的结构中，其结构状态或特征对材料性质有何影响？

2.3　材料的密度、表观密度、体积密度和堆积密度有何差别?

2.4　材料的密实度和孔隙率与散粒材料的填充率和空隙率有何差别?

2.5　材料的亲水性、憎水性、吸水性、吸湿性、耐水性、抗渗性及抗冻性的定义、表示方法及其影响因素是什么?

2.6　什么是材料的导热性?导热性的大小如何表示?材料导热性与哪些因素有关?

2.7　脆性材料和韧性材料有什么区别?

2.8　材料在荷载(外力)作用下的强度有几种?

2.9　试验条件对材料强度有无影响?影响怎样?为什么?

2.10　什么是材料的强度等级、比强度?强度等级与强度有何关系与区别?

2.11　说明材料的脆性与韧性、弹性和塑性的区别。

2.12　说明材料的疲劳极限、硬度、磨损及磨耗的概念。

2.13　什么是材料的耐久性?材料为什么必须具有一定的耐久性?

2.14　建筑物的屋面、外墙、基础所使用的材料各应具备哪些性质?

2.15　当某种材料的孔隙率增大时,下表内其他性质如何变化?(用符号表示:↑增大、↓下降、—不变、?不定)

孔隙率	密度	表观密度	强度	吸水率	抗冻性	导热性
↑						

2.16　某岩石试样经烘干后其质量为 482g,将其投入盛水的量筒中,当试样吸水饱和后水的体积由 452cm^3 增为 630cm^3。饱和面干时取出试件称量,质量为 487g。试问:①该岩石的开口孔隙率为多少?②表观密度是多少?

2.17　称取堆积密度为 1500kg/m^3 的干砂 200g,将此砂装入容量瓶内,加满水并排尽气泡(砂已吸水饱和),称得总质量为 510g,将此瓶内的砂倒出,向瓶内重新注满水,此时称得总质量为 386g,试计算砂的表观密度。

2.18　普通黏土砖进行抗压强度试验:干燥状态下的破坏强度为 20.70kN;水饱和后的破坏强度为 17.25kN。若砖的受压面积为 11.5cm × 12.0cm,试问此砖可否用于建筑物中常与水接触的部位?

2.19　配制混凝土用的卵石,其密度为 2.65g/cm^3,干燥状态下的堆积密度为 1550kg/m^3。若用砂子将卵石的空隙填满,试问 1m^3 卵石需用多少砂子?

2.20　含水率为 10% 的 100g 的湿砂,其中干砂的质量为多少克?

2.21　现有甲、乙两相同组成的材料,密度为 2.7g/cm^3。甲材料的绝干体积密度为 1400kg/m^3,质量吸水率为 17%,乙材料吸水饱和后的体积密度为 1862kg/m^3,条件吸水率为 46.2%。试求:(1)甲材料的孔隙率和体积吸水率;(2)乙材料的绝干体积密度和孔隙率;(3)评价甲、乙两材料,指出哪种材料更宜作为外墙材料,为什么?

第3章　土的工程性质和工程分类

教学目的：土是一种重要的土木工程材料。在土层上修建桥梁、房屋、道路、堤坝时，土是用来支撑建筑物传来的荷载，此时土作为地基；在隧道、涵洞及地下建筑物工程中的土被作为建筑物周围的介质。本章主要讨论土的主要物质组成及结构，物理性质和力学性质，土的工程分类以及稳定土的技术性质等。

教学要求：掌握土的物理性质指标所表示的物理意义及试验方法，相关指标间的换算关系以及土的力学性质的压缩及抗剪强度指标、土的压实性；掌握从工程角度出发综合地评价土的工程性质；熟悉土按《公路土工试验规程》的分类方法，从工程角度按分类原则对土进行分类；熟练掌握稳定土的主要技术性质。

土是地壳表层母岩经过长期强烈风化（物理和化学风化）作用后的产物，是由各种大小不同的土粒按各种比例组成的集合体，土粒之间的孔隙中包含着水和气体，是一种三相体系。

在工程建设中，土因其对建筑物的作用不同而成为研究对象。如在土层上修建桥梁、房屋、道路、堤坝时，土是用来支撑建筑物传来的荷载，此时土作为地基；用土修筑路堤、土坝等土工建筑物时，土被作为建筑材料；在隧道、涵洞及地下建筑物工程中的土被作为建筑物周围的介质。

3.1　土的三相组成与粒度成分

3.1.1　土的三相组成

土由固体土粒，液体水和气体3部分组成，通常称之为土的三相组成（固相、液相和气相）。

随着环境的变化，土的三相比例也发生相应的变化，三相物质组成的质量和体积的比例不同，土的状态和工程性质也随之不同。例如：

固相＋气相（液相＝0）为干土时，黏土呈干硬状态；砂石呈松散状态。

固相＋液相＋气相为湿土时，黏土多为可塑状态；砂土具有一定的连接性。

固相＋液相（气相＝0）为饱和土时，黏土多为流塑状态；砂土仍呈松散状态，但遇强烈地震时可能产生液化，使工程结构物遭到破坏。

1. 土的固体颗粒（土的矿物组成）

土的固相物质包括无机矿物颗粒和有机质，它们是构成土的骨架最基本的物质。土中的无机矿物成分可以分为原生矿物和次生矿物两大类。

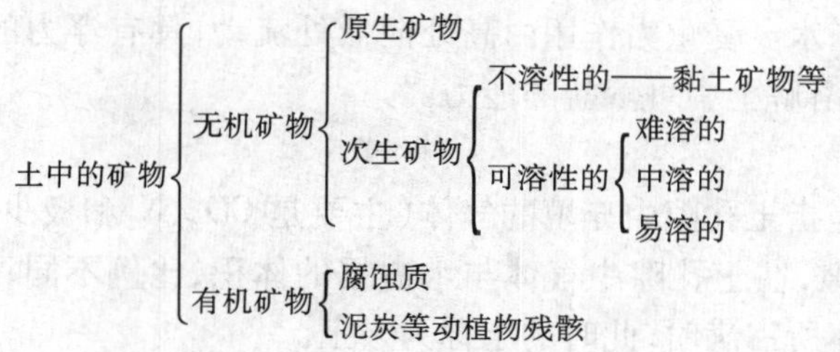

(1)原生矿物

原生矿物直接由岩石经物理风化而来,其性质未发生改变,如石英、长石、云母等。这类矿物的化学性质稳定,具有较强的抗水性和抗风化能力,而亲水性弱。它们是在物理风化的机械破坏作用下所形成的土粒,一般较粗大,是砂类土和粗碎屑土(砾石类土)的主要组成矿物。

(2)次生矿物

次生矿物主要是受化学风化而产生的新矿物。如三氧化二铁、三氧化二铝、次生二氧化硅、黏土矿物、碳酸盐等。次生矿物按其与水的作用可分为可溶的或不可溶的。可溶的按其溶解难易程度又可分为易溶的、中溶的和难溶的。次生矿物的成分和性质均较复杂,对土的工程性质影响也较大。

(3)有机质

由于动植物有机体的繁殖、死亡和分解,常使土中含有有机质。因分解程度不同,常以腐殖质、泥炭及生物遗骸等状态存在。腐殖质是土壤中常见的有机质,其黏性和亲水性更胜于黏粒。泥炭土疏松多孔,压缩性高,抗剪强度低,生物遗骸的分解程度更差。随着分解度增高,土的工程性质也发生变化。

2. 土中水

土中的水以不同形式和不同状态存在着,其性质也不是单一的。它们对土的工程性质起着不同的作用和影响。土中的水按其工程性质可分为:

(1)结合水

当土粒与水相互作用时,土粒会吸附一部分水分子,在土粒表面形成一定厚度的水膜,称为表面结合水。它受土粒表面引力的控制而不服从静力学规律。结合水的密度、黏滞度均比一般正常水高,冰点低于0℃。结合水的这些特性随着水离土粒表面的距离变化而变化,愈靠近土粒表面的水分子,受土粒的吸附力愈强,与正常水的性质差别愈大。因此,按吸附力的强弱,结合水可分为强结合水(也称吸着水)和弱结合水(也称薄膜水)。

(2)自由水

在结合水膜以外的水,为正常的液态水溶液,它受重力的控制而流动,能传递静水压力,称为自由水。自由水包括毛细水和重力水。

毛细水位于地下水位以上土粒的细小孔隙中,是介于结合水与重力水之间的过渡型水,毛细水不仅受到重力的作用,还受到表面张力的支配,能沿着土的细小孔隙从潜水面上升到一定的高度。尤其要注意毛细水上升可能引起道路翻浆、盐渍化、冻害等问题,导致路基失稳。

毛细水水分子排列的紧密程度介于结合水和普通液态水之间,其冰点也在普通液态水之下。毛细水还具有极微弱的抗剪强度,在剪应力较小的情况下会立刻发生流动。

重力水存在于地下水位以下的较粗颗粒的孔隙中,只受重力控制,是水分子不受土粒表面吸引力影响的普通液态水。受重力作用由高处向低处流动,具有浮力的作用。在重力水中能传递静水压力,并具有溶解土中可溶盐的能力。

3. 土中气体

土中的气体主要是指土孔隙中充填的气体(主要是 CO_2、N_2和极少量的 O_2),占据着未被水所充满的那部分孔隙,在土孔隙中气体与水占据的体积、比例不同,土的工程性质也不同。当土中孔隙全部被气体所占满时,此时的土称为干土。

土中的气体可分为与大气连通和不连通两类。与大气连通时的气体在受压力作用时,气体很快从土层孔隙中逸出,对土的工程性质影响不大。但密闭的气体对土的工程性质影响很大,在受到压力作用时,气泡会恢复原状或游离出来,造成土体的高压缩性和低渗透性。

3.1.2 土的颗粒特征

1. 土的颗粒形状

土粒的形状是多种多样的,卵石接近于圆形而碎石多棱角,砂是粒状的,云母颗粒是薄片状的,而黏土颗粒大多是扁平的。土粒形状对土体的密实度及稳定性有显著影响,土粒的形状取决于矿物成分,它反映土的成因条件及地质历史。

在描述土粒形状时,常利用两个指标:浑圆度及球度。

浑圆度反映土粒尖角的尖锐程度。

$$浑圆度=\sum_{i=1}^{n}\left(\frac{r_i}{R}\right)\Big/N$$

式中 r_i——土颗粒突出角的半径;

R——土颗粒的内接圆半径;

N——土颗粒尖角的数量。

球度是反映土粒形状接近圆球的程度。球度为1,即为圆球体。

$$球度=\frac{D_d}{D_c}$$

式中 D_d——在扁平面上与土粒投影面积相等的圆的半径;

D_c——土颗粒的最小外接圆半径。

2. 土的粒度成分

自然界的土,作为组成土体骨架的土粒,大小悬殊,性质各异。工程上常把组成土的各种大小颗粒的相互比例关系,称为土的粒度成分。土的粒度成分如何,对土的一系列工程性质有着决定性的影响,因此它是工程地质研究的主要内容之一。

(1)粒组

土的粒度是指土颗粒的大小,以粒径表示,通常以 mm 为单位。天然土的粒径一般是连续变化的。为便于研究,工程上把大小相近的土粒合并为组,称为粒组。粒组间的分界线是人为划定的,《公路土工试验规程》(JTG E40—2007)中的粒组划分方案见表3-1。

表 3-1　粒组划分方案

粒组统称	《公路土工试验规程》(JTG E40—2007)		
	粒组名称		粒组范围(mm)
巨粒	漂石(块石)		>200
	卵石(碎石)		200～60
粗粒	砾粒	粗砾	60～20
		中砾	20～5
		细砾	5～2
	砂粒	粗砂	2～0.5
		中砂	0.5～0.25
		细砂	0.25～0.075
细粒	粉粒		0.075～0.002
	黏粒		<0.002

(2)粒度成分及粒度分析

粒度成分就是干土中各粒组的质量百分率,或者说土是由不同粒组以不同数量配合而成,故又称为“颗粒级配”。例如某砂黏土,经分析,其中含黏粒 25%、粉粒 35%、砂粒 40%,这些百分数即为该土中各粒组干重占该土总干重的百分率。粒度成分可用来描述土中各种不同粒径土粒含量的配合情况。

为了准确地测定土的粒度成分所采用的各种手段,统称为粒度分析或颗粒分析。目前,我国常用的粒度成分分析方法有:对于粗粒土,即粒径大于 0.074mm 的土,用筛分法直接测定;对于粒径小于 0.074mm 的土,用沉降分析法。当土中粗细粒兼有时,可联合使用上述两种方法。

①筛分法。将所称取的一定质量风干土样放在筛网孔逐级减小的一套标准筛上摇振,然后分层测定各筛中土粒的质量,即为不同粒径粒组的土质量,并计算出每一粒组质量占土样总质量的百分率,并可计算小于某一筛孔直径土粒的累计质量及累计质量百分率。表 3-2 为某土样筛分示例。

表 3-2　某土样筛分分析成果表

粒组(mm)	质量(g)	粒度成分(%)
>2	3	1
2～1	36	12
1～0.5	96	32
0.5～0.25	120	40
0.25～0.1	30	10
<0.1	15	5
总　计	300	100

② 沉降分析法。将黏性土样经研磨、浸泡和煮沸,使土粒充分分散,置于水中混合成液,

使之沉降，按土粒在液体中沉降速度与粒径大小的关系来进行分析。如图 3-1 所示，根据斯托克斯（Stokes）定理：土粒下沉的速度与土粒粒径的平方成正比；或者，粒径与沉降速度的平方根成正比。即：

$$v=\frac{(\rho_s-\rho_w)\rho_{w4}\cdot g}{1800\times10^4\eta}\cdot d^2$$

或者写成为：

$$d=\sqrt{\frac{1800\times10^4\eta}{(\rho_s-\rho_w)\rho_{w4}\cdot g}}\cdot\sqrt{v}$$

式中 v——球形颗粒在液体中的稳定沉降速度，cm/s；

d——球形颗粒的直径，mm；

ρ_s——土颗粒的密度，g/cm^3；

ρ_w——水的密度，g/cm^3；

η——液体的黏滞度，10^{-6}kPa·s；

ρ_{w4}——4℃时水的密度，g/cm^3；

g——重力加速度（980cm/s^2）。

如近似地取：$\rho_w=1.0$g/cm^3；$\rho_s=2.6$g/cm^3；$\eta=0.00114$Pa·s（15℃时水溶液的黏滞度）。则上式为：

$$d=1.127\sqrt{v}$$

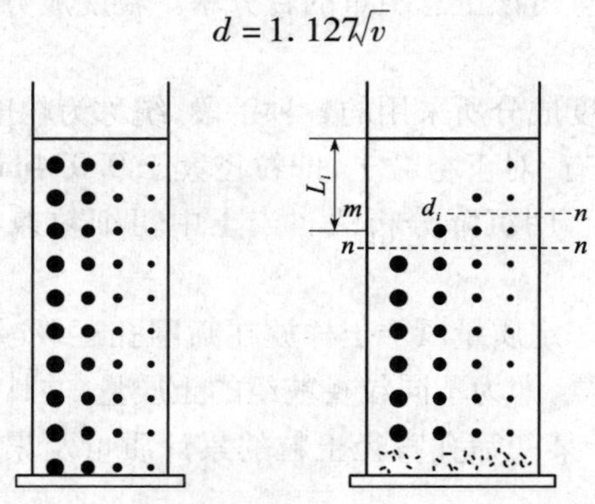

图 3-1 土粒在悬液中的沉降示意图

在进行粒度分析时，取一定质量的干土 m_s 制成一定体积的悬液，搅拌均匀后，在刚停止搅拌的瞬时，各种粒径的土粒在悬液中呈均匀状分布，不同深处的浓度（单位体积悬液内含有的土粒质量）都是相等的。静置一段时间 t_i（s）后，悬液中粒径为 d_i 的颗粒以相应的沉降速度 v_i 下沉。较粗的颗粒在悬液中沉降较快，较细的颗粒则沉降较慢。如图 3-1 所示，在 t_i 时间内，直径相当于 d_i 的沉降速度为 $v_i=L_i/t_i$，于是：

$$d=1.127\sqrt{\frac{L_j}{t_i}}$$

这样，所有大于 d_i 的土粒，其沉降速度必然大于 v_i，这表明在 L_i 深度范围内，肯定已没有大于 d_i 的土粒。如在 L_i 深度外有一个小区段，则 $m-n$，段内的悬液中只有 $\leqslant d_i$ 的土粒，而且 $\leqslant d_i$ 土粒的浓度与开始均匀状悬液中 $\leqslant d_i$ 土粒的浓度相等。

如果悬液体积为1000cm^3，其中所含≤d_i的土粒质量为m_{si}(g)，则在$m-n$段内悬液的密度为：

$$\rho_i = \frac{1}{1000}\left[m_{si} + \left(1000 + \frac{m_{si}}{\rho_{so}} \right) \cdot \rho_{wo} \right]$$

式中　ρ_i——悬液密度，g/cm^3；

m_{si}——悬液中≤d_i土粒的质量，g；

ρ_{so}——土粒密度，g/cm^3；

ρ_{wo}——水的密度，g/cm^3。

悬液密度ρ_i可用比重计测读，也可用吸管吸取$m-n$段内的悬液试样测定。

悬液中≤d_i土粒质量m_{si}占土粒总质量百分率P_i为：

$$P_i = \frac{m_{si}}{m_s} \times 100\%$$

(3)粒度成分的表示方法

经分析后，常用的粒度成分表示方法有：表格法、累计曲线法和三角坐标法。

1)表格法。表格法是以列表形式直接表达各粒组的相对含量。它用于粒度成分的分类是十分方便的。表格法有2种不同的表示方法，一种是以累计质量百分数表示的，见表3-3；另一种是以粒组表示的，见表3-4。累计质量百分数是小于某粒径的颗粒质量百分数，粒组是由相邻2个粒径的累计质量百分数之差求得的。

表3-3　粒度成分的累计质量百分数表格法

粒径 d_i(mm)	粒度成分(以质量百分数计)(%)		
	土样a	土样b	土样c
10	—	100.0	—
5	100.0	75.0	—
2	98.9	55.0	—
1	92.9	42.7	—
0.5	76.5	34.7	—
0.25	35.0	28.5	100.0
0.10	9.0	23.6	92.0
0.075	—	19.0	77.6
0.01	—	10.9	40.0
0.005	—	6.7	28.9
0.001	—	1.5	10.0

表 3-4　土的粒组成分表格法

粒组(mm)		粒度成分(以质量百分数计)(%)		
		土样 a	土样 b	土样 c
砾粒	10～5	—	25.0	—
	5～2	1.1	20.0	—
	2～1	6.0	12.3	—
砂粒	1～0.5	14.4	8.0	—
	0.5～0.25	41.5	6.2	—
	0.25～0.10	26.0	4.9	8.0
	0.10～0.05	9.0	4.6	14.4
粉粒	0.075～0.01	—	8.1	37.6
	0.01～0.005	—	4.2	11.1
黏粒	0.005～0.002	—	5.2	18.9
	<0.001	—	1.5	10.0

2)累计曲线法。通常用半对数坐标纸绘制,横坐标(按对数比例尺)表示粒径 d_i;纵坐标表示小于某一粒径土粒的累计质量百分数 P_i。

图 3-2 是根据表 3-4 提供的资料,在半对数坐标纸上点出各粒组累计百分数的对应坐标,然后将各点连成一条平滑曲线,即得该土样的累计曲线。

累计曲线的用途主要有以下 3 个方面:

① 由累计曲线可以直观地判断土中各粒组的分布情况。

a 曲线表示该土绝大部分是由比较均匀的砂粒组成的;

b 曲线表示该土是由各种粒组的土粒组成,土粒极不均匀;

c 曲线表示该土中砂粒极少,主要是由细颗粒组成的黏性土。

② 通过累计曲线可查知各粒组的相对含量,给土进行命名。

③ 由累计曲线可确定土粒的级配指标,判断土的级配情况。

不均匀系数:

$$C_u = \frac{d_{60}}{d_{10}}$$

曲率系数(或称级配系数):

$$C_u = \frac{d_{30}^2}{d_{10} \cdot d_{60}}$$

式中　d_{10}、d_{30}、d_{60}——分别相当于累计质量百分数为 10%、30% 和 60% 的粒径;d_{10} 称为有效粒径;d_{60} 称为限制粒径。

不均匀系数 C_u 反映不同大小粒组的分布情况。C_u 值愈大,曲线越平缓,表明土粒大小分布范围大,土的级配良好;C_u 值愈小,曲线越陡,表明土粒大小相近似,土的级配不良。一般认为,不均匀系数 $C_u<5$ 时,称为均粒土,其级配不良;$C_u \geqslant 5$ 的土为非均粒土,其级配良好。

实际上,仅靠不均匀系数 C_u 值一个指标来判定土的级配情况是不够的,还必须同时考察

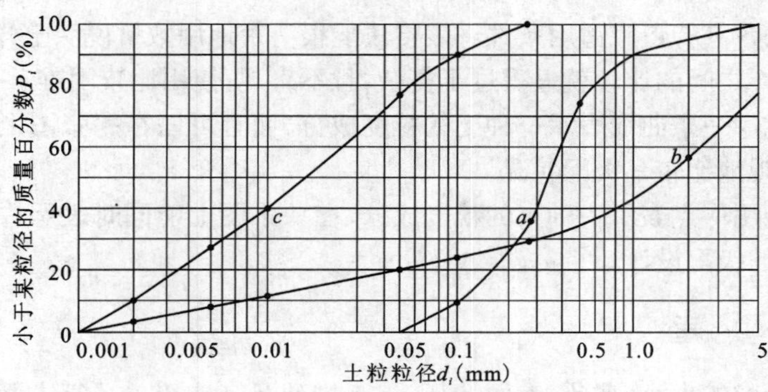

图 3-2　粒度成分累计曲线

曲率系数 C_c 值。曲率系数 C_c 描述累计曲线的分布范围，反映累计曲线的整体形状，一般认为 $C_c=1\sim3$ 时，土的级配较好；$C_c<1$ 或 $C_c>3$ 时，累计曲线呈明显弯曲。当累计曲线呈阶梯状时，说明粒度不连续，即土主要由大颗粒和小颗粒组成，缺少中间颗粒，表明土的级配不好，其工程地质性质也较差。

在工程上，常利用累计曲线确定的土粒的两个级配指标值来判定土的级配情况。同时满足不均匀系数 $C_u\geqslant5$ 和曲率系数 $C_c=1\sim3$ 这两个条件的，土为级配良好的土；若不能同时满足，则为级配不良的土。

例如图 3-2 中，曲线 a 土样，$d_{10}=0.11\text{mm}$，$d_{30}=0.23\text{mm}$，$d_{60}=0.40\text{mm}$。代入：

$$C_u=\frac{d_{60}}{d_{10}}$$

得 $C_u=3.6$。

代入：

$$C_c=\frac{d_{30}^2}{d_{10}\cdot d_{60}}$$

得 $C_c=1.20$。由此判定土样 a 为级配不良的土。

3）三角坐标法。三角坐标法可用来表达黏粒、粉粒和砂粒 3 种粒组的质量分数。它是利用几何上等边三角形中任意一点到三边的垂直距离之和恒等于三角形的高的原理，即 $h_1+h_2+h_3=H$ 来表达粒度成分。以 H 为 100%，h_1、h_2、h_3 分别表示黏粒、砂粒和粉粒等 3 个粒组的质量分数。则图 3-3 中 m 点即表示土样的粒度成分中黏粒、粉粒及砂粒的质量分数分别为 23%、47% 和 30%。

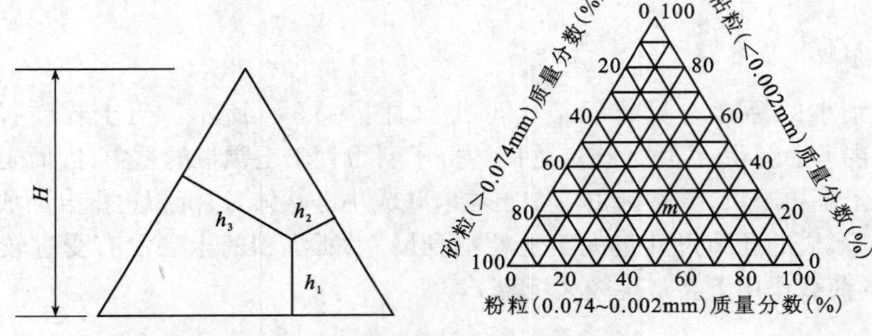

图 3-3　三角坐标法表示粒度成分

上述3种方法各有特点和适用条件。表格法能很清楚地用数量说明土样的各粒组质量分数,但对于大量土样之间的比较就显得过于复杂,且不直观,使用比较困难。

累计曲线法能用一条曲线表示一种土的粒度成分,而且可以在一张图上同时表示多种土的粒度成分,能直观地比较其级配状况。

三角坐标法能用一点表示一种土的粒度成分,在一张图上能同时表示许多种土的粒度成分,便于进行土料的级配设计。

3.1.3 土的结构构造

土的结构是土粒的大小、形状、表面特征、相互排列及其连接关系等方面的综合反映。土的排列方式表现为土粒间孔隙的疏密、大小、数量等的状态,它影响着土的透水性及压缩性等物理力学性质。

土的结构按其颗粒的排列及连结有下列3种:

1. 单粒结构

单粒结构是碎石类土和砂土的结构特征。此种结构的土粒间没有连结或只有极微弱的连结,可以忽略不计。按土粒间的相互排列方式和紧密程度不同,可将单粒结构分为松散结构和紧密结构。如图3-4所示。

在静荷载作用下,尤其在振动荷载作用下,疏松的单粒结构会趋于紧密,孔隙度降低,地基发生突然沉陷,导致建筑物遭到破坏,特别是只具有松散结构的砂土,在饱水情况下受振动时,会变成流动状态,对建筑物的破坏性更大。紧密状态单粒结构的土,由于其土粒排列紧密,在动、静荷载作用下都不会产生较大压缩沉陷,孔隙度的变化也很小,其上建筑物不致遭受破坏。紧密结构的砂土只有在侧向松动,如开挖基坑后,才会变成流砂状态。因此,从工程地质观点来看,紧密结构是最理想的结构。

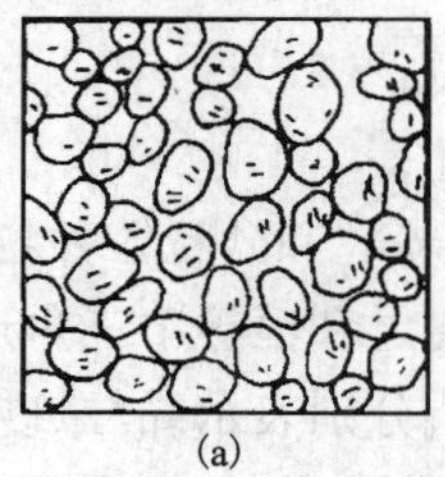
(a)

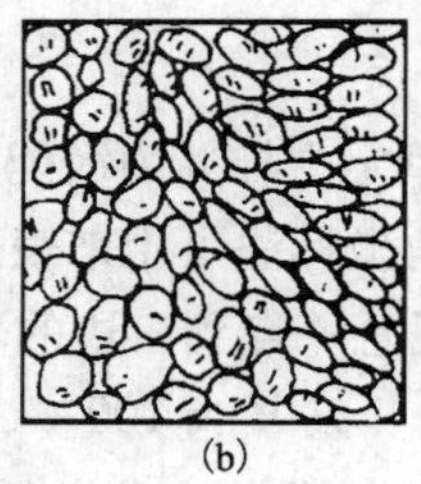
(b)

图3-4 土的单粒结构
(a)松散结构;(b)紧密结构

2. 蜂窝结构

要是颗粒细小的黏性土具有的结构形式,如图3-5(a)所示。当土粒粒径在0.002~0.02mm,土粒在水中沉积时,由于土粒之间的分子引力大于土颗粒的重力,因而土粒就停留在最初的接触点上不再下沉,并逐渐由单个土粒串联成小链状体,边沉积边围合而成内包孔隙的似蜂窝的结构;形成的孔隙尺寸远大于土粒本身尺寸,所沉积的土层没有受过较大的上覆压力,在建筑物的荷载作用下会产生较大沉降。

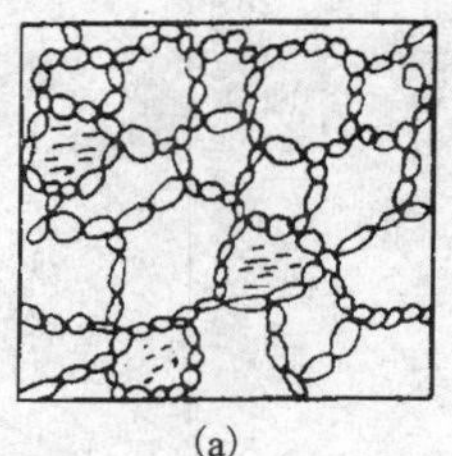
(a)

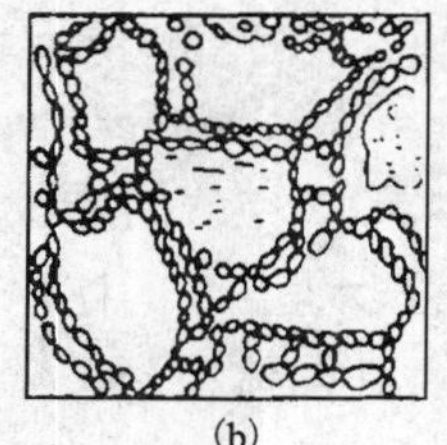
(b)

图 3-5　黏性土的团聚结构示意图
(a)蜂窝结构；(b)絮状结构

3. 絮状结构(又称二级蜂窝结构)

它是颗粒最细小的黏土特有的结构形式，如图 3-5(b)所示。当土粒粒径 <0.002mm 时，土粒在水中长期悬浮，不因自重而下沉。随着许许多多的土粒在水中运动，土粒之间相互碰撞而吸引，逐渐凝聚形成小链环状，质量增大而下沉，一个小链环碰到另一个小链环，许多个小链环又形成大链环状，称为絮状结构。同时由于小链环中已有孔隙，大链环中有更大的孔隙，形象地称之为二级蜂窝结构。絮状结构比蜂窝状结构孔隙含量更多，在荷载作用下能产生更大的沉降。

当外界条件变化时(例如荷载条件、温度条件或介质条件变化)，土的结构在形成过程中以及形成之后，都会发生相应的变化。

3.2　土的物理性质

土的物理性质是指土的各组成部分(固相、液相和气相)的数量比例、性质和排列方式等所表现的物理状态，如轻重、干湿、松密程度等，它们是土最基本的工程性质。

3.2.1　土的物理性质指标

土的物理性质指标，就是指土中固、液、气相三者在体积和质量方面相互比例不同所带来的物理性质指标的物理意义和数值的大小，可通过物理性质指标间接地评定土的工程性质。

为了导出三相比例指标，把土体中的三个分散相[如图 3-6(a)所示]抽象地分别集合在一起：固相集中于下部，液相居中部，气相集中于上部，构成理想的三相图[如图 3-6(b)所示]；在三相图右边标注各项的体积，左边标注各项的质量。土样的总质量为 m，土样的总体积为[如图 3-6(c)所示]。

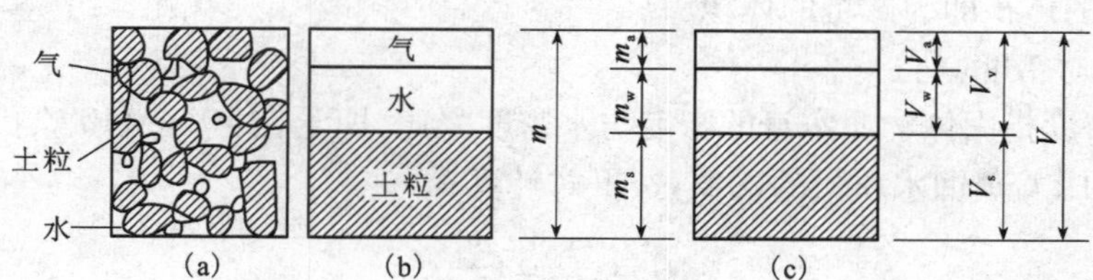

图 3-6　土的三相图
(a)实际土体；(b)土的三相图；(c)土的三相比例图

$$V = V_s + V_w + V_a$$

或：

$$V_v = V_w + V_a$$

$$m = m_s + m_w + m_a$$

或：

$$m \approx m_s + m_w, m_a \approx 0$$

式中　m_s、m_w、m_a——土粒、水、空气的质量，g；

V_s、V_w、V_a——土粒、水、空气的体积，cm^3；

V_v——土中孔隙体积，cm^3。

1. 土的密度

土的密度是指土的总质量与土的总体积的比值。根据孔隙中含水的情况可将土的密度分为天然密度ρ，干密度ρ_d，饱和密度ρ_{sat}，土粒相对密度(G_s)。

(1)天然密度ρ

天然密度也称湿密度，指天然状态下土的单位体积的质量，按下式计算：

$$\rho = \frac{m}{V} = \frac{m_s + m_w}{V}$$

式中　ρ——土的天然密度，g/cm^3；

m、V——土的总质量和总体积，g，cm^3；

m_s、m_w——土的颗粒质量和土的水分质量，g。

① 常见值：$\rho = 1.6 \sim 2.2 g/cm^3$。

② 土的天然密度是土的三大实测指标之一，常用测定方法有环刀法、灌砂法、灌水法等。

A. 环刀法：适用于细粒土，用内径6～8cm，高2～3cm，壁厚1.5～2mm的不锈钢环刀，环刀内壁涂一薄层凡士林用天平称其质量m_2，刀口朝下垂直切土样，削去两端余土使与环刀口齐平，并用剩余土样测定含水量。擦净环刀外壁，称环刀与土合质量m_1，准确至0.01g。

$$\rho = \frac{m_1 - m_2}{V}$$

式中　ρ——土的天然密度，g/cm^3；

m_1——环刀与土质量，g；

m_2——环刀质量，g；

V——环刀体积，cm^3。

B. 灌砂法：适用于现场测定细粒土、砂类土和砾类土的密度。

C. 灌水法：此法适用于粗粒土和巨粒土。现场挖试坑，将挖出的试样装入容器，称其质量，再用塑料薄膜平铺于试坑内，然后将水缓慢注入塑料薄膜中，直至薄膜袋内水面与坑口齐平，注入的水量的体积即为试坑的体积。

(2)土粒相对密度(G_s)

土粒相对密度指固体物质本身的密度与水密度之比，即土在105～110℃下烘至恒重时的质量与同体积的4℃蒸馏水质量的比值，按下式计算：

$$G_s = \frac{m_s}{m_w} = \frac{m_s}{V_s \rho_w}$$

式中　G_s——土粒的相对密度；

m_s——土粒的质量，g；

V_s——土粒的体积，cm^3；

m_w——4℃时同体积蒸馏水的质量，g；

ρ_w——4℃水的密度，一般为1，g/cm³。

① 常见值：一般砂土土粒相对密度为2.65～2.69；粉土土粒相对密度为2.70～2.71；黏性土土粒相对密度为2.72～2.75。

② 土粒相对密度为土的三大实测指标之一，常用测定方法为比重瓶法（适用于粒径小于5mm的土）。此外，还有浮称法、虹吸筒法。

附：比重瓶法（适用于粒径小于5mm的土）

用容积为100mL的比重瓶，将烘干土样15g装入比重瓶，用天平称瓶加干土质量。注入半瓶纯水后煮沸1h左右以排除土中气体，冷却后将纯水注满比重瓶，再称总质量并测定瓶内水温后经计算而得。

ρ_s称为土粒密度，是干土的质量m_s与其体积V_s之比，数值上与土粒相对密度相同，单位为g/cm³。

（3）干密度（ρ_d）

干密度是指干燥状态下单位体积土的质量，即土中固体土粒的质量与土的体积的比值，按下式计算：

$$\rho_d = \frac{m_s}{V}$$

土的干密度实际是土中完全没有天然水时的密度，是土密度的最小值，一般在1.3～2.0g/cm³。土的干密度值的大小直接与土的结构（土粒质量的多少，结构紧密程度）有关。如土的结构紧密，土粒质量多，土的密度值就大，孔隙率小。因此，在工程中，常用它来作为人工填土压实的控制指标。

干密度为计算指标，根据天然密度（ρ）和天然含水量（w）的实测值，一般用下列公式计算得到：

$$\rho_d = \frac{\rho}{1+w}$$

（4）饱和密度（ρ_{sat}）

饱和密度是指土的孔隙中全被水充满的情况下单位体积土的质量。即土粒的质量（m_s）及孔隙中充满水的质量（m_w）之和与土的总体积（V）的比值，按下式计算：

$$\rho_{sat} = \frac{m_s + m_w}{V} = \frac{m_s + V_v\rho_w}{V}$$

式中　ρ_{sat}——土的饱和密度，g/cm³；

V_v——孔隙的体积，cm³；

m_s——土粒的质量，g；

V——土的总体积，cm³；

m_w——4℃时同体积蒸馏水的质量，g；

ρ_w——4℃水的密度，一般为1，g/cm³。

土饱和密度的大小，与土中孔隙体积和组成土粒矿物成分及密度有关。土中孔隙体积小，土粒密度大，土的饱和密度就大（一般为1.8～2.3g/cm³），反之则小。含有机质较多的淤泥质土，孔隙体积大，其饱和密度就小，一般只有1.4～1.6g/cm³。

2. 土与水的关系

土的含水量表示土中含水的数量,根据孔隙中含水的情况可将土的含水量分为天然含水量(w),土的最佳含水量($w_{佳}$),土的饱和度(S_r)。

(1)天然含水量(w)

土的天然含水量表示土在天然状态下含水的数量,为土体中水的质量与固体矿物质量的比值,用百分数表示,按下式计算:

$$w=\frac{m_w}{m_s}$$

① 常见值:一般砂土为0% ~40%;黏性土为20% ~60%。当 $w\approx 0$ 时,砂土呈松散状态,黏土呈坚硬状态。黏性土的含水量很大时,其压缩性高,强度低。

② 天然含水量是土的三大实测指标之一,常用的测定方法:烘干法、酒精燃烧法。

A. 烘干法(为标准试验方法):适用于黏质土,粉质土,砂类土和有机质土类。

取代表性试样,细粒土15 ~30g,砂类土、有机土为50g,装入已称重的称量盒内,立即盖好盒盖,称其质量 m,放入烘箱内,在105 ~110℃的恒温下烘干(通常需8h左右),取出烘干后土样冷却后再称量 m_s,按下式计算:

$$w=\frac{m-m_s}{m_s}\times 100\%$$

式中 w——含水量,%;

m——湿土质量,g;

m_s——干土质量,g。

B. 酒精燃烧法:适用于快速简易测定细粒土(含有机质的除外)的含水量。

取代表性试样(黏质土5 ~10g,砂类土20 ~30g),放入称量盒内,称湿土质量 m。在盒内注入酒精直至盒内出现自由液面为止。并轻轻敲击盒底使酒精混合均匀,点燃盒中酒精,燃至火焰熄灭。冷却后,再按上述方法加入酒精点燃,一共烧3次。待烧完火焰熄灭后,盖好盒盖,立即称出质量 m_s。其含水量按上一计算式进行计算。

(2)土的最佳含水量($w_{佳}$)

土的最佳含水量是指土在标准击实试验条件下,能达到最大干密度时的含水量。一般通过土的击实曲线得到。

(3)土的饱和度(S_r)

土的饱和度指土中水的体积与土的全部孔隙体积的比值,按下式计算。土的饱和度表示孔隙被水充满的程度。

$$S_r=\frac{V_w}{V_v}$$

饱和度一般在0 ~1,用来描述土中水充满孔隙的程度,$S_r=0$ 为完全干燥的土;$S_r=1$ 为完全饱和的土。

饱和度对砂土和粉土有一定的实际意义,砂土以饱和度作为湿度划分的标准,按照天然砂性土所含水分的多少,可将砂性土划分为:稍湿的,$0\leqslant S_r\leqslant 50\%$;很湿的,$50\%\leqslant S_r\leqslant 80\%$;饱和的,$80\%\leqslant S_r\leqslant 100\%$。黏性土一般不用 S_r 这一指标。

3. 土的孔隙性结构指标

土不是致密无隙的固体，在土颗粒间存在较多的孔隙。土的孔隙性是指孔隙的大小、形状、数量及连通情况等特征。土的孔隙性决定于土的粒度成分和土的结构。

(1)孔隙比(e)

土的孔隙比为土中孔隙体积与固体颗粒的体积之比值，按下式计算：

$$e=\frac{V_v}{V_s}$$

土的孔隙比可直接反映土的密实程度。孔隙比愈大，土愈疏松；孔隙比愈小，土愈密实。它是确定地基承载力的指标。

对于砂土 $e=0.5\sim1.0$，当砂土 $e<0.6$ 时，呈密实状态，为良好地基。对于黏性土 $e=0.5\sim1.2$，当黏性土 $e>1.0$ 时，为软弱地基。

(2)土的孔隙度(孔隙率)(n)

土的孔隙度表示土中孔隙大小的程度，为土中孔隙体积占总体积的百分比，按下式计算：

$$n=\frac{V_v}{V}\times100\%$$

孔隙度 n 一般为 30% ~50%，孔隙度 n 与孔隙比 e 相比，工程应用很少。

孔隙度与孔隙比之间存在着下述换算关系，按下式计算：

$$n=\frac{e}{1+e}$$

孔隙度(n)和孔隙比(e)都是反映孔隙性的指标，但在应用上有所不同。凡是用于与整个土的体积有关的测试时，一般用孔隙度较为方便；但若要对比一种土的变化状态时，则用孔隙比较为准确。由于固体孔隙体积 v_s 是不变的，可视为定值，土在荷载作用下引起变化是孔隙体积 V_v；而 e 的变化直接与 V_v 的变化成正比，所以 e 能更明显地反映孔隙体积的变化。在工程设计中常用 e 这一指标。

土天然密度 ρ，土粒相对密度 G_r，土的含水量 w 为土的实测指标，是土的基本物理性质指标，其余的指标均可由 3 个试验指标计算得到，其换算关系，见表 3-5。

表 3-5　土的物理性质主要指标一览表

指标名称	表达式	常见值	指标来源	实际应用
土粒相对密度 G_s	$G_s=\frac{m_s}{m_w}=\frac{m_s}{V_s\rho_w}$	2.65 ~2.75	由试验确定	1. 换算 n、e、ρ_d 2. 工程计算
密度 ρ(g/cm^3)	$\rho=\frac{m}{V}=\frac{m_s+m_w}{V}$	1.60 ~2.20	由试验确定	1. 换算 n、e 2. 说明土的密度
天然含水量 w	$w=\frac{m_w}{m_s}$	$0<w<1$	由试验确定	1. 换算 S_r、e、ρ_d 2. 计算土的稠度指标
干密度 ρ_d(g/cm^3)	$\rho_d=\frac{m_s}{V}$	1.30 ~2.00	$\rho_d=\frac{\rho}{1+w}$	1. 土体压实质量控制 2. 粒度分析、压缩试验资料整理
饱和密度 ρ_{sat}(g/cm^3)	$\rho_{sat}=\frac{m_s+m_w}{V}=\frac{m_s+V_v\rho_w}{V}$	1.80 ~2.30	$\rho_{sat}=\frac{\rho(\rho_s-1)}{\rho_s(1+w)}+1$	—

续表

指标名称	表达式	常见值	指标来源	实际应用
饱和度 S_r	$S_r = \dfrac{V_w}{V_v}$	0～1	$S_r = \dfrac{\rho_s \cdot \rho \cdot w}{\rho_s(1+w)-\rho}$	1. 说明土的饱水状态 2. 划分粉土、砂土的湿度标准
孔隙度 n	$n = \dfrac{V_v}{V} \times 100\%$	—	$n = 1 - \dfrac{\rho}{\rho_s(1+w)}$	—
孔隙比 e	$e = \dfrac{V_v}{V_s}$	—	$n = \dfrac{\rho_s(1+w)}{\rho} - 1$	1. 计算地基承载力 2. 砂土估计密度和渗透性 3. 压缩试验整理资料

作为工程技术人员，不必死记这些换算公式，只要掌握每个指标的物理意义，运用三相图就能推导出这些公式。下面介绍这种换算的基本思路。

先绘制三相草图，然后根据3个已知指标数值和各物理性质指标的意义进行计算。

利用三相草图计算有一个技巧，如令 $V=1$ 或 $V_s=1$，因为三相量的指标都是相对的比例关系，不是量的绝对值，因此取三相图中任一个量等于任何数值进行计算都应得到相同的结果。假定的已知量选取合适，可以减少计算的工作量。

【例 3-1】 某原状土样，经试验测得土的密度 $\rho=1.80\text{g/cm}^3$，土粒密度 $\rho_s=2.70\text{g/cm}^3$，土的含水量 $w=18.0\%$，求 e、n、S_r、ρ_d、ρ_{sat}。

【解】 （1）绘制三相计算草图，如图3-7所示。

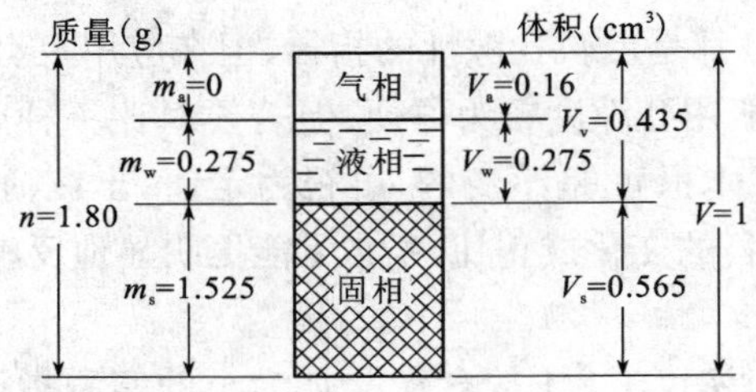

图3-7 三相计算草图

（2）令 $V=1(\text{cm}^3)$

（3）已知 $\rho=m/V=1.80(\text{g/cm}^3)$，故 $m=1.80(\text{g})$

（4）已知 $w=m_w/m_s=0.18$，故 $m_w=0.18m_s$。又 $m_w+m_s=1.80(\text{g})$，所以 $m_s=1.80/1.18=1.525(\text{g})$，故 $m_w=m-m_s=1.80-1.525=0.275(\text{g})$

（5）$V_w=0.275(\text{cm}^3)$

（6）已知 $\rho_s=m_s/V_s=2.70(\text{g/cm}^3)$，所以 $V_s=m_s/2.70=1.525/2.70=0.565(\text{cm}^3)$

（7）孔隙体积：$V_v=V-V_s=1-0.565=0.435(\text{cm}^3)$

（8）气相体积：$V_a=V_v-V_w=0.435-0.275=0.16(\text{cm}^3)$

这样，三相草图中8个未知量全部计算出数值。

（9）据所求物理性质指标的表达式可得：

孔隙比：

$$e = \frac{V_v}{V_s} = \frac{0.435}{0.565} = 0.77$$

孔隙度：

$$n = \frac{V_v}{V} = 0.435 = 43.5\%$$

饱和度：

$$S_r = \frac{V_w}{V_v} = \frac{0.272}{0.435} = 0.632$$

干密度：

$$\rho_d = \frac{m_s}{V} \approx 1.53(\mathrm{g/cm^3})$$

干表观密度：

$$\gamma_d = 15.3(\mathrm{kN/m^3})$$

饱和密度：

$$\rho_{sat} = \frac{m_w + m_s + V_a\rho_w}{V} = 1.80 + 0.16 = 1.96(\mathrm{g/cm^3})$$

上述三相计算中，若设 $V_s = 1\mathrm{cm^3}$，$V = 1\mathrm{cm^3}$，计算可得相同的结果。

3.2.2　土的物理状态指标

对于粗粒土来说，土的物理状态是指土的密实程度；对于细粒土，指土的软硬程度或为黏性土的稠度。

1. 粗粒土（无黏性土）的密实度

无黏性土如砂、卵石均为单粒结构，它们最主要的物理状态指标为密实度。工程上常用孔隙比 e、相对密度 D_r 和标准贯入锤击次数 N 作为划分其密实度的标准。

（1）用孔隙比 e 为标准

以孔隙比 e 作为砂土密实度划分标准，见表3-6。

表3-6　按孔隙比 e 划分砂土密实度表

砂土名称	密实度		
	密实的	中密的	松散的
砾砂、粗砂、中砂	$e<0.55$	$0.55\leqslant e\leqslant 0.65$	$e>0.65$
细砂	$e<0.60$	$0.60\leqslant e\leqslant 0.70$	$e>0.70$
粉砂	$e<0.60$	$0.60\leqslant e\leqslant 0.80$	$e>0.80$

用一个指标 e 来划分砂土的密实度，无法反映影响土的颗粒级配的因素。例如，两种级配不同的砂，一种颗粒均匀的密砂，其孔隙比为 e_1；另一种级配良好的松砂，孔隙比为 e_2，结果 $e_1 > e_2$，即密砂孔隙比反而大于松砂的孔隙比。为了克服用一个指标 e 对级配不同的砂土难以准确判断其密实程度的缺陷，工程上引用相对密度 D_r 这一指标。

(2)以相对密度 D_r 为标准

用天然孔隙比 e 与同一种砂的最疏松状态孔隙比 e_{max} 和最密实状态孔隙比 e_{min} 进行对比，看 e 靠近 e_{max} 还是靠近 e_{min}，以此来判别它的密实度，即相对密度法。

$$D_r = \frac{e_{max} - e}{e_{max} - e_{min}}$$

当 $D_r = 0$，即 $e = e_{max}$ 时，表示砂土处于最疏松状态；当 $D_r = 1$，即 $e = e_{min}$ 时，表示砂土处于最紧密状态。

《公路桥涵地基与基础设计规范》(JTG D63—2007)中规定用 D_r 来判定砂土的密实程度将砂土分为 4 级，见表 3-7。

表 3-7 砂土密实度划分表

标准贯入贯入锤击数 N	密实度	标准贯入贯入锤击数 N	密实度
$N \leqslant 10$	松散	$15 < N \leqslant 30$	中密
$10 < N \leqslant 15$	稍密	$N > 30$	密实

(3)以标准贯入锤击次数为标准

标准贯入试验是在现场进行的一种原位测试。这项试验的方法是：用卷扬机将质量为 63.5kg 的钢锤提升 76cm 高度，让钢锤自由下落，打击贯入器，使贯入器贯入土中深为 30cm 所需的锤击数记为 $N_{63.5}$(简化为 N)，对照表 3-7 中的分级标准来鉴定该土层的密实程度。

2. 黏性土的稠度

黏性土的颗粒很细，土粒与土中水相互作用很显著，关系极密切。例如，同一种黏性土，当它的含水量小时，土呈半固体坚硬状态；当含水量适当增加，土粒间距离加大，土呈现可塑状态。如含水量再增加，土中出现较多的自由水时，黏性土变成液体流动状态。

黏性土随着含水量不断增加，土的状态变化为固态→半固态→塑性→液态，相应的地基土的承载力也随着降低，亦即承载力基本值相差 10 倍以上。由此可见，黏性土最主要的物理特性是土粒与土中水相互作用产生的稠度，即土的软硬程度。

黏性土的稠度，反映土粒之间的联结强度随着含水量高低而变化的性质。其中不同状态之间的界限含水量具有重要的意义。

(1)液限 w_L(%)

① 定义：黏性土呈液态与塑态之间的界限含水量。

② 测定方法：液塑限联合测定法。

(2)塑限 w_P(%)

① 定义：黏性土呈塑态与半固态之间的界限含水量。

② 测定方法：液塑限联合测定法或搓条法。

附：液塑限联合测定法

制取 3 个土样，土样的含水量分别控制在液限(a 点)、略大于塑限(c 点)和两者的中间状态(b 点)。将土样分别装入盛土杯，放在联合测定仪的升降座上，转动升降旋钮，待锥尖与土样表面刚好接触时停止升降，使锥体下沉，锥体停止下落时，读取游标读数即为锥入深度 h。测定该盛土杯中土样的含水量 w。

在二级双对数坐标纸上，以含水量 w 为横坐标，锥入深度 h 为纵坐标，点绘 a、b、c 三点含水量的 h-w 图，连此三点，应呈一条直线。在 h-w 图上（如图 3-8 所示），查得坐标入土深度 $h=20$mm 所对应的横坐标的含水量 w，即为该土样的液限 w_L。

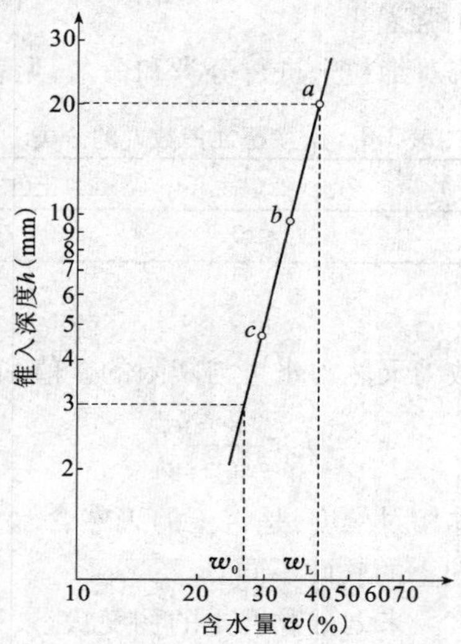

图 3-8　锥入深度与含水量（h-w）关系图

根据求出的液限 w_L，通过液限 w_L 与塑限时入土深度 h_p 的关系曲线（如图 3-9 所示），查得 h_p，再由图 3-8 求出入土深度为 h_p 时所对应的含水量，即为该土样的塑限 w_P。

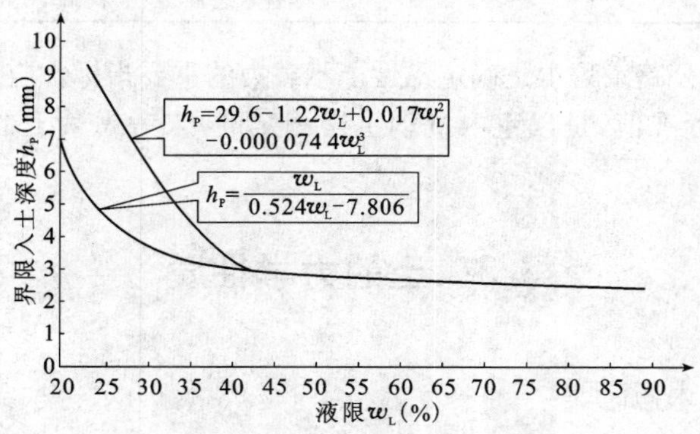

图 3-9　w_L-h_P 关系曲线

查 w_L-h_P 关系图时，须先通过简易鉴别法及筛分法把砂类土与细粒土区别开来，再按这两种土分别采用相应的 w_L-h_P 关系曲线。对于细粒土，用双曲线确定 h_P 值；对于砂类土，则用多项式曲线确定 h_P 值。

（3）塑性指数 I_P

① 定义：液限与塑限的差值，去掉百分数，称塑性指数，记为 I_P。

$$I_P=(w_L-w_P)\times 100$$

应当指出，w_L 与 w_P 都是界限含水量，以百分数表示。而 I_P 只取其数值，去掉百分数。例如，某一土样，$w_L = 32.6\%$，$w_P = 15.4\%$，则 $I_P = 17.2$，非 17.2%。

② 物理意义：塑性指数表示细颗粒土体处于可塑状态下，含水量变化的最大区间。一种土的 w_L 与 w_P，之间的范围大，即 I_P 大，表明该土能吸附结合水多，但仍处于可塑状态，亦即该土黏粒含量高或矿物成分吸水能力强。

③ 工程应用：用塑性指数 I_P 对细粒土进行分类和命名，见表 3-8。

表 3-8　土按塑性指数 I_P 的分类

土的名称	砂土（无塑性土）	粉土（低塑性土）	亚黏土（中塑性土）	黏土（高塑性土）
塑性指数 I_P	$I_P < 1$	$I_P \leqslant 10$	$10 < I_P \leqslant 17$	$I_P > 17$

(4) 液性指数 I_L

① 定义：黏性土的液性指数为天然含水量与塑限的差值和液限与塑限差值之比，即：

$$I_P = \frac{w - w_P}{w_L - w_P}$$

② 物理意义：液性指数又称相对稠度，是将土的天然含水量 w 与 w_L 及 w_p 相比较，以表明 w 是靠近 w_L 还是靠近 w_p，来反映土的软硬不同。

③ 工程应用：用液性指数 I_L。来划分黏性土的稠度状态，见表 3-9。

表 3-9　据液性指数 I_L 对黏性土的稠度状态划分

<table>
<tr><td>液性指数</td><td>$I_L < 0$</td><td>$0 \leqslant I_L < 0.5$</td><td>$0.5 \leqslant I_L < 1.0$</td><td>$I_L \geqslant 1.0$</td></tr>
<tr><td rowspan="2">稠度状态</td><td rowspan="2">干硬状态</td><td>硬塑状态</td><td>软塑状态</td><td rowspan="2">流动状态</td></tr>
<tr><td colspan="2">塑性状态</td></tr>
</table>

另外，液性指数在公路工程中是确定黏性土承载力的重要指标。应当指出，根据液性指数所判定的稠度状态的标准值，是以室内扰动土样测定的，未考虑其土的结构影响，故只能做参考。

3.3　土的力学性质

3.3.1　土的压缩性和抗剪性

1. 土的压缩性

在建筑物基底附加压力作用下，地基土内各点除了承受由土自重引起的自重应力外，还要承受附加应力使地基土产生附加的变形，即体积变形和形状变形。对土这种材料来说，体积变形通常表现为体积缩小，我们把这种在外力作用下土体积缩小的特性称为土的压缩性。

土的压缩的实质是土颗粒之间产生相对移动而靠拢，使土体内孔隙减小。

土的压缩性主要有 2 个特点：

1) 土的压缩主要是由孔隙体积减少而引起的。对一般的工程问题，土体的应力水平多在数百 kPa 以下，在这样的应力作用下，土中颗粒的变形很小，完全可忽略不计，因此，土的压缩性是土中孔隙减小的结果，土体积的变化量就等于其中孔隙的减小量。

2）由于孔隙水的排出而引起的压缩对于饱和性黏土来说是需要时间的，土的压缩随时间增长的过程称为土的固结。这是由于黏性土的透水性很差，土中水沿着孔隙排出的速度很慢。

土的压缩性指标主要有压缩系数 a、压缩模量 E_s 和变形模量 E。压缩系数 a、压缩模量 E_s 可通过室内固结试验获得，变形模量 E 可由现场荷载试验取得。不同的土压缩性有很大的差别，其主要影响因素包括土本身的性状（如土粒级配、结构构造、成分、孔隙水等）和环境因素（如应力路线、应力历史、温度等）。

2. 土的抗剪性

土的抗剪强度是指土体对于外荷载所产生的剪应力的极限抵抗能力。其数值等于剪切破坏时滑动的剪应力。当土中某点由外力所产生的剪应力达到土的抗剪强度，沿某一面发生了与剪切方向一致的相对位移时，便认为该点发生了剪切破坏。

在实际工程中，与土的抗剪强度有关的问题主要有以下三方面：

1）土坡稳定性问题：包括天然土坡（如山坡、河岸等）和人工土坡（如土坝、路堤等）的稳定性问题；

2）土压力问题：包括挡土墙、地下结构物等周围的土体对其产生的侧向压力可能导致这些构造物发生滑动或倾覆；

3）地基的承载力与稳定性问题：当外荷载很大时，基础下地基的塑性变形区扩展成一个连续的滑动面，使得建筑物整体丧失了稳定性。

土的抗剪强度指标包括内摩擦角 Φ 和黏聚力 c，其值是地基与基础设计的重要参数，该指标需要用专门的仪器通过试验来确定。常用的试验仪器有直接剪切仪、无侧限压力仪、三轴剪切仪和十字板剪切仪等。

3.3.2　土的压实性

在工程建设中，经常遇到填土或软弱地基，填土不同于天然土层，因为经过挖掘、搬运之后，原状结构已被破坏，含水量已变化，堆填时必然在土团之间留下许多孔隙。未经压实的填土强度低，压缩性大而且不均匀，遇水易发生陷坍、崩解等。为了改善这些土的工程性质，常采用压实的方法使土变得密实，使之具有足够的密实度（所谓“足够密实度”是指通过在标准压实条件下获得压实填土的最大干密度和相应的最佳含水量），以确保行车平顺和安全。对于松散土层构成的路堑地段的路基面，为改善其工作条件也应予以压实。

压实是采用人工或机械手段对土施加夯压能量，使土粒在外力作用下不断靠拢，重新排列成密实的新结构，使土粒之间的内摩阻力和黏聚力不断增加，从而达到提高土的强度，改善土的性质的目的。

1. 压实曲线性状

土的压实性通过击实试验确定，击实试验一般取5～6组含水量不同的试样，每组试样分别装入击实筒击实后得到圆柱体土样，用天平测定该土样的质量 m，并计算其密度 ρ，计算公式如下：

$$\rho=\frac{m}{V}$$

式中　ρ——土样的密度，g/cm^3；

m——土样的质量，g；

V——击实筒的体积，cm^3。

从该圆柱体土样中取少量土样用酒精燃烧法或烘干法测定含水量 w。

按上式计算击实后土的干密度。以干密度为纵坐标，含水量为横坐标，绘制干密度与含水量的关系曲线（图 3-10），曲线上峰值点的纵、横坐标分别为最大干密度和最佳含水量。

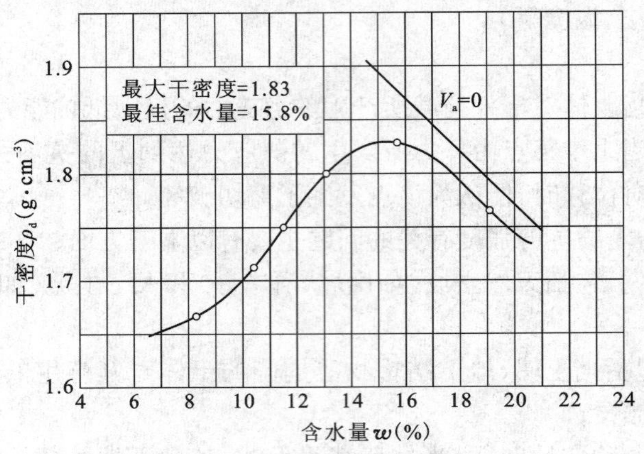

图 3-10　含水量与干密度的关系曲线

所得到的击实曲线（图 3-10）是研究土的压实特性的基本关系图。从图中可见，击实曲线上有一峰值，该峰值表明，在一定的击实功作用下，只有当压实土处于最佳含水量时，压实效果最好，土才能被击实至最大干密度，达到最为密实的填土密度。而土的含水量小于或大于最佳含水量时，所得干密度均小于最大值。

从图 3-10 的曲线形态还可看到，曲线左段比右段的坡度大。这表明土的含水量变化对于干密度的影响在偏干时比偏湿时更为明显。

在 w-ρ_d 曲线图中还给出了饱和曲线（图 3-10），它表示当土处于饱和状态时的 ρ_d 和 w 的关系。

从饱和曲线与击实曲线的位置关系可看出，击实土是不可能被击实到完全饱和状态的。试验证明，黏性土在最佳击实情况下（即击实曲线峰点），所相应的饱和度约为 80%。这一点可以这样来理解：当土的含水量接近或大于最佳值时，土孔隙中的气体最终处于与大气不连通的状态，击实作用已不能将其排出体外，击实土是不可能被击实到完全饱和的。即击实曲线必然位于饱和曲线的左下侧而不可能与饱和曲线有交点。还可注意到，这里讨论的是黏性土，黏性土的渗透性小，在击实碾压的过程中，土中水来不及渗出，压实的过程可以认为含水量保持不变，因此，对于饱和曲线来说，必然是含水量愈高得到的压实密度愈小。

2. 填土的含水量的控制

由上分析得出黏性土处于最佳含水量时，密度最大。因此，在填土施工时应将土料的含水量控制在最佳含水量左右，以期用较小的能量获得最好的密度。一般选用的含水量要求在 $w_{佳} \pm (2\sim3)\%$ 内。

3. 压实特性在现场填土中的应用

工程上常用压实度来表示土基压实的好坏，所谓压实度是指路基土压实后的干密度与该土的室内标准干密度（最大干密度）之比，以百分数表示。即：

$$K=\frac{\rho_d}{\rho_{d,max}}\times 100\%$$

式中　K——土基压实度，%；

ρ_d——现场压实后的干密度，g/cm^3；

$\rho_{d,max}$——最大干密度，g/cm^3。

现场干密度常采用灌砂法、核子密度仪法测定，最大干密度采用室内标准击实试验测定。现行室内标准击实试验有两种，即重型击实法与轻型击实法。对于铺筑中级或低级路面的三、四级公路的路基，允许采用轻型击实法。

3.4　土的工程分类

由于土的矿物成分与形成土的环境不同，天然土的工程性质有很大的差异。在工程建设中为了正确评价土的工程性质，以便于合理选择设计和施工方案，必须对土进行分类。目前我国公路系统采用较广泛的土的工程分类有 2 种：路基土的工程分类和地基土的工程分类。

按照《公路土工试验规程》（JTG E40—2007）规定，路基土分为巨粒土、粗粒土、细粒土和特殊土。分类的一般原则是：

A. 粗粒土按粒度成分及级配特征；

B. 细粒土按塑性指数和液限，即塑性图法；

C. 有机土和特殊土则分别单独各列为一类；

D. 对定出的土名给以具有明确含义的文字符号，既可一目了然，还可为运用电子计算机检索土质试验资料提供条件。

土的分类符号见表 3-10。

表 3-10　土的成分代号

漂石：B	砂：S	土的级配代号	级配良好：W
块石：Ba	粉土：M		级配不良：P
卵石：Cb	黏土：C	土液限高低代号	高液限：H
小块石：Cba	细粒土（C 和 M 合称）：F		低液限：L
砾：G	混合土（粗细粒土合称）：SI	特殊土代号	黄土：Y　红黏土：R
角砾：Ga	有机质土：O		膨胀土：E　盐渍土：St

（1）土类名称可用一个基本代号表示。

（2）当土类名称由 2 个基本代号构成时，第 1 个代号表示土的主成分，第 2 个代号表示副成分（土的液限或土的级配）。例如：

GC　黏土质砾

SW　良好级配砂

OH　高液限有机土

（3）当土类名称由 3 个基本代号构成时，第 1 个代号表示土的主成分，第 2 个代号表示液限的高低或级配的好坏，第 3 个代号表示土中所含的次要成分。例如：

CHG 高液限含砾黏土　　MHO　　含有机质高液限粉土

3.4.1 《公路土工试验规程》中的土的分类

《公路土工试验规程》(JTG E40—2007)根据土分类的一般原则,吸收国内外分类体系的优点,结合本系统在工程实践中所取得的试验研究成果,提出了土质统一分类的体系,如图 3-11 所示。该分类适用于公路工程用土的鉴别、定名和描述,以便对土的性能做出定性的评价。

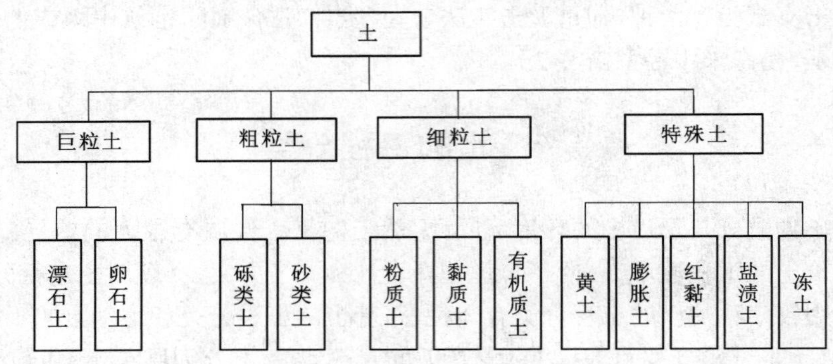

图 3-11　土分类总体系图

现将《公路土工试验规程》(JTG E40—2007)中的巨粒土、粗粒土和细粒土等的分类标准简介如下:

1. 巨粒土分类

试样中巨粒组(大于 60mm 的颗粒)质量大于总质量 50% 的土称巨粒土,巨粒组分类见表 3-11。

表 3-11　巨粒土分类表

土　组		土组代号	漂石颗粒(>200mm 颗粒)质量分数(%)
漂(卵)石(大于 60mm 颗粒>75%,<100%)	漂石	B	>50
	卵石	Cb	≤50
漂(卵)石夹土(大于 60mm 颗粒 50% ~75%)	漂石夹土	BSI	>50
	卵石夹土	CbSI	≤50
漂(卵)石质土(大于 60mm 颗粒 15% ~50%)	漂石质土	SIB	>卵石粒质量分数
	卵石质土	SICb	<卵石粒质量分数

2. 粗粒土分类

试样中粗粒组(粒径<60mm、>0.074mm 的颗粒)质量大于总质量 50% 的土称粗粒土。粗粒土分砾类土和砂类土 2 种。

粗粒土中砾粒组(2 ~60mm 的颗粒)质量大于总质量 50% 的土称砾类土,见表 3-12。粒径 2 ~60mm 的砾粒组质量小于或等于总质量的 50% 的土称为砂类土,见表 3-13。

表 3-12　砾类土分类表

土组		土组代号	细粒组（<0.074mm 颗粒）质量分数（%）
砾	级配良好砾	GW	<5；且 $C_u \geqslant 5$；$C_u = 1 \sim 3$
	级配不良砾	GP	<5；且 $C_u \geqslant 5$；$C_u = 1 \sim 3$ 有一条不满足上述条件
含细粒土砾		GF	5 ~ 15
黏土质砾	粉土质砾	GM	15 ~ 50
	细粒土质砾	GC	

注：GM 在塑性图上位于 A 线以下，GC 位于 A 线以上。

表 3-13　砂类土分类表

土组		土组代号	细粒组（<0.074mm 颗粒）质量分数（%）
砂	级配良好砂	SW	<5；且 $C_u \geqslant 5$；$C_u = 1 \sim 3$
	级配不良砂	SP	<5；且 $C_u \geqslant 5$；$C_u = 1 \sim 3$ 有一条不满足上述条件
含细粒土砂		SF	5 ~ 15
黏土质砂	粉土质砂	SM	15 ~ 50
	细粒土质砂	SC	

注：SM 在塑性图上位于 A 线以下，SC 位于 A 线以上。

3. 细粒土分类

试样中细粒组（小于 0.074mm 颗粒）质量大于总质量 50% 的土称细粒土。它包括粉质土、黏质土和有机质土，如图 3-12 所示。

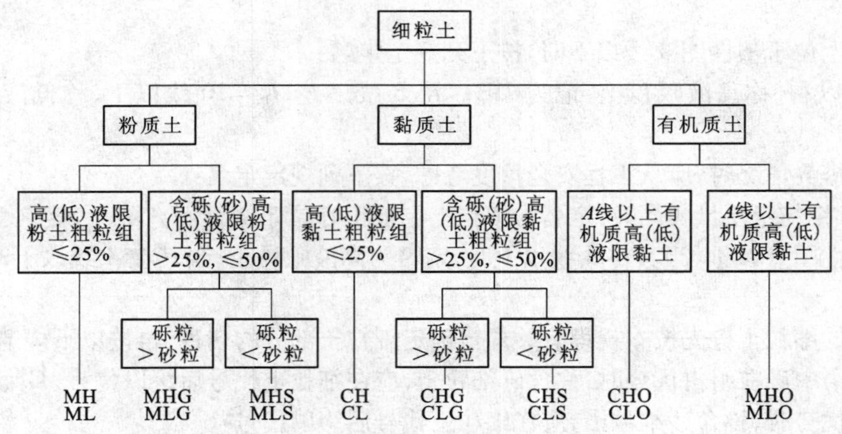

图 3-12　细粒土分类体系

在细粒土中，按粗粒组含量的多少分为含、微含、不含砾（砂）土，按细粒土的性质不同可以分为高、低液限的黏土和粉土。

细粒土还可以按塑性图分类。塑性图的基本原理是在颗粒级配和塑性的基础上，以塑性指数 I_P 为纵坐标，液限 w_L 值为横坐标的直角坐标图式，如图 3-13 所示。

在图 3-13 中，用几条直线将直角坐标系分割成若干区域，不同区域代表着不同性质的土类。图 3-13 是我国交通部颁布的现行《公路土工试验规程》(JTG E40—2007)中所提出的塑性图。在图中,以 A 线 $I_P=0.73(w_L-20)$,将直角坐标图分为 C(黏土)区和 M(粉土)区;再以 B 线 $w_L=50\%$,将坐标图按液限高低分割成两个区域,即由左至右分为 L(低液限)区、H(高液限)区。又在 L(低液限)区内,以 $I_P=10$ 的水平线作为 C(黏性土)与 M(粉性土)的分界线。

塑性图的功能在于能较快地和有效地在图上定出土类的性质及土名,即根据 I_P 及 w_L 值在图上找出相对应的坐标点位就可得知其稠度特征及土类名称。

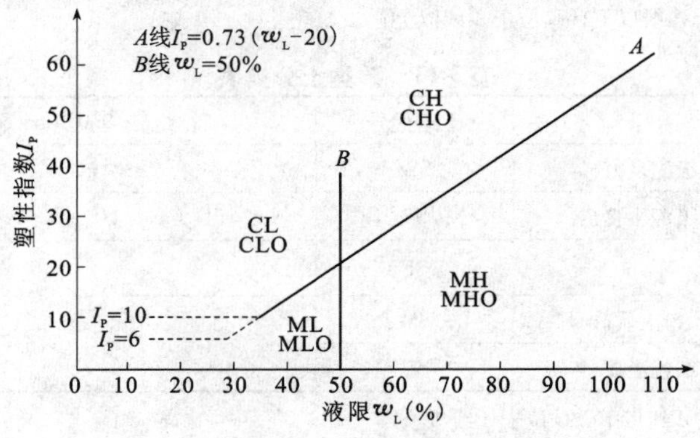

图 3-13 塑性图

当细粒土位于塑性图 A 线以上时,按下列规定定名:

在 B 线以右,称高液限黏土,记为 CH。在 B 线以左,$I_P=10$ 线以上,称低液限黏土,记为 CL。

当细粒上位于塑性图 A 线以下时,按下列规定定名:

在 B 线以右,称高液限粉土,记为 MH。在 B 线以左,$I_P=10$ 线以下,称低液限粉土,记为 ML。

分类遇搭界情况时,应从工程安全角度考虑,按下列规定定名:

土中粗、细粒组质量相同时,定名为细粒土。土正好位于塑性图 A 线上,定名为黏土。土正好位于塑性图 B 线上,当其在 A 线以上时,定名为高液限黏土;当其在 A 线以下时定名为高液限粉土。

含粗粒的细粒土应先按本规程有关规定确定细粒土部分的名称,再按以下规定最终定名:

当粗粒组中砾粒组占优势时,称含砾细粒土,应在细粒土代号后缀以代号“G”。当粗粒组中砂粒组占优势时,称含砂细粒土,应在细粒土代号后缀以代号“S”。

土中有机质包括未完全分解的动植物残骸和完全分解的无定形物质。后者多呈黑色、青黑色或暗色;有臭味、有弹性和海绵感。借目测、手摸及嗅感判别。当不能判定时,可采用下列方法:将试样在 105 ~ 110℃ 的烘箱中烘烤。若烘烤 24h 后试样的液限小于烘烤前的 3/4,该试样为有机质土。

有机质土应根据图 3-13 按下列规定定名:

位于塑性图 A 线以上:在 B 线以右,称有机质高液限黏土,记为 CHO;在 B 线以左,$I_P=10$ 线以上,称有机质低液限黏土,记为 CLO。

位于塑性图 A 线以下：在 B 线以右，称有机质高液限粉土，记为 MHO；在 B 线以左，$I_P = 10$ 线以下，称有机质低液限粉土，记为 MLO。

4. 特殊土的分类

《公路土工试验规程》(JTG E40—2007)仅给出了黄土、膨胀土和红黏土在塑性图的位置及其学名，以及盐渍土的含盐量标准。

黄土、膨胀土和红黏土按特殊土塑性图定名，如图 3-14 所示。

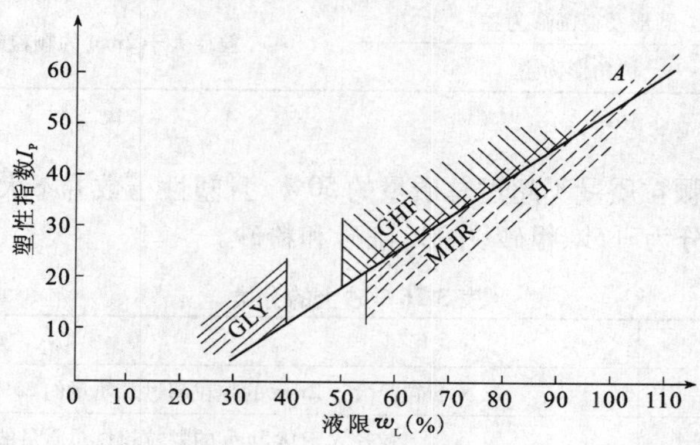

图 3-14　特殊土塑性图

(1)黄土：低液限黏土(CLY)分布范围大部分在 A 线以上，$w_L < 40\%$。

(2)膨胀土：高液限黏土(CHE)分布范围大部分在 A 线以上，$w_L < 50\%$。

(3)红黏土：高液限粉土(MHR)分布范围大部分在 A 线以下，$w_L > 55\%$。

盐渍土按表 3-14 规定划分。

表 3-14　盐渍土分类

名称	被利用的土层中平均总盐量	
	氯化物和硫酸盐氯化物	氯化物硫酸盐和硫酸盐
弱盐渍土	0.3 ~ 1.0	0.3 ~ 0.5
中盐渍土	1 ~ 5	0.5 ~ 2
强盐渍土	5 ~ 8	2 ~ 5
过盐渍土	>8	>5

3.4.2　《公路桥涵地基与基础设计规范》(JTG D63—2007)中土的分类

在这个分类中，把土作为建筑物场地和建筑地基进行分类。

首先按颗粒级配或塑性指数将土划分为碎石土、砂土和黏性土。各类土的划分标准如下：

1. 碎石土

粒径大于 2mm 的颗粒质量超过总质量的 50% 的土。再根据颗粒级配及形状按表 3-15 细分为漂石、块石、卵石、碎石、圆砾和角砾。

表 3-15　碎石土的分类

土的名称	颗粒形状	颗粒级配
漂石	圆形及亚圆形为主	粒径大于 200mm 的颗粒超过总质量的 50%
块石	棱角形为主	
卵石	圆形及亚圆形为主	粒径大于 20mm 的颗粒超过总质量的 50%
砾石	棱角形为主	
圆砾	圆形及亚圆形为主	粒径大于 2mm 的颗粒超过总质量的 50%
角砾	棱角形为主	

2. 砂土

粒径大于2mm 的颗粒质量不超过总质量的50%，且塑性指数 I_P不大于1 的土。再根据颗粒级配按表 3-16 将土分为砾砂、粗砂、中砂、细砂和粉砂。

表 3-16　砂土的分类

土的名称	颗粒级配
砾砂	粒径大于 2mm 的颗粒超过总质量的 25% ~50%
粗砂	粒径大于 0.5mm 的颗粒超过总质量的 50%
中砂	粒径大于 0.25mm 的颗粒超过总质量的 50%
细砂	粒径大于 0.1mm 的颗粒超过总质量的 75%
粉砂	粒径大于 0.1mm 的颗粒超过总质量的 75%

3. 细粒土

塑性指数 $I_P>1$ 的土。再根据塑性指数 I_P值按表 3-17 将土细分为黏土、亚黏土和粉土。另外，对于黏性土，按其沉积年代分为：

1）老黏性土：第四纪晚更新世（Q_3）以及 Q_3以前的沉积黏性土。

表 3-17　细粒土的分类

土的名称	塑性指数 I_P值
黏土	$I_P>17$
亚黏土	$10<I_P\leqslant 17$
粉土	$1<I_P\leqslant 10$

2）一般黏性土：第四纪全新世（Q_4）（文化期以前）沉积的黏性土。

3）新近沉积黏性土：文化期以来沉积的黏性土。

4. 人工填土

由于人类活动而形成的堆积物。根据物质组成、堆积方式又分为：

1）素填土：由碎石土、砂土、黏性土等组成的填土，经分层压实者统称为压实填土。

2）杂填土：含有建筑垃圾、工业废料、生活垃圾等杂物的填土。

3）冲填土：由水力冲填泥砂形成的填土。

3.5 稳　定　土

在粉碎土和原状松散的土(包插各种粗、中、细粒土)中掺入适量的石灰、水泥、工业废渣、沥青及其他材料后,按照一定技术要求经拌合,在最佳含水量下压实成型,经一定龄期养生硬化后,其抗压强度符合规定要求的混合材料称为稳定土。

3.5.1　稳定土的组成

1. 土质

各种成因的土都可用石灰来稳定,但生产实践证明,黏性土较好,其稳定效果显著,强度也高。采用高液限黏土时施工中不易粉碎;采用粉性土的石灰土早期强度较低,但后期强度可满足使用要求;采用低液限土时易拌合,但难以碾压成型,稳定的效果不显著。所以,在选取土质时,既要考虑其强度,还要考虑到施工时易于粉碎、便于碾压成型。一般采用塑性指数 15 ~ 20 的黏性土比较好。塑性指数偏大的黏土,要加强粉碎,粉碎后,土中的土块不宜超过 15mm。经验证明,塑性指数小于 15 的土不宜用石灰稳定。对于硫酸盐类含量超过 0.8% 或腐殖质含量超过 10% 的土,对强度有显著影响,不宜直接采用。

2. 稳定材料(又称稳定剂)

(1)石灰

用于稳定土的石灰应是消石灰或生石灰粉,对高速公路或一级公路宜用磨细生石灰粉。所用石灰质量应为合格品以上,应尽量缩短石灰的存放时间。石灰剂量对石灰土的强度有显著影响,生产实践中常用的最佳剂量范围为:黏性土及粉性土为 8% ~14%,砂性土为 9% ~16%。

(2)水泥

各种类型的水泥都可用于稳定土,相比而言,硅酸盐水泥的稳定效果较好。所掺水泥量以能保证水泥稳定土技术性能指标为前提。

(3)粉煤灰

粉煤灰是火力发电厂排出的废渣,属硅质或硅铝质材料,本身很少有或没有粘接性,当它以分散状态与水和消石灰或水泥混合,可以发生反应形成具有粘接性的化合物。粉煤灰加入土可以用来稳定各种粒料和土。

3. 水

水可以促使石灰土发生一系列物理、化学变化,形成强度;水有利于土的粉碎、拌合、压实,并且有利于养生。不同土质的石灰土所需含水量不同。此外所用必须是清洁的,通常要求使用可饮用水。

3.5.2　稳定土的技术性质

1. 强度

(1)强度形成原理

在土中掺入适量的石灰,并在最佳含水量下拌匀压实,使石灰与土发生一系列物理、化学作用,从而使土的性质得到根本改善。这种强度形成的过程一般经历了以下几种作用过程:离子交换作用、结晶硬化作用、火山灰作用、碳化作用、硬凝作用和吸附作用。

① 离子交换作用:土的微小颗粒有一定的胶体性质,它们一般都带有电荷,表面吸附着一定数量的钠、氢、钾等低价阳离子,石灰是一种电解质,在土中加入石灰和水后,石灰在溶液中电离出来的钙离子就与土中的钠、氢、钾离子产生离子交换作用,原来的钠(钾)土变成了钙土,土颗粒表面所吸附的离子由一价变成了二价,减少了土颗粒表面吸附水膜的厚度,使土粒相互之间更为接近,分子引力随着增加,许多单个土粒聚成小团粒,进而组成一个稳定结构。

② 结晶作用:在石灰中只有一部分熟石灰 $Ca(OH)_2$进行离子交换作用,绝大部分饱和的 $Ca(OH)_2$自结晶。熟石灰与水作用生成熟石灰结晶网格,其化学反应式为:

$$Ca(OH)_2 + nH_2O \longrightarrow Ca(OH)_2 \cdot nH_2O$$

③ 火山灰作用:熟石灰中的游离钙离子(Ca^{2+})与土中的活性氧化硅(SiO_2)和氧化铝(Al_2O_3)作用生成含水的硅酸钙和铝酸钙的化学反应实质上就是火山灰作用。生成物在土的团粒外围形成一层稳定的保护膜,具有很强的粘接能力;同时阻止水分进入,使土的水稳定性提高。其化学反应式为:

$$xCa(OH)_2 + SiO_2 + nH_2O \longrightarrow xCaO \cdot SiO_2(n+1)H_2O$$

$$xCa(OH)_2 + Al_2O_3 + nH_2O \longrightarrow xCaO \cdot Al_2O_3(n+1)H_2O$$

④ 碳化作用:土中的 $Ca(OH)_2$与空气中的二氧化碳作用,生成碳酸钙的过程。其化学反应式为:

$$Ca(OH)_2 + CO_2 + nH_2O \longrightarrow CaCO_3 + (n+1)H_2O$$

碳酸钙 $CaCO_3$是坚硬的结晶体,它和其生成的复盐把土粒胶结起来,从而大大提高了土的强度和整体性。

⑤ 硬凝作用:此作用主要是水泥水化生成胶结性很强的各种物质,如水化硅酸钙,水化铝酸钙等,这种物质能将松散的颗粒胶结成整体材料。这种作用对于水泥稳定粗粒土和中粒土的作用显著。

⑥ 吸附作用:某些稳定剂加入土中后能吸附于颗粒表面,使土颗粒表面具有憎水性或使颗粒表面粘接性增加,如沥青稳定剂。

(2)影响稳定土强度性能的因素

稳定土的强度一般通过无侧限抗压强度试验检测。以石灰稳定土为例,其强度可以分为未养生强度和养生强度。未养生强度是土中掺入石灰后,立刻发生一些有益于强度增加的反应(如阳离子反应、絮凝团聚作用)所带来石灰土强度的提高。养生强度是火山灰长期作用的结果。

在最佳含水量下形成的石灰稳定细粒土的无侧限抗压强度范围约为 0.17 ~ 2.07MPa。石灰土的强度受到土质、灰质、石灰剂量、含水量与密实度等内因和养生湿度、温度与龄期等外因的影响。

① 土质的影响。一般而言,黏土颗粒活性强、比表面积大,与石灰之间的强度形成作用就比较强。故石灰土强度随土的塑性指数增加以及土中黏粒含量增加而增加。经试验,粉质土的稳定效果最佳。

② 石灰品质。钙质石灰比镁质石灰稳定土的初期强度高,特别是在剂量不大的情况下;

但镁质石灰土后期强度并不比钙质石灰土的差。石灰的质量等级越高，细度越大，稳定效果越好。

③ 密实度。随着石灰土密实度的提高，其无侧限抗压强度也显著增大，而且其抗冻性、水稳定性均得以提高，缩裂现象也减少。

④ 养生温度与湿度。潮湿环境中养生石灰土的强度要高于空气中养生的强度。在正常条件下，随着养生温度的提高，石灰土的强度增大，发展速度加快。在负温条件下，石灰土强度基本停止发展，冰冻作用可以使石灰土的强度受损失。

⑤ 养生龄期。石灰土早期强度低，增长速度快，后期强度增长速率趋缓，并在较长时间内随时间增长而发展。石灰土强度发展可持续达10年之久。稳定土的强度随龄期的增长而不断增加，逐渐具有一定的刚性性质。一般规定，水泥稳定土的设计龄期为3个月，石灰或石灰粉煤灰稳定土的设计龄期为6个月。

2. 稳定土的疲劳特性

稳定土的疲劳寿命主要取决于重复应力与极限应力之比 σ_f/σ_s，原则上当 $\sigma_f/\sigma_s<50\%$，稳定土可接受无限次重复加荷次数而无疲劳破裂，但是由于材料的变异性，实际试验时其疲劳寿命要小得多。在一定应力条件下，稳定土的寿命取决于其强度和刚度。强度愈大刚度愈小，其疲劳寿命就越长。由于稳定土材料的不均匀性，其疲劳寿命还与本身试验的变异性有关。

3. 稳定土的变形性能

(1) 干缩特性

稳定土经拌合压实后，由于水分挥发和本身内部的水化作用，稳定土的水分会不断减少。由此发生的毛细管作用、吸附作用、分子间力的作用、材料矿物晶体或凝胶体间水的作用和碳化收缩作用等会引起稳定土的体积收缩。稳定土的干缩性与结合料的种类、剂量、土的类别、含水量和龄期等有关。

(2) 温度收缩特性

由于稳定土是由固相、液相和气相三相组成，因此稳定土的胀缩性能是三相在不同温度条件下胀缩性能综合效应的结果。稳定土中的气相大都与大气贯通，在综合效应中影响很小可忽略不计。稳定土砂粒以上颗粒的温度收缩性较小，粉粒以下的颗粒温度收缩性较大。稳定土的温度收缩特性与结合料类别、粒料含量、龄期等有关。稳定土施工时应非常关注养生环节。

4. 稳定土的水稳定性和冰冻稳定性

稳定土处于道路路面面层之下，当面层开裂产生渗水时，会使得稳定土的含水量增加，强度降低，从而导致路面提前破坏。在寒冷地区，冰冻将加剧这种破坏。

稳定土的水稳定性和冰冻稳定性主要与土的水稳定性、稳定材料种类、稳定土的密实程度以及养护龄期有关。一般采用浸水强度试验和冻融循环试验检测。

3.5.3 稳定土的应用

稳定土的刚度介于柔性路面材料和刚性路面材料之间，通常称稳定土为半刚性材料。稳定土具有稳定性好、抗冻性好、整体性好、后期强度较高、结构本身自成板体，但其耐磨性差等特点。广泛用于修筑路面结构基层和底基层。

3.5.4 稳定土的配合比设计

稳定土的配合比是指组成稳定土的各种组成材料用量之比,稳定土的配合比设计就是确定这个用量比例的过程,即根据对某种稳定土所规定的技术要求,选择合适的原材料,掺配用料,确定结合料的种类和数量及混合料的最佳含水量。

国家标准《公路路面基层施工技术规范》(JTJ 034—2000)规定,各种无机结合料稳定土的强度标准(按 7d 龄期)初步建议值应符合表 3-18 的规定。

表 3-18 无机结合料稳定土的抗压强度

公路等级		二级和二级以下公路	高速公路和一级公路
水泥稳定类材料	基层	2.5 ~ 3.0	3 ~ 5
	底基层	1.5 ~ 2.0	1.5 ~ 2.5
石灰稳定类材料	基层	≥0.8①	—
	底基层	0.5 ~ 0.7②	≥0.8
二灰稳定类材料	基层	0.6 ~ 0.8	0.8 ~ 1.1
	底基层	≥0.5	≥0.6

①在低塑性土(塑性指数小于 7)地区,石灰稳定砂砾土和碎石土的 7d 浸水抗压强度应大于 0.5MPa(100g 平衡锥测液限)。

②低限用于塑性指数小于 7 的黏性土,高限用于塑性指数大于 7 的黏性土。

稳定土的配合比设计应按以下步骤进行:

(1)对各组成材料进行试验,测定其相关指标。对于粗粒土和中粒土应做筛分或压碎值试验,对于稳定剂主要测定石灰的钙、镁含量和水泥胶砂强度及凝结时间。

(2)拟订配合比。选定不同的石灰(或水泥)剂量,制备同一种土样的混合料试件若干个,规范中建议的剂量,见表 3-19、表 3-20。

表 3-19 石灰剂量的推荐范围

土的类型	石灰剂量(%)	
	基层	底基层
砂砾土和碎石土	3,4,5,6,7	—
塑性指数小于 12 的黏性土	10,12,13,14,16	8,10,11,12,14
塑性指数大于 12 的黏性土	5,7,9,11,13	5,7,8,9,11

表 3-20 水泥剂量推荐范围

土的类型	石灰剂量(%)	
	基层	底基层
中粒土和粗粒土	3,4,5,6,7	3,4,5,6,7
塑性指数小于 12 的细粒土	5,7,8,9,11	4,5,6,7,9
其他细粒土	8,10,12,14,16	6,8,9,10,12

对于石灰粉煤灰稳定土,采用石灰粉煤灰土做基层或底基层时,石灰粉煤灰的比例常用 1∶2 ~ 1∶4(对于粉土以 1∶2 为宜),石灰粉煤灰与细粒土的比例可以是 30∶70 ~ 10∶90;采

用石灰粉煤灰集料作基层时，石灰与粉煤灰的比例常用 1∶2～1∶4，石灰粉煤灰与级配集料（中粒土和粗粒土）的比例应是 20∶80～15∶85。

（3）通过击实试验确定混合料的最佳含水量和最大干密度。至少要做三组不同的石灰（或水泥）剂量混合料的击实试验（即最小、中间、最大剂量）。

（4）按工地预定达到的压实度计算不同剂量时试件应有的干密度。

（5）试件强度试验。按最佳含水量和计算得的干密度制备试件进行强度试验，试件数量应符合表 3-21 中的规定。

表 3-21　试验时试件的最少数量

稳定土类型	下列偏差系数时的试验数量		
	<10%	10%～15%	15%～20%
细粒土	6	—	—
中粒土	6	9	—
粗粒土	—	9	13

试件在规定温度下保温养生 6d，浸水 1d 后，进行无侧限抗压强度试验，计算试验结果的平均值和偏差系数。

（6）选定石灰或水泥用量。根据试验结果和表 3-6 的强度标准，选定合适的水泥或石灰剂量。此剂量试件的平均抗压强度 $\bar{R}$ 应符合下式要求。

$$\bar{R}=\frac{R_d}{1-Z_aC_v}$$

式中　R_d——设计抗压强度（MPa）；

Z_a——试验结果的偏差系数；

C_v——保证率系数，高速公路和一级公路应取保证率 95%，此时 $Z_a=1.645$；一般公路取保证率为 90%，此时 $Z_a=1.282$。

实训与创新

运用土的工程性质，调查道路施工工地或基础工程施工工地等实训基地，并选择其中之一写一篇在道路桥梁工程或基础工程中关于土和稳定土等质量如何检验、如何选用的不少于 1000 字的科技小论文。

复习思考题与习题

3.1　什么是土的三相体系？土的相系组成对土的状态和性质有何影响？

3.2　什么叫粒度成分和粒度分析？简述筛分法和沉降分析法的基本原理？

3.3　粒度成分的表示方法有哪几种？其中累计曲线在工程中的用途有哪些？

3.4　土有哪些主要的技术性质？

3.5　土的物理性质指标有哪些？其中哪几个可以直接测定？常用的测定方法？

3.6　何为孔隙率 n？何为孔隙比 e？在工程应用上有何不同？

3.7　何谓塑限、液限、塑性指数，塑性指数在工程上有何作用？

3.8　路桥中用土有哪些种类？

3.9　为什么要对土进行工程分类？其分类一般原则是什么？

3.10　说出下面分类符号的具体名称：

CLM　　CLO　　GH　　SP

3.11　稳定土组成材料有哪些？各自起什么作用？

3.12　稳定土的配合比设计主要包括哪些步骤？

3.13　简述稳定土的主要用途。

3.14　用三相图法求解：某原状土样，经测试得 $\rho = 1.80\text{g/cm}^3$，$w = 32\%$，$G_s = 2.65$，试求孔隙比 e，饱和度 S_r 和干密度 ρ_d。

3.15　某土样已测得其液限 $w_L = 36\%$，塑限 $w_P = 19\%$，请在塑性图中查知该土的符号，并给该土定名。

第4章 砂石材料

教学目的：砂石材料是一种重要的土木工程材料。它包括天然岩石、天然的或人工轧制的集料以及工业冶金矿渣等，本章主要学习砂石材料的技术性质。

教学要求：熟练掌握岩石的物理性质、力学性质、化学性质和道路与桥梁用的岩石制品；掌握集料的技术性质和技术标准；掌握工业废渣的技术性质和技术要求；懂得矿质混合料的组成设计。

通过现代教学手段演示岩石、集料的基本物理力学试验，并进行实际操作。

在公路与桥梁建筑中，砂石材料是一种重要的土木工程材料，应用极为广泛。它可以直接（或经加工后）用作道路与桥梁建筑的圬工结构，亦可加工成各种尺寸的集料，作为普通混凝土、沥青混合料的集料。

砂石材料包括天然岩石、天然或人工轧制的集料以及工业冶金矿渣等，下面就这些材料的技术性质予以分别论述。

4.1 岩石的组成与分类

地壳中的化学元素，除极少数呈单质存在外，绝大多数元素都以化合物的形态存在。这些存在于地壳中的具有一定化学成分和物理性质的自然元素和化合物叫做矿物。目前已发现的矿物有3300多种，大多是固态无机物。

组成地壳的岩石，都是在一定地质条件下由一种或几种矿物自然组成的集合体。简单地说，矿物的集合体就是岩石，而组成岩石的矿物称为造岩矿物，主要造岩矿物有30多种。矿物的成分、性质及其在各种因素影响下的变化，都会对岩石的性质产生直接的影响。所以，要认识岩石，分析岩石在各种条件作用下的变化，并对岩石的土木工程性质进行评价，就必须认识和了解矿物。

4.1.1 常见的主要造岩矿物

1. 石英

石英的化学成分是SiO_2，为结晶体。晶形为两端突出的六方柱状，柱面上有横纹，颜色很多，常见者为白色、乳白色和浅灰色。其中无色透明者称为“水晶”。其莫氏硬度为7，密度为2.60~2.70g/cm^3；无解理，断口呈贝壳状。石英硬度大、强度高、化学稳定性好、耐久性高，但受热时（573℃）因晶型转变发生体积变形。

2. 长石

长石族矿物的总称，包括正长石和斜长石等。正长石的化学成分是$KAlSi_3O_8$。晶体呈短柱状和厚板状，常见的为粒状或块状；颜色呈肉红色、褐黄色。莫氏硬度为6，密度为2.50~

2.60g/cm^3；有玻璃光泽和两组解理（矿物在外力等作用下，沿一定的结晶方向易裂成光滑平面的性质称为解理，裂成的平面称为解理面）。

斜长石有钠长石和钙长石之分，其化学成分为 $NaAlSi_3O_8$（钠长石）和 $CaAl_2Si_2O_8$（钙长石）。晶体呈柱状，常见的为粒状或柱状；颜色为灰白色及浅红色。莫氏硬度为 6～6.5，密度为 2.61～2.76g/cm^3；有玻璃光泽和两组解理。

3. 云母

云母晶体呈片状或板状集合体。其莫氏硬度为 2～3，密度为 2.76～3.20g/cm^3。有一组极完全解理，易裂成薄片，薄片有弹性，耐久性差。根据颜色有黑云母及白云母两种。

白云母无色或白色。常见的是浅绿色、浅黄色等，呈玻璃光泽。黑云母黑色或褐色，呈珍珠光泽。

4. 角闪石、辉石和橄榄石

普通角闪石晶体呈柱状、粒状。其颜色为深绿色或黑色，莫氏硬度为 5～6，密度为 3.20～3.30g/cm^3。有两组解理，横切面上解理交角为 124°，呈玻璃光泽。

普通辉石晶体呈短柱状、粒状、板状。其颜色为黑色、深黑棕色。莫氏硬度为 5～6，密度为 3.20～3.60g/cm^3。有两组解理，横切面上解理交角为 87°，呈玻璃光泽。

橄榄石晶体是粒状。其颜色为橄榄绿色、浅绿黄色。莫氏硬度为 6.5～7.0，密度为 3.30～3.50g/cm^3，呈玻璃光泽。

角闪石、辉石和橄榄石强度高、韧性好、耐久性好。

5. 方解石

方解石（$CaCO_3$）晶体呈菱面体，常见的有粒状、块状。其颜色为无色或乳白色。莫氏硬度为 3，密度为 2.60～2.80g/cm^3。呈玻璃光泽，具有性脆的特点，有三组解理。方解石强度较高，遇酸后分解，与盐酸作用时反应激烈，放出 CO_2 气体。无色透明无裂隙者叫冰洲石，是沉积岩中多见的矿物。

6. 白云石

白云石晶体呈菱面体，常是致密块状。其颜色为灰白色，有时带浅黄色。莫氏硬度为 3.5～4.0，密度为 2.80～2.90g/cm^3。呈玻璃光泽，有菱面体解理，解理面大部分弯曲。它与稀冷盐酸作用极缓慢，以此作为与方解石的区别。强度、耐酸腐蚀性及耐久性略高于方解石，遇酸时分解。

7. 石膏

石膏（$CaSO_4 \cdot 2H_2O$）晶体呈板状，集合体为纤维状、块状。其颜色为无色或白色。莫氏硬度为 2，密度为 2.30～2.40g/cm^3。呈玻璃光泽，有解理，解理面呈珍珠光泽。它是透明或半透明的，可直接用作土木工程材料，也可作为其他材料的原材料。

8. 磁铁矿、赤铁矿

磁铁矿（Fe_3O_4）晶体呈八面体和菱形十二面体，常呈粒状或块状。其颜色为铁黑色。莫氏硬度为 6，密度为 5.20g/cm^3。呈半金属光泽，具有强磁性。

赤铁矿（Fe_2O_3）常见者为块状、肾状或土状。其颜色为钢灰色、铁黑色、红色或红褐色，莫氏硬度为 5.5，密度为 5.00～5.30g/cm^3。呈半金属光泽。

4.1.2 岩石的分类

地壳是由各种不同的岩石组成的。岩石按其地质成因的不同可分为岩浆岩、沉积岩及变质岩三大类。

1. 岩浆岩(火成岩)

(1)岩浆岩的一般特征

岩浆岩是岩浆在活动过程中，经过冷却凝固而成的。岩浆是存在于地下深处的成分复杂的高温硅酸盐熔融体。绝大多数岩浆岩的主要矿物组成是石英、长石、云母、角闪石、辉石及橄榄石六种。

(2)岩浆岩的分类(据形成条件的不同)

① 侵入岩。包括深成岩和浅成岩。

A. 深成岩。岩浆在地壳深处受上部覆盖层压力的作用，缓慢而均匀地冷却所形成的岩石称为深成岩。其特点是矿物全部结晶，晶粒较粗、块状构造、结构致密。因而具有体积密度大、强度高、抗冻性好等优点。土木工程中常用的深成岩有花岗岩、正长岩、闪长岩等。

B. 浅成岩。岩浆在地表浅处冷却结晶成岩。结构致密，由于冷却较快，故晶粒较小，如辉绿岩。

侵入岩为全晶质结构(岩石全部由结晶的矿物颗粒组成)，且没有解理。侵入岩的体积密度大、抗压强度高、吸水率低、抗冻性好。

② 喷出岩。岩浆冲破覆盖层喷出地表冷凝而成的岩石。

当喷出岩形成较厚的岩层时，其结构致密，性能接近于深成岩，但因冷却迅速，大部分结晶不完全，多呈隐晶质(矿物晶粒细小，肉眼不能识别)或玻璃质，如建筑上常用的玄武岩、安山岩等；当岩层形成较薄时，常呈多孔构造，近于火山岩。

当岩浆被喷到空气中，急速冷却而形成的岩石又称火山碎屑。因喷到空气中急速冷却而成，故内部含有大量的气孔，并多呈玻璃质，有较高的化学活性。常用作混凝土集料、水泥混合材料，如火山灰、火山渣、浮石等。

2. 沉积岩(水成岩)

在地表常温常压的条件下，原岩(岩浆岩、变质岩或已成沉积岩)经风化、剥蚀、搬运、沉积和压密胶结而形成的岩石称为沉积岩。

(1)沉积岩的一般特点

在沉积岩的形成过程中，由于物质是一层一层沉积下来的，所以其构造是层状的。这种层状构造称为沉积岩的层理，每一层都具有一个面，称为层面。层面与层面间距离称为层的厚度。有的沉积岩可以形成一系列斜交的层，称为交错层。因此，沉积岩的体积密度较小、孔隙率较大、强度较低、耐久性也较差。沉积岩的主要造岩矿物有石英、白云石及方解石等。

(2)沉积岩的分类

按沉积形成条件分为以下三类：

① 机械沉积岩。原岩经自然风化作用而破碎松散，再经风、水及冰川等的搬运、沉积，重新压实或胶结而成的岩石称为机械沉积岩，如页岩、砂岩等。

② 化学沉积岩。原岩中的矿物溶于水中，经聚积沉积而成的岩石称为化学沉积岩，如石膏、白云岩及菱镁石等。

③ 有机沉积岩。各种有机体死亡后的残骸经沉积而成的岩石称为有机沉积岩，或称生物沉积岩。如石灰岩等。

工程上常用的沉积岩有石灰岩、砂岩和碎屑岩等。

3. 变质岩

地壳中原有的岩石（岩浆岩、沉积岩及已经生成的变质岩），由于岩浆活动及构造运动的影响（主要是温度和压力），在固体状态下发生再结晶作用，而使它们的矿物成分和结构构造以至化学成分发生部分或全部的改变所形成的新岩石称为变质岩。

（1）变质岩的一般特征

变质岩的矿物成分，除保留原来岩石的矿物成分如石英、长石、云母、角闪石、辉石、方解石和白云石外，还产生了新的变质矿物，如绿泥石、滑石、石榴子石和蛇纹石等。这些矿物一般称为高温矿物。根据变质岩的特有矿物，可以把变质岩与其他岩石区别开。

变质岩的结构和构造与岩浆岩类似，一般均是晶体结构。变质岩的构造，主要是片状构造和块状构造。片状构造根据片状的成因特点及厚薄，又可分成板状构造（厚片）、层状构造（薄片）、片状构造（片很薄）及片麻状构造（片状不规则）等。

（2）变质岩的分类

一般由岩浆岩变质而成的称为正变质岩，如工程中常用的由花岗岩变质而成的片麻岩。而由沉积岩变质而成的则称为副变质岩，如工程中常用的副变质岩有大理岩、石英岩。按变质程度的不同，又分为深变质岩和浅变质岩。一般浅变质岩，由于受到高压重结晶作用，形成的变质岩比原岩更密实，其物理力学性质有所提高。如由砂岩变质而成的石英岩就比原来的岩石坚实耐久；反之，原为深成岩的岩石，经过变质作用，产生了片状构造，其性能还不如原深成岩，就比原花岗岩易于分层剥落，耐久性降低。

4.2 岩石的主要技术性质

岩石由于其矿物成分、形成条件和环境的不同，因而产生了各种不同结构和构造，同时表现了各种各样的物理力学性能和土木工程特性。因此，必须了解岩石的结构和构造及它们与性能之间的关系。

4.2.1 岩石的结构与构造

岩石的结构是指岩石（矿石）中矿物的结晶程度、颗粒大小、形态及结合方式的特征。岩石的构造是指岩石（矿石）中不同矿物集合体之间的排列方式和填充方式，或者矿物集合体的形状、大小及空间的组合方式。它可通过肉眼或显微镜进行观察确定。

1. 块状构造

岩石中的矿物在空间比较均匀而无定向排列所组成的一种构造称为块状构造。岩浆岩中的深成岩即具有块状构造；变质岩中的一部分也呈块状构造，但变质岩的结晶一般都经过重结晶作用，所以在描述其结构构造时，一般加“变晶”二字以示与岩浆岩和沉积岩的晶体结构构造相区别。

块状构造的特点是成分均匀、结构致密、整体性好。具有块状构造的岩石的抗压强度高、体积密度大、吸水性小，抗冻性及耐久性好，具有良好的使用价值。花岗岩、正长岩、大理岩和石英岩均属于块状构造。

2. 层片状构造

岩石由于其组成矿物的成分、颜色和结构不同，沿垂直方向变化而形成的一层一层的构造称为层状构造。层理是沉积岩所具有的特殊构造。变质岩中的一部分，因受变质作用的影响而形成了厚薄不等的片状构造。

具有层片状构造的岩石，在水平和垂直方向表现了不同的物理力学性质。垂直于层理方向的抗压强度高于平行层理方向的抗压强度。各层之间的连接处易被水分和其他侵蚀性介质所进入，从而导致片层间的风化和破坏。因此，除片状较厚的板状构造岩石外，片状较薄的片状构造的岩石，如砂岩、页岩和片麻岩等只能用作人行道板和踏步板等。

3. 气孔状构造

地层深处的岩浆压力很大，且含有一些气体，当岩浆活动喷出地表时，由于温度和压力急剧降低，岩浆在冷却凝固后便可形成气孔状构造。火山喷出岩具有典型的气孔构造。

具有气孔构造的岩石，因其孔隙率较大，所以吸水性较强而体积密度较低；当受到外力作用时，因其受力面较小且在孔隙周围形成应力集中而使强度大大降低。气孔状构造的岩石的耐久性与它的孔隙构造有关，封闭孔隙者比开口孔隙者耐久。此类岩石因质轻、多孔、保温隔热性良好，宜作墙体材料，也可作混凝土的轻集料。常见的气孔状构造岩石有浮石、火山凝灰岩等。

4.2.2　岩石的主要技术性质与要求

岩石是在各种地质作用下，按一定方式结合而成的矿物集合体。岩石的技术性质可分为物理性质、力学性质和化学性质 3 个方面。

1. 岩石的物理性质

岩石的物理性质包括：物理常数（密度、体积密度和孔隙率等）、吸水性（吸水率、饱和吸水率）和耐候性（抗冻性、坚固性等）。

（1）物理常数

在路桥工程用岩石中，常用的物理常数有：密度、体积密度和孔隙率。

岩石的物理常数主要取决于岩石的矿物成分与组成结构。它与岩石的技术性质有着密切的关系。岩石内部的组成与结构，主要由矿质实体、闭口孔隙（不与外界连通的）和开口孔隙（与外界连通的）3 部分组成，如图 4-1（a）所示。各部分所占的质量和体积如图 4-1（b）所示。

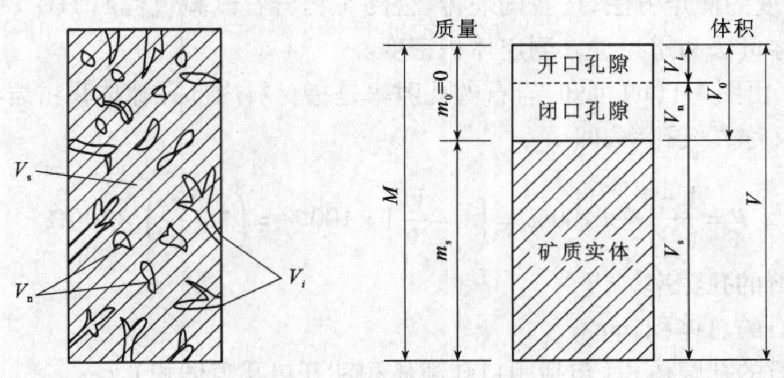

图 4-1　岩石组成结构示意图

（a）岩石组成结构外观示意图；（b）岩石的质量与体积关系图

① 密度。在规定条件[(105 ±5)℃烘干至恒量,温度20℃]下,岩石矿质单位体积(不包括开口与闭口孔隙的体积)的质量。

由图4-1(b)可知,岩石的密度可用下式表示:

$$\rho_t = \frac{m_s}{V_s} = \frac{M}{V_s}$$

式中 ρ_t——岩石的密度,g/cm^3;

m_s——岩石矿质实体质量,g;

M——岩石试样的质量,g,由于在空气中称量,所以岩石中的空气质量 $m_0 = 0$,岩石的质量就等于矿质实体的质量,即 $M = m_s$;

V_s——岩石矿质实体体积,cm^3。

岩石密度的测定方法,按我国现行《公路工程岩石试验规程》(JTG E41—2005)规定,用密度瓶法测定。将岩石样品粉碎磨细后,在(105 ±5)℃的条件下烘至恒量,称得其质量。然后在密度瓶中加水经沸煮后,使水充分进入闭口孔隙中,通过"置换法"测定其真实体积。已知真实体积和质量即可求得密度。

② 体积密度。在规定条件下,岩石单位体积(包括岩石矿质实体和孔隙体积)的质量。由图4-1(b)可知,岩石的体积密度可用下式表示:

$$\rho_h = \frac{m_s}{V_s + V_n + V_i} = \frac{M}{V}$$

式中 ρ_h——岩石的体积密度,g/cm^3;

m_s——岩石矿质实体质量,g;

M——岩石试样的质量,g,由于在空气中称量,所以岩石中的空气质量 $m_0 = 0$,岩石的质量就等于矿质实体的质量,即 $M = m_s$;

V_s——岩石矿质实体体积,cm^3;

V_n——岩石闭口孔隙体积,cm^3;

V_i——岩石开口孔隙体积,cm^3;

V——岩石自然状态的体积,cm^3,即 $V = V_s + V_n + V_i$。

岩石体积密度的测定方法,按我国现行《公路工程岩石试验规程》(JTG E41—2005)规定,用量积法、水中称量法和蜡封法来测定体积密度。

③ 孔隙率。由图4-1(b)可知,岩石的孔隙率是指材料内部孔隙体积占岩石在自然状态下体积的百分率,又称真气孔率,即

$$P = \frac{V - V_0}{V} \times 100\% = \left(1 - \frac{V_0}{V}\right) \times 100\% = \left(1 - \frac{\rho_h}{\rho_t}\right) \times 100\%$$

式中 P——岩石的孔隙率,%;

V——岩石的总体积,cm^3;

V_0——岩石的孔隙体积(包括闭口孔隙体积和开口孔隙体积),cm^3。

孔隙率对岩石的性质影响很大,同一种岩石的强度、吸水率、耐冻性等的大小,主要决定于岩石本身的孔隙率及孔隙特征。

(2)吸水性

岩石的吸水性是岩石在规定条件下的吸水能力。采用吸水率和饱和吸水率两项指标来表征。

① 吸水率。岩石的质量吸水率指在常温[(20±2)℃]常压(大气压)条件下,岩石试件最大的吸水质量占烘干[(105±5)℃干燥至恒量]岩石试件质量的百分率。

岩石的质量吸水率按下式计算:

$$W=\frac{m_1-m}{m}\times 100\%$$

式中　W——岩石的质量吸水率,%;

m——岩石在干燥状态下的质量,g;

m_1——岩石吸水饱和状态下的质量,g。

岩石吸水率主要决定于岩石孔隙率的大小及孔隙特征。一般说来,吸水率愈大,吸水性愈强;闭口孔隙,水分不易渗入;粗大孔隙,水分又不易存留。所以有些岩石,尽管孔隙率较大,而吸水率却仍然较小。当岩石具有很多微小而开口的孔隙时,其吸水率较大。

岩石吸水率测定的方法按我国现行《公路工程岩石试验规程》(JTG E41—2005)规定采用自由吸水法测定。

② 饱水率。饱水率指在强制条件下,岩石试件最大的吸水质量占烘干[(105±5)℃干燥至恒量]岩石试件质量的百分率。我国现行《公路工程岩石试验规程》(JTG E41—2005)规定采用煮沸法或真空抽气法测定,按下式计算:

$$W'=\frac{m_2-m}{m}\times 100\%$$

式中　W'——岩石的饱和吸水率,%;

m——岩石在干燥状态下的质量,g;

m_2——岩石试件经强制吸水饱和后的质量,g。

当真空抽气后,占据岩石孔隙内部的空气被排出,在恢复常压时,水分很快进入空气稀薄的岩石孔隙,这时水分几乎充满开口孔隙的全部体积。因此,饱水率总比吸水率大。通常认为吸水率为水分充满岩石开口孔隙的部分体积,而饱水率则为水分充满开口孔隙的全部体积。

(3)耐久性

用于道路与桥梁建筑的岩石抵抗大气自然因素作用的性能称为耐久性。目前已列入我国《公路工程岩石试验规程》(JTG E41—2005)的方法有:抗冻性和坚固性。

① 抗冻性。抗冻性指岩石在吸水饱和状态下,经受规定次数的冻融循环后抵抗破坏的能力。

岩石在自然环境中,往往是夏秋季节被水浸湿,岩石中与外界连通的开口孔隙大部分被水充满,当温度降低时水分体积缩小,直至4℃时体积达到最小,当温度再继续下降时,水的体积又逐渐胀大,达到0℃以后,随着温度的下降,冰的体积继续胀大,而对岩石孔壁周围施加张应力,如此多次冻融循环后,岩石逐渐产生裂缝、掉边、缺角或表面松散等破坏现象。

一般认为,水在结冰时,体积约增大9%,对孔壁可产生达100MPa的压力,在压力的反复作用下,使孔壁开裂。所以,当岩石吸收水分的体积占开口孔隙体积的90%以下,岩石不会因冻结而产生破坏。因此要求在寒冷地区，冬季月平均气温低于 -15℃的重要工程，岩石的吸水率大于0.5%时，都需要对岩石进行抗冻性试验。

我国现行抗冻性的试验方法是采用“直接冻融法”，试件在饱水状态下，在 -15℃时冻结4h后，放入(20±5)℃水中融解4h，为冻融循环1次，如此反复冻融至规定次数为止。经历规定的冻融循环次数(如10次、15次、25次等)，详细检查各试件有无剥落、裂缝、分层及掉角等现象，并记录检查情况。将冻融试验后的试件烘干至恒量，称其质量，然后测定其抗压强度，并计算岩石冻融后质量损失率和冻融系数。

A. 岩石冻融后的质量损失率，按下式计算：

$$L=\frac{m_s-m_f}{m_s}\times 100\%$$

式中 L——冻融后的质量损失率，%；

m_s——试验前烘干试件的质量，g；

m_f——试验后烘干试件的质量，g。

B. 岩石的冻融系数，按下式计算：

$$K_f=\frac{R_f}{R_s}$$

式中 K_f——冻融系数；

R_f——经若干次冻融试验后的试件饱水抗压强度，MPa；

R_s——未经冻融试验的试件饱水抗压强度，MPa。

② 坚固性。岩石的坚固性是岩石试样经饱和硫酸钠溶液多次浸泡与烘干循环后而不发生显著破坏或强度降低的性能，是测定岩石抗冻性的一种简易方法。

2. 岩石的力学性质

公路与桥梁用的岩石，除受到各种自然因素的影响外，还受到车辆荷载的作用。因此岩石除应具备上述的物理性质外，还必须具备各种力学性质，如抗压、抗剪、抗弯等纯力学性质以及一些为路用性能特殊设计的力学指标，如抗磨光性、抗冲击、抗磨耗等。在此仅讨论确定岩石等级的抗压强度和磨耗性两项性质。

(1)单轴抗压强度

标准试件经吸水饱和后，在单轴受压并按规定的加载条件下，达到极限破坏时，单位承压面积的强度。

道路建筑用岩石的单轴抗压强度试件，按我国现行《公路工程岩石试验规程》(JTG E41—2005)规定：建筑地基用岩石(岩块)制备成直径为(50±2)mm，高径比为2∶1的圆柱体试件；桥梁工程用岩石制备成(70±2)mm的立方体试件；路面工程用岩石制备成边长为(50±2)mm的立方体或直径和高度均为(50±2)mm的圆柱体试件。单轴抗压强度按下式计算：

$$R=\frac{P}{A}$$

式中 R——岩石的单轴极限抗压强度，MPa；

P——试件破坏时的荷载，N；

A——试件的截面积，cm^2。

(2)磨耗性

磨耗性是岩石抵抗摩擦、撞击、边缘剪切等综合作用的性能,通常以磨耗率来表示。

我国现行标准《公路工程岩石试验规程》(JTG E41—2005)规定岩石磨耗试验方法与粗集料的磨耗试验方法相同,按《公路工程集料试验规程》(JTG E42—2005)采用洛杉矶式磨耗试验。

试验是采用洛杉矶式磨耗试验机,其圆筒内径为(710 ±5)mm,内侧长(510 ±5)mm,两端封闭。试验时将规定质量且有一定级配的试样和一定质量的钢球置于试验机中,以 30 ~ 33r/min 的转速转动至要求次数后停止,取出试样,用 1.7mm 的方孔筛筛去试样中的细屑,用水洗净留在筛上的试样,烘干至恒量并称其质量。岩石的磨耗率按下式计算:

$$Q = \frac{m_1 - m_2}{m_1} \times 100\%$$

式中　Q——石料的磨耗率,%;

m_1——试验前岩石试样烘干质量,g;

m_2——试验后留在 1.7mm 筛上的岩石试样洗净烘干后的质量,g。

利用岩石的抗压强度和磨耗度可将路用岩石分级。

(3)路用岩石的技术分级

在公路工程中对不同组成和不同结构的岩石,在不同的使用条件下对其技术性质的要求也不同。所以,在石料分级之前先按其矿物组成、含量以及结构构造确定岩石的名称,然后划分出岩石类别,再确定等级。按路用岩石的技术要求,分为四大岩类,各岩类均有代表性岩石:

① 岩浆岩类,如花岗岩、正长岩、辉长岩、闪长岩、橄榄岩、辉绿岩、玄武岩、安山岩等。

② 石灰岩类,如石灰岩、白云岩、泥灰岩、凝灰岩等。

③ 砂岩和片麻岩类,如石英岩、砂岩、片麻岩和花岗岩等。

④ 砾石类,如各种天然卵石。

各岩类按其物理力学性质(主要是饱水抗压强度和磨耗率)划分为下列四个等级:

1 级——最坚强的岩石;

2 级——坚强的岩石;

3 级——中等强度的岩石;

4 级——软弱的岩石。

(4)路用石料的技术标准

道路工程用石料按上述分类和分级方法,各岩类各等级石料的技术指标见表 4-1。

表 4-1　道路工程用石料技术分级标准

岩石类别	主要岩石名称	石料等级	技术标准		
			极限抗压强度(饱水状态)(MPa)	磨耗率(%)	
				搁板式磨耗机试验法	双筒式磨耗机试验法
岩浆岩类	花岗岩、玄武岩、安山岩、辉绿岩等	1	>120	<25	<4
		2	100 ~ 120	25 ~ 30	4 ~ 5
		3	80 ~ 100	30 ~ 45	5 ~ 7
		4	—	45 ~ 60	7 ~ 10

续表

岩石类别	主要岩石名称	石料等级	技术标准		
			极限抗压强度（饱水状态）（MPa）	磨耗率（%）	
				搁板式磨耗机试验法	双筒式磨耗机试验法
石灰岩类	石灰岩、白云岩	1	>100	<30	<5
		2	80～100	30～35	5～6
		3	60～80	35～50	6～12
		4	30～60	50～80	12～20
砂岩和片麻岩类	石英岩、砂岩、片麻岩和花岗岩等	1	>100	<30	<5
		2	80～100	30～35	5～7
		3	50～80	35～45	7～10
		4	30～50	45～60	10～15
砾石类	各种卵石	1	—	<20	<5
		2	—	20～30	5～7
		3	—	30～50	7～12
		4	—	50～60	12～20

3. 岩石的化学性质

在路桥工程中，各种矿质集料是与结合料（水泥或沥青）组成混合料而使用于结构物中。矿质集料在混合料中与结合料起着复杂的物理－化学作用，矿质集料的化学性质很大程度地影响着混合料的物理、力学性质。特别是在沥青混合料中，在其他条件完全相同的情况下，岩石的酸碱性不同将直接影响其与沥青的黏附性。所以在沥青混合料中，选择与沥青结合的岩石时，因碱性岩石与沥青的黏附性较酸性岩石好，故应尽量选择碱性岩石，当地缺乏碱性岩石必须采用酸性岩石时，可掺加各种抗剥剂以提高沥青与岩石的黏附性。

根据试验研究，按 SiO_2 质量分数将岩石分成酸性、中性及碱性。

SiO_2 质量分数 >65%　　酸性岩石

SiO_2 质量分数为 52%～65%　　中性岩石

SiO_2 质量分数 <52%　　碱性岩石

4.2.3 土木工程用石料制品

1. 道路路面工程用岩石制品

道路路面工程用岩石制品，包括直接铺砌路面面层用的整齐块石、半整齐块石和不整齐块石 3 类，作路面基层用的锥形块石、片石等。各种岩石制品的技术要求和规格简要介绍如下：

① 高级铺砌用整齐块石。由高强、硬质、耐磨的岩石，经精凿加工而成。这种块石铺筑的路面，须以普通混凝土为底层，并且用水泥砂浆灌缝找平。因其造价较高，只用于有特殊要求的路面，如特重交通以及履带车行驶的路面。

整齐块石的尺寸一般可按设计要求确定，大方块石为 300mm×300mm×（120～150）mm，小方块石为 120mm×120mm×250mm。抗压强度不低于 100MPa，洛杉矶磨耗率不大于 5%。

② 路面铺砌用半整齐块石。经粗凿而成立方体的方块石或长方体的条石。顶面与底面平行，顶面积与底面积之比不小于 40% ~75%。半整齐块石通常顶面不进行加工，因此顶面平整性较差。一般只在特殊地段，如土基尚未沉实稳定的桥头引道及干道，铁轮履带车经常通过的地段等使用。

③ 铺砌用不整齐块石。铺砌用不整齐块石又称拳石，它是由粗打加工而得到的块石，要求顶面为一平面，底面与顶面基本平行，顶面积与底面积之比大于 40% ~60%。其优点是造价不高，经久耐用；缺点是不平整，行车震动大，故目前应用较少。

④ 锥形块石。锥形块石又称“大块石”，用于路面底基层，是由片石进一步加工而得的粗打集料，要求上小下大，接近截锥形，其底面积不宜小于 100cm^2，以便砌摆稳定。锥形块石的高度一般为(160 ±20)mm、(200 ±20)mm 和(250 ±20)mm 等，通常底基层厚度应为石块高的 1.1 ~1.4 倍。除特殊情况外，一般不采用大石块基层。

2. 桥梁工程用主要岩石制品

桥梁工程用主要岩石制品有：片石、块石、方块石、粗料石、细料石、镶面石等。

① 片石。由打眼放炮采得的岩石，其形状不受限制，但薄片者不得使用。片石中部最小尺寸应不小于 15cm，体积不小于 0.01m^3，每块质量一般在 30kg 以上。用于圬工工程主体的片石，其极限抗压强度应不小于 30MPa；用于附属圬工工程的片石，其极限抗压强度应不小于 20MPa。

② 块石。块石是由成层岩中打眼放炮开采而得，或用楔子打入成层岩的明缝或暗缝中劈出的岩石。块石形状大致方正，无尖角，有两个较大的平行面，边角可不加工。其厚度应不小于 20cm，宽度为厚度的 1.5 ~2.0 倍，长度为厚度的 1.5 ~3 倍，砌缝宽度不大于 20mm。极限抗压强度应符合设计文件规定。

③ 方块石。在块石中选择形状比较整齐者稍加修整，使岩石大致方正，厚度应不小于 20cm，宽度为厚度的 1.5 ~2.0 倍，长度为厚度的 1.5 ~4 倍，砌缝宽度不大于 20mm。极限抗压强度应符合设计文件规定。

④ 粗料石。形状尺寸和极限抗压强度应符合设计文件规定，其表面凹凸相差不大于 10mm，砌缝宽度小于 20mm。

⑤ 细料石。形状尺寸和极限抗压强度应符合设计文件规定，表面凹凸相差不大于 5mm，砌缝宽度小于 15mm。

⑥ 镶面石。镶面石受气候因素影响较大，损坏较快，一般应选用较好的、较硬的岩石。岩石的外露面可沿四周琢成 2cm 的边，中间部分仍保持原来的天然石面。岩石上下和两侧均加工粗琢成剁口，剁口的宽度不得小于 10cm，琢面应垂直于外露面。

4.3　集料的技术性质和技术标准

集料是在混合料中起骨架或填充作用的粒料，它包括岩石天然风化而成的砾石(卵石)和砂等，以及岩石经机械和人工轧制的各种尺寸的碎石、机制砂、石屑等。在公路和桥梁工程中集料可作为水泥(或沥青)混合料的集料。

不同粒径的集料在水泥(或沥青)混合料中所起的作用不同，因此对它们的技术要求不同。为此，工程上一般将集料分为粗集料和细集料两种。

4.3.1 细集料的技术性质

在沥青混合料中，细集料是指粒径小于2.36mm的天然砂、人工砂（包括机制砂）及石屑；在普通混凝土中，细集料是指粒径小于4.75mm的天然砂、人工砂。在工程中应用较多的细集料是砂。

砂按来源分为2类。一类是天然砂，它是由自然风化、水流冲刷、堆积形成的粒径小于4.75mm的岩石颗粒，按生存环境分为河砂、海砂、山砂。河砂颗粒表面圆滑、比较洁净、质地较好、产源广；山砂颗粒表面粗糙、有棱角、含泥量和含有机杂质多；海砂虽然具有河砂的特点，但因其在海中，常混有贝壳和盐分等有害杂质。一般工程上多使用河砂。在缺乏河砂的地区，可采用山砂或海砂，但在使用时必须按规定做技术检验。另一类为人工砂，它是经人工加工处理得到的符合规格要求的细集料，通常指岩石加工过程中采取真空抽吸等方法除去大部分土和细粉，或将石屑水洗得到的洁净的细集料。从广义上分类，机制砂、矿渣砂和煅烧砂都属于人工砂。人工砂颗粒表面多棱角、较洁净，但造价高，若无特殊情况，多不采用这种砂。

细集料的技术性质主要包括物理性质、颗粒级配和粗细程度。

1. 细集料的物理性质

细集料的物理性质主要取决于细集料的矿物成分与组成结构。它与细集料的技术性质有着密切的关系。细集料内部的组成与结构，主要由矿质实体、闭口孔隙（不与外界连通的）、开口孔隙（与外界连通的）和空隙4部分组成的，各部分所占的质量和体积如图4-2所示。

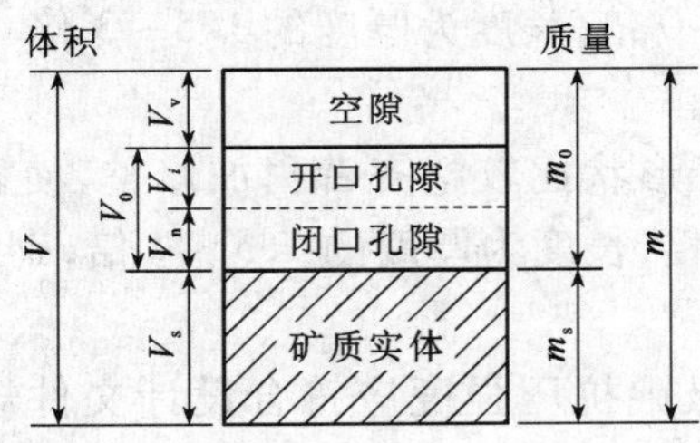

图4-2 细集料体积与质量关系示意图

细集料的物理性质主要有表观密度、体积密度、堆积密度和空隙率等。具体数值都可以通过试验来测定。

（1）表观密度

细集料的表观密度是在规定条件[（105±5）℃烘干至恒量]下，单位体积（包括集料矿质实体和闭口孔隙体积）物质颗粒的干质量。

细集料的表观密度以ρ'表示，其计算式如下：

$$\rho' = \frac{m}{V'} = \frac{m}{V_s + V_n}$$

式中 ρ'——细集料的表观密度，g/cm^3或kg/m^3；

m——细集料矿质实体的质量，g或kg；

V'——细集料的表观体积，cm^3或m^3；

V_s——细集料矿质实体的体积，cm^3或m^3；

V_n——细集料实体中闭口孔隙的体积，cm^3或m^3。

细集料表观密度的测定方法按《公路工程集料试验规程》(JTG E42—2005)规定采用容量瓶法。称取烘干试样的质量，然后将烘干试样装入盛有半瓶洁净水的容量瓶中至瓶颈刻度线处，称其总质量。倒出瓶中的水和试样，再向瓶内注入同样温度的洁净水至瓶颈刻度线，称其质量。通过“置换法”间接得到其真实体积。已知真实体积和质量按上式求得表观密度。

(2)体积密度

体积密度是指在规定条件下，集料单位体积(包括矿质实体、闭口孔隙和开口孔隙体积)的质量。集料的体积密度可用下式表示：

$$\rho_h = \frac{m}{V_s + V_n + V_i} = \frac{m}{V_s + V_0} = \frac{m}{V_h}$$

式中 ρ_h——细集料的体积密度，g/cm^3；

m——细集料的矿质实体质量，g；

V_s——细集料的矿质实体体积，cm^3；

V_n，V_i——细集料的闭口孔隙和开口孔隙的体积，cm^3；

V_0——细集料的孔隙体积，cm^3，即$V_0 = V_n + V_i$；

V_h——细集料的自然状态的体积，cm^3，即$V_h = V_s + V_n + V_i$。

(3)堆积密度

细集料的堆积密度是单位体积(包括矿质实体、闭口孔隙、开口孔隙及颗粒间空隙的体积)物质颗粒的质量。有干堆积密度和湿堆积密度之分。堆积密度可按下式计算：

$$\rho = \frac{m}{V_s + V_n + V_i + V_v} = \frac{m}{V}$$

式中 ρ——细集料的堆积密度，g/cm^3；

m——细集料的矿质实体质量，g；

V_s——细集料的矿质实体体积，cm^3；

V_n，V_i——细集料的闭口孔隙和开口孔隙的体积，cm^3；

V_v——细集料空隙的体积，cm^3；

V——细集料的堆积体积，cm^3，即$V = V_s + V_n + V_i + V_v$。

细集料的堆积密度还分为自然状态下堆积密度和紧装密度，计算如上式。

细集料的堆积密度是将干燥的试样装入规定容积的容量筒来测定的。自然状态下堆积密度是按自然下落方式装样而求得试样的单位体积的质量；紧密密度是用振摇方式装样而求得试样的单位体积的质量。

(4)空隙率

空隙率是指细集料的颗粒之间空隙体积占细集料总体积的百分比。可按下式计算：

$$P' = \left(1 - \frac{\rho}{\rho'}\right) \times 100\%$$

式中 P'——细集料的空隙率，%。

砂的空隙率与其级配和颗粒形状有关。砂的空隙率一般在35%～45%，特细砂可达50%

左右。

2. 细集料的颗粒级配

砂的颗粒级配是指砂中大小颗粒相互搭配的比例情况。

一个良好集料的级配，要求空隙率最小，总表面积也不大。空隙率小，可以得到密实的混凝土骨架，而且也节省水泥浆，空隙率的大小取决于集料颗粒级配的好坏；总表面积小，包裹集料表面所用的水泥浆也少，可以节省水泥的用量，集料总表面积的大小取决于集料的粗细程度。如图4-3所示，当采用相同粒径的砂时，砂的空隙率最大，如图4-3(a)所示；当2种不同粒径搭配时，空隙率减小，如图4-3(b)所示；当2种以上粒径搭配时，空隙率就更小，如图4-3(c)所示。这样一级一级不同粒径按一定比例互相搭配填充空隙，使砂的空隙率达到最小。

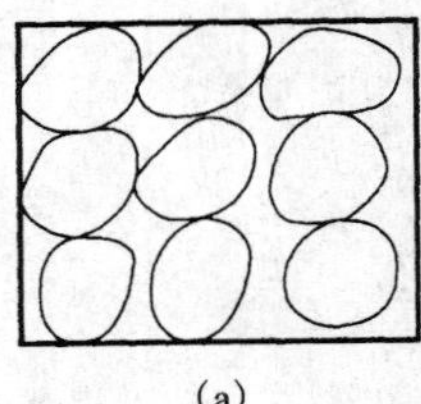
(a)

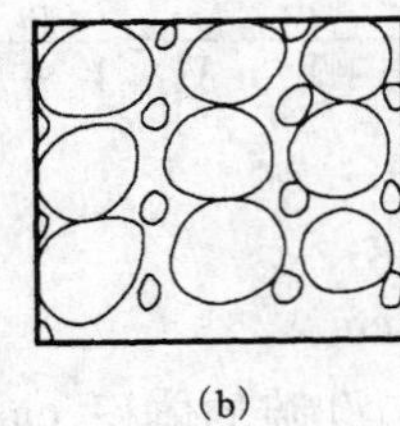
(b)

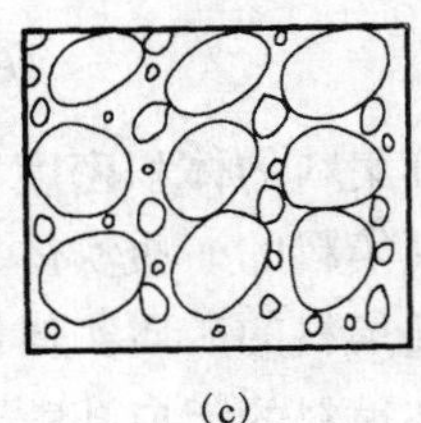
(c)

图4-3　颗粒级配示意图

(a)采用相同粒径的砂时；(b)2种不同粒径搭配时；(c)2种以上粒径搭配时

砂的颗粒级配，可通过筛分试验来确定。对普通混凝土用细集料可采用干筛法，如果需要也可采用水筛法筛分；对沥青混合料及基层用细集料必须用水洗法筛分。

筛分试验是将预先通过9.5mm筛（普通混凝土用天然砂）或4.75mm筛（沥青路面及基层用天然砂、石屑、机制砂等）的试样，称取500g，置于一套孔径为4.75mm、2.36mm、1.18mm、0.60mm、0.30mm、0.15mm、0.075mm的方孔筛上，分别求出试样存留在各筛上的质量，即筛余量，然后按下述方式计算其有关级配参数。

(1)分计筛余百分率

在某号筛上的筛余质量占试样总质量的百分率。可按下式求得：

$$a_i = \frac{m_i}{M} \times 100\%$$

式中　a_i——某号筛分计筛余百分率，%；

m_i——存留在某号筛上的质量，g；

M——试样总质量，g。

(2)累计筛余百分率

某号筛的分计筛余百分率和大于某号筛各号筛的分计筛余百分率之总和。按下式求得：

$$A_i = a_1 + a_2 + \cdots + a_i$$

式中　A_i——某号筛的累计筛余百分率，%；

$a_1, a_2, \cdots, a_i$——从4.75mm、2.36mm……至计算的某号筛的分计筛余百分率，%。

(3)通过百分率

通过某筛的质量占试样总质量的百分率，亦即100%与累计筛余百分率之差。按下式求得：

$$P_i = 100\% - A_i$$

式中　P_i——通过百分率，%；

A_i——某号筛的累计筛余百分率，%。

综上所述，分计筛余、累计筛余及通过量三者的关系见表 4-2。

表 4-2　分计筛余、累计筛余及通过量三者关系

筛孔尺寸(mm)	分计筛余率(%)	累计筛余率(%)	通过百分率(%)
4.75	a_1	$A_1 = a_1$	$100\% - A_1$
2.36	a_2	$A_2 = a_1 + a_2$	$100\% - A_2$
1.18	a_3	$A_3 = a_1 + a_2 + a_3$	$100\% - A_3$
0.60	a_4	$A_4 = a_1 + a_2 + a_3 + a_4$	$100\% - A_4$
0.30	a_5	$A_5 = a_1 + a_2 + a_3 + a_4 + a_5$	$100\% - A_5$
0.15	a_6	$A_6 = a_1 + a_2 + a_3 + a_4 + a_5 + a_6$	$100\% - A_6$

3. 细集料的粗度

砂的粗度是评价砂粗细程度的一种指标，通过细度模数表示。粗细程度与总表面积有关，为了获得比较小的总表面积，应尽量采用较粗的颗粒，但不能过粗，过粗会使砂的空隙率增大而使混凝土拌合物产生泌水，影响和易性。因此，在拌制混凝土时，应同时考虑砂的颗粒级配和粗细程度。

天然砂的细度模数按下式计算：

$$M_x = \frac{A_2 + A_3 + A_4 + A_5 + A_6 - A_1}{100 - A_1}$$

式中　M_x——细度模数；

$A_1, A_2, \cdots, A_6$——为 4.75mm，2.36mm，…，0.15mm 各筛的累计筛余百分率，%。

细度模数越大，表明砂子越粗。我国现行标准《建设用砂》(GB/T 14684—2011)规定，砂的粗度按细度模数可分为粗砂、中砂、细砂 3 级：

粗砂　$M_x = 3.7 \sim 3.1$

中砂　$M_x = 3.0 \sim 2.3$

细砂　$M_x = 2.2 \sim 1.6$

细度模数虽能表示砂的粗细程度，但不能完全反映出砂的颗粒级配情况，因为相同细度模数的砂可有不同的颗粒级配。因此，要全面表征砂的颗粒性质，必须同时使用细度模数和级配两个指标。

4.3.2　粗集料的技术性质

在沥青混合料中，粗集料是指粒径大于 2.36mm 的碎石、破碎砾石、筛选砾石和矿渣等；在普通混凝土中，粗集料是指粒径大于 4.75mm 的碎石、砾石和破碎砾石等。

1. 粗集料的物理性质

(1)粗集料的物理常数

粗集料的物理常数主要有表观密度、体积密度、堆积密度和空隙率等，其含义及计算方法与细集料完全相同,测定方法有所区别,粗集料的表观密度和体积密度的测定方法按《公路工程集料试验规程》(JTG E42—2005)规定采用网篮法。

① 表观密度的测定方法是:将已知质量的干燥粗集料装在金属吊篮中浸水24h,使开口孔隙吸饱水,然后在静水天平上称出饱水后粗集料在水中的质量,按排水法可计算出包括闭口孔隙在内的体积,根据粗集料的质量和表观体积即可求出表观密度。

② 体积密度的测定方法是:将已知质量的干燥集料,经24h饱水后,用湿毛巾擦干而求得饱和面干质量。然后用排水法求得在水中的质量。按此测得的集料质量和饱和面干体积即可求得集料的体积密度。

(2)粗集料的级配

粗集料中各组成颗粒的分级和搭配称为级配,级配是通过筛分试验确定的。对普通混凝土用粗集料可采用干筛法筛分试验,对沥青混合料及基层用粗集料必须采用水筛法筛分试验。筛分试验就是将粗集料经过一系列筛孔尺寸的标准筛(标准筛为方孔筛,筛孔尺寸依次为70mm、63mm、53mm、37.5mm、31.5mm、26.5mm、19mm、16mm、13.2mm、9.5mm、4.75mm、2.36mm、l.18mm、0.6mm、0.3mm、0.15mm、0.075mm),测出各个筛上的筛余量,根据集料试样的质量与存留在各筛孔上的集料质量,就可求得一系列与集料级配有关的参数:

① 分计筛余百分率。

② 累计筛余百分率。

③ 通过百分率。

粗集料的筛分试验中采用的标准套筛尺寸范围及试样质量与细集料筛分试验有所不同,但级配参数的计算方法与细集料相同,详见“细集料的技术性质”内容。

(3)坚固性

对已轧制成的碎石或天然卵石亦可采用规定级配的各粒级集料,按现行试验规程《公路工程集料试验规程》(JTG E42—2005)选取规定数量,分别装在金属网篮浸入饱和硫酸钠溶液中进行干湿循环试验。经5次循环后,观察其表面破坏情况,并用质量损失百分率来计算其坚固性(也称安定性)。

2. 粗集料的力学性质

粗集料的力学性质,主要采用磨耗率和压碎值来表示,其次是新近发展起来的抗滑表层用集料的3项试验,即磨光值、道瑞磨耗值和冲击值。

(1)粗集料的磨耗率

洛杉矶式磨耗试验,见“4.2.2 岩石的主要技术性质与要求”的内容。

(2)粗集料的压碎值

粗集料的压碎值是集料在逐渐增加的荷载下,抵抗压碎的能力。它是衡量集料力学性质的指标,以评定其在公路工程中的适用性。

粗集料压碎值的测定,按现行《公路工程集料试验规程》(JTG E42—2005)进行,该方法是将9.5~13.2mm集料试样3kg,分3次(每次数量大体相同)均匀装入压碎值测定仪的金属筒内,每次均将试样表面整平,用金属棒均匀捣实,最后将试样表面仔细整平。放在压力机上,均匀加荷载,在10min左右的时间达到400kN,并稳压5s,然后卸载,称其通过2.36mm筛的筛余量,按下式计算:

$$Q'_a = \frac{m_1}{m_0} \times 100\%$$

式中　Q'_a——岩石压碎值,%;

m_0——试验前试样质量,g;

m_1——试验后通过 2.36mm 筛孔的细料质量,g。

(3)粗集料的磨光值(PSV)

路用集料在使用过程中不仅要表现出较高的承载能力,而且还要有较高的耐磨光性,以满足长期使用时高速行驶车辆对路面抗滑性的要求。这种抗滑性用磨光值来表示,集料的磨光值是利用加速磨光机磨光集料,用摆式摩擦系数仪测定集料磨光后的摩擦系数,以 PSV 表示。

岩石磨光值愈高,路面抗滑性愈好。路面抗滑表层用粗集料磨光值,对于高速公路、一级公路,磨光值不小于 42,其他公路不小于 35。

(4)粗集料的道瑞磨耗值(AAV)

粗集料磨耗值用于评定抗滑表层的粗集料抵抗车轮撞击及磨耗的能力。按我国现行试验规程《公路工程集料试验规程》(JTG E42—2005)规定,采用道瑞磨耗试验机来测定粗集料磨耗值(AAV)。

集料磨耗值愈高,表示集料的耐磨性愈差。高速公路、一级公路抗滑层用集料的磨耗值应不大于 14,其他公路不大于 16。

(5)粗集料的冲击值(AIV)

车辆高速行驶过程中急刹车或车辆产生颠簸时,都可能对路面产生冲击作用,集料抵抗多次连续重复冲击荷载作用的性能称为冲击韧性。集料的冲击韧性按我国现行试验规程《公路工程集料试验规程》(JTG E42—2005)规定,采用集料冲击值(AIV)表示。

冲击值越小,表示集料的抗冲击性能越好。道路抗滑表层用集料的冲击值,对于高速公路、一级公路,集料冲击值不大于 28,其他公路不大于 30。

4.4 工业废渣

工业废渣包括粉煤灰、煤渣、粒化高炉矿渣、钢渣、冶金矿渣等。目前在公路工程中最常用的是粉煤灰和冶金矿渣集料。

4.4.1 粉煤灰

粉煤灰是火力发电厂排放的废渣,呈灰色或浅灰色的粉末,属于火山灰质活性材料。它含有较多的活性氧化硅、活性氧化铝,它们与氢氧化钙在常温下起化学反应生成稳定的水化硅酸钙和水化铝酸钙,这些成分有助于混合料的硬化,增加强度。粉煤灰系球形熔粉,颗粒呈玻璃状,这些颗粒可以改善拌合物的和易性。

1. 粉煤灰的化学成分

粉煤灰是由煤粉经高温煅烧后生成的火山灰质材料,经化学分析可知其除含有少量的未燃尽的煤粉外,其主要化学成分为 SiO_2、Al_2O_3,还有少量 Fe_2O_3、CaO、MgO 与 SO_3 等氧化物。

因粉煤灰的主要化学成分 SiO_2、Al_2O_3 及 Fe_2O_3,占总量的 70% 以上,其中活性 SiO_2、Al_2O_3

与水泥或石灰混合后，在有水的条件下与$Ca(OH)_2$等发生水化反应，反应后生成水化硅酸钙和水化铝酸钙等水硬性水化产物，这些水化产物决定了混合料的抗压强度。所以粉煤灰的活性愈强，组成混合料的抗压强度愈大。粉煤灰的化学成分见表4-3。

表4-3　粉煤灰的化学成分

化学成分	SiO_2	Al_2O_3	Fe_2O_3	CaO	MgO	Na_2O	K_2O	SO_3
平均值(%)	50.6	21.1	7.1	2.8	1.2	0.5	1.3	0.3

2. 粉煤灰的技术性质与技术要求

(1)细度

粉煤灰的细度(见表4-4)对强度的形成有一定的影响，颗粒愈细，粉煤灰的表面积愈大，活性愈大，强度愈高。

表4-4　粉煤灰的性能指标

性能		平均值	范围
密度(g/cm^3)		2.08	1.77～2.43
松装密度(kg/m^3)		735	516～1073
密实度(%)		0.35	0.26～0.44
细度	大于0.088mm颗粒质量分数(%)	22.9	0～58.9
	0.045～0.088mm颗粒质量分数(%)	23.9	9.1～48.6
	小于0.045mm颗粒质量分数(%)	49.2	10.7～90.9

(2)密度

粉煤灰的密度与它的颗粒形状、铁质含量有关，玻璃球含量多，粉煤灰密度大，氧化铁成分高，其密度也大(见表4-4)。含炭量多的粉煤灰密度较小。密度愈大粉煤灰质量愈好。

(3)含水量

粉煤灰的含水量不宜超过35%(路面基层)。

粉煤灰的品质分为Ⅰ、Ⅱ、Ⅲ三个等级，见表4-5。

表4-5　粉煤灰的分级及品质标准

序号	指标		Ⅰ	Ⅱ	Ⅲ
1	细度(0.045mm方孔筛筛余)(%)，≤		12	20	45
2	需水量(%)，≤		95	105	115
3	烧失量(%)，≤		5	8	15
4	含水量(%)，≤		1	1	1.5
5	三氧化硫(%)，≤		3	3	3
6	Cl^-(%)		<0.02	<0.02	—
7	混合砂浆活性指数	7d	≥75	≥70	—
		28d	≥85(75)	≥80(62)	—

注：1. 45μm气流筛的筛余量换算为80μm水泥筛的筛余量时换算系数约为2.4。

2. 混合砂浆的活性指数为掺粉煤灰的砂浆与水泥砂浆的抗压强度比的百分数，适用于所配制混凝土强度等级大于等于C40的混凝土；当配制的混凝土强度等级小于C40时，混凝土砂浆的活性指数要求应满足28d括号中的数值。

(4)烧失量

烧失量是指粉煤灰中未烧尽的炭粉含量。未烧尽的炭粉含量大，活性SiO_2、Al_2O_3含量少，所形成的混合料的强度较低。故烧失量越小越好。路面基层要求烧失量不应超过 20%。

3. 粉煤灰在道路工程中的应用

1)可以在硅酸盐水泥中加入适量的粉煤灰制成粉煤灰质硅酸盐水泥。

2)用作普通混凝土路面掺合料,节省水泥用量。

3)用作沥青混凝土路面的掺合料。

4)用粉煤灰加水泥或石灰稳定砂砾做路面基层、底基层及垫层。

5)拌制建筑砂浆,代替部分石膏效果较好。

6)粉煤灰与黏土烧成粉煤灰砖用于建筑工程中。

7)适用于受化学侵蚀普通混凝土及灌浆、泵送混凝土中。

4.4.2　冶金矿渣集料

冶金矿渣是指在高炉中熔炼生铁过程时矿石、燃料及助熔剂中易熔硅酸盐化合而成的副产品。这些冶金矿渣从熔炉排出后,在空气中自然冷却,形成坚硬材料,是一种很好的路面材料。它可作为基层材料,又可作为修筑普通混凝土或沥青混合料路面用的集料。

1. 矿渣的化学成分

矿渣化学成分随冶炼的矿物成分、燃料、助熔剂及熔化金属的化学成分而变化,其主要化学成分为 SiO_2、Al_2O_3、CaO 及少量 MgO、CaS、FeO、MnO、Fe_2O_3 等(见表 4-6),按以上化学成分采用碱度(或酸度)作为矿渣分类基础。

表 4-6　矿渣的化学成分

矿渣名称	化学成分							
	SiO_2	Al_2O_3	CaO	MgO	FeO	MnO	Fe_2O_3	P_2O_5
	质量分数(%)							
碱性矿渣	15.96	4.52	40.49	5.84	13.82	8.30	5.74	0.52
酸性矿渣	46.00	2.30	—	16.08	26.82	—	—	—

酸性氧化物:SiO_2、P_2O_5、TiO_2;

中性成分:FeS、MnS;

两面性氧化物:Al_2O_3。此氧化物遇碱时呈弱酸作用,而遇酸时则起弱碱作用。

矿渣的酸性和碱性通常以下列模数表示。

碱性矿渣:

$$M_{bc}=\frac{CaO+MgO}{SiO_2+Al_2O_3}>1$$

酸性矿渣:

$$M_{ac}=\frac{CaO+MgO+Al_2O_3}{SiO_2}<1$$

中性矿渣:

$$M_{bc}<1 \text{ 且 } M_{ac}>1$$

路用矿渣一般 Al_2O_3、CaO 含量较高,而 SiO_2 含量较低者活性较大,质量较高。

2. 矿渣的矿物成分

矿渣中常见的矿物成分有黄长石、辉石、橄榄石及少量的硫化物。

3. 矿渣的物理力学性质

矿渣的密度与矿物成分有关,在 2.97 ~ 3.32g/cm^3。矿物的堆积密度多数在 1900kg/m^3 以上,空隙率大多在 35% 以下,耐冻性(或坚固性)一般均能符合路用要求。

矿渣的力学强度均较高。其强度与空隙率有关,通常极限抗压强度在 50MPa 以上,高者达 150MPa,相当于石灰岩、花岗岩的强度。其他性能如压碎值、冲击值、磨光值和磨耗率均能符合路用岩石的要求。所以工业冶金矿渣集料广泛用于普通混凝土、沥青混凝土路面的基层。

4.5 矿质混合料

路桥用砂石材料,大多数情况下是以矿质混合料的形式与水泥或沥青胶结后形成混凝土或者沥青混合料加以利用。欲使普通混凝土或沥青混合料具备良好的使用性能,除各种矿质集料的技术性质应符合要求外,矿质混合料还必须满足最小空隙率和最大摩擦力的基本要求。所谓最小空隙率就是不同粒径的各级矿质集料按一定比例搭配,使其组成一种具有最大密实度(或最小空隙率)的矿质混合料;所谓最大摩擦力就是各级矿质集料在进行比例搭配时,应使各级集料排列紧密,形成一个多级空间骨架结构且具有最大摩擦力的矿质混合料。为达到上述要求,就要对矿质混合料进行科学的组成设计。

4.5.1 矿质混合料的级配类型

矿质混合料的级配类型通常有以下两种形式。

1. 连续级配

连续级配是将某一矿质混合料在标准筛孔配成的套筛中进行筛分试验时,所得到的级配曲线平顺圆滑、且具有连续的(而不是间断的)性质。相邻粒级的颗粒之间,有一定的比例关系。这种由大到小,逐级粒径均有,并按比例互相搭配组成的矿质混合料,称为连续级配的矿质混合料。

2. 间断级配

间断级配是在连续级配的矿质混合料中剔除其中一个(或几个)粒级的颗粒,形成一种不连续的混合料。这种混合料称为间断级配的矿质混合料,如图 4-4 所示。

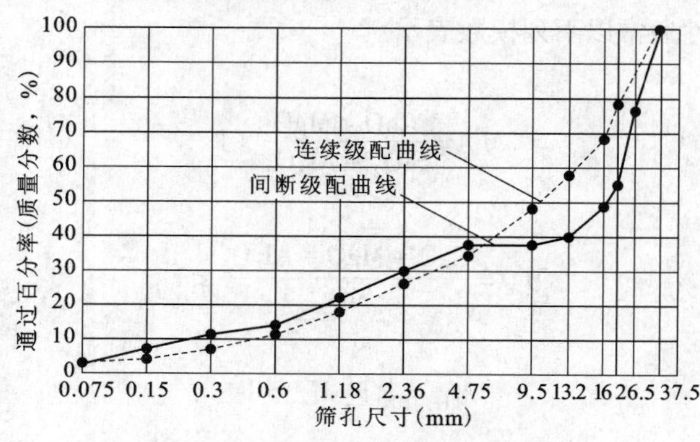

图 4-4 连续级配和间断级配曲线

4.5.2　矿质混合料的级配理论

1. 富勒理论

富勒根据试验提出一种级配理论，他认为“集料的级配曲线越接近抛物线时，则其密度越大”，如图 4-5 所示。

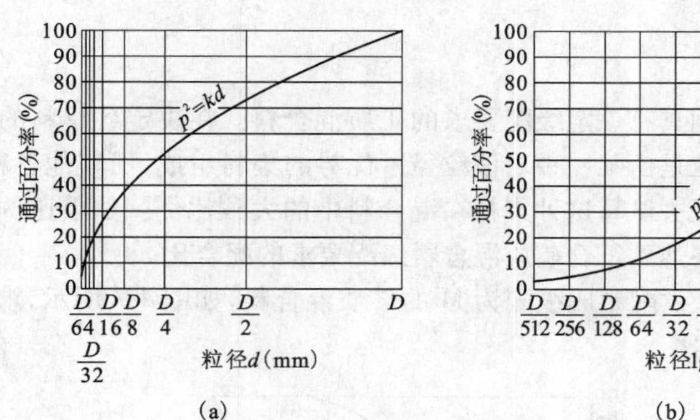

图 4-5　富勒理想级配曲线

（a）常坐标：纵横坐标均为常数；（b）半对数坐标：纵坐标为常数，横坐标为对数

最大密度曲线方程采用抛物线公式表示：

$$p^2 = kd$$

当粒径 d 等于最大粒径 D 时，矿质混合料的通过率等于 100%，将此关系代入 $p^2 = kd$，则对任意粒级粒径 d 的通过百分率可按下式求得：

$$p = 100\sqrt{\frac{d}{D}}$$

式中　p——集料某粒级粒径（d）的通过百分率（%）；

D——矿质混合料的最大粒径（mm）；

d——集料某粒级的粒径（mm）。

2. 泰波理论

泰波认为富勒曲线是一种理想曲线，实际矿料的级配应允许有一定的波动范围，故将富勒最大密度曲线改为 n 次幂的通式，用下式表示：

$$p = 100\left(\frac{d}{D}\right)^n$$

式中　p——集料某粒级粒径（d）的通过百分率（%）；

D——矿质混合料的最大粒径（mm）；

d——集料某粒级的粒径（mm）。

n——试验指数。

当 $n = 0.5$ 时，即为抛物线公式。试验认为 $n = 0.3 \sim 0.6$ 时，矿质混合料具有较好的密实度，级配曲线范围如图 4-6所示。

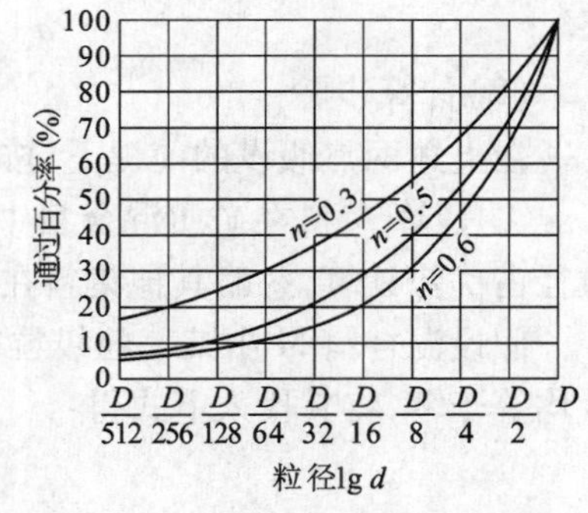

图 4-6　泰波级配曲线范围

4.5.3 矿质混合料配合比

矿质混合料配合比是指组成矿质混合料的各种集料的用量比例。采用人为设计的方法来确定配合比的过程,就称为配合比设计。矿质混合料的配合比设计方法主要有试算法和图解法两种。

1. 试算法

(1)基本原理

现欲采用几种集料配制具有一定级配要求的矿质混合料。在决定各集料的比例时,先假定混合料中某种粒径的颗粒是由某一种对该粒径占优势的集料组成,而其他各种集料不含这种粒径的颗粒。根据该粒径去试算这种集料在混合料中的大致比例。如果比例不合适,则稍加调整,这样逐步试算,最终达到符合矿质混合料级配要求的配合比。

设有 A、B、C 三种集料,欲配制成级配为 M 的矿质混合料,如图 4-7 所示,求 A、B、C 集料在混合料中的比例,即配合比。

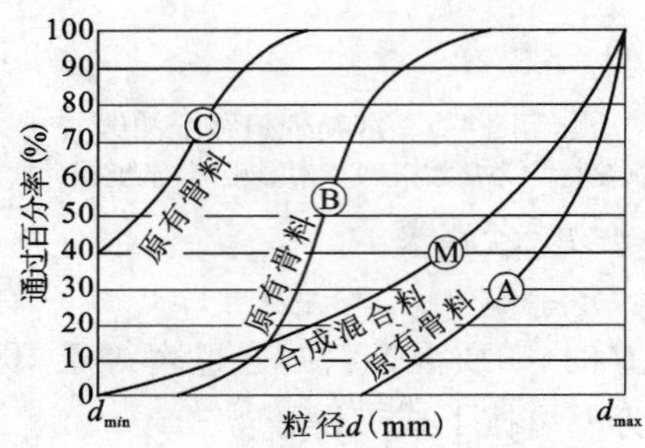

图 4-7 原有集料与合成混合料的级配图

按题意作下列两点假设:

① 假设 A、B、C 三种集料在混合料 M 中的用量比例为 X、Y、Z,则:

$$X + Y + Z = 100\%$$

② 假设混合料 M 中某一级粒径要求的含量为 $a_{M,i}$,A、B、C 三种集料在该粒径的含量为 $a_{A,i}$、$a_{B,i}$、$a_{C,i}$,则:

$$a_{A,i} \cdot X + a_{B,i} \cdot Y + a_{C,i} \cdot Z = a_{M,i}$$

(2)计算步骤

在上述两点假设的前提下,按下列步骤求 A、B、C 三种集料在该混合料中的用量比例。

① 计算 A 料在矿质混合料中的用量。在计算 A 料在混合料中的用量时,按 A 料在某一粒径占优势计算,忽略其他集料在此粒径的含量。

假设混合料 M 中某一粒级粒径(i)的颗粒由 A 集料占优势,则 B 料和 C 料在该粒径的含量均等于零,将其代入上式得:

$$a_{A,i} \cdot X = a_{M,i}$$

整理得:

$$X=\frac{a_{M,i}}{a_{A,i}}\times 100\%$$

② 计算C料在矿质混合料中的用量。假设混合料M中某一粒级粒径(j)的颗粒由C集料占优势,同理可计算出C集料在混合料中的用量比例。应用公式可得到:

$$a_{C,j}\cdot Z=a_{M,j}$$

整理得:

$$Z=\frac{a_{M,j}}{a_{C,j}}\times 100\%$$

③ 计算B料的用量。

$$Y=100\%-(X+Z)$$

④ 校核。校核计算出的配合比,如不在要求的级配范围内,应调整相对比例,重新计算和复核,几次调整,逐步渐近,直到符合为止。如经计算不能满足要求时,可掺加某些单粒级集料,或调换其他原始集料。

【例4-1】 现拟用碎石、砂和矿粉三种矿质集料配合AC-20公路沥青混凝土路面用矿质混合料。表4-7列出各种集料的筛分结果以及所要求的矿质混合料的级配范围。试求碎石、砂和矿粉三种集料的用量比例。

表4-7　各种集料的分计筛余率和所要求矿质混合料的级配范围

		筛孔尺寸(mm)												
		26.5	19	16	13.2	9.5	4.75	2.36	1.18	0.6	0.3	0.15	0.075	<0.075
各种集料的分计筛余率(%)	碎石	0	2.4	9.5	13.8	16.4	23.8	15.2	8.6	5.3	3.1	1.1	0.5	0.3
	砂	—	—	—	—	0	10.1	23.7	13.3	15.1	16.9	1.3	2.9	0.7
	矿粉	—	—	—	—	—	—	—	0	3.0	5.0	5.5	3.2	83.3
所要求的矿质混合料级配范围通过百分率P_i(%)		100	90~100	78~92	62~80	50~72	26~56	16~44	12~33	8~24	5~17	4~13	3~7	—

【解】 (1)计算矿质混合料所要求级配范围的通过百分率中值、累计筛余率中值、分计筛余率中值,计算结果见表4-8。

表4-8　矿质混合料要求的级配范围

	筛孔尺寸(mm)												
	26.5	19	16	13.2	9.5	4.75	2.36	1.18	0.6	0.3	0.15	0.075	<0.075
通过百分率P_i(%)	100	90~100	78~92	62~80	50~72	26~56	16~44	12~33	8~24	5~17	4~13	3~7	—
通过百分率中值(%)	100	95	85	71	61	41	30	22.5	16	11	8.5	5	0

续表

	筛孔尺寸(mm)												
	26.5	19	16	13.2	9.5	4.75	2.36	1.18	0.6	0.3	0.15	0.075	<0.075
累计筛余率中值(%)	0	5.0	15.0	29.0	39.0	59.0	70.0	77.5	84.0	89.0	91.5	95.0	100
分计筛余率中值(%)	0	5.0	10.0	14.0	10.0	20.0	11.0	7.5	6.5	5.0	2.5	3.5	5.0

(2)由表4-7中可知,碎石中4.75mm粒径颗粒含量占优势。假设矿质混合料中4.75mm粒径的颗粒全部由碎石提供,其他集料均等于零。于是,碎石混合料中的含量为:

$$X=\frac{a_{M,i}}{a_{A,i}}\times 100\%=\frac{20.0}{23.8}\times 100\%=84.0\%$$

(3)同理,由表4-7中可知,矿粉中小于0.075mm颗粒含量占优势,忽略碎石和砂中此粒径的含量。于是,矿粉在混合料中的含量为:

$$Z=\frac{a_{M,j}}{a_{C,j}}\times 100\%=\frac{5.0}{83.3}\times 100\%=6.0\%$$

(4)砂在混合料中的含量为:

$$Y=100\%-(X+Z)=100\%-(84.0\%+6.0\%)=10.0\%$$

(5)校核三种集料是否符合级配范围要求。

通过计算,碎石、砂和矿粉三种集料用量比例为:$X=84.0\%$、$Y=10.0\%$、$Z=6.0\%$。对计算的结果进行校核,见表4-9。

表4-9　矿质混合料配合料配合组成计算校核表

	筛孔尺寸(mm)													
	26.5	19	16	13.2	9.5	4.75	2.36	1.18	0.6	0.3	0.15	0.075	<0.075	
各种集料的分计筛余率(%)	碎石	0	2.4	9.5	13.8	16.4	23.8	15.2	8.6	5.3	3.1	1.1	0.5	0.3
	砂	—	—	—	—	0	10.1	23.7	13.3	15.1	16.9	17.3	2.9	0.7
	矿粉	—	—	—	—	—	—	—	0	3.0	5.0	5.5	3.2	83.3
各集料在矿质混合料中的含量(%)	碎石 84.0	0	2.0	8.0	11.6	13.8	20.0	12.8	7.2	4.4	2.6	0.9	0.4	0.3
	砂 10.0	—	—	—	—	0	1.0	2.4	1.3	1.5	1.7	1.7	0.3	0.1
	矿粉 6.0	—	—	—	—	—	—	—	0	0.2	0.3	0.3	0.2	5.0
合成的矿质混合料级配(%)	a_i(%)	0	2.0	8.0	11.6	13.8	21.0	15.2	8.5	6.1	4.6	2.9	0.9	5.4
	A_i(%)	0	2.0	10.0	21.6	35.4	56.4	71.6	80.1	86.2	90.8	93.7	94.6	100
	P_i(%)	100	98	90	80.4	65.6	43.6	28.4	19.9	13.8	9.2	6.3	5.4	0
所要求的矿质混合料级配范围通过百分率P_i(%)		100	90~100	78~92	62~80	50~72	26~56	16~44	12~33	8~24	5~17	4~13	3~7	—

分析表 4-9 中结果可知，按上述配合比，设计出的矿质混合料的级配在要求的矿质混合料级配范围内，符合要求。

2. 图解法

我国现行规范推荐采用的图解法为修正平衡面积法。当采用 3 种以上的多种集料配合矿质混合料时，采用此方法进行设计十分方便。图解法计算步骤如下：

（1）绘制专用坐标。首先按规定尺寸绘制一方形图框，纵坐标为通过百分率，取 10cm，按算术标尺，标出通过百分率（0～100%）。横坐标为筛孔尺寸（粒径），取 15cm；连接对角线，该直线即为所要求矿质混合料的中值级配曲线，并以此推导出横坐标的位置。以细粒式沥青混凝土 AC-13 所要求矿质混合料（见表 4-10）为例，绘制专用坐标如图 4-8 所示。

表 4-10　细粒式沥青混凝土 AC-13 所要求的矿质混合料的级配范围

筛孔尺寸（mm）	16	13.2	9.5	4.75	2.36	1.18	0.6	0.3	0.15	0.075
级配范围（%）	100	90～100	68～85	38～68	24～50	15～38	10～28	7～20	5～15	4～8
级配中值（%）	100	95.0	76.5	53.0	37.0	26.5	19.0	13.5	10.0	6.0

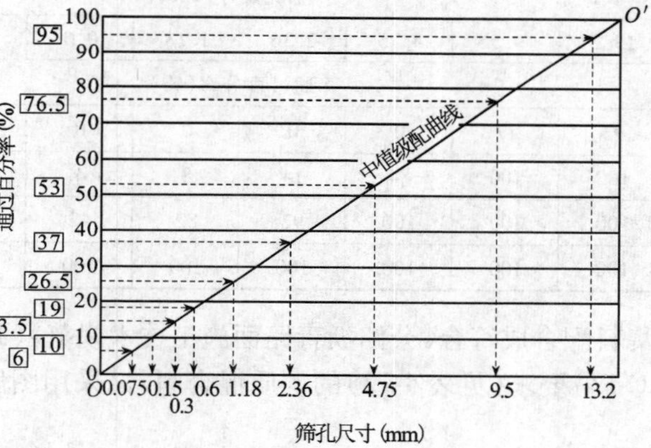

图 4-8　图解法专用坐标

（2）在专用坐标上绘制各种集料的级配曲线，如图 4-9 所示。

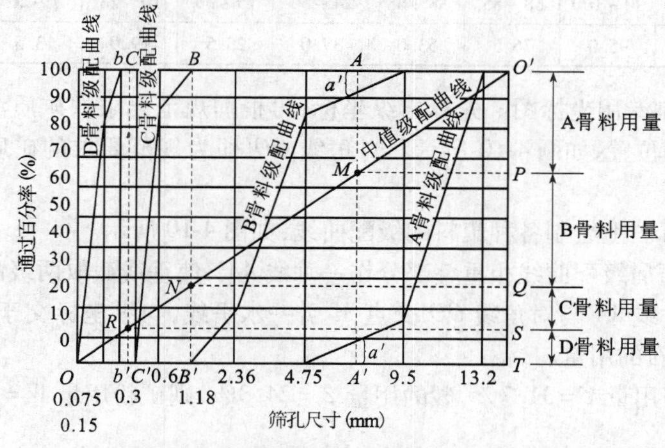

图 4-9　组成集料级配曲线和要求合成级配曲线图

(3)确定矿质混合料的配合比。相邻两种集料的级配曲线可能有下列三种情况。根据各集料之间的关系,按下述方法即可确定各种集料用量。

① 两相邻级配曲线重叠。如A集料级配曲线下部与B集料级配曲线上部搭接时,在两级配曲线之间引一根垂直于横坐标的直线 AA'(使 $a=a'$),与对角线 OO' 交于点 M,通过点 M 作一水平线与纵坐标交于 P 点。$O'P$ 即为A集料的用量。

② 两相邻级配曲线相接。如B集料级配曲线的下末端与C集料级配曲线首端正好在一条垂直线上时,将前一集料曲线末端与后一集料曲线首端作垂线相连,垂线 BB' 与对角线 OO' 交于点 N。通过点 N 作一水平线与纵坐标交于点 Q。PQ 即为B集料用量。

③ 两相邻级配曲线相离。如C集料级配曲线末端与D集料级配曲线首端,在水平方向彼此离开一段距离时,作一垂直线平分相离开的距离($b=b'$),垂线 CC' 与对角线 OO' 交于 R,通过点 R 作一水平线与纵坐标交于点 S,QS 即为C集料的用量。剩余 ST 即为D集料用量。

【例4-2】 现有碎石、石屑、砂和矿粉四种集料,筛分试验结果见表4-11。

表4-11 各种集料的筛析结果

材料名称	筛孔尺寸(mm)									
	16	13.2	9.5	4.75	2.36	1.18	0.6	0.3	0.15	0.075
	通过百分率(%)									
碎石	100	93	17	0	0	0	0	0	0	0
石屑	100	100	100	84	14	8	4	0	0	0
砂	100	100	100	100	92	82	42	21	11	4
矿粉	100	100	100	100	100	100	100	100	96	89

要求将上述四种集料配合成符合《公路沥青路面施工技术规范》(JTG F40—2004)细粒式沥青混凝土混合料(AC-13)要求(见表4-12)的矿质混合料,试采用图解法确定各种集料的用量比例。

表4-12 规范要求的矿质混合料级配

筛孔尺寸(mm)	16	13.2	9.5	4.75	2.36	1.18	0.6	0.3	0.15	0.075
级配范围(%)	100	90~100	68~85	38~68	24~50	15~38	10~28	7~20	5~15	4~8
级配中值(%)	100	95.0	76.5	53.0	37.0	26.5	19.0	13.5	10.0	6.0

【解】 (1)绘制专用坐标图。先标出纵坐标;再根据规范要求的矿质混合料级配范围中值,推导出横坐标的位置,如图4-10所示。对角线 OO' 即为规范要求的矿质混合料级配范围中值。

(2)在专用坐标图上绘制各种集料的级配曲线,如图4-10所示。

(3)在碎石和石屑级配曲线相重叠部分作一垂线 AA',使垂线截取两级配曲线的纵坐标值相等($a=a'$)。自垂线 AA' 与对角线 OO' 交点 M 引一水平线,与纵坐标交于 P 点,$O'P$ 的长度 $X=35.9\%$,即为碎石的用量。

同理,求出石屑用量 $Y=31.7\%$,砂的用量 $Z=24.3\%$,则矿粉用量 $W=8.1\%$。

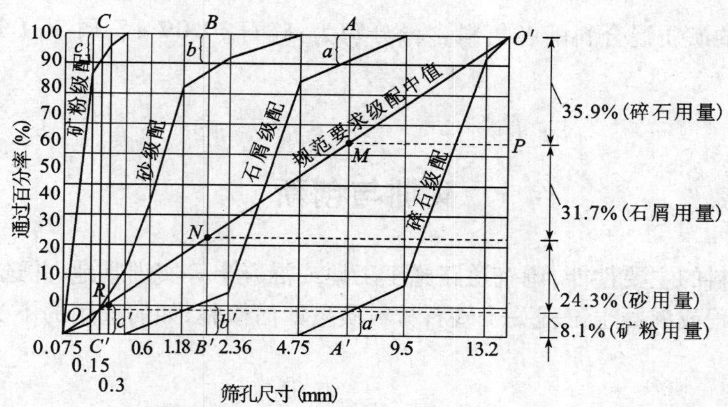

图4-10　各组成材料和要求混合料级配图

(4)图解法求得的各集料用量见表4-13,并对计算结果进行校核。

表4-13　矿质混合料配合比校核表

材料名称		筛孔尺寸(mm)									
		16	13.2	9.5	4.75	2.36	1.18	0.6	0.3	0.15	0.075
		通过百分率(%)									
碎石		100	93	17	0	0	0	0	0	0	0
石屑		100	100	100	84	14	8	4	0	0	0
砂		100	100	100	100	92	82	42	21	11	4
矿粉		100	100	100	100	100	100	100	100	96	89
各集料在矿质混合料中的含量(%)	碎石35.9(30.0)	35.9(30.0)	33.4(27.9)	6.1(5.1)	0(0)	0(0)	0(0)	0(0)	0(0)	0(0)	0(0)
	石屑31.7(36.0)	31.7(36.0)	31.7(36.0)	31.7(36.0)	20.3(23.0)	4.4(5.0)	2.5(2.9)	1.3(1.4)	0(0)	0(0)	0(0)
	砂24.3(28.0)	24.3(28.0)	24.3(28.0)	24.3(28.0)	24.3(28.0)	22.4(25.8)	19.9(23.0)	10.2(11.8)	5.1(5.9)	2.7(3.1)	1.0(1.1)
	矿粉8.1(6.0)	8.1(6.0)	8.1(6.0)	8.1(6.0)	8.1(6.0)	8.1(6.0)	8.1(6.0)	8.1(6.0)	8.1(6.0)	7.8(5.8)	7.2(5.2)
合成矿质混合料级配		100(100)	97.5(97.9)	70.2(75.1)	52.7(57.0)	34.9(36.8)	30.5(31.9)	19.6(19.2)	13.2(11.9)	10.5(8.9)	8.2(6.3)
规范要求级配范围		100	90~100	68~85	38~68	24~50	15~38	10~28	7~20	5~15	4~8

从表4-13可以看出,按碎石∶石屑∶砂∶矿粉=35.9%∶31.7%∶24.3%∶8.1%计算结果,求得合成级配混合料中筛孔9.5mm的通过量偏低,筛孔0.075mm的通过量偏高。

这是由于图解法的各种集料的用量比例是根据部分筛孔确定的,所以不能控制所有筛孔。需要调整修正,才能达到满意的结果。

(5)调整之后,所合成的矿质混合料的级配完全在规范要求的范围内,并接近中值,见表

4-13。最后确定的矿质混合料的各集料含量分别为:碎石 30.0%;石屑 36.0%;砂 28.0%;矿粉 6.0%。

实训与创新

运用砂石材料的主要性能,调查道路施工工地或混凝土等实训基地,并选择其中之一写一篇在道路桥梁工程或混凝土工程关于砂石材料质量如何检验、如何选用的不少于 1000 字的科技小论文。

复习思考题与习题

4.1 岩石的种类有哪些?各有什么特点?

4.2 岩石的性质对其用途有何影响?举例说明。

4.3 石料的主要物理常数有哪些?简述它们的含义。

4.4 影响石料抗压强度的主要因素有哪些?

4.5 何谓级配?表示级配的参数有哪些?

4.6 矿质混合料的级配理论有什么实际意义?

4.7 简述试算法和图解法的计算步骤。

4.8 试用图解法设计细粒式混凝土用矿质混合料的配合比。

【原始数据】

(1)已知碎石、石屑、砂和矿粉四种集料的通过百分率,见下表。

(2)《公路沥青路面施工技术规范》(JTG F40—2004)细粒式沥青混凝土混合料(AC-13)要求的矿质混合料级配范围见下表。

各组成集料的筛析结果

材料名称	筛孔尺寸(mm)								
	13.2	9.5	4.75	2.36	1.18	0.6	0.3	0.15	0.075
	通过百分率(%)								
碎石	100	70	38	4	0	0	0	0	0
石屑	100	100	100	96	50	20	0	0	0
砂	100	100	100	100	90	80	60	20	0
矿粉	100	100	100	100	100	100	100	100	80
矿质混合料所要求的级配范围	90 ~ 100	68 ~ 85	38 ~ 68	24 ~ 50	15 ~ 38	10 ~ 28	7 ~ 20	5 ~ 15	4 ~ 8

【设计要求】

(1)根据所给的级配范围和各集料通过百分率绘出级配曲线。

(2)采用图解法确定矿质混合料中各种集料的用量,并计算出合成的矿质混合料级配。

(3)校核合成级配,如合成级配曲线不在级配范围内或级配曲线成锯齿形,应调整各种集料的用量,直到合成级配曲线呈一条平顺光滑曲线。

第5章　无机胶凝材料

教学目的:(1)了解石灰和建筑石膏的生产;熟悉石灰和建筑石膏的质量标准、主要特性和应用;掌握石灰的熟化过程;掌握水玻璃和镁质胶凝材料的质量标准和主要特性。

(2)掌握硅酸盐水泥熟料的矿物组成及其特性;理解并掌握硅酸盐水泥的定义、主要技术性质、质量标准和检验方法;理解水泥石的腐蚀和所采取的防止方法。

(3)掌握其他通用水泥的主要技术性质、质量标准和检验方法。

(4)能正确判断水泥的质量状况;掌握通用水泥的验收和保管方法。

教学要求:掌握建筑石灰的质量标准、主要特性和应用;要求重点掌握通用硅酸盐水泥的主要技术性质、质量标准及应用。

土木工程中,凡是经过一系列物理、化学作用,能将散粒材料或块状材料粘接成整体的材料称为胶凝材料。按物质的化学属性,胶凝材料分为有机和无机两大类。有机胶凝材料种类较多,在土木工程中常用的有沥青、各类胶乳剂等。无机胶凝材料除水玻璃外一般为粉末状固体,在使用时用水或水溶液拌合成浆体。按照硬化条件分为水硬性胶凝材料和气硬性胶凝材料,气硬性胶凝材料是在空气中凝结、硬化并保持和增长强度的胶凝材料。在土木工程中使用较多的有石灰和石膏,其次是菱苦土和水玻璃。水硬性胶凝材料是不仅能在空气中凝结和硬化,而且能在水中继续保持和增长强度的胶凝材料,如各种水泥。

5.1　石　　灰

石灰是古老的气硬性胶凝材料之一。由于生产石灰的原料来源广泛,生产工艺简单,成本低廉,因此至今仍被广泛应用于土木工程中。

5.1.1　石灰的制备

1. 石灰的原料

生产石灰的原料主要是以碳酸钙为主要成分的天然岩石,如石灰岩。除天然原料外,还可以利用化学工业副产品。

2. 石灰的生产

由石灰石在立窑中煅烧成生石灰,实际上是碳酸钙($CaCO_3$)的分解过程,其反应式如下:

$$CaCO_3 \longrightarrow CaO + CO_2 \uparrow \ -178kJ/mol$$

$CaCO_3$在600℃左右已经开始分解,800～850℃时分解加快,通常把898℃作为$CaCO_3$的分解温度。温度提高,分解速度将进一步加快。生产中石灰石的煅烧温度一般控制在 1000 ~ 1200℃或更高。

生石灰的质量与氧化钙(或氧化镁)的含量有很大关系,还与煅烧条件(煅烧温度和煅烧时间)有直接关系。当温度过低或时间不足时,得到含有未分解的石灰核心,这种石灰称为欠火石灰。它使生石灰的有效利用率降低;当温度正常,时间合理时,得到的石灰是多孔结构,内比表面积大,晶粒较小,这种石灰称正火石灰,它与水反应的能力(活性)较强。当煅烧温度提高和时间延长时,晶粒变粗,内比表面积缩小,内部多孔结构变得致密,这种石灰为过火(过烧或死烧)石灰,其与水反应的速度极为缓慢,以致在使用之后才发生水化作用,产生膨胀而引起崩裂或隆起等现象。

3. 石灰种类

(1)按石灰成品加工方法分类

① 块状石灰。由原料煅烧而得的产品,主要成分为 CaO。

② 磨细石灰。由块状生石灰磨细而得的细粉,主要成分仍为 CaO。

③ 消石灰(熟石灰)。将石灰用适量的水消化而得的粉末,主要成分 $Ca(OH)_2$。

④ 石灰浆(石灰膏)。将生石灰用多量水(为石灰体积的 3 ~ 4 倍)消化而得的可塑性浆体,主要成分为 $Ca(OH)_2$。

⑤ 石灰乳。生石灰加较多的水消化而得的白色悬浮液,主要成分为 $Ca(OH)_2$和水。

(2)按 MgO 含量分类

① 钙质石灰。MgO 含量不大于 5%。

② 镁质石灰。MgO 含量为 5% ~ 20%。

③ 白云质石灰。MgO 含量为 20% ~ 40%。

5.1.2　石灰的胶凝机理

石灰的凝结硬化机理可分为三个部分:一为水化过程;二为石灰浆体结构的形成;三为石灰的硬化过程。

1. 生石灰的水化(熟化、消解、消化或淋灰)

生石灰使用前一般都用水熟化,熟化是一种水化作用,其反应式如下:

$$CaO + H_2O \longrightarrow Ca(OH)_2 + 65kJ/mol$$

这一反应过程也称为石灰的消解(消化)过程。生石灰水化反应具有以下特点:

(1)水化速度快,放热量大(1kg 生石灰放热 1160kJ)。

(2)水化过程中体积增大。块状石灰消化成松散的消石灰粉,其外观体积可增大 1 ~ 2.5 倍,因为生石灰为多孔结构,内比表面积大,水化速度快,常常是水化速度大于水化产物的转移速度,大量的新生反应物将冲破原来的反应层,使粒子产生机械碰撞,甚至使石灰浆体散裂成质地疏松的粉末。

工程中熟化的方式有两种:第一种是制消石灰粉。工地调制消石灰粉时,常采用淋灰法。即每堆放 0.5m 高的生石灰块,淋 60% ~ 80% 的水,直到数层,使之充分消解而又不过湿成团。第二种是制石灰浆。石灰在化灰池中熟化成石灰浆,通过筛网流入储灰坑,石灰浆在储灰坑中沉淀并除去上层水分后成石灰膏。为了消除过火石灰的危害,石灰浆应在储灰坑中“陈伏”

2～3个星期。根据《建筑装饰装修工程质量验收规范》(GB 50210—2001)规定，抹面用的石灰膏应熟化15d以上。“陈伏”期间，石灰浆表面应保有一层水分，以免碳化。

2. 石灰的硬化

石灰浆体的硬化包括两个同时进行的过程：结晶作用和碳化作用。

(1)结晶作用

游离水分蒸发，氢氧化钙逐渐从饱和溶液中结晶析出，并产生强度，但因析出的晶体数量很少，所以强度不高。

(2)碳化作用

碳化作用是氢氧化钙与空气中的二氧化碳化合生成碳酸钙晶体，释放出水分并被蒸发。其反应如下：

$$Ca(OH)_2 + CO_2 + nH_2O \longrightarrow CaCO_3 + (n+1)H_2O$$

因为空气中的CO_2的浓度很低，且石灰浆体的碳化过程从表层开始，生成的碳酸钙层结构致密，又阻碍了CO_2向内层的渗透，因此，石灰浆体的碳化过程极其缓慢。

由于石灰硬化的原因及过程可以得出石灰浆体硬化慢、强度低、不耐水的结论。

5.1.3 石灰的性质、主要技术要求及用途

1. 石灰的性质

(1)保水性和可塑性好

生石灰熟化为石灰浆时，生成了颗粒极细的(直径约1μm)呈胶体分散状态的氢氧化钙，表面吸附一层较厚的水膜，因而保水性好，水分不易泌出，并且水膜使颗粒间的摩擦力减小，故可塑性也好。石灰的这一性质常被用来改善砂浆的保水性，以克服水泥砂浆保水性差的缺点。

(2)硬化慢，强度低

从石灰浆体的硬化过程可以看出，由于空气中二氧化碳稀薄，碳化极为缓慢。碳化后形成紧密的$CaCO_3$硬壳，不仅不利于CO_2向内部扩散，同时也阻止水分向外蒸发，致使$CaCO_3$和$Ca(OH)_2$结晶体生成量减少且生成缓慢，硬化强度也不高，按1∶3配合比的石灰砂浆，其28d的抗压强度只有0.2～0.5MPa，而受潮后，石灰溶解，强度更低。

(3)硬化时体积收缩大

石灰硬化时，氢氧化钙颗粒吸附的大量水分，在硬化过程中不断蒸发，并产生很大的毛细管压力，使石灰浆体产生很大的收缩，甚至造成开裂。所以除调成石灰乳作薄层外，通常施工时常掺入一定量的集料(如砂子等)或纤维材料(如麻刀、纸筋等)。

(4)耐水性差

在石灰硬化体中，大部分仍然是未碳化的$Ca(OH)_2$，$Ca(OH)_2$微溶于水，当已硬化的石灰浆体受潮时，耐水性极差，甚至使已硬化的石灰溃散。因此，石灰不宜用于易受水浸泡的建筑部位。

2. 石灰的主要技术要求

根据我国建材行业标准《建筑生石灰》(JC/T 479—1992)的规定，按技术指标将钙质石灰和镁质石灰分为优等品、一等品和合格品三个等级(见表5-1)。根据《建筑消石灰粉》(JC/T 481—1992)规定，按技术指标将钙质消石灰粉($MgO < 4\%$)、镁质消石灰粉($4\% \leq MgO \leq 24\%$)和白云石消石灰粉($24\% \leq MgO < 30\%$)分为优等品、一等品和合格品三个等级(表5-2)。通常

优等品、一等品适用于面层和中间涂层；合格品仅用于砌筑。

表 5-1　建筑生石灰各等级的技术指标（JC/T 479—1992）

项　　目	钙质石灰			镁质石灰		
	优等品	一等品	合格品	优等品	一等品	合格品
（CaO + MgO）含量，≮（%）	90	85	80	85	80	75
未消化残渣含量 5mm 圆孔筛余，≯（%）	5	10	15	5	10	15
CO_2 含量，≯（%）	5	7	9	6	8	10
产浆量，≮（L/kg）	2.8	2.3	2.0	2.8	2.3	2.0

表 5-2　建筑消石灰粉各等级的技术指标（JC/T 481—1992）

项　　目	钙质消石灰粉			镁质消石灰粉			白云石消石灰粉		
	优等品	一等品	合格品	优等品	一等品	合格品	优等品	一等品	合格品
（CaO + MgO）含量，≮（%）	70	65	60	65	60	55	65	60	55
游离水含量（%）	0.4～2	0.4～2	0.4～2	0.4～2	0.4～2	0.4～2	0.4～2	0.4～2	0.4～2
体积安定性	合格	合格	—	合格	合格	—	合格	合格	—
细度　0.9mm 筛筛余，≯（%）	0	0	0.5	0	0	0.5	0	0	0.5
细度　0.125mm 筛筛余，≯（%）	3	10	15	3	10	15	3	10	15

在道路工程中，石灰常用于稳定和处治土类工程材料，用于路基活底基层，根据《公路路面基层施工技术规范》（JTJ 034—2000）路用石灰分为Ⅰ、Ⅱ、Ⅲ级，道路生石灰具体要求见表 5-3。

表 5-3　道路生石灰各等级的技术指标（JTJ 034—2000）

项　　目	钙质生石灰			镁质生石灰		
	Ⅰ	Ⅱ	Ⅲ	Ⅰ	Ⅱ	Ⅲ
（CaO + MgO）含量，≮（%）	85	80	70	80	75	65
未消化残渣含量 5mm 圆孔筛余，≯（%）	7	11	17	10	14	20
MgO 含量（%）	≤5			>5		

道路熟石灰的具体要求见表 5-4。

表 5-4　道路熟石灰各等级的技术指标(JTJ 034—2000)

项　目		钙质生石灰			镁质生石灰		
		Ⅰ	Ⅱ	Ⅲ	Ⅰ	Ⅱ	Ⅲ
含水量,≯(%)		4	4	4	4	4	4
细度	0.71mm 筛筛余,≯(%)	0	1	1	0	1	1
	0.125mm 筛筛余,≯(%)	13	20	—	13	20	—
MgO 含量(%)		≤4			>4		

3. 石灰的用途

(1)石灰乳涂料和砂浆

石灰膏加入多量的水可稀释成石灰乳,用石灰乳作粉刷涂料,其价格低廉、颜色洁白、施工方便,调入耐碱颜料还可使色彩丰富;调入聚乙烯醇、干酪素、氧化钙或明矾可减少涂层粉化现象。

用石灰膏或熟石灰配制的石灰砂浆或水泥石灰砂浆是建筑工程中用量最大的材料之一。

(2)灰土和三合土

将消石灰粉与黏土拌合,称为石灰土(灰土),若再加入砂石或炉渣、碎砖等即成三合土。石灰常占灰土总重的10%~30%,即一九、二八及三七灰土。石灰量过高,往往导致强度和耐水性降低。施工时,将灰土或三合土混合均匀并夯实,可使彼此粘接为一体,同时黏土等成分中含有的少量活性 SiO_2 和活性 Al_2O_3 等酸性氧化物,在石灰长期作用下反应,生成不溶性的水化硅酸钙和水化铝酸钙,使颗粒间的粘接力不断增强,灰土或三合土的强度及耐水性能也不断提高。因此,灰土和三合土在一些建筑物的基础和地面垫层及公路路面的基层被广泛应用。

(3)无熟料水泥和硅酸盐制品

石灰与活性混合材料(如粉煤灰、煤矸石、高炉矿渣等)混合,并掺入适量石膏等,磨细后可制成无熟料水泥。石灰与硅质材料(含 SiO_2 的材料,如粉煤灰、煤矸石、浮石等)必要时加入少量石膏,经高压或常压蒸汽养护,生成以硅酸钙为主要产物的混凝土。硅酸盐混凝土中主要的水化反应如下:

$$Ca(OH)_2 + SiO_2 + H_2O \longrightarrow CaO \cdot SiO_2 \cdot 2H_2O$$

硅酸盐混凝土按密实程度可分为密实和多孔两类。前者可生产墙板、砌块及砌墙砖(如灰砂砖);后者用于生产加气混凝土制品,如轻质墙板、砌块、各种隔热保温制品等。

(4)碳化石灰板

碳化石灰板是将磨细石灰、纤维状填料(如玻璃纤维)或轻质集料搅拌成型,然后用二氧化碳进行人工碳化(12~24h)而制成的一种轻质板材。为了减小体积密度和提高碳化效果,多制成空心板。人工碳化的简易方法是用塑料布将坯体盖严,通以石灰窑的废气。

碳化石灰空心板体积密度为700~800kg/m^3(当孔洞率为30%~39%时),抗弯强度为3~5MPa,抗压强度为5~15MPa,导热系数小于0.2W/(m·K),能锯、能钉,所以适宜用作非承重内隔墙板、无芯板、天花板等。

值得注意的是,石灰在空气中存放时,会吸收空气中水分熟化成石灰粉,再碳化成碳酸钙而失去胶结能力,因此生灰石不易久存。另外,生石灰受潮熟化会放出大量的热,并且体积膨胀，所以储运石灰应注意安全。

5.1.4　石灰的储存

生石灰在空气中存放过久，会吸收空气中的水分自行消化成熟石灰。熟石灰粉又与空气中的 CO_2 结合而还原为 $CaCO_3$，碳化后的石灰失去了水化作用的能力，不宜在工程中使用。石灰在贮存、运输中应注意以下事项：

1）新鲜块灰应设法防潮防水，运到工地后最好贮存在密闭的仓库中，存期不宜过长，一般以1个月为限。

2）如必须长期贮存时，最好将生石灰先在消化池内消化成石灰浆，然后用砂子、草席等覆盖，并且时常加水使灰浆表面有水与空气隔绝，这样可较长贮存而不变质。

3）块灰在运输时，应尽量用带盖的车船货帆布盖好，以防途中水分浸入自行消化或放热过多，造成火灾。

4）石灰会侵蚀呼吸器官及皮肤，所以在进行施工和装卸石灰时，应注意安全防护，佩戴必要的防护用品。

5.2　石　膏

石膏是以 $CaSO_4$ 为主要成分的传统气硬性胶凝材料之一。我国石膏资源丰富，兼之建筑性能优良、制作工艺简单，因此近年来石膏板、建筑饰面板等石膏制品已成为极有发展前途的新型建筑材料之一。

5.2.1　石膏的制备

1. 石膏胶凝材料的原料

生产石膏胶凝材料的原料有天然石膏（又称生石膏、软石膏）、含硫酸钙的化工副产品和工业副产石膏，其化学式为 $CaSO_4 \cdot 2H_2O$，也称二水石膏，常用天然二水石膏。

2. 石膏的制备方法及品种

（1）石膏的制备

石膏的生产工序主要是粉碎、加热与粉磨。由于原材料质量不同、煅烧时压力与温度不同，可得到不同品种的石膏。

（2）石膏的品种

① 建筑石膏。在常压下加热温度达到107～170℃时，二水石膏脱水变成β型半水石膏（即建筑石膏，又称熟石膏），其反应式为：

$$CaSO_4 \cdot 2H_2O \xrightarrow{107\sim170^\circ C} \beta\text{-}CaSO_4 \cdot \frac{1}{2}H_2O + 1\frac{1}{2}H_2O$$

② 高强石膏。将二水石膏在压蒸条件下（0.13MPa，125℃）加热，则生成α型半水石膏（即高强石膏），其反应式为：

$$CaSO_4 \cdot 2H_2O \xrightarrow{125^\circ C\ (0.13MPa)} \alpha\text{-}CaSO_4 \cdot \frac{1}{2}H_2O + 1\frac{1}{2}H_2O$$

α 型和 β 型半水石膏，虽然化学成分相同，但宏观性能上相差很大，表 5-5 列出了 α 型与 β 型半水石膏两者的强度、密度及水化热等性能，进行比较后可见，由于 α 型半水石膏的标准稠度用水量比 β 型小很多，因此强度大得多。从表 5-6 中可知，α 型半水石膏和 β 型半水石膏的内比表面积和晶粒粒径相比后可见，两种石膏在宏观上的差别主要源于亚微观上，即晶粒的形态、大小以及聚集状态等方面的差别。

表 5-5　α 型半水石膏和 β 型半水石膏性能比较

类　别	标准稠度用水量	抗压强度(MPa)	密度(g/cm^3)	水化热(J/mol)
α-半水石膏	0.40 ~ 0.45	24 ~ 40	2.73 ~ 2.75	17200 ± 85
β-半水石膏	0.70 ~ 0.85	7 ~ 10	2.62 ~ 2.64	19300 ± 85

表 5-6　α 型半水石膏和 β 型半水石膏的内比表面积

类　别	内比表面积(m^2/kg)	晶粒平均粒径(nm)
α-半水石膏	19300	94
β-半水石膏	47000	38.8

α 型半水石膏结晶完整，常是短柱状，晶粒较粗大，聚集体的内比表面积较小。β 型半水石膏结晶较差，常为细小的纤维状或片状聚集体，内比表面积较大。因此，前者的水化速率慢，水化热低，需水量小，硬化体的强度高，而后者则与之相反。

石膏的品种虽很多，但在建筑上应用最多的是建筑石膏。

5.2.2　建筑石膏的凝结硬化机理

建筑石膏与适量的水拌合后，最初成为可塑的浆体，但很快失去可塑性和产生强度，并逐渐发展成为坚硬的固体，这种现象称为凝结硬化。长期以来，对半水石膏的水化硬化机理做过大量研究工作。归纳起来，主要有两种理论：一种是结晶理论（或称溶解 - 析晶理论）；一种是胶体理论（或称局部化学反应理论）。前者由法国学者雷·查德里提出，并得到大多数学者的赞同。基本要点如下：

1）半水石膏加水后进行如下化学反应：

$$CaSO_4 \cdot \frac{1}{2}H_2O + 1\frac{1}{2}H_2O \longrightarrow CaSO_4 \cdot 2H_2O$$

半水石膏首先溶解形成不稳定的过饱和溶液。这是因为半水石膏在常温下（20℃）的溶解度较大，为 8.85g/L 左右，而这对于溶解度为 2.04g/L 左右的二水石膏来说，则处于过饱和溶液中，因此，二水石膏胶粒很快结晶析出（大约需 7 ~ 12min）。

2）二水石膏结晶，促使半水石膏继续溶解，继续水化，如此循环，直到半水石膏全部耗尽。

3）由于二水石膏粒子比半水石膏粒子小得多，其生成物总表面积大，所需吸附水量也多，加之水分的蒸发，浆体的稠度逐渐增大，颗粒之间的摩擦力和粘接力增加，因此浆体可塑性减少，表现为石膏的“凝结”。

4）随着水化的不断进行，二水石膏胶体微粒凝聚并转变为晶体。晶体颗粒逐渐长大，且晶体颗粒间相互搭接、交错、共生，使浆体失去可塑性，产生强度，即浆体产生“硬化”。

5.2.3　建筑石膏的性质及用途

1. 建筑石膏的特性

与水泥和石灰等无机胶凝材料比,石膏具有以下特性:

(1)建筑石膏的装饰性好

建筑石膏为白色粉末,可制成白色的装饰板,也可加入彩色矿物颜料制成丰富多彩的彩色装饰板。

(2)凝结硬化快

建筑石膏一般在加水后的3~5min内便开始失去塑性,一般在30min左右即可完全凝结,为了满足施工操作的要求,可加入缓凝剂,以降低半水石膏的溶解度和溶解速度。常用的缓凝剂有硼砂、酒石酸钾钠、柠檬酸、聚乙烯醇、石灰活化膏胶和皮胶等。掺量为0.1%~0.5%。掺缓凝剂后,石膏制品的强度将有所降低。

(3)凝结硬化时体积微膨胀

石膏凝固时不像石灰和水泥那样出现体积收缩现象,反而略有膨胀,膨胀率约为0.5%~1%。这使得石膏制品表面光滑细腻,尺寸精确,轮廓清晰,形体饱满,容易浇注出纹理细致的浮雕花饰。因而特别适合制作建筑装饰制品。

(4)孔隙率大、体积密度小

建筑石膏水化反应的理论需水量只占半水石膏质量的18.6%,但在使用中,为满足施工要求的可塑性,往往要加60%~80%的水,由于多余水分蒸发,在内部形成大量孔隙,孔隙率可达50%~60%。因此,体积密度小,为800~1000kg/m^3,属于轻质材料。

(5)强度低

建筑石膏的强度低。但其强度发展速度较快,2h的抗压强度可达3~6MPa,7d为8~12MPa。

(6)有较好的功能性

石膏制品孔隙率高,且均为微细的毛细孔,因此导热系数小,一般为0.121~0.205W/(m·K);隔热保温性好;吸声性强;吸湿性大,使其具有一定的调温、调湿功能。当空气中水分含量过大即湿度过大时,石膏制品能通过毛细管很快地吸水;当空气湿度减小时,又很快地向周围扩散,直到水分平衡,形成一个室内"小气候的均衡状态"。

(7)具有良好的防火性

建筑石膏与水作用转变为$CaSO_4 \cdot 2H_2O$,硬化后的石膏制品含有占其总质量20.93%的结合水,遇火时,结合水吸收热量后大量蒸发,在制品表面形成水蒸气幕,隔绝空气,缓解石膏制品本身温度的升高,有效地阻止火的蔓延。

(8)耐水性和抗冻性差

建筑石膏硬化后有很强的吸湿性和吸水性,在潮湿条件下,晶粒间的结合力减弱,导致强度下降,其软化系数仅为0.2~0.3,是不耐水的材料。为了提高建筑石膏及其制品的耐水性,可以在石膏中掺入适当的防水剂(如有机硅防水剂),或掺入适量的水泥、粉煤灰、磨细粒化高炉矿渣等。另外,石膏浸泡在水中,由于二水石膏微溶于水,也会使其强度下降。若石膏制品吸水后受冻,会因水分结冰膨胀而破坏。

2. 建筑石膏的技术要求

建筑石膏为白色粉末，密度为2.60～2.75g/cm^3，堆积密度为800～1000kg/m^3。技术要求主要有强度、细度和凝结时间，并按2h强度（抗折强度）分为3.0、2.0和1.6三个等级。其基本技术要求见表5-7。其中抗折强度和抗压强度为试样与水接触2h后测得的。指标中若有一项不合格，则判定该产品不合格。

表5-7　建筑石膏物理力学性能（GB/T 9776—2008）

等　级		3.0	2.0	1.6
2h强度（MPa）	抗折强度，≥	3.0	2.0	1.6
	抗压强度，≥	6.0	4.0	3.0
细度（%）	0.2mm方孔筛筛余，≤	10		
凝结时间（min）	初凝时间，≥	3		
	终凝时间，≤	30		

建筑石膏按产品名称、代号、等级及标准编号的顺序进行产品标志。例如：等级为2.0的天然建筑石膏表示为建筑石膏 N2.0GB/T 9776—2008。

3. 建筑石膏的用途

建筑石膏在建筑应用十分广泛，可用于制作粉刷石膏、石膏砂浆和各类石膏墙体材料。

（1）粉刷石膏

将建筑石膏加水调成石膏浆体可用作室内粉刷涂料，其粉刷效果好，比石灰洁白、美观。目前，有一种新型粉刷石膏，是在石膏中掺入优化抹灰性能的辅助材料及外加剂配制而成的抹灰材料，按用途可分为：面层粉刷石膏、底层粉刷石膏和保温层粉刷石膏三类。不仅建筑功能性好，施工工效也高。

（2）石膏砂浆

将建筑石膏加水、砂拌合成石膏砂浆，用于室内抹灰或作为油漆打底层。石膏砂浆具有隔热保温性能好，热容量大，因此能够调节室内温度和湿度，给人以舒适感。用石膏砂浆抹灰后的墙面不仅光滑、细腻、洁白美观，而且还具有功能效果及施工效果好等特点，所以称其为室内高级抹灰材料。

（3）墙体材料

建筑石膏还可以用作生产各类装饰制品和石膏墙体材料。

① 石膏装饰制品。以建筑石膏为主要原料，掺加少量纤维增强材料，加水搅拌成石膏浆体，将浆体注入各种各样的金属（或玻璃）模具中，就可得到不同花样、形状的石膏装饰制品。主要品种有装饰板、装饰吸声板、装饰线角、花饰、装饰浮雕壁画、挂饰及建筑艺术造型等。它们是公用和住宅建筑物的墙面和顶棚常用的装饰制品，适用于中高档室内装饰。

② 石膏墙体材料。石膏墙体材料主要有四类：纸面石膏板、纤维石膏板、空心石膏板和石膏砌块。

建筑石膏在储存中，需要防雨、防潮，储存期一般不宜超过三个月，如超过三个月，其强度降低30%左右。

5.3 水 玻 璃

水玻璃俗称泡花碱,化学成分为 $R_2O \cdot nSiO_2$。固体水玻璃是一种无色、天蓝色或黄绿色的颗粒,高温高压溶解后是无色或略带色的透明或半透明黏稠液体。根据所含碱金属氧化物的不同,常有硅酸钠水玻璃($Na_2O \cdot nSiO_2$)、硅酸钾水玻璃($K_2O \cdot nSiO_2$)和硅酸锂水玻璃($Li_2O \cdot nSiO_2$)之分,我国大量使用的是钠水玻璃,而钾水玻璃和锂水玻璃虽然性能上优于钠水玻璃,但由于价格贵,较少使用。水玻璃在工业中有较广泛的应用,如用于制造化工产品(硅胶、白炭黑、粘合材料、洗涤剂、造纸等)、冶金行业和建筑施工等。

5.3.1 水玻璃的制备与性质

1. 水玻璃的生产

生产水玻璃的方法有湿法和干法两种。湿法生产硅酸钠水玻璃时,将石英砂和苛性钠液体在压蒸锅(0.2~0.3MPa)内用蒸汽加热,并加以搅拌,使其直接反应而成液体水玻璃。干法是将石英砂和碳酸钠磨细拌匀,在熔炉内于1300~1400℃温度下熔化,按下式反应生成固体水玻璃,然后在水中加热溶解而成液体水玻璃:

$$Na_2CO_3 + nSiO_2 \longrightarrow Na_2O \cdot nSiO_2 + CO_2 \uparrow$$

2. 水玻璃的化学性质

水玻璃是一种水溶性硅酸盐。其化学式是 $Na_2O \cdot nSiO_2$。水玻璃的模数 n 与浓度是水玻璃的主要化学性质。水玻璃中二氧化硅与碱金属氧化物之间的物质的量比 n 称为水玻璃模数,即 $n = SiO_2$物质的量/R_2O 物质的量。水玻璃模数一般为1.5~3.5,模数提高,水玻璃中的胶体组分增多,粘接能力大。但模数越大,水玻璃越难以在水中溶解。n 为1时,水玻璃在常温水中即可溶解,n 加大,则只能在热水中溶解;$n>3$ 时,要在0.4MPa(4标准大气压)以上的蒸汽中才能溶解。模数相同的水玻璃溶液,密度越大,则浓度越稠,黏性越大,粘接力越好。常用模数为2.6~3.0,密度为1.3~1.5g/cm^3。在液体水玻璃中加入尿素,不改变黏度的情况下可提高粘接力25%左右。

5.3.2 水玻璃的胶凝机理

液体水玻璃在空气中能吸收二氧化碳,生成二氧化硅凝胶:

$$Na_2O \cdot nSiO_2 + CO_2 + mH_2O \longrightarrow Na_2CO_3 + nSiO_2 \cdot mH_2O$$

二氧化硅凝胶($nSiO_2 \cdot mH_2O$)干燥脱水,析出固态二氧化硅,水玻璃硬化。由于空气中 CO_2浓度低,这个过程进行得很慢,为了加速硬化,可将水玻璃加热或加入氟硅酸钠(Na_2SiF_6)作促硬剂,以加快硅胶的析出,反应如下:

$$2(Na_2O \cdot nSiO_2) + Na_2SiF_6 + mH_2O \longrightarrow 6NaF + (2n+1)SiO_2 \cdot mH_2O$$

$$(2n+1)SiO_2 \cdot mH_2O \longrightarrow (2n+1)SiO_2 + mH_2O$$

加入氟硅酸钠后,初凝时间可缩短到30~60min。

氟硅酸钠的适宜用量为水玻璃质量的12%~15%,如果用量小于12%,硬化速度慢,强度低,且未反应的水玻璃易溶于水,导致耐水性差;用量过多,超过15%,会引起凝结过快,造成施工困难。氟硅酸钠有一定的毒性,操作时应注意安全。

5.3.3 水玻璃的用途

水玻璃具有良好的胶结能力,硬化后抗拉和抗压强度高,不燃烧,耐热性好,耐酸性强,可耐除氢氟酸外的各种无机酸和有机酸的作用,但耐碱性和耐水性较差。水玻璃在建筑上的用途有以下几种:

1. 涂刷或浸渍材料表面,提高其抗风化能力

直接将密度为1.5g/cm^{3}液体水玻璃涂刷或浸渍多孔材料时,由于在材料表面形成SiO_2膜层,可提高抗水及抗风化能力,又因材料的密实度提高,还可提高强度和耐久性。但不能用以涂刷或浸渍石膏制品,因二者反应,在制品孔隙中生成硫酸钠结晶,体积膨胀,将制品胀裂。

2. 加固土壤

用模数为2.5~3.0的液体水玻璃和氯化钙溶液加固土壤,两种溶液发生化学反应,生成的硅胶能吸水肿胀,能将土粒包裹起来填实土壤空隙,从而起防止水分渗透和加固土壤作用。

3. 配制防水剂

在水玻璃中加入两种、三种或四种矾的溶液,搅拌均匀,即可得二矾、三矾或四矾防水剂。如四矾防水剂是以蓝矾(硫酸铜)、白矾(硫酸铝钾)、绿矾(硫酸亚铁)、红矾(重铬酸钾)各取一份溶于60份沸水中,再降至50℃,投入400份水玻璃,搅拌均匀而成。这类防水剂与水泥水化过程中析出的氢氧化钙反应生成不溶性硅酸盐,堵塞毛细管道和孔隙,从而提高砂浆的防水性,这种防水剂因为凝结迅速,宜调配水泥防水砂浆,适用于堵塞漏洞、缝隙等局部抢修。

4. 配制耐酸砂浆、耐酸混凝土

水玻璃具有较高的耐酸性,用水玻璃和耐酸粉料,粗细集料配合,可制成防腐工程的耐酸胶泥、耐酸砂浆和耐酸混凝土。

5. 配制耐火材料

水玻璃硬化后形成SiO_2非晶态空间网状结构,具有良好的耐火性,因此可与耐热集料一起配制成耐热砂浆及耐热混凝土。

5.4 菱苦土

菱苦土是一种白色或浅黄色的粉末,其主要成分是氧化镁(MgO),镁质胶凝材料就是用菱苦土与氯化镁溶液配制而成,镁质胶凝材料又称氯氧镁水泥。由于该胶凝材料制成的产品易发生返卤、变形等,近十几年来,人们一直在不断对其进行改性,并取得了良好的效果。

5.4.1 菱苦土的制备

1. 菱若土的原料

生产菱苦土的原料主要有天然菱镁矿($MgCO_3$)、蛇纹石($3MgO \cdot 2SiO_2 \cdot 2H_2O$)、白云岩($MgCO_3 \cdot CaCO_3$),也可利用冶炼轻质镁合金的熔渣或以海水为原料来提制菱苦土。

2. 菱苦土的生产

菱苦土的生产与石灰相近,主要工艺是煅烧,实际上是碳酸镁($MgCO_3$)的分解过程,其反

应式为：

$$MgCO_3 \longrightarrow MgO + CO_2\uparrow \ -12kJ/mol$$

$MgCO_3$一般在400℃开始分解，到600～650℃时分解反应剧烈进行，实际生产中煅烧温度为700～850℃。煅烧温度对MgO的结构及水化反应活性影响很大。例如，在450～700℃煅烧并磨细到一定细度的MgO，在常温下数分钟内就可完全水化。若在1300℃以上煅烧所得的MgO，实际上成为死烧MgO，几乎丧失胶凝性质。

5.4.2　菱苦土的胶凝机理

MgO与水拌合，立即发生下列化学反应：

$$MgO_2 + H_2O \longrightarrow Mg(OH)_2$$

在常温下，水化生成物$Mg(OH)_2$的最大浓度可达0.8～1.0g/L，而$Mg(OH)_2$在常温下的平衡溶解度为0.01g/L，所以溶液中$Mg(OH)_2$的相对过饱和度很大，过大的过饱和度会产生结晶压力使硬化过程中形成的结晶结构网破坏。因此，菱苦土不能用水调和。

菱苦土常用氯化镁（$MgCl_2 \cdot 6H_2O$）、硫酸镁（$MgSO_4 \cdot 7H_2O$）、铁矾[$KFe(SO_4)_2 \cdot 12H_2O$]等盐类的溶液来调拌，以降低体系的过饱和度，加速MgO溶解。最常用的是氯化镁溶液，其硬化后的主要产物为氯氧化镁$xMgO \cdot yMgCl_2 \cdot zH_2O$与$Mg(OH)_2$，其反应式为：

$$xMgO + yMgCl_2 + zH_2O \longrightarrow xMgO \cdot yMgCl_2 \cdot zH_2O$$

$$MgO + H_2O \longrightarrow Mg(OH)_2$$

它们从溶液中析出，呈针状晶体，彼此机械啮合，凝聚和结晶，使浆体凝结硬化，若提高温度，可使硬化加快。

MgO与$MgCl_2$的摩尔比为4～6时，生成的水化产物相对稳定。因而氯化镁（$MgCl_2 \cdot 6H_2O$）的掺量为55%～60%，采用氯化镁水溶液拌制的浆体，其初凝时间为30～60min，1d强度可达最高强度的50%以上，7d可达最高强度40～70MPa，体积密度为1000～1100kg/m^3。

用$MgCl_2$溶液作调和剂，硬化浆体的强度高，但吸湿性大，易返潮和翘曲变形，水分蒸发后表面泛“白霜”，抗水性差。改用硫酸镁、铁矾作调和剂，可降低吸湿性，但强度较低。

5.4.3　菱苦土的性质

菱苦土具有碱性较低、胶凝性较高、强度较高和对植物类纤维不腐蚀的性质。按《镁质胶凝材料用原料》（JC/T 449—2000），将菱苦土分为优等品（A）、一等品（B）和合格品（C），其化学成分分别见表5-8。

表5-8　菱苦土化学成分（JC/T 449—2000）

级　别	优等品（A）	一等品（B）	合格品（C）
氧化镁（MgO）（%），≮	80	75	70
游离氧化钙（CaO）（%），≯	2	2	2
烧失量（%），≯	8	10	12

按《镁质胶凝材料用原料》（JC/T 449—2000），优等品（A）、一等品（B）和合格品（C）的菱苦土的物理性能分别见表5-9。

表 5-9　菱苦土物理性能(JC/T 449—2000)

等级	凝结时间		细　度	抗折强度(MPa),≮		抗压强度(MPa),≮		安定性
	初　凝(min),≮	终　凝(h),≯	0.08mm方孔筛筛余(%),≯	1d	3d	1d	3d	
优等品	40	7	15	5.0	7.0	25.0	30.0	合格
一等品	40	7	15	4.0	6.0	20.0	25.0	合格
合格品	40	7	20	3.0	5.0	15.0	20.0	合格

5.4.4　菱苦土的用途

由于菱苦土具有碱性较低、胶凝性较高、强度较高和对植物类纤维不腐蚀的性质。建筑工程中常用于以下几个方面：

1. 地面材料

用菱苦土、木屑、滑石粉和石英砂等制作的地面，具有隔热、防火、无噪声、防爆(碰撞时不发出火星)及一定弹性的特性。

2. 制作平瓦、波瓦和脊瓦

以玻璃纤维为加筋材料，可制成抗折强度高的玻纤波形瓦。掺入适量的粉煤灰、沸石粉等改性材料，并经过防水处理，可制成氯氧镁水泥平瓦、波瓦和脊瓦。

3. 刨花板

将刨花、亚麻或其他木质纤维材料与菱苦土混合后，压制成平板。主要用于墙的复合板、隔板、屋面板等。

4. 空心隔板

以轻细集料为填料，制成空心隔板，可用于建筑内墙的分隔。

菱苦土运输和储存时应避光和免于受潮，并不可久存，以防菱苦土吸收空气中的水分成为氢氧化镁，再碳化成为碳酸镁，失去化学活性。

5.5　水　　泥

水泥呈粉末状，与水混合后，经过物理化学反应过程能由塑性浆体变成坚硬的石状体，并能将散粒状材料胶结成为整体，是一种良好的胶凝材料。水泥属于水硬性胶凝材料。

水泥自问世以来，就一直是土木工程材料中的主体材料，目前世界上水泥的品种众多，已达200余种，按其化学组成可分为硅酸盐系水泥、铝酸盐系水泥、硫铝酸盐系水泥、铁铝酸盐系水泥、磷酸盐系水泥、氟铝酸盐系水泥等系列。国家标准《水泥的命名、定义和术语》(GB/T 4131—1997)规定，按水泥的性能及用途可分为三大类，即用于一般土木工程的通用水泥——六大硅酸盐系列水泥；具有专门用途的专用水泥；具有某种比较突出性能的特性水泥。

水泥的品种繁多，但最基本的水泥是硅酸盐水泥。水泥的制品也很多。水泥具有早强、快硬、坚固、防潮、防水、不褪色、耐老化、容易达到颜色鲜艳均匀、可塑性好等特点。因此，它是土木工程必不可少的材料。

5.5.1　硅酸盐水泥

1. 硅酸盐水泥的生产及其矿物组成以及水化、凝结硬化

国家标准《通用硅酸盐水泥》国家标准第1号修改单（GB 175—2007/XG1—2009）规定，凡由硅酸盐水泥熟料、0% ~5%石灰石或粒化高炉矿渣、适量石膏磨细制成的水硬性胶凝材料，称为硅酸盐水泥。硅酸盐水泥分为两类：不掺加混合材料的称Ⅰ型硅酸盐水泥，其代号为P·Ⅰ；在硅酸盐水泥熟料粉磨时掺加不超过水泥质量5%石灰石或粒化高炉矿渣混合材料的称Ⅱ型硅酸盐水泥，其代号为P·Ⅱ。

（1）硅酸盐水泥的生产

硅酸盐水泥的生产分为三个阶段：石灰质原料、黏土质原料及少量校正原料破碎后，按一定比例配合、磨细，并调配成成分合适、质量均匀的生料，称为生料制备；生料在水泥窑内煅烧至部分熔融所得到的以硅酸钙为主要成分的硅酸盐水泥熟料，称为熟料煅烧；熟料加适量石膏和其他混合材料共同磨细为水泥，称为水泥粉磨。硅酸盐水泥生产的工艺流程如图5-1所示。

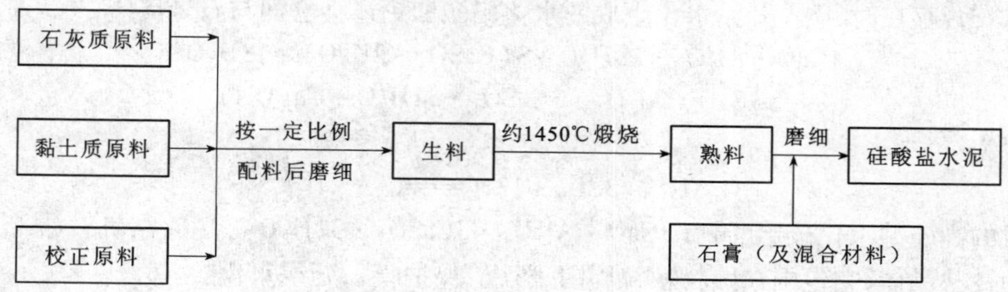

图5-1　硅酸盐水泥生产的工艺流程

（2）水泥熟料的矿物组成

在以上的主要熟料矿物中，硅酸三钙和硅酸二钙的总含量在70%以上，铝酸三钙和铁铝酸四钙的含量在25%左右，故称为硅酸盐水泥。除主要熟料矿物外，水泥中还含有少量游离CaO、游离MgO和碱，但其总含量一般不超过水泥总量的10%。

（3）硅酸盐水泥熟料矿物的水化特性

硅酸盐水泥的性能是由其组成矿物的性能决定的。水泥具有许多优良技术性能，主要是由于水泥熟料中几种主要矿物水化作用的结果。因此，要了解水泥的性质必须了解每种矿物的水化特性。

熟料矿物与水发生的水解或水化作用通称为水化，水泥单矿物与水发生水化反应，生成水化物，并放出一定的热量。

① 硅酸三钙。C_3S在常温下水化反应，大致可用下式表示：

$$2(3CaO \cdot SiO_2)+6H_2O = 3CaO \cdot 2SiO_2 \cdot 3H_2O+3Ca(OH)_2$$

简写为：

$$2C_3S+6H = C\text{-}S\text{-}H+3CH$$

②硅酸二钙。C_2S的水化反应很慢，但其水化产物中的水化硅酸钙与C_3S的水化生成物是同一种形态，其反应式大致可表示为：

$$2(2CaO \cdot SiO_2) + 4H_2O = 3CaO \cdot 2SiO_2 \cdot 3H_2O + Ca(OH)_2$$

简写为：

$$2C_2S + 4H = C\text{-}S\text{-}H + CH$$

硅酸二钙和硅酸三钙比较，其差别在于水化速度特别慢，并且生成的 $Ca(OH)_2$ 较少。

③ 铝酸三钙。C_3A 与水的反应非常迅速，水化放热量较大，水化产物的组成结构受水化条件影响较大。

在常温下 C_3A 依下式水化：

$$3CaO \cdot Al_2O_3 + 6H_2O = 3CaO \cdot Al_2O_3 \cdot 6H_2O$$

简写为：

$$C_3A + 6H = C_3AH_6$$

在液相中的 $Ca(OH)_2$ 浓度达到饱和状态时，水化铝酸三钙会转变为：

$$3CaO \cdot Al_2O_3 \cdot 6H_2O + Ca(OH)_2 + 6H_2O = 4CaO \cdot Al_2O_3 \cdot 12H_2O$$

生成水化铝酸四钙。

在有石膏存在时，C_3A 开始水化生成的水化铝酸四钙还会立即与石膏反应：

$$4CaO \cdot Al_2O_3 \cdot 13H_2O + 3(CaSO_4 \cdot 2H_2O) + 13H_2O$$
$$= 3CaO \cdot Al_2O_3 \cdot 3CaSO_4 \cdot 31H_2O + Ca(OH)_2$$

简写为：

$$C_4AH_{13} + 3\bar{S}H_2 + 13H = C_3A\bar{S}_3H_{31}$$

生成的高硫型水化硫铝酸钙（$3CaO \cdot Al_2O_3 \cdot 3CaSO_4 \cdot 31H_2O$），又称钙矾石（AFt），是难溶于水的针状晶体，它包围在熟料颗粒周围，形成“保护膜”，延缓水化。

④ 铁铝酸四钙。C_4AF 的水化与 C_3A 极为相似，只是水化反应速度较慢，水化热较低。其反应式大致可表示为：

$$4CaO \cdot Al_2O_3 \cdot Fe_2O_3 + 7H_2O = 3CaO \cdot Al_2O_3 \cdot 6H_2O + CaO \cdot Fe_2O_3 \cdot H_2O$$

简写为：

$$C_4AF + 7H = C_3AH_6 + C\text{-}F\text{-}H$$

反应生成 C_3AH_6 晶体和 C-F-H 凝胶体。

综上所述，如果忽略一些次要和少量成分，硅酸盐水泥水化后的主要水化产物有水化硅酸钙（C-S-H）凝胶、水化铁酸钙（C-F-H）凝胶、氢氧化钙（OH）板状晶体、水化铝酸钙（C_3AH_6）立方晶体和水化硫铝酸钙（AFt）针状晶体。

在充分水化的水泥石中，水化硅酸钙凝胶约占 70%，$Ca(OH)_2$ 约占 20%，水化硫铝酸钙约占 7%，未水化的熟料残余物和其他微量组分大约占 3%。各种水泥熟料矿物水化所表现的特性见表 5-10。

表 5-10　硅酸盐水泥熟料主要矿物单独与水作用时的特性

名　称	C_3S	C_2S	C_3A	C_4AF
水化反应速度	快	慢	最快	快
凝结硬化速度	快	慢	最快	快

续表

名　　称		C_3S	C_2S	C_3A	C_4AF
28d水化热		大	小	最大	中
强度	早期	高	低	低	低
	后期		高		
干缩性		中	小	大	小
耐化学侵蚀性		中	良	差	优

水泥是几种熟料矿物的混合料，改变熟料矿物成分间的比例时，水泥的性质即发生相应的变化。例如提高 C_3S 的含量，可以制得高强度水泥；又如降低 C_3A 和 C_3S 含量，提高 C_2S 含量，可以制得水化热低的水泥，如大坝水泥。

(4)硅酸盐水泥的凝结硬化

水泥加水拌合后，成为可塑的水泥浆，水泥浆逐渐变稠失去塑性，但尚不具有强度的过程，称为水泥的“凝结”。随后产生明显的强度并逐渐发展而成为坚硬的人造石，即水泥石，这一过程称为水泥的“硬化”。凝结和硬化是人为划分的，实际上是一个连续的复杂的物理化学变化过程。

硅酸盐水泥凝结硬化的过程非常复杂，自从1882年雷·查特里(Le Chatelier)首次提出水泥凝结硬化理论以来，学者们至今还在不断地研究，目前一般的看法如下：

首先，水泥加水后，未水化的水泥颗粒分散在水中，形成水泥浆。

水泥在水泥浆中立即发生快速反应，在几分钟内便生成过饱和溶液，然后反应急剧减慢，这是由于水泥颗粒表面生成了硫铝酸钙微晶膜或凝胶状膜层。

接着，水泥产物的量随时间而增加，新生胶粒不断增加，水化物膜层增厚，游离水分不断减少，颗粒间空隙也不断缩小，而分散相中最细的颗粒通过分散介质薄层，相互无序连接而生成三维空间网，形成凝聚结构，这种结构在振动的作用下可以破坏，但又可逆地恢复，因此具有凝胶的触变性。在形成凝聚结构的同时，水泥浆发生“凝结”。

随着以上过程的不断进行，固态的水化物不断增多，颗粒间的接触点数目增加；结晶体(CH、C_3AH_6和 AFt)和凝胶体(C-S-H 凝胶)互相贯穿，形成了凝聚结构，随着水化继续进行，C-S-H凝胶增多，填充硬化的水泥石毛细孔中，使孔隙率下降，强度逐渐增长，从而进入了硬化阶段。

水泥的水化与凝结硬化是从水泥颗粒表面开始，逐渐往水泥颗粒的内核深入进行的。它是一个连续的过程。水化是水泥产生凝结硬化的前提，而凝结硬化是水泥水化的结果。开始时，由于水化速度快，水泥强度增长也快；但由于水化不断进行，堆积在未水化的水泥颗粒周围水化产物不断增多，便阻碍了水和水泥颗粒未水化部分的继续接触，水化减慢，强度增长也减慢。无论时间多久，水泥内核很难达到完全水化。因此，在硬化的水泥石中，同时包含有水泥熟料矿物水化的凝胶体和结晶体、未水化的水泥颗粒、水(自由水和吸附水)和孔隙(毛细孔和凝胶孔)，它们在不同时期相当数量的变化，使水泥石的性质随之改变。

2. 硅酸盐水泥的技术性质

国家标准《通用硅酸盐水泥》国家标准第1号修改单(GB 175—2007/XG1—2009)对其物

理、化学性能指标等均做了明确规定。

(1)物理性质

① 细度——选择性指标。水泥颗粒的粗细程度称为细度。一般认为,水泥粒径在 40μm 以下的颗粒才具有较高的活性,大于 100μm 活性就很小了。细度与水泥的水化速度、凝结硬化速度、早期强度和空气硬化收缩量等成正比,与成本及储存期成反比。

比表面积法与筛析法相比,能较好地反映水泥粗细颗粒的分布情况,是检测硅酸盐水泥细度较为合理的方法,所谓的比表面积就是指单位质量的水泥粉末所具有的总面积,用 m^2/kg 表示。国家标准《通用硅酸盐水泥》国家标准第 1 号修改单(GB 175—2007/XG1—2009)规定:硅酸盐水泥比表面积应大于 $300m^2/kg$。

② 标准稠度用水量。水泥的物理性质中有体积安定性和凝结时间,为了使检验的这两种性质有可比性,国家标准规定了水泥浆的稠度,获得这一稠度时所需的水量称为标准稠度用水量,以水与水泥质量的比值来表示。

③ 凝结时间。水泥的凝结时间分初凝和终凝。初凝是指从水泥加水拌合起至标准稠度的水泥净浆开始失去可塑性所需的时间。终凝是指从水泥加水拌合起至标准稠度的水泥净浆完全失去可塑性所需的时间。

硅酸盐水泥国家标准《通用硅酸盐水泥》国家标准第 1 号修改单(GB 175—2007/XG1—2009)规定:初凝时间不早于 45min,终凝时间不得迟于 390min。实际上国产硅酸盐水泥的初凝时间一般在 1 ~ 3h,终凝时间一般在 4 ~ 6h。

④ 强度及强度等级。水泥强度检验是按《水泥胶砂强度检验方法(ISO 法)》(GB/T 17671—1999)的规定进行。它是将水泥、标准砂和水按 1∶3∶0.5 的比例配制成胶砂,并制成 40mm × 40mm × 160mm 的试件,脱模后在标准条件下[1d 内为温度(20 ± 1)℃、相当湿度在 90% 以上的空气中,1d 后为温度(20 ± 1)℃的水中]养护一定龄期(3d、28d)后测得其强度。

国家标准《通用硅酸盐水泥》国家标准第 1 号修改单(GB 175—2007/XG1—2009)规定:硅酸盐水泥的强度等级可分为 42.5、42.5R、52.5、52.5R、62.5、62.5R 六个级别,并具体规定各等级所对应的抗压强度和抗折强度在 3d、28d 时的数值,见表 5-11。

表 5-11 硅酸盐水泥各龄期的强度要求(GB 175—2007/XG1—2009)

品　种	强度等级	抗压强度(MPa)		抗折强度(MPa)	
		3d	28d	3d	28d
硅酸盐水泥	42.5	≥17.0	≥42.5	≥3.5	≥6.5
	42.5R	≥22.0		≥4.0	
	52.5	≥23.0	≥52.5	≥4.0	≥7.0
	52.5R	≥27.0		≥5.0	
	62.5	≥28.0	≥62.5	≥5.0	≥8.0
	62.5R	≥32.0		≥5.5	
普通硅酸盐水泥	42.5	≥17.0	≥42.5	≥3.	≥6.5
	42.5R	≥22.0		≥4.0	
	52.5	≥23.0	≥52.5	≥4.0	≥7.0
	52.5R	≥27.0		≥5.0	

续表

品　种	强度等级	抗压强度(MPa)		抗折强度(MPa)	
		3d	28d	3d	28d
矿渣硅酸盐水泥 火山灰质硅酸盐水泥 粉煤灰硅酸盐水泥 复合硅酸盐水泥	32.5	≥10.0	≥32.5	≥2.5	≥5.5
	32.5R	≥15.0		≥3.5	
	42.5	≥15.0	≥42.5	≥3.5	≥6.5
	42.5R	≥19.0		≥4.0	
	52.5	≥21.0	≥52.5	≥4.0	≥7.0
	52.5R	≥23.0		≥4.5	

⑤ 体积安定性。水泥的体积安定性是指水泥在凝结硬化过程中体积变化的均匀性。如果在已经硬化后,水泥石内部产生不均匀的体积变化,即所谓体积安定性不良,就会使构件产生破坏应力,使结构物及构件产生裂缝、弯曲,甚至崩坍等现象,降低建筑物质量,甚至引起严重的工程事故。

造成安定性不良的原因,一般是由于熟料中所含的游离氧化钙过多;也可能是由于水泥中所含的游离氧化镁或生产水泥时掺入石膏过多所造成的。

国家标准《通用硅酸盐水泥》国家标准第 1 号修改单(GB 175—2007/XG1—2009)规定,用沸煮(沸煮 3h)法检测水泥的体积安定性必须合格。测试方法可以用饼法和雷氏法,有争议时以雷氏法为准。饼法是指观察水泥净浆试饼沸煮后的外形变化,如试饼无裂纹、无翘曲,则水泥的体积安定性合格;雷氏法则是测定水泥净浆试件在雷氏夹中沸煮前后的尺寸变化,即膨胀值,如雷氏夹膨胀值大约 5.0mm,则体积安定性不合格。

沸煮只能加速 CaO 的熟化作用,所以只能检测游离 CaO 引起的水泥体积安定性不良。由于游离 MgO 只在压蒸下加速熟化,石膏的危害则需长期在常温水中才能发现,两者均不便于快速检验。所以,国家标准规定水泥中游离 MgO 含量不得超过 5.0%,SO_3含量不超过 3.5%,以控制水泥的体积安定性。

体积安定性不良的水泥应作不合格品处理,不能用于工程中。某些体积安定性不合格的水泥(如游离 CaO 含量高造成体积安定性不合格的水泥)在空气中存放一段时间后,由于游离 CaO 吸收空气中的水蒸气而熟化,体积安定性可能会变得合格,此时可以使用。

(2)化学性质

水泥的化学性质指标主要控制水泥中有害的化学成分,要求其不超过一定的限量,否则可能对水泥的性质和质量带来危害。

① 氧化镁。水泥中氧化镁含量应不超过 5.0%。如果水泥压蒸安定性试验合格,则水泥中氧化镁含量允许放宽到 6.0%。氧化镁是指存在于水泥中的游离氧化镁,它与水反应后生成氢氧化镁,这一反应生成物将产生体积膨胀 1.5 倍,如果过多将造成水泥石结构产生裂缝,甚至破坏。

② 三氧化硫。水泥中 SO_3的含量不得超过 3.5%。三氧化硫是添加石膏时带入的成分,其量过多会与铝酸钙矿物生成较多的 AFt,产生较大的体积膨胀,同样会造成水泥石体积膨胀。

③ 烧失量。烧失量是指水泥在一定温度、一定时间内加热后烧失的数量。水泥煅烧不佳

或受潮后，均会导致烧失量增加。用烧失量来限制石膏和混合材料中杂质含量，以保证水泥的质量。国家标准《通用硅酸盐水泥》国家标准第1号修改单（GB 175—2007/XG1—2009）规定，Ⅰ型硅酸盐水泥中烧失量≤3.0%，Ⅱ型硅酸盐水泥烧失量≤3.5%。

④ 不溶物。不溶物是指水泥在浓盐酸中溶解保留下来的不溶性残留物，再以 NaOH 溶液处理，经 HCl 中和、过滤后所得的残渣，再经高温灼烧所剩的物质。不溶物越多，对水泥质量影响越大。国家标准《通用硅酸盐水泥》国家标准第1号修改单（GB 175—2007/XG1—2009）规定，Ⅰ型硅酸盐水泥不溶物≤0.75%，Ⅱ型硅酸盐水泥不溶物≤1.50%。

⑤ 碱。水泥中碱含量按水泥中 $Na_2O+0.658K_2O$ 的计算值来表示。当水泥中的碱与某些碱活性集料发生化学反应会引起混凝土膨胀破坏，这种现象称为“碱-集料反应”。它是影响混凝土耐久性的一个重要因素。使用活性集料或用户要求提供低碱水泥时，水泥中碱含量≯0.60%，或者由供需双方商定。

(3)其他性质

① 水化热。水泥在水化过程中放出的热称为水化热。水化热的大小与放热速度主要取决于水泥的矿物组成和细度，而且还与水灰比、混合材料及外加剂的品种、数量等因素有关。

鲍格(Bogue)研究得出，对于硅酸盐水泥，1～3d 龄期内水化放热量为总放热量的50%，7d 为75%，6个月为83%～91%。由此可见，水泥水化热量大部分在早期3～7d 放出，以后逐渐减少。

② 抗冻性。抗冻性是指水泥石抵抗冻融循环的能力。在严寒地区使用水泥时，抗冻性是水泥石的重要性质之一。影响抗冻性的因素主要是水泥各成分的含量和水灰比。当 C_3S 含量高时，水泥的抗冻性好，适当提高石膏掺量也可提高抗冻性；水灰比控制在0.40以下，抗冻性好；水灰比大于0.55时，抗冻性将显著降低。

③ 抗渗性。抗渗性是指水泥石抵抗液体渗透作用的能力。水泥石的抗渗性与它的孔隙率和孔径大小有关，也与水灰比、水化程度、所掺混合材料的性能、养护条件等有关。水灰比小，水化程度高，水泥中凝胶含量高，抗渗性高。

3. 硅酸盐水泥的腐蚀与防止

硅酸盐水泥硬化后，在通常的使用条件下，有较好的耐久性。但在某些腐蚀性液体或气体介质的长期作用下，水泥石将会发生一系列物理、化学变化，使水泥石的结构逐渐遭到破坏，强度逐渐降低，甚至全部溃裂破坏，这种现象称为水泥石的腐蚀。

实际上水泥石的腐蚀是一个极为复杂的物理化学作用过程，往往是几种腐蚀作用同时存在，互相影响的结果。从物理和化学角度归纳分析，其主要原因有以下几种：

1)水泥石有易被腐蚀的成分，主要的成分是氢氧化钙和水化铝酸钙。

2)水泥石本身不密实，有很多毛细孔通道，腐蚀介质容易侵入。

3)腐蚀与通道相互作用。

根据以上腐蚀原因的分析，使用水泥时可以采取下列防止腐蚀的措施：

1)合理选择与环境条件相适宜的水泥品种。例如，硫铝酸盐水泥、其他通用硅酸盐水泥及高铝水泥等，尽量减少水泥石中 $Ca(OH)_2$ 和水化铝酸钙的含量。

2)提高水泥石的密实度，降低孔隙率。例如，降低水灰比、掺加外加剂、采取机械施工等方法。

3）在水泥石表面加做保护层，以隔离侵蚀介质与水泥石的接触。例如，采用耐腐蚀的涂料（沥青质、环氧树脂等）或贴板材（花岗岩板、耐酸瓷砖等）。

4. 硅酸盐水泥的性能与应用

（1）凝结硬化快、早期强度高和强度等级高

硅酸盐水泥具有凝结硬化快、早期强度高以及强度等级高的特性，故可用于地上、地下和水中重要结构的高强及高性能混凝土工程中，也可用于有早强要求的混凝土工程中。

（2）抗冻性好

硅酸盐水泥水化放热量高，早期强度也高，因此可用于冬季施工及严寒地区遭受反复冻融的工程。

（3）抗碳化性能好

硅酸盐水泥水化后生成物中有 20% ~25% 的 $Ca(OH)_2$，因此水泥石中碱度不易降低，对钢筋有保护作用，抗碳化性能好。

（4）水化热高

因为硅酸盐水泥的水化热高，所以不宜用于大体积混凝土工程。

（5）耐腐性差

由于硅酸盐水泥石中含有较多的易受腐蚀的氢氧化钙和水化铝酸钙，因此其耐腐蚀性能差，不宜用于水利工程、海水作用和矿物水作用的工程。

（6）不耐高温

当水泥石受热温度到 250 ~300℃时，水泥石中的水化物开始脱水，水泥石收缩，强度开始下降；当温度达 700 ~800℃时，强度降低更多，甚至破坏。水泥石中的氢氧化钙在 547℃以上开始脱水分解成氧化钙，当氧化钙遇水，则因熟化而发生膨胀导致水泥石破坏。因此，硅酸盐水泥不宜用于有耐热要求的混凝土工程以及高温环境。

（7）干缩小

硅酸盐水泥在硬化过程中形成大量的水化硅酸钙胶体，使水泥石密实，游离水分少，不易产生干缩裂纹，可用于干燥环境的混凝土工程。

（8）耐磨性好

硅酸盐水泥强度高、耐磨性好，而且干缩小，可用于路面与地面工程。

5.5.2 普通硅酸盐水泥、矿渣硅酸盐水泥、火山灰质硅酸盐水泥、粉煤灰硅酸盐水泥和复合硅酸盐水泥

普通硅酸盐水泥、矿渣硅酸盐水泥、火山灰质硅酸盐水泥、粉煤灰硅酸盐水泥和复合硅酸盐水泥是指由硅酸盐水泥熟料、适量混合材料及石膏共同磨细所制成的水硬性胶凝材料，与硅酸盐水泥同属硅酸盐系列水泥。与硅酸盐水泥相比，这些硅酸盐水泥由于利用了工业废料和地方材料，因此，节省了硅酸盐水泥熟料，降低了水泥的成本，扩大水泥强度等级范围，改善了硅酸盐水泥的性能。

1. 水泥混合材料

在生产水泥时，为了改善水泥的性能，调节水泥的强度等级而加到水泥中去的人工或天然的矿物材料，称为水泥混合材料。水泥混合材料通常分为活性混合材料和非活性混合材料两大类。

(1)活性混合材料

混合材料磨成细粉，与石灰或与石灰和石膏拌合在一起，加水后，在常温下能生成具有胶凝性的水化产物，既能在水中也能在空气中硬化的混合材料，称为活性混合材料。属于这类性质的混合材料有粒化高炉矿渣、火山灰质混合材料和粉煤灰等。

(2)非活性混合材料

非活性混合材料是指不具有活性或活性很低的人工或天然的矿物材料。常用的非活性混合材料有磨细石英砂、黏土、石灰石、慢冷矿渣和各种废渣等。它们与水泥成分不起化学作用或化学作用很小，因此，这类混合材料也称为惰性混合材料。将它们掺入到硅酸盐水泥中，主要是起提高产量、调节水泥强度等级、减少水化热等作用。

2. 普通硅酸盐水泥、矿渣硅酸盐水泥、火山灰质硅酸盐水泥、粉煤灰硅酸盐水泥和复合硅酸盐水泥

普通硅酸盐水泥、矿渣硅酸盐水泥、火山灰质硅酸盐水泥、粉煤灰硅酸盐水泥和复合硅酸盐水泥的组分应符合表5-12的规定。

表5-12 普通硅酸盐水泥、矿渣硅酸盐水泥、火山灰质硅酸盐水泥、粉煤灰硅酸盐水泥和复合硅酸盐水泥的组分

品种	代号	组分(%)			
		熟料+石膏	粒化高炉矿渣	火山灰质混合材料	粉煤灰
普通硅酸盐水泥	P·O	≥80且<95	>5且≤20		
矿渣硅酸盐水泥	P·S·A	≥50且<80	>20且≤50		
	P·S·B	≥30且<50	>50且≤70		
火山灰质硅酸盐水泥	P·P	≥60且<80		>20且≤40	
粉煤灰硅酸盐水泥	P·F	≥60且<80			>20且≤40
复合硅酸盐水泥	P·C	≥50且<80	>20且≤50		

(1)普通硅酸盐水泥

① 普通硅酸盐水泥的代号。根据国家标准《通用硅酸盐水泥》国家标准第1号修改单(GB 175—2007/XG1—2009)，普通硅酸盐水泥(简称普通水泥)的代号用P·O表示。

② 普通硅酸盐水泥的技术要求。

A. 凝结时间。普通硅酸盐水泥初凝时间不得早于45min，终凝时间不得迟于600min。

B. 强度等级。普通硅酸盐水泥强度等级分为42.5、42.5R、52.5、52.5R。各强度等级水泥的各龄期强度不得低于表5-11中的值。

普通硅酸盐水泥的细度、体积安定性、氧化镁含量、三氧化硫含量、碱含量等其他技术要求与硅酸盐水泥相同。

③ 普通硅酸盐水泥的主要性能及应用。普通硅酸盐水泥与硅酸盐水泥的区别在于其混合材料的掺量，普通硅酸盐水泥为>5%且≤20%，硅酸盐水泥仅为0%~5%，由于混合材料的掺量变化幅度不大，在性质上差别也不大，但普通硅酸盐水泥在早强、强度等级、水化热、抗冻性、抗碳化能力上略有降低，而耐热性、耐腐蚀性略有提高。普通硅酸盐水泥与硅酸盐水泥的应用范围大致相同。但由于性能上有一点差异，一些硅酸盐水泥不能用的地方，普通硅酸盐

水泥可以用，使得普通硅酸盐水泥成为建筑行业应用面最广、使用量最大的水泥品种。

(2)矿渣硅酸盐水泥、火山灰质硅酸盐水泥、粉煤灰硅酸盐水泥

① 矿渣硅酸盐水泥、火山灰质硅酸盐水泥、粉煤灰硅酸盐水泥的代号。

A. 矿渣硅酸盐水泥。根据国家标准《通用硅酸盐水泥》国家标准第1号修改单(GB 175—2007/XG1—2009)，矿渣硅酸盐水泥(简称矿渣水泥)的代号用P·S表示。水泥中粒化高炉矿渣的掺量按质量百分比计为>20且≤70%。

B. 火山灰质硅酸盐水泥。根据国家标准《通用硅酸盐水泥》国家标准第1号修改单(GB 175—2007/XG1—2009)，火山灰质硅酸盐水泥(简称火山灰水泥)的代号用P·P表示。水泥中火山灰质混合材料的掺量按质量百分比计为>20%且≤40%。

C. 粉煤灰硅酸盐水泥。根据国家标准《通用硅酸盐水泥》国家标准第1号修改单(GB 175—2007/XG1—2009)，粉煤灰硅酸盐水泥(简称粉煤灰水泥)的代号用P·F表示。水泥中粉煤灰的掺量按质量百分比计为>20%且≤40%。

② 矿渣硅酸盐水泥、火山灰质硅酸盐水泥、粉煤灰硅酸盐水泥的技术要求。这三种水泥的技术要求如下：

A. 细度、凝结时间和体积安定性。这三种水泥的细度要求是：0.08mm方孔筛筛余不大于10%，或0.45mm方孔筛筛余不大于30%；而凝结时间和体积安定性要求与普通硅酸盐水泥要求相同。

B. 氧化镁含量。规定水泥熟料中氧化镁的含量同硅酸盐水泥(P·S·B不要求)，但是，当熟料中氧化镁含量为5.0%～6.0%时，如矿渣硅酸盐水泥中混合材料总量大于40%或火山灰质硅酸盐水泥和粉煤灰硅酸盐水泥中混合材料掺加量大于30%，制成的水泥可不做蒸压试验。

C. 三氧化硫含量。矿渣硅酸盐水泥中三氧化硫的含量不得超过4.0%；火山灰质硅酸盐水泥和粉煤灰硅酸盐水泥中三氧化硫的含量不得超过3.5%。

D. 强度等级。这三种水泥根据3d和28d的抗压强度和抗折强度划分强度等级，分别为32.5、32.5R、42.5、42.5R、52.5、52.5R。三种水泥的各龄期强度不得低于表5-6中的值。

③ 矿渣硅酸盐水泥、火山灰质硅酸盐水泥、粉煤灰硅酸盐水泥的水化特性。矿渣硅酸盐水泥、火山灰质硅酸盐水泥、粉煤灰硅酸盐水泥水化时有一个共同点就是二次水化，即水化反应分两步进行：首先，熟料矿物水化析出氢氧化钙、水化硅酸钙、水化铝酸钙、水化铁酸钙等水化产物。然后，活性混合材料开始水化，熟料矿物析出的氢氧化钙作为碱性激发剂，掺入水泥中的石膏作为硫酸盐激发剂，促进三种混合材料中活性氧化硅和活性氧化铝的活性发挥，生成水化硅酸钙、水化铝酸钙、水化硫铝酸钙。

④ 矿渣硅酸盐水泥、火山灰质硅酸盐水泥、粉煤灰硅酸盐水泥的共同特性。

A. 凝结硬化速度慢，早期强度低，但后期强度较高。

B. 抗腐蚀能力强。

C. 水化热低。

D. 硬化时对湿热敏感性强，适合高温养护。

E. 抗碳化能力差。

F. 抗冻性差。

⑤矿渣硅酸盐水泥、火山灰质硅酸盐水泥、粉煤灰硅酸盐水泥的不同特性。

A. 矿渣硅酸盐水泥的耐热性好。由于硬化后,矿渣硅酸盐水泥石中的氢氧化钙含量减少,而矿渣本身又耐热,因此矿渣硅酸盐水泥适宜用于高温环境(温度不高于200℃的混凝土工程中,如热工窑炉基础等)。由于矿渣硅酸盐水泥中的矿渣不容易磨细,其颗粒平均粒径大于硅酸盐水泥的粒径,磨细后又是多棱角形状,因此矿渣硅酸盐水泥保水性差、易泌水、抗渗性差。故不宜用于有抗渗性要求的混凝土工程。

B. 火山灰质硅酸盐水泥具有较高的抗渗性和耐水性。原因是:不仅火山灰混合材料含有大量的微细孔隙,使其具有良好的保水性,而且火山灰颗粒较细,比表面积大,可使水泥石结构密实,又因在水化过程中产生较多的水化硅酸钙,可增加结构致密程度。因此适用于有抗渗要求的混凝土工程。火山灰质硅酸盐水泥在干燥环境下易产生干缩裂缝,二氧化碳使水化硅酸钙分解成碳酸钙和氧化硅的粉状物,即发生“起粉”现象,所以,火山灰质硅酸盐水泥不宜用于干燥地区的混凝土工程。

C. 粉煤灰硅酸盐水泥具有抗裂性好的特性,原因是:其独特的球形玻璃态结构,比表面小,吸水力弱,干缩小,裂缝也少,抗裂性好。但由于它的泌水速度快,若施工处理不当,易产生失水裂缝,因而不宜用于干燥环境。此外,泌水会造成较多的连通孔隙,故粉煤灰硅酸盐水泥的抗渗性较差,不宜用于抗渗要求高的混凝土工程。

(3)复合硅酸盐水泥

① 复合硅酸盐水泥的代号。根据《通用硅酸盐水泥》国家标准第1号修改单(GB 175—2007/XG1—2009),复合硅酸盐水泥(简称复合水泥)的代号用P·C表示。水泥中混合材料总掺量按质量百分比计应大于20%,但不超过50%。

② 复合硅酸盐水泥的技术要求。A. 细度、安定性、凝结时间的要求和氧化镁、三氧化硫的含量要求均同矿渣硅酸盐水泥、火山灰质硅酸盐水泥、粉煤灰硅酸盐水泥。

B. 复合硅酸盐水泥强度等级的要求见表5-11。

③ 复合硅酸盐水泥的特点及应用。复合硅酸盐水泥是一种新型的通用水泥,是掺有两种或两种以上混合材料,可以相互取长补短,克服单一混合材料的一些弊端。其早期强度接近于普通硅酸盐水泥,而其他性能均优于矿渣硅酸盐水泥、火山灰质硅酸盐水泥、粉煤灰硅酸盐水泥,因而适用范围广。

5.5.3 其他品种水泥

随着现代建设工程项目的增多,通用水泥的性能已不能完全满足各类工程的要求,因此,一些具有特殊性能(如快硬性、膨胀性、装饰性等)的水泥被采用。这里主要介绍膨胀水泥、自应力水泥、道路硅酸盐水泥、砌筑水泥及铝酸盐水泥等。

1. 膨胀水泥和自应力水泥

使水泥产生膨胀的反应主要有三种:CaO水化生成$Ca(OH)_2$,MgO水化生成$Mg(OH)_2$以及形成AFt,因为前两种反应产生的膨胀不易控制,目前广泛使用的是AFt为膨胀成分的各种膨胀水泥。

水泥在无限制状态下,水化硬化过程中的条件膨胀称为自由膨胀。水泥在限制状态下,水化硬化过程中的条件膨胀称为限制膨胀。水泥水化后条件膨胀能使砂浆或混凝土在限制条件下产生可自应用的化学预应力。通过测定的水泥砂浆的限制膨胀率,计算可得自应力值。自应力水泥按自应力值分为不同的级别。

以适当比例的硅酸盐水泥或普通硅酸盐水泥、高铝水泥熟料和天然二水石膏粉磨而成的膨胀性的水硬性胶凝材料称为自应力硅酸盐水泥。自应力硅酸盐水泥根据28d自应力值大小分为S_1、S_2、S_3、S_4四个等级。

明矾石膨胀水泥适用于补偿收缩混凝土、防渗混凝土、防渗抹面、预制构件梁、柱的接头和构件拼装接头等。

自应力铝酸盐水泥是以一定量的高铝水泥熟料和二水石膏粉磨而成的大膨胀率胶凝材料。按1：2标准砂浆28d自应力值分为3.0,4.5和6.0三个级别。

以适当成分的生料,经煅烧所得以无水硫酸钙和硅酸二钙为主要矿物成分的熟料,加入适量石膏磨细制成的可调膨胀性能的水硬性胶凝材料,称为膨胀硫铝酸盐水泥。

2. 道路硅酸盐水泥

(1)道路硅酸盐水泥的定义

以适当成分的生料烧至部分熔融,所得以硅酸钙为主要成分和较多量铁铝酸钙的硅酸盐水泥熟料称为道路硅酸盐水泥熟料。由道路硅酸盐水泥熟料、0%~10%活性混合材料和适量石膏磨细制成的水硬性胶凝材料,称为道路硅酸盐水泥(简称道路水泥),其代号为P·R。

(2)道路硅酸盐水泥的技术要求

① 细度。0.08mm筛的筛余不得超过10%。

② 凝结时间。初凝时间不得早于1.5h,终凝时间不得迟于10h。

③ 体积安定性。沸煮法检验合格。

④ 干缩率和耐磨性。28d干缩率不得大于0.10%,耐磨性以磨耗量表示,不得大于3.00kg/m^2。

⑤ 道路硅酸盐水泥分32.5、42.5和52.5三个强度等级。各强度等级各龄期强度不得低于表5-13中规定。

表5-13　道路硅酸盐水泥强度要求(GB 13693—2005)

强度等级	抗压强度(MPa)		抗折强度(MPa)	
	3d	28d	3d	28d
32.5	16.0	32.5	3.5	7.0
42.5	21.0	42.5	4.0	6.5
52.5	26.0	52.5	5.0	7.0

(3)道路硅酸盐水泥的性质与应用

与硅酸盐水泥相比,道路硅酸盐水泥增加了C_4AF的含量,降低了C_3A的含量,因此道路硅酸盐水泥具有较高的抗折强度,良好的耐磨性,较长的初凝时间和较小的干缩率,以及抗冲击、抗冻和抗硫酸盐侵蚀的能力。它特别适用于公路路面、机场跑道、车站及公共广场等工程的面层混凝工程。

3. 砌筑水泥

(1)砌筑水泥的定义

国家标准《砌筑水泥》(GB/T 3183—2003)规定,凡由一种或一种以上的水泥混合材料,加入适量硅酸盐水泥熟料和石膏，经磨细制成的和易性较好的水硬性胶凝材料，称为砌筑水泥，其代号为M。

水泥中混合材料掺加量按质量百分比计大于50%，允许掺入适量的石灰石或窑灰。水泥中混合材料掺加量不得与矿渣硅酸盐水泥重复。

(2)砌筑水泥的技术要求

按照国家标准《砌筑水泥》(GB/T 3183—2003)规定，砌筑水泥的细度为0.08mm方孔筛筛余≯10%；初凝时间不早于1h，终凝时间不得迟于12h；沸煮安定性合格，SO_3含量不大于4.0%；流动性指标为流动度，采用灰砂比为1:2.5，水灰比为0.46的砂浆测定的流动度值应大于125mm。泌水率少于12%。砌筑水泥分为12.5、22.5两个强度等级，各强度等级水泥各龄期强度不低于表5-14中规定。

表5-14　砌筑水泥强度要求(GB/T 3183—2003)

强度等级	抗压强度(MPa)		抗折强度(MPa)	
	3d	28d	3d	28d
12.5	7.0	12.5	1.5	3.0
22.5	10.0	22.5	2.0	4.0

(3)砌筑水泥的性质与应用

砌筑水泥是低强度水泥，硬化慢，但和易性好，特别适合配制砂浆，也可用于基础混凝土垫层或蒸养混凝土砌块等。

4. 抗硫酸盐硅酸盐水泥

按抗硫酸盐侵蚀程度分为中抗硫酸盐硅酸盐水泥和高抗硫酸盐硅酸盐水泥两类。以适当成分的硅酸盐水泥熟料，加入适量石膏磨制而成的具有抵抗中等浓度硫酸根离子侵蚀的水硬性胶凝材料，称为中抗硫酸盐硅酸盐水泥，简称中抗硫水泥，其代号为P·MSR。以适当成分的硅酸盐水泥熟料，加入适量石膏磨制而成的具有抵抗较高浓度硫酸根离子侵蚀的水硬性胶凝材料，称为高抗硫酸盐硅酸盐水泥，简称高抗硫水泥，其代号为P·HSR。

在中抗硫水泥中，C_3S和C_3A的含量分别不应超过55.0%和5.0%。在抗硫水泥中，C_3S和C_3A的含量分别不应超过50.0%和3.0%。烧失量应小于3.0%，水泥中的SO_3含量小于2.5%。水泥比表面积不得小于280m^2/kg。初凝时间不早于45min，终凝时间不得迟于10h。抗硫酸盐硅酸盐水泥分为32.5、42.5两个强度等级，各强度等级水泥各龄期强度不低于表5-15中规定。

表5-15　抗硫酸盐硅酸盐水泥强度要求(GB 748—2005)

强度等级	抗压强度(MPa)		抗折强度(MPa)	
	3d	28d	3d	28d
32.5	10.0	32.5	2.5	6.0
42.5	15.0	42.5	3.0	6.5

5. 中热硅酸盐水泥和低热矿渣硅酸盐水泥(大坝水泥)

中热硅酸盐水泥和低热矿渣硅酸盐水泥的主要特点为水化热低，适用于大坝和大体积混凝土工程。

中热硅酸盐水泥是由适当成分的硅酸盐水泥熟料加入适量石膏磨细而成的具有中等水化热的水硬性胶凝材料，简称中热水泥。其代号P·MH。低热硅酸盐水泥是指具有低水化热的水硬性胶凝材料，简称低热水泥。其代号为P·LH。

低热矿渣硅酸盐水泥是由适当成分的硅酸盐水泥熟料加入矿渣和适量石膏磨细而成的具有低水化热的水硬性胶凝材料，简称低热矿渣水泥。其矿渣掺量为水泥质量的20%～60%，允许用不超过混合材料总量的50%的磷渣或粉煤灰代替矿渣，其代号P·SLH。

《中热硅酸盐水泥　低热硅酸盐水泥　低热矿渣硅酸盐水泥》(GB 200—2003)规定，这三种水泥的初凝时间不早于60min，终凝时间不得迟于12h；比表面积不得小于250m^2/kg；水泥中SO_3含量小于3.5%。中热硅酸盐水泥、低热硅酸盐水泥和低热矿渣水泥的强度等级分别为42.5、42.5和32.5，各龄期强度值须大于表5-16中的数值。此外，体积安定性必须合格。

表5-16　中热硅酸盐水泥、低热硅酸盐水泥、低热矿渣硅酸盐水泥强度要求(GB 200—2003)

水泥品种	强度等级	抗压强度(MPa)			抗折强度(MPa)		
		3d	7d	28d	3d	7d	28d
中热硅酸盐水泥	42.5	12.0	22.0	42.5	3.0	4.5	6.5
低热硅酸盐水泥	42.5	—	13.0	42.5	—	3.5	6.5
低热矿渣硅酸盐水泥	32.5	—	12.0	32.5	—	3.0	5.5

6. 铝酸盐水泥

铝酸盐水泥是以石灰石和矾土为主要原料，配制成适当成分的生料，烧至全部或部分熔融所得以铝酸钙为主要矿物的熟料，经磨细制成的水硬性胶凝材料，代号CA。由于熟料中氧化铝含量大于50%，因此又称高铝水泥。它是一种快硬、高强、耐腐蚀、耐热的水泥。根据需要也可在磨制Al_2O_3含量大于68%的水泥时掺加适量α-Al_2O_3粉。

(1)铝酸盐水泥的组成

① 铝酸盐水泥的化学组成。铝酸盐水泥熟料的主要化学成分为氧化钙、三氧化二铝、氧化硅，还有少量的氧化铁及氧化镁、氧化钛等。它们含量是：$CaO \geq 32\%$；$Al_2O_3 \geq 50\%$；$SiO_2 \leq 8.0\%$；$Fe_2O_3 \leq 2.5\%$。

三氧化二铝和氧化钙是保证熟料中形成铝酸钙的基本成分。若三氧化二铝过低，熟料中会出现高碱性铝酸钙($C_{12}A_7 \cdot C_3A$)使水泥速凝，强度下降。二氧化硅可以使生料均匀烧结，加速矿物生成。但含量过多，会使早强性能下降。氧化铁含量过多将使熟料水化凝结加快而强度降低。铝酸盐水泥按Al_2O_3含量分为四类，见表5-17。

表5-17　铝酸盐水泥的分类(GB 201—2000)

类　型	Al_2O_3(%)	SiO_2(%)	Fe_2O_3(%)	$R_2O(Na_2O+0.658K_2O)$(%)	S(%)	Cl(%)
CA-50	≥50，<60	≤8.0	≤2.5	≤0.4	≤0.1	≤0.1
CA-60	≥60，<68	≤5.0	≤2.0			
CA-70	≥68，<77	≤1.0	≤0.7			
CA-80	≥77	≤0.5	≤0.5			

② 铝酸盐水泥的矿物组成。铝酸盐水泥的矿物组成主要有铝酸一钙(CA)、二铝酸一钙(CA_2),还有少量的硅铝酸二钙或称铝方柱石(C_2AS)、七铝酸十二钙($C_{12}A_7$)和硅酸二钙(C_2S)。其各自与水作用时的特点见表5-18。质量优良的铝酸盐水泥,其矿物组成一般是以铝酸一钙和二铝酸一钙为主。

表5-18 铝酸盐水泥矿物水化反应特点

矿物名称	化学成分	简式	特性
铝酸一钙	$CaO \cdot Al_2O_3$	CA	水硬活性很高,凝结慢,硬化快,强度主要来源,早期强度高,后期增进率不高
二铝酸一钙	$CaO \cdot 2Al_2O_3$	CA_2	硬化慢,早期强度低,后期强度高
硅铝酸二钙	$2CaO \cdot Al_2O_3 \cdot SiO_2$	C_2AS	活性很差,惰性矿物
七铝酸十二钙	$12CaO \cdot 7Al_2O_3$	$C_{12}A_7$	凝结迅速,强度不高

(2)铝酸盐水泥的水化和硬化

① 铝酸盐水泥的水化。铝酸一钙是铝酸盐水泥的主要矿物组成。一般认为,铝酸盐水泥的水化产物结晶情况随温度有所不同:

当温度<20℃时,其反应为:

$$\underset{\text{铝酸一钙(CA)}}{CaO \cdot Al_2O_3} + 10H_2O = \underset{\text{水化铝酸一钙}(CAH_{10})}{CaO \cdot Al_2O_3 \cdot 10H_2O}$$

当温度在20~30℃时,其反应为:

$$2(CaO \cdot Al_2O_3) + 11H_2O = \underset{\text{水化铝酸二钙}(C_2AH_8)}{2CaO \cdot Al_2O_3 \cdot 8H_2O} + \underset{\text{铝胶}(AH_3)}{Al_2O_3 \cdot 3H_2O}$$

当温度大于30℃时,其反应为:

$$3(CaO \cdot Al_2O_3) + 12H_2O = \underset{(C_3AH_6)}{3CaO \cdot Al_2O_3 \cdot 6H_2O} + 2(Al_2O_3 \cdot 3H_2O)$$

因此,一般情况下(<30℃),水化产物中有CAH_{10}、C_2AH_8和铝胶。但在较高温度下,水化产物主要为C_3AH_6和铝胶。

二铝酸一钙的水化与铝酸一钙基本相似,但水化速率极慢。七铝酸十二钙水化很快,水化产物也为C_2AH_8。结晶的C_2AS与水反应则极微弱。硅铝酸二钙也会生成水化硅酸钙类的凝胶。

② 铝酸盐水泥的硬化。水化产物CAH_{10}或C_2AH_8都属六方晶系,亚稳相,具有细长的针状和板状结构,能互相结成坚固的结晶连生体,形成晶体骨架。析出的铝胶难溶于水,填充于晶体骨架的空隙中,形成致密的结构。因此,铝酸盐水泥在早期便能获得很高的机械强度。但CAH_{10}或C_2AH_8将会自发地逐渐转化为比较稳定的C_3AH_6,晶型转化的结果使水泥石内析出游离水,使孔隙大大增加,导致强度下降。温度越高,下降的也越明显。因此,铝酸盐水泥水化产物的品种及硬化后的水泥石结构,在温度影响下有很大的差异。

(3)铝酸盐水泥的技术要求

① 细度。比表面积不小于300m^2/kg或0.045mm筛余量不大于20%。

② 凝结时间要求。见表5-19。

表5-19　铝酸盐水泥凝结时间

水泥类型	凝结时间	
	初凝时间(min)	终凝时间(h)
CA-50	不早于30	不迟于6
CA-60	不早于30	不迟于18
CA-70	不早于30	不迟于6
CA-80	不早于30	不迟于6

③ 强度等级。各类型铝酸盐水泥的不同龄期强度值不得低于表5-20中规定。

表5-20　铝酸盐水泥的强度要求

类　型	抗压强度(MPa)				抗折强度(MPa)			
	6h	1d	3d	28d	6h	1d	3d	28d
CA-50	20	40	50	—	3.0	5.5	6.5	—
CA-60	—	30	45	85	—	2.5	5.0	10.0
CA-70	—	20	40	—	—	5.0	6.0	—
CA-80	—	25	30	—	—	4.0	5.0	—

(4)铝酸盐水泥的性质及应用

① 快硬、早强、高温下后期强度下降。由于铝酸盐水泥硬化快、早期强度高,其1d强度一般可达到极限强度的60%~80%左右。适用于紧急抢修工程、冬季施工及早强要求的特殊工程。但是铝酸盐水泥硬化后产生的密实度较大的CAH_{10}和C_2AH_8在较高温度下(大于25℃)晶型会转变,形成水化铝酸三钙C_3AH_6,碱度很高,孔隙很多,在湿热条件下更为剧烈,使强度下降,甚至引起结构破坏。因此,铝酸盐水泥不宜在高温、高湿环境及长期承载的结构工程中使用,使用时应按最低稳定强度设计。对于CA-50铝酸盐水泥应按(50±2)℃水中养护7d、14d强度值之低者来确定。

② 水化热高,放热快。铝酸盐水泥1d可放出水化热总量的70%~80%,而硅酸盐水泥放出同样热量则需要7d,如此集中的水化放热作用使铝酸盐水泥适合低温季节,特别是寒冷地区的冬季施工混凝土工程,不适于大体积混凝土工程。

③ 耐热性强。从铝酸盐水泥的水化特性上看,铝酸盐水泥不宜在温度高于30℃的环境下施工和长期使用,但高于900℃的环境下可用于配制耐热混凝土。这是由于温度在700℃时,铝酸盐水泥与集料之间便发生固相反应,烧结结合代替了水化结合,即瓷性胶结代替了水硬胶结,这种烧结结合作用随温度的升高而更加明显,因此,铝酸盐水泥可作为耐热混凝土的胶结材料,配制900~1300℃的耐热混凝土(能长期承受1580℃以上高温作用的混凝土称为耐火混凝土)和砂浆,用于窑炉衬砖等。

④ 耐腐蚀性强。铝酸盐水泥水化时不放出$Ca(OH)_2$,而水泥石结构又很致密,因此高铝水泥适宜用于耐酸和抗硫酸盐腐蚀要求的工程。

⑤ 耐碱性强。水化铝酸钙遇碱即发生化学反应,使水泥石结构疏松,强度大幅度下降。因此,铝酸盐水泥不宜用于与碱接触的混凝土工程。

除了特殊情况外,在施工过程中,铝酸盐水泥不得与硅酸盐水泥、石灰等能够析出$Ca(OH)_2$的材料混合使用,否则会引起“瞬凝”现象,使施工无法进行,强度大大降低。同时铝酸盐水泥也不得与未硬化的硅酸盐普通混凝土接触使用。

此外,铝酸盐水泥还不得用于高温高湿环境,也不能在高温季节施工或采用蒸汽养护(如需蒸汽养护须低于50℃)。铝酸盐水泥的碱度低,当用于钢筋混凝土时,钢筋保护层厚度不得小于60mm。

铝酸盐水泥可配制一系列的膨胀水泥和自应力水泥。

5.5.4 水泥在土木工程中的应用

水泥是土木工程建设中最重要的材料之一,是决定混凝土性能和价格的重要原料,在土木工程中,合理选用、使用、储运和妥善保管以及严格地验收,是保证工程质量、杜绝质量事故的重要措施。

1. 水泥的选用原则

不同的水泥品种,有各自突出的特性。深入理解其特性,是正确选择水泥品种的基础。

(1)按环境条件选择水泥品种

环境条件包括温度、湿度、周围介质、压力等工程外部条件,如在寒冷地区水位升降的环境应选用抗冻性好的硅酸盐水泥和普通硅酸盐水泥;有水压作用和流动水及有腐蚀作用的介质中应选矿渣硅酸盐水泥、火山灰质硅酸盐水泥、粉煤灰硅酸盐水泥和复合硅酸盐水泥;腐蚀介质强烈时,应选用专门抗侵蚀的特种水泥。

(2)按工程特点选择水泥品种

选用水泥品种时应考虑工程项目的特点,大体积工程应选用放热量低的水泥如矿渣硅酸盐水泥、火山灰质硅酸盐水泥、粉煤灰硅酸盐水泥和复合硅酸盐水泥;在高温窑炉工程应选用耐热性好的水泥,如矿渣硅酸盐水泥、铝酸盐水泥等;抢修工程应选用凝结硬化快的水泥,如快硬型水泥;路面工程应选用耐磨性好、强度高的水泥,如道路硅酸盐水泥。在混凝土结构工程中,常用水泥的使用见表5-21。

2. 水泥的运输和储存

水泥在运输和储存过程中不得混入杂物,应按不同品种、强度等级或标号和出厂日期分别加以标明,水泥储存时应先存先用,对散装水泥分库存放,而袋装水泥一般堆放高度不超过10袋。水泥存放不可受潮,受潮的水泥表现为结块,凝结速度减慢,烧失量增加,强度降低。对于结块水泥的处理方法为:有结块但无硬块时,可压碎粉块后按实测强度等级使用;对部分结成硬块的,可筛除或压碎硬块后,按实测强度等级用于非重要的部位,对于大部分结块的,不能作水泥用,可作混合材料掺入到水泥中,掺量不超过25%。水泥的储存期不宜太久,常用水泥一般不超过3个月,因为3个月后水泥强度将降低10%~20%;6个月后降低15%~30%,1年后降低25%~40%,铝酸盐水泥一般不超过2个月。过期水泥应重新检测,按实测强度使用。

表5-21　通用水泥的选用

混凝土工程特点及所处环境条件			优先选用	可以选用	不宜选用
普通混凝土	1	在一般环境中的混凝土	普通硅酸盐水泥	矿渣硅酸盐水泥、火山灰质硅酸盐水泥、粉煤灰硅酸盐水泥、复合硅酸盐水泥	—
	2	在干燥环境中的混凝土	普通硅酸盐水泥	矿渣硅酸盐水泥	火山灰质硅酸盐水泥、粉煤灰硅酸盐水泥
	3	在高湿环境中或长期处于水中的混凝土	矿渣硅酸盐水泥、火山灰质硅酸盐水泥、粉煤灰硅酸盐水泥、复合硅酸盐水泥	普通硅酸盐水泥	—
	4	厚大体积的混凝土	矿渣硅酸盐水泥、火山灰质硅酸盐水泥、粉煤灰硅酸盐水泥、复合硅酸盐水泥	—	硅酸盐水泥
有特殊要求的混凝土	1	要求快硬、高强（>C40）的混凝土	硅酸盐水泥	普通硅酸盐水泥	矿渣硅酸盐水泥、火山灰质硅酸盐水泥、粉煤灰硅酸盐水泥、复合硅酸盐水泥
	2	严寒地区的露天混凝土，寒冷地区处于水位升降范围内的混凝土	普通硅酸盐水泥	矿渣硅酸盐水泥（强度等级>32.5）	火山灰质硅酸盐水泥、粉煤灰硅酸盐水泥
	3	严寒地区处于水位升降范围内的混凝土	普通硅酸盐水泥（强度等级>42.5）	—	矿渣硅酸盐水泥、火山灰质硅酸盐水泥、粉煤灰硅酸盐水泥、复合硅酸盐水泥
	4	有抗渗要求的混凝土	普通硅酸盐水泥、火山灰质硅酸盐水泥	—	矿渣硅酸盐水泥
	5	有耐磨性要求的混凝土	硅酸盐水泥、普通硅酸盐水泥	矿渣硅酸盐水泥（强度等级>32.5）	火山灰质硅酸盐水泥、粉煤灰硅酸盐水泥
	6	受侵蚀介质作用的混凝土	矿渣硅酸盐水泥、火山灰质硅酸盐水泥、粉煤灰硅酸盐水泥、复合硅酸盐水泥	—	硅酸盐水泥

实训与创新

1. 大多数的无机胶凝材料在其凝结硬化过程中，均易产生收缩裂纹，在力学性能方面，表现出较大的脆性，这是大多数无机胶凝材料缺陷的共性，试根据你掌握的知识，结合调查实训基地所提供的资料,设计解决上述缺陷问题可能的技术途径。

2. 某建筑工地送来42.5级普通硅酸盐水泥和32.5级复合硅酸盐水泥各一组,问能否使用?

要求:(1)检测其标准稠度用水量、凝结时间、体积安定性和强度。

(2)填写水泥检测的原始记录及报告单。

复习思考题与习题

5.1 什么是胶凝材料、气硬性胶凝材料、水硬性胶凝材料?

5.2 生石膏和建筑石膏的成分是什么? 石膏浆体是如何凝结硬化的?

5.3 为什么说建筑石膏是功能性较好的土木工程材料?

5.4 建筑石灰按加工方法不同可分为哪几种? 它们的主要化学成分各是什么?

5.5 什么是欠火石灰和过火石灰? 它们对石灰的使用有什么影响?

5.6 试从石灰浆体硬化原理,来分析石灰为什么是气硬性胶凝材料?

5.7 石灰是气硬性胶凝材料,耐水性较差,但为什么拌制的灰土、三合土却具有一定的耐水性?

5.8 水玻璃的成分是什么? 什么是水玻璃的模数? 水玻璃的模数、密度(浓度)对其性质有何影响? 水玻璃的主要性质和用途有哪些?

5.9 菱苦土具有哪些用途?

5.10 硅酸盐水泥熟料的主要矿物组成有哪些? 它们加水后各表现出什么性质?

5.11 硅酸盐水泥的水化产物有哪些? 它们的性质各是什么?

5.12 生产硅酸盐水泥时,为什么必须掺入适量石膏? 石膏掺量太少或太多时,将产生什么情况?

5.13 有甲、乙两厂生产的硅酸盐水泥熟料,其矿物组成如下:

生产厂	熟料矿物组成(%)			
	硅酸三钙	硅酸二钙	铝酸三钙	铁铝酸四钙
甲厂	52	21	10	17
乙厂	45	30	7	18

5.14 若用上述两厂熟料分别制成硅酸盐水泥,试分析比较它们的强度增长情况和水化热等性质有何差异? 简述理由。

5.15 为什么要规定水泥的凝结时间? 什么是初凝时间和终凝时间?

5.16 什么是水泥的体积安定性? 产生安定性不良的原因是什么?

5.17 为什么生产硅酸盐水泥时掺入适量石膏对水泥无腐蚀作用,而水泥石处在硫酸盐的环境介质中则易受腐蚀?

5.18 什么是活性混合材料和非活性混合材料? 它们掺入硅酸盐水泥中各起什么作用? 活性混合材料产生水硬性的条件是什么?

5.19　某工地仓库存有白色粉末状材料，可能为磨细生石灰，也可能是建筑石膏或白色水泥，问可用什么简易办法来辨认？

5.20　在下列混凝土工程中，试分别选用合适的水泥品种，并说明选用的理由。

①低温季节施工的、中等强度的现浇楼板、梁、柱；②采用蒸汽养护的混凝土预制构件；③紧急抢修工程；④厚大体积的混凝土工程；⑤有硫酸盐腐蚀的地下工程；⑥热工窑炉基础工程；⑦大跨度预应力混凝土工程；⑧有抗渗要求的混凝土工程；⑨路面的混凝土工程；⑩修补建筑物裂缝。

第6章　普通混凝土和砂浆

教学目的:普通混凝土是现代土木工程最主要的结构材料,通过本章的学习,应系统地掌握普通混凝土的配制及其主要性能,并为结构设计和施工打下坚实的基础。同时,通过学习了解砂浆的技术性质及其测定方法,学会砌筑砂浆配合比设计方法。

教学要求:结合现代土木工程的实例,重点掌握普通混凝土的原材料要求、主要技术性能及影响因素、普通混凝土的配合比设计方法及常用外加剂的性能和应用场合;了解普通混凝土的施工工艺、质量检测及特殊工程的特种混凝土的性能;了解砂浆的技术性质、测定方法以及砌筑砂浆配合比设计方法。

6.1 概　　述

6.1.1 混凝土的发展史

混凝土是现代土木工程中用途最广、用量最大的土木工程材料之一。目前全世界每年生产的混凝土材料超过100亿吨。广义来讲,混凝土是由胶凝材料、集料按适当比例配合,与水(或不加水)拌合制成具有一定可塑性的浆体,经硬化而成的具有一定强度的人造石。

混凝土作为土木工程材料的历史其实很久远,用石灰、砂和卵石制成的砂浆和混凝土在公元前500年就已经在东欧使用,但最早使用水硬性胶凝材料制备混凝土的还是罗马人。这种用火山灰、石灰、砂、石制备的“天然混凝土”具有凝结力强、坚固耐久、不透水等特点,在古罗马得到广泛应用,万神殿和罗马圆形剧场就是其中杰出的代表。因此,可以说混凝土是古罗马最伟大的建筑遗产。

混凝土发展史中最重要的里程碑是约瑟夫·阿斯普丁发明了波特兰水泥,从此,水泥逐渐代替了火山灰、石灰用于制造混凝土,但主要用于墙体、屋瓦、铺地、栏杆等部位。直到1875年,威廉·拉塞尔斯(Willian. Lascelles)采用改良后的钢筋强化的混凝土技术获得专利,混凝土才真正成为最重要的现代土木工程材料。1895~1900年间用混凝土成功地建造了第一批桥墩,至此,混凝土开始作为最主要的结构材料,影响和塑造现代建筑。

6.1.2 混凝土的分类

混凝土的种类很多,从不同的角度考虑,有以下几种分类方法:

1. 按表观密度或体积密度分类

(1) 重混凝土

其体积密度大于 2600kg/m^3，表观密度大于 2800kg/m^3，常用重混凝土的体积密度大于 3200kg/m^3。是用特别密实和特别重的集料制成的，常采用重晶石、铁矿石、钢屑等作集料和锶水泥、钡水泥共同配制防辐射混凝土，它们具有不透 X 射线和 γ 射线的性能，可作为核工程的屏蔽结构材料。

(2) 普通混凝土

其体积密度为 1950～2600kg/m^3 的混凝土，表观密度为 2300～2800kg/m^3 的混凝土，常用普通混凝土的体积密度为 2300～2500kg/m^3。是土木工程中最常用的混凝土，主要用作各种土木工程的承重结构材料。

(3) 轻混凝土

其体积密度 <1950kg/m^3，表观密度 <2300kg/m^3。它又分为三类：

① 轻集料混凝土，其体积密度为 800～1950kg/m^3。它是采用陶粒、页岩等轻质多孔集料配制而成的。

② 多孔混凝土（加气混凝土、泡沫混凝土），其体积密度为 300～1000kg/m^3。加气混凝土是由水泥、水与发气剂配制而成的。泡沫混凝土是水泥浆或水泥砂浆与稳定的泡沫配制而成的。

③ 大孔混凝土（轻集料大孔混凝土、普通大孔混凝土），其组成中无细集料。轻集料大孔混凝土的体积密度为 500～1500kg/m^3，是用碎砖、陶粒或煤渣作集料配制而成的。普通大孔混凝土的体积密度为 1500～1900kg/m^3，是用碎石、卵石或重矿渣作集料配制成的。轻混凝土具有保温隔热性能好、质量轻等优点，多用于保温材料或高层、大跨度建筑的结构材料。

2. 按所用胶凝材料分类

按照所用胶凝材料的种类，混凝土可以分为普通混凝土、石膏混凝土、水玻璃混凝土、沥青混凝土、聚合物普通混凝土、树脂混凝土等。

3. 按流动性分类

按照新拌混凝土流动性大小，可分为干硬性混凝土（坍落度 <10mm 且需用维勃稠度表示）、塑性混凝土（坍落度为 10～90mm）、流动性混凝土（坍落度为 100～150mm）及大流动性混凝土（坍落度≥160mm）。

4. 按用途分类

按照用途可分为结构混凝土、大体积混凝土、防水混凝土、耐热混凝土、膨胀混凝土、防辐射混凝土、道路混凝土等。

5. 按生产和施工方法分类

按照生产方式，混凝土可分为预拌混凝土和现场搅拌混凝土；按照施工方法可分为泵送混凝土、喷射混凝土、碾压混凝土、挤压混凝土、离心混凝土、压力灌浆混凝土等。

6. 按强度等级分类

(1) 低强度混凝土

抗压强度小于 20MPa，主要用于一些承受荷载较小的场合，如地面。

(2) 中强度混凝土

抗压强度为 20～60MPa，是现今土木工程中的主要混凝土类型，应用于各种工程中，如房屋、桥梁、路面等。

(3)高强度混凝土

抗压强度大于60MPa,主要用于大荷载、抗震及对混凝土性能要求较高的场合,如高层建筑、大型桥梁等。

(4)超高强混凝土

其抗压强度在100MPa以上,主要用于各种重要的大型工程,如高层建筑的桩基、军事防爆工程、大型桥梁等。

混凝土的品种虽然繁多,但在实践工程中还是以普通的普通混凝土应用最为广泛,如果没有特殊说明,狭义上我们通常称其为混凝土。

6.1.3　混凝土的性能特点和基本要求

1. 混凝土的性能特点

混凝土是土木工程材料中使用最为广泛的一种,必然有其独特之处。它的优点主要体现在以下几个方面:

(1)易塑性

现代混凝土可以具备很好的和易性,几乎可以随心所欲地通过设计和模板形成形态各异的建筑物及构件,可塑性强。

(2)经济性

同其他材料相比,混凝土价格较低,容易就地取材,结构建成后的维护费用也较低。

(3)安全性

硬化混凝土具有较高的力学强度,目前工程构件最高抗压强度可达135MPa,与钢筋有牢固的粘接力,使结构安全性得到充分保证。

(4)耐火性

混凝土一般而言可有1~2h的防火时效,比起钢铁来说,安全多了,不会像钢结构建筑物那样在高温下很快软化而造成坍塌。

(5)多用性

混凝土在土木工程中适用于多种结构形式,满足多种施工要求。可以根据不同要求配制不同的混凝土加以满足,所以我们称之为“万用之石”。

(6)耐久性

混凝土本来就是一种耐久性很好的材料,古罗马建筑经过几千年的风雨仍然屹立不倒,这本身就昭示着混凝土应该“历久弥坚”。

由于混凝土具有以上许多优点,因此它是一种主要的土木工程材料,广泛应用于工业与民用建筑、给水与排水工程、水利工程及地下工程、国防建设等,它在国家基本建设中占有重要地位。

当然它也有相应不容忽视的缺点,主要表现如下:

(1)抗拉强度低

是混凝土抗压强度的1/15~1/10,是钢筋抗拉强度的1/100左右。

(2)延展性不高

是一种脆性材料,变形能力差,只能承受少量的张力变形(约0.003),否则就会因无法承受而开裂;抗冲击能力差,在冲击荷载作用下容易产生脆断。在很多情况下,必须配制钢筋才能使用。

(3)自重大,比强度低

高层、大跨度建筑物要求材料在保证力学性质的前提下,以轻为宜。

(4)体积不稳定性

尤其是当水泥浆量过大时,这一缺陷表现得更加突出,随着温度、湿度、环境介质的变化,容易引发体积变化,产生裂纹等内部缺陷,直接影响建筑物的使用寿命。

(5)需要较长时间的养护,从而延长了施工进度

2. 混凝土的基本要求

混凝土在建筑工程中使用,必须满足以下五项基本要求或准则:

1)满足施工规定所需的和易性要求。

2)满足设计的强度要求。

3)满足与使用环境相适应的耐久性要求。

4)满足业主或施工单位渴望的经济性要求。

5)满足可持续发展所必需的生态性要求。

6.1.4　混凝土的组成及其应用

普通混凝土的基本组成材料是水泥、粗细集料和水。其中,水泥浆体占混凝土质量的25%～35%,砂石集料占约65%～75%。水泥浆在硬化前起润滑作用,使混凝土拌合物具有可塑性,在混凝土拌合物中,水泥浆填充砂子孔隙,包裹砂粒,形成砂浆,砂浆又填充石子孔隙,包裹石子颗粒,形成混凝土浆体;在混凝土硬化后,水泥浆则起胶结和填充作用。水泥浆多,混凝土拌合物流动性大,反之干稠;混凝土中水泥浆过多则混凝土水化温度升高,收缩大,抗侵蚀性不好,容易引起耐久性不良。粗细集料主要起骨架作用,传递应力,给混凝土带来很大的技术优点,它比水泥浆具有更高的体积稳定性和更好的耐久性,可以有效减少收缩裂缝的产生和发展,降低水化热。

现代混凝土中除了以上组分外,还多加入化学外加剂与矿物细粉掺合料。化学外加剂的品种很多,可以改善、调节混凝土的各种性能,而矿物细粉掺合料则可以有效提高新拌混凝土的工作性和硬化混凝土的耐久性,同时降低成本。

6.1.5　现代混凝土的发展方向

进入21世纪,混凝土研究和实践将主要围绕两个焦点展开:一是解决好混凝土耐久性问题;二是混凝土走上可持续发展的健康轨道,普通混凝土在过去的170多年中,几乎覆盖了所有的土木工程领域,可以说,没有混凝土就没有今天的世界。但是在应用过程中,传统普通混凝土的缺陷也越来越多地暴露出来,集中体现在耐久性方面。我们寄予厚望的胶凝材料——水泥在混凝土中的表现,远没有我们想象的那么完美。经过近10年来的研究,越来越多的学者认识到传统混凝土过分地依赖水泥是导致混凝土耐久性不良的首要因素。给水泥重新定位,合理地控制水泥浆用量势在必行。混凝土实现性能优化的主要技术途径如下:

1)降低水泥用量,由水泥、粉煤灰或磨细矿粉等共同组成合理的胶凝材料体系。

2)依靠减水剂实现混凝土的低水胶比。

3）使用引气剂减少混凝土内部的应力集中现象。

4）通过改变加工工艺，改善集料的粒形和级配。

5）减少单方混凝土用水量和水泥浆量。

由于多年来大规模的建设，优质资源的消耗量惊人，我国许多地区的优质集料趋于枯竭；水泥工业带来的能耗巨大，生产水泥放出的 CO_2 导致的“温室效应”日益明显，国家的资源和环境已经不堪重负，混凝土工业必须走可持续发展之路。可采取下列措施：

1）大量使用工业废弃资源，如用尾矿资源作集料、用粉煤灰和磨细矿粉替代水泥。

2）扶植再生混凝土产业，使越来越多的建筑垃圾作为集料循环使用。

3）不要一味追求高强度等级混凝土，应大力发展中、低强度等级耐久性好的混凝土。

6.2 普通混凝土的组成材料

在土木工程中，应用最广的是以水泥为胶凝材料，普通砂、石为集料，加入矿物掺合料，加水拌成拌合物，经凝结硬化而成的普通混凝土，又称普通混凝土。实际上，随着混凝土技术的发展，现在混凝土中经常加入外加剂和矿物掺合料以改善混凝土的性能。因此组成普通混凝土的基本材料主要有六种：水泥、细集料、粗集料、水、外加剂和矿物掺合料。

混凝土的技术性质是由原材料的性质、配合比、施工工艺（搅拌、成型、养护）等因素决定的。因此，了解原材料的性质、作用及其质量要求，合理选择和正确使用原材料，才能保证混凝土的质量。

6.2.1 水泥

水泥是普通混凝土的胶凝材料，其性能对混凝土的性质影响很大，在确定混凝土组成材料时，应正确选择水泥品种和水泥强度等级。

1. 水泥品种的选择

水泥品种应该根据混凝土工程特点、所处的环境条件和施工条件等进行选择。常用水泥品种的选择见表5-21。必要时也可以采用膨胀水泥、自应力水泥或其他水泥。所用水泥的性能必须符合现行国家有关标准的规定。在满足工程要求的前提下，应选用价格较低的水泥品种，以节约造价。

2. 水泥强度等级的选择

水泥强度等级应与混凝土的设计强度等级相适应。原则上配制高强度等级的混凝土应选用强度等级高的水泥；配制低强度等级的混凝土，选用强度等级低的水泥。通常，对于混凝土强度等级为 C30 及以下时，水泥强度等级为混凝土的设计强度等级的 1.5 ~ 2.5 倍；对于混凝土强度等级为 C30 ~ C50 时，水泥强度等级为混凝土的设计强度等级的 1.1 ~ 1.5 倍；对于混凝土强度等级为 C60 及以上时，水泥强度等级与混凝土的设计强度等级的比值小于 1，但一般不宜低于 0.70。表 6-1 是各水泥强度等级的水泥宜配制的混凝土。因为采用强度等级高的水泥配制低强度等级混凝土时，会使水泥用量偏少，影响和易性和耐久性，必须掺入一定数量的矿物掺合料。采用强度等级低的水泥配制高强度等级混凝土时，会使水泥用量过多，不经济，而且会影响混凝土的其他技术性质，如干缩等。

表 6-1　水泥强度等级可配制的混凝土强度等级

水泥强度等级	宜配制的混凝土强度等级	水泥强度等级	宜配制的混凝土强度等级
32.5	C15、C20、C25	52.5	C40、C45、C50、C60、≥C60
42.5	C30、C35、C40、C45	62.5	≥C60

6.2.2　细集料

普通混凝土所用的集料按粒径分为细集料和粗集料。集料在普通混凝土中所占的体积为 65% ~75%。由于集料不参与水泥复杂的水化反应，因此，过去通常将它视为一种惰性填充料。随着混凝土技术的不断深入研究和发展，混凝土材料与工程界越来越意识到集料对混凝土的许多重要性能，如和易性、强度、体积稳定性及耐久性等都会产生很大的影响。

粒径为 0.15 ~4.75mm（方孔筛）的集料为细集料，它包括天然砂和人工砂。天然砂是由自然风化、水流搬运和分选、堆积形成且粒径小于 4.75mm 的岩石颗粒，包括河砂、淡化海砂、湖砂、山砂，但不包括软质岩、风化岩石的颗粒。人工砂是经除土处理的机制砂和混合砂的统称。机制砂是经除土处理，由机械破碎、筛分制成且粒径小于 4.75mm 的岩石颗粒，但不包括软质岩、风化岩石的颗粒；混合砂是由机制砂和天然砂混合制成的砂。为了保证混凝土质量，国家标准《建设用砂（GB/T 14684—2011）按各项技术指标对混凝土用砂划分为Ⅰ、Ⅱ和Ⅲ类砂。

1. 砂中有害物质的含量、坚固性

为保证混凝土的质量，混凝土用砂不应混有草根、树叶、树枝、塑料品、煤块、炉渣等杂物。砂中常含有如云母、有机物、硫化物及硫酸盐、氯盐、黏土、淤泥等杂质。云母呈薄片状，表面光滑，容易沿解理面裂开，与水泥粘接不牢，会降低混凝土强度；黏土、淤泥多覆盖在砂的表面妨碍水泥与砂的粘接，降低混凝土的强度和耐久性。硫酸盐、硫化物将对硬化的水泥凝胶体产生腐蚀；有机物通常是植物的腐烂产物，妨碍、延缓水泥的正常水化，降低混凝土强度；氯盐引起混凝土中钢筋锈蚀，破坏钢筋与混凝土的粘接，使保护层混凝土开裂。

砂子的坚固性，是指砂在自然风化和其他外界物理化学因素作用下抵抗破裂的能力。通常天然砂以硫酸钠溶液干湿循环 5 次后的质量损失来表示；人工砂采用压碎指标法进行试验。机制砂的总压碎值指标应小于 30%。各指标应符合表 6-2 的国家标准《建设用砂》（GB/T 14684—2011）规定。

表 6-2　砂中有害物质含量和砂的坚固性指标（GB/T 14684—2011）

项　目	Ⅰ类	Ⅱ类	Ⅲ类
云母（按质量计）（%）	≤1.0	≤2.0	
轻物质（按质量计）（%）	≤1.0		
有机物	合格		
硫化物及硫酸盐（按 SO_3 质量计）（%）	≤5.0		
氯化物（以氯离子质量计）（%）	≤0.01	≤0.02	≤0.06
贝壳（按质量计）（%）	≤3.0	≤5.0	≤8.0
坚固性（5 次循环后的质量损失）（%）	≤8		≤10
单级最大压碎指标（%）	≤20	≤25	≤30

2. 含泥量、泥块含量和石粉含量

砂中的粒径小于75μm的尘屑、淤泥等颗粒的质量占砂子质量的百分率成为含泥量。砂中原粒径大于1.18mm，经水浸洗、手捏后小于600μm的颗粒含量称为泥块含量。砂中的泥土包裹在颗粒表面，阻碍水泥凝胶体与砂粒之间的粘接，降低界面强度，降低混凝土强度，并增加混凝土的干缩，易产生开裂，影响混凝土耐久性。石粉不是一般碎石生产企业所称的“石粉”、“石末”，而是在生产人工砂的过程中，在加工前经除土处理，加工后形成粒径小于75μm，其矿物组成和化学成分与母岩相同的物质，与天然砂中的黏土成分、在混凝土中所起的负面影响不同，它的掺入对完善混凝土细集料级配、提高混凝土密实性有很大的益处，进而起到提高混凝土综合性能的作用。许多用户和企业将人工砂中的石粉用水冲掉的做法是错误的。亚甲蓝试验MB值用于判定人工砂中粒径小于75μm颗粒含量主要是泥土还是与母岩化学成分相同的石粉的指标。天然砂的含泥量和泥块含量应符合表6-3的规定。人工砂的石粉含量则应符合表6-4的规定。

表6-3　天然砂的石粉含量和泥块含量

类　别	Ⅰ类	Ⅱ类	Ⅲ类
含泥量（按质量计）(%)	≤1.0	≤3.0	≤5.0
泥块含量（按质量计）(%)	0	≤1.0	≤2.0

表6-4　机制砂的石粉含量和泥块含量

类　别		Ⅰ类	Ⅱ类	Ⅲ类
MB 值≤1.40或快速法试验合格	*MB* 值	≤0.5	≤1.0	≤1.4或合格
	石粉含量（按质量计）(%)		≤10.0	
	泥块含量（按质量计）(%)	≤0	≤1.0	≤2.0
MB 值>1.40或快速法试验不合格	石粉含量（按质量计）(%)	≤1.0	≤3.0	≤5.0
	泥块含量（按质量计）(%)	0	≤1.0	≤2.0

3. 颗粒形状及表面特征

细集料的颗粒形状及表面特征会影响其与水泥的粘接及混凝土拌合物的流动性。山砂的颗粒大多具有棱角，表面粗糙，与水泥的粘接较好，用它拌制混凝土的强度较高，但拌合物的流动性较差；河砂、海砂其颗粒多呈圆形，表面光滑，与水泥的粘接较差，用于拌制的混凝土的强度较低，但拌合物的流动性较好。

4. 砂的粗细程度和颗粒级配

砂的粗细程度是指不同粒径的砂混合在一起后的总体平均粗细程度。通常有粗砂、中砂、细砂之分。国家标准《建设用砂》(GB/T 14684—2011)规定，砂的颗粒级配和粗细程度用筛分析的方法进行测定。用级配区表示砂的颗粒级配，用细度模数表示砂的粗细。砂的筛分析方法是用一套孔径为9.50mm、4.75mm、2.36mm、1.18mm及0.60mm、0.30mm、0.15mm的标准方孔筛，将质量为500g的干砂试样由粗到细依次过筛，然后称得余留在各个筛上的砂子质量(g)，计算分计筛余百分率小（即各号筛的筛余量与试样总量之比）、累计筛余百分率 a_i（即该号筛的筛余百分率加上该号筛以上各筛余百分率之和）。分计筛余与累计筛余的关系见表6-5。

表6-5　分计筛余与累计筛余的关系

筛孔尺寸(mm)	分计筛余量(g)	分计筛余(%)	累计筛余(%)
4.75	M_1	a_1	$A_1=a_1$
2.36	M_2	a_2	$A_2=a_1+a_2$
1.18	M_3	a_3	$A_3=a_1+a_2+a_3$
0.60	M_4	a_4	$A_4=a_1+a_2+a_3+a_4$
0.30	M_5	a_5	$A_5=a_1+a_2+a_3+a_4+a_5$
0.15	M_6	a_6	$A_6=a_1+a_2+a_3+a_4+a_5+a_6$
<0.15	M_7	—	—

根据下列公式计算砂的细度模数(M_x)：

$$M_x=\frac{(A_2+A_3+A_4+A_5+A_6)-5A_1}{100-A_1}$$

按照细度模数把砂分为粗砂、中砂、细砂。其中$M_x=3.7\sim3.1$为粗砂，$M_x=3.0\sim2.3$为中砂，$M_x=2.2\sim1.6$为细砂；$M_x=1.5\sim0.6$为特细砂。

颗粒级配是指不同粒径砂相互间搭配情况。良好的级配能使集料的空隙率和总表面积均较小，从而使所需的水泥浆量较少，并且能够提高混凝土的密实度，并进一步改善混凝土的其他性能。在混凝土中砂粒之间的空隙是由水泥浆所填充，为达到节约水泥的目的，就应尽量减少砂粒之间的空隙，因此就必须有大小不同的颗粒搭配。从图6-1可以看出，如果是单一粒径的砂堆积，空隙最大[图6-1(a)]；两种不同粒径的砂搭配起来，空隙就减少了[图6-1(b)]；如果三种不同粒径的砂搭配起来，空隙就更小了[图6-1(c)]。

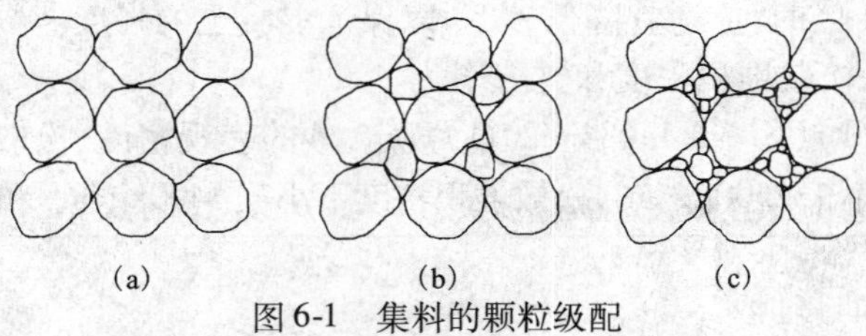

(a)　(b)　(c)

图6-1　集料的颗粒级配

颗粒级配常以级配区和级配曲线表示，国家标准根据0.60mm方孔筛的累计筛余量分成三个级配区，如表6-6及图6-2所示。

表6-6　砂的颗粒级配(GB/T 14684—2011)

砂的分类	天然砂			机制砂		
级配区	1区	2区	3区	1区	2区	3区
方筛孔	累计筛余(%)					
4.75mm	10~0	10~0	10~0	10~0	10~0	10~0
2.36mm	35~5	25~0	15~0	35~5	25~0	15~0
1.18mm	65~35	50~10	25~0	65~35	50~10	25~0
600μm	85~71	70~41	40~16	85~71	70~41	40~16
300μm	95~80	92~70	85~55	95~80	92~70	82~55
150μm	100~90	100~90	100~90	97~85	94~80	94~75

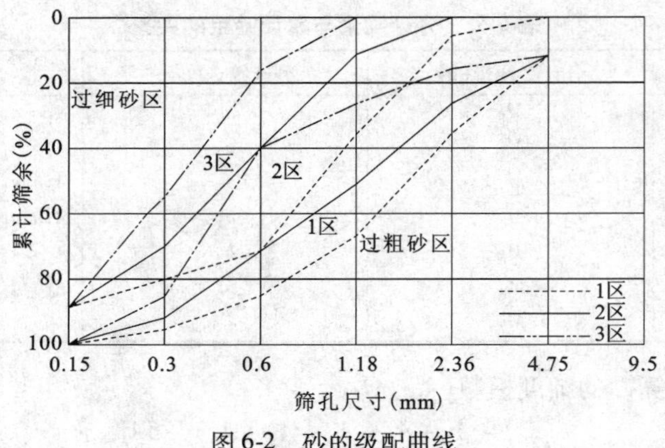

图 6-2　砂的级配曲线

判断砂的级配是否合格的方法如下：

1）各筛上的累计筛余率原则上应完全处于表 6-6 或图 6-2 所规定的任何一个级配区内。

2）允许有少量超出，但超出总量应小于 5%。

3）4.75mm 和 0.60mm 筛号上不允许有任何的超出。

筛分曲线超过 3 区往左上偏时，表示砂过细，拌制混凝土时需要的水泥浆量多，而且混凝土强度显著降低；超过 1 区往右下偏时，表示砂过粗，配制的混凝土，其拌合物的和易性不易控制，而且内摩擦大，不易振捣成型。一般认为，处于 2 区级配的砂，其粗细适中，级配较好，是配制混凝土最理想的级配区。当采用 1 区时，应提高砂率，并保持足够的水泥用量，以满足混凝土的和易性。当采用 3 区时，应适宜降低砂率，以保证混凝土的强度。

5. 砂的表观密度、松散堆积密度和空隙率

国家标准(建设用砂)(GB/T 14684—2011)规定，砂的表观密度、松散堆积密度和空隙率应满足：砂的表观密度不小于 2500kg/m^3，松散堆积密度不小于 1400kg/m^3 和空隙率不大于 44%。

6.2.3　粗集料

根据国家标准《建设用卵石、碎石》(GB/T 14685—2011)的规定，粒径在 4.75 ~ 90mm 的集料称为粗集料，混凝土常用的粗集料有碎石和卵石。卵石是由自然风化、水流搬运和分选、堆积形成的且粒径大于 4.75mm 的岩石颗粒；碎石是天然岩石或卵石经机械破碎、筛分制成的且粒径大于 4.75mm 的岩石颗粒。

为了保证混凝土质量，国家标准《建设用卵石、碎石》(GB/T 14685—2011)按各项技术指标对混凝土用粗集料划分为Ⅰ、Ⅱ、Ⅲ类集料。其中Ⅰ类适用于 C60 以上(含 C60)的混凝土；Ⅱ类适用于 C30 ~ C55 的混凝土；Ⅲ类适用于 C25 以下(含 C25)的混凝土，并且提出了具体的质量要求，主要有以下几个方面。

1. 有害杂质

粗集料中的有害杂质主要有黏土、淤泥及细屑，硫酸盐及硫化物，有机物质，蛋白石及其他含有活性氧化硅的岩石颗粒等。它们的危害作用与细集料相同。对各种有害杂质的含量都不应超出《建设用卵石、碎石》(GB/T 14685—2011)的规定。其技术要求及其有害物质含量见表 6-7。

表6-7　粗集料的有害物质含量及技术要求(GB/T 14685—2011)

类　别	Ⅰ类	Ⅱ类	Ⅲ类
有机物	合格		
硫化物及硫酸盐(按 SO_3 质量计)(%)	≤0.5	≤1.0	≤1.0
含泥量(按质量计)(%)	≤0.5	≤1.0	≤1.5
泥块含量(按质量计)(%)	≤0	≤0.2	≤0.5
针、片状颗粒总含量(按质量计)(%)	≤5	≤10	≤15

2. 颗粒形状与表面特征

卵石表面光滑少棱角,空隙率和表面积均较小,拌制混凝土时所需的胶凝材料用量较少,混凝土拌合物和易性较好。碎石表面粗糙,富有棱角,集料的空隙率和总表面积较大;与卵石混凝土比较,采用碎石的混凝土拌合物集料间的摩擦力较大,对混凝土的流动阻滞性较强,因此所需包裹集料表面和填充空隙的胶凝材料用量较多。如果要求流动性相同,用卵石时用水量可少一些,所配制混凝土的强度不一定低。

碎石或卵石的针状骨粒(即颗粒的长度大于该颗粒的平均粒径2.4倍)和片状颗粒(即颗粒的厚度小于该颗粒的平均粒径0.4倍)的含量应符合表6-7的要求。其含量不能过多,如过多既降低混凝土的泵送性能和强度,又影响其耐久性。

3. 最大粒径与颗粒级配

(1)最大粒径

粗集料中公称粒级的上限称为该粒级的最大粒径。当集料粒径增大时,其表面积随之减小,包裹集料表面的胶凝材料数量也相应减少,就可以减少胶凝材料用量。因此,最大粒径应在条件许可下,尽量选用得大一些。试验研究证明,在普通配合比的结构混凝土中,集料粒径大于37.5mm后,由于减少用水量获得的强度提高被较少的粘接面积及大粒径集料造成的不均匀性的不利影响所抵消,因此并没有什么好处。

对于道路混凝土,混凝土的抗折强度随最大粒径的增加而减小,因而碎石的最大粒径不宜大于31.5mm,碎卵石不宜大于26.5mm,卵石不宜大于19mm。而对于水工混凝土,为降低混凝土的温升,粗集料的最大粒径可达150mm。集料最大粒径还受结构形式和配筋疏密限制,石子粒径过大,对运输和搅拌都不方便,因此,要综合考虑集料最大粒径。根据《混凝土结构工程施工质量验收规范》[GB 50204—2002(2011年版)]的规定,混凝土用粗集料的最大粒径不得超过结构截面最小尺寸的1/4,同时不得超过钢筋间最小净距的3/4。对于混凝土实心板,最大粒径不要超过板厚1/3,而且不得超过40mm。

对于泵送混凝土,为防止混凝土泵送时管道堵塞,保证泵送顺利进行,粗集料的最大粒径与输送管的管径之比应符合表6-8要求。

表6-8　粗集料的最大粒径与输送管的管径之比

石子品种	泵送高度(m)	粗集料的最大粒径与输送管的管径之比
碎石	50	≤1∶3
	50~100	≤1∶4
	100	≤1∶5

续表

石子品种	泵送高度(m)	粗集料的最大粒径与输送管的管径之比
卵石	50	≤1: 2.5
	50~100	≤1: 3
	100	≤1: 4

(2)颗粒级配

粗集料的级配试验采用筛分法测定,其原理与砂基本相同,见表6-9。石子的级配按粒径尺寸分为连续粒级和单粒粒级。连续粒级是石子颗粒由小到大连续分级,每级石子占一定比例。用连续粒级配制的混凝土混合料和易性较好,不易发生离析现象,易于保证混凝土的质量,便于大型混凝土搅拌站使用,适合泵送混凝土。单粒粒级是人为地剔除集料中某些粒级颗粒,大集料空隙由小许多的小粒径颗粒填充,降低石子的空隙率,密实度增加,节约水泥,但是拌合物容易产生分层离析,施工困难,一般在工程中较少使用。如果混凝土拌合物为低流动性或干硬性的,同时采用机械强力振捣时,采用单粒级配是合适的。

表6-9 普通混凝土用的碎石或卵石的颗粒级配(GB/T 14685—2011)

公称粒级(mm)		累计筛余(%)											
		方筛孔(mm)											
		2.36	4.75	9.50	16.0	19.0	26.5	31.5	37.5	53.0	63.0	75.0	90.0
连续粒级	5~16	95~100	85~100	30~60	0~10	0	—	—	—	—	—	—	—
	5~20	95~100	90~100	40~80	—	0~10	0	—	—	—	—	—	—
	5~25	95~100	90~100	—	30~70	—	0~5	0	—	—	—	—	—
	5~31.5	95~100	90~100	70~90	—	15~45	—	0~5	0	—	—	—	—
	5~40	—	95~100	70~90	—	30~65	—	—	0~5	0	—	—	—
单粒粒级	5~10	95~100	80~100	0~15	0	—	—	—	—	—	—	—	—
	10~16	—	95~100	80~100	0~15	—	—	—	—	—	—	—	—
	10~20	—	95~100	85~100	—	0~15	—	—	—	—	—	—	—
	16~25	—	—	95~100	55~70	25~40	0~10	—	—	—	—	—	—
	16~31.5	—	95~100	—	85~100	—	—	0~10	0	—	—	—	—
	20~40	—	—	95~100	—	80~100	—	—	0~10	0	—	—	—
	40~80	—	—	—	—	95~100	—	—	70~100	—	30~6	0~10	0

路面混凝土对粗集料的级配要求高于其他混凝土,这主要是为了增强粗集料的骨架作用和在混凝土中的嵌锁力,减少混凝土的干缩,提高混凝土的耐磨性、抗渗性、抗冻性。路面混凝土对粗集料的级配应满足表6-10的要求。

表6-10　路面和桥面混凝土用的粗集料级配范围(JTG F30—2003)

级配情况	公称粒级(mm)	累计筛余(%) 方筛孔(mm)							
		2.36	4.75	9.50	16.0	19.0	26.5	31.5	37.5
连续粒级	5~16	95~100	85~100	40~60	0~10	0	—	—	—
	5~19	95~100	85~95	60~75	30~45	0~5	0	—	—
	5~26.5	95~100	90~100	70~90	50~70	25~40	0~5	0	—
	5~31.5	95~100	90~100	75~90	60~75	40~60	20~35	0~5	0
单粒粒级	5~10	95~100	80~100	0~15	0	—	—	—	—
	10~16	—	95~100	80~100	0~15	0	—	—	—
	10~19	—	95~100	85~100	40~60	0~15	0	—	—
	16~26.5	—	—	95~100	55~75	25~40	0~10	0	—
	16~31.5	—	—	95~100	85~100	55~70	25~40	0~10	0

4. 强度

强度可用岩石抗压强度和压碎指标表示。岩石抗压强度是将岩石制成50mm×50mm×50mm的立方体(或ϕ50mm×50mm圆柱体)试件,在吸水饱和状态下测定的抗压强度值。根据《建设用卵石、碎石》(GB/T 14685—2011)规定,岩石的抗压强度比所配制的混凝土抗压强度至少高20%。在一般情况下,火成岩抗压强度应不小于80MPa,变质岩应不小于60MPa,水成岩应不小于30MPa。压碎指标是将一定量风干后筛除大于19.0mm及小于9.50mm的颗粒,并去除针片状颗粒的石子后装入一定规格的圆筒内,在压力机上经3~5min均匀加荷载到200kN并稳定5s,卸荷后称取试样质量(G_1),再用孔径为2.36mm的筛筛除被压碎的细粒,称取出留在筛上的试样质量(G_2)。计算公式如下:

$$Q_e = \frac{G_1 - G_2}{G_1} \times 100\%$$

式中　Q_e——压碎指标值,%;

G_1——试样的质量,g;

G_2——压碎试验后筛余的试样质量,g。

压碎指标值越小,表明石子的强度越高。对不同强度等级的混凝土,所用石子的压碎指标应符合表6-11的规定。

表6-11　坚固性指标和压碎指标

类别	Ⅰ类	Ⅱ类	Ⅲ类
质量损失(%)	≤5	≤8	≤12
碎石压碎指标(%)	≤10	≤20	≤30
卵石压碎指标(%)	≤12	≤14	≤16

5. 坚固性

普通混凝土中,粗集料起骨架作用必须具有足够的坚固性和强度。坚固性是指卵石、碎石在自然风化和其他外界物理化学因素作用下抵抗破裂的能力。采用硫酸钠溶液法进行试验,卵石和碎石经5次循环后,其质量损失应符合表6-11的规定。

6. 碱活性

集料中若含有活性二氧化硅或含有活性碳酸盐,在一定条件下会与水泥的碱发生碱-集料反应(碱-硅酸反应或碱-碳酸反应),生成凝胶,吸水产生膨胀,导致混凝土开裂。若集料中含有活性二氧化硅时,采用化学法和砂浆棒法进行检验;若含有活性碳酸盐集料时,采用岩石柱法进行检验。根据《建设用卵石、碎石》(GB/T 14685—2011)规定,集料在规定的试验龄期膨胀率应小于0.10%。

7. 表观密度、连续级配松散堆积空隙率

根据《建设用卵石、碎石》(GB/T 14685—2011)规定,卵石、碎石的表观密度不小于2600kg/m^3;Ⅰ、Ⅱ和Ⅲ类卵石、碎石的连续松散堆积密度分别不大于43%、45%和47%。

8. 吸水率

根据《建设用卵石、碎石》(GB/T 14685—2011)规定,Ⅰ、Ⅱ和Ⅲ类卵石、碎石的吸水率分别不大于1.0%、2.0%和2.0%。

6.2.4 拌合与养护用水

饮用水、地下水、地表水、海水及经过处理达到要求的工业废水均可以用作混凝土拌合用水。混凝土拌合及养护用水的质量要求具体有:不得影响混凝土的和易性及凝结;不得有损于混凝土强度发展;不得降低混凝土的耐久性;不得加快钢筋腐蚀及导致预应力钢筋脆断;不得污染混凝土表面;各物质含量限量值应符合表6-12的要求。

表6-12　水中物质含量限量值(JGJ 63—2006)

项　目	预应力混凝土	钢筋混凝土	素混凝土
pH,≥	5.0	4.5	4.5
不溶物,≤(mg/L)	2000	2000	5000
可溶物,≤(mg/L)	2000	5000	10000
Cl^-,≤(mg/L)	500	1000	3500
SO_4^{2-},≤(mg/L)	600	2000	2700
碱含量,≤(mg/L)	1500	1500	1500

注:使用钢丝或经热处理钢筋的预应力混凝土Cl^-含量不得超过350mg/L;对于使用年限为100年的结构混凝土,Cl^-含量不得超过500mg/L。

当对水质有怀疑时,应将该水与蒸馏水或饮用水进行水泥凝结时间、砂浆或混凝土强度对比试验。测得的初凝时间差及终凝时间差均不得大于30min,其初凝时间和终凝时间还应符合国家标准《通用硅酸盐水泥》国家标准第1号修改单(GB 175—2007/XG1—2009)的规定。用该水制成的砂浆或混凝土28d抗压强度应不低于蒸馏水或饮用水制成的砂浆或混凝土抗压强度的90%。另外,海水中含有硫酸盐、镁盐和氯化物,对水泥石有侵蚀作用,也会造成钢筋锈蚀,因此不得用于拌制钢筋混凝土和预应力混凝土。

6.2.5 混凝土外加剂

混凝土外加剂是一种在混凝土搅拌之前或拌制过程中加入的、用于改善新拌混凝土或硬化混凝土性能的材料。它赋予新拌混凝土和硬化混凝土以优良的性能,如提高抗冻性、调节凝结时间和硬化时间、改善工作性、提高强度等，是生产各种高性能混凝土和特种混凝土必不可少的第五种组成材料。

1. 外加剂的分类

根据《混凝土外加剂定义、分类、命名与术语》（GB/T 8075—2005）的规定，混凝土外加剂按其主要功能分为四类：

1）改善混凝土拌合物流变性能的外加剂。包括各种减水剂和泵送剂等。

2）调节混凝土凝结时间、硬化性能的外加剂。包括缓凝剂、促凝剂和速凝剂等。

3）改善混凝土耐久性的外加剂。包括引气剂、防水剂和阻锈剂等。

4）改善混凝土其他性能的外加剂。包括加气剂、膨胀剂、防冻剂、着色剂、防水剂等。

2. 常用的混凝土外加剂

（1）减水剂

减水剂是一种在混凝土拌合料坍落度相同条件下能减少拌合水量的外加剂。

1）减水剂的分类。减水剂按其减水的程度分为普通减水剂和高效减水剂。减水率在5%~10%的减水剂为普通减水剂，减水率大于12%［《公路工程混凝土外加剂》（JT/T 523—2004）、《水工混凝土外加剂技术规范》（DL/T 5100—1999）等的规定大于15%］的减水剂为高效减水剂。减水剂按其主要化学成分分为：木质素系、多环芳香族磺酸盐系、水溶性树脂磺酸盐系、糖钙以及腐殖酸盐等。

① 普通减水剂。普通减水剂是一种在混凝土拌合料坍落度相同的条件下能减少拌合用水量的外加剂。普通减水剂分为早强型、标准型、缓凝型。在不复合其他外加剂时，减水剂本身有一定的缓凝作用。

A. 木质素磺酸盐系减水剂。木质素磺酸盐系减水剂根据其所带的阳离子不同，分为木质素磺酸钙（木钙，掺量一般为0.2%~0.3%）、木质素磺酸钠（木钠）、木质素磺酸镁（木镁）。木钙是由亚硫酸法生产纸浆的废液，用石灰中和后浓缩的溶液经干燥所得产品，是以苯丙基为主体结构的复杂高分子，相对分子质量2000~100000。木钠是由碱法造纸的废液经浓缩、加硫将其中的碱木素磺化后，用苛性钠和石灰中和，滤去沉淀的溶液干燥所得的干粉。

木质素磺酸盐系减水剂的减水效果和对混凝土性能的影响与很多因素有关：含固量、固体中木质素磺酸盐含量、相对分子质量、阳离子种类、木浆的树种、含糖量等。低相对分子质量的木钙引气量较大，高相对分子质量的木钙缓凝作用强。木质素磺酸钠的减水作用比木质素磺酸钙明显。

B. 腐殖酸盐减水剂。腐殖酸盐减水剂又称胡敏酸钠，原料是泥煤和褐煤。该类减水剂有较大的引气性，性能逊于木质素磺酸盐类减水剂。其掺量一般为0.2%~0.35%，减水率为6%~8%。

一般正常型和早强型减水剂除含减水组分外还加入一定量的促凝剂或早强剂，以抵消减水组分的缓凝作用。国外掺入的促凝或早强剂组分一般为氯化钙、甲酸钙、三乙醇胺等，其典型配方为氯化钙或甲酸钙0.3%加三乙醇胺0.01%（占水泥用量的百分数）。我国一般是加入Na_2SO_4。

② 高效减水剂。在混凝土坍落度基本相同的条件下，能大幅度减少拌合用水量的外加剂称为高效减水剂。高效减水剂是在20世纪60年代初开发出来的，由于性能较普通减水剂有

明显的提高,因而又称高效塑化剂或超塑化剂。

高效减水剂的掺量比普通减水剂大得多,大致为普通减水剂的3倍以上。理论上,如果把普通减水剂的掺量提高到高效减水剂同样的水平,减水率也能达到10%~15%,但普通减水剂都有缓凝作用,木钙还能引入大量的气泡,因此限制了普通减水剂的掺量,除非采取特殊措施,如木钙的脱糖和消泡。高效减水剂没有明显的缓凝和引气作用。

A. 多环芳香族磺酸盐系减水剂。这类减水剂通常是由工业萘或煤焦油的萘、蒽、甲基萘等馏分,经磺化、水解、缩合、中和、过滤、干燥而制成。由于其主要成分为萘的同系物的磺酸盐与甲醛的缩合物,故又称萘系减水剂。多环芳香族磺酸盐系减水剂的适宜掺量为水泥质量的0.5%~1.0%,减水率为10%~25%,混凝土的强度提高20%以上,混凝土的其他力学性能及抗渗性、耐久性等均得到改善,对钢筋的锈蚀作用较小。

B. 水溶性树脂系减水剂。水溶性树脂系减水剂是以一些水溶性树脂为主要原料的减水剂,如三氯氰胺树脂、古马隆树脂等。此类减水剂的掺量为水泥质量的0.5%~2.0%,其减水率为15%~30%,混凝土的强度提高20%~30%,混凝土的其他力学性能和抗渗性、抗冻性也得到提高,对混凝土的蒸养适应性也优于其他外加剂。

2)减水剂的作用机理。不掺减水剂的新拌混凝土之所以相比之下流动性不好,这主要是因为水泥-水体系中由于界面能高、不稳定,水泥颗粒通过絮凝来降低界面能,达到体系稳定,把许多水包裹在絮凝结构中,不能发挥作用。减水剂是一种表面活性剂。表面活性剂分子由亲水基团和憎水基团两个部分组成,可以降低表面能。当水泥浆体中加入减水剂后,减水剂分子中的憎水基团定向吸附于水泥质点表面,亲水基团指向水溶液,在水泥颗粒表面形成单分子或多分子吸附膜,起到如下的作用:

① 降低了水泥-水的界面能,因而降低了水泥颗粒的粘接能力,使之易于分散。

② 使水泥颗粒表面带上相同的电荷,表现出斥力,将水泥加水后形成的絮凝结构打开并释放出被絮凝结构包裹的水。

③ 减水剂的亲水基又吸附大量的极性水分子,增加了水泥颗粒表面溶剂化水膜的厚度,润滑作用增强,使水泥颗粒间易于滑动。

④ 表面活性剂降低了水的表面张力和水与水泥间的界面张力,水泥颗粒更易于润湿。

上述综合作用起到了在不增加用水量的情况下,通过混凝土拌合物流动性的作用;或在不影响混凝土拌合物流动性的情况下,起到减少作用,如图6-3所示。

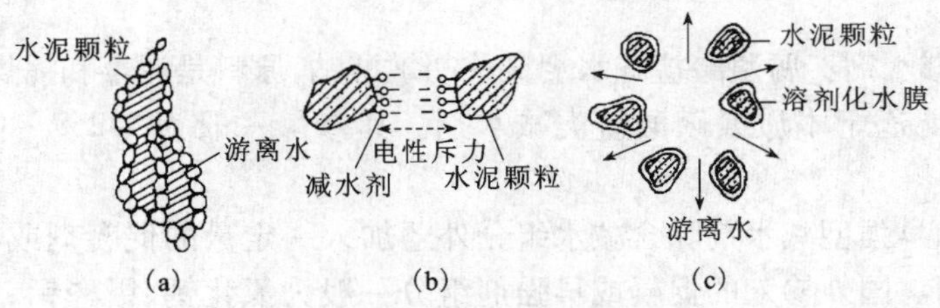

图6-3 减水剂作用机理

(a)形成絮凝结构;(b)加入减水剂后将水释放;(c)形成溶剂化水膜并润滑

3)减水剂的主要经济技术效果。根据不同使用条件,混凝土中掺入减水剂后,可获得以下效果：

① 在不减少单位用水量的情况下，改善新拌混凝土的和易性，提高流动性，如坍落度可增加50～150mm。

② 在保持一定和易性时，减少用水量8%～30%，提高混凝土的强度10%～40%。

③ 在保持一定强度情况下，减少单位水泥用量8%～30%，节约水泥10%～20%。

④ 减少混凝土拌合物的分层、离析和泌水。

⑤ 减缓水泥水化放热速度和减小混凝土的温升。

⑥ 改善混凝土的耐久性。

⑦ 可配制特殊混凝土或高强混凝土。

(2)早强剂

能促进凝结，加速混凝土早期强度并对后期强度无明显影响的外加剂，称为早强剂。早强剂的种类主要有无机物类(氯盐类、硫酸盐类、碳酸盐类等)、有机物类(有机胺类、羧酸盐类等)、矿物类(明矾石、氟铝酸钙、无水硫铝酸钙等)。

1)常用早强剂。

① 氯盐类早强剂。主要有氯化钙、氯化钠、氯化钾、氯化铵、氯化铁、氯化铝等，其中氯化钙早强效果好而成本低，应用最广。氯盐类早强剂均有良好的早强作用，它能加速普通混凝土的凝结和硬化。氯化钙的用量为水泥用量的1%～2%时，能使水泥的初凝时间和终凝时间缩短，1d的强度可提高70%～140%，3d的强度可提高40%～70%，24h的水化热增加30%，混凝土的其他性能如泌水性、抗渗性等均提高。

《混凝土外加剂应用技术规范》(GB 50119—2003)及《混凝土结构设计规范》(GB 50010—2010)规定，在混凝土中的最大氯离子含量为0.05%。

② 硫酸盐类早强剂。主要有硫酸钠、硫代硫酸钠、硫酸钙、硫酸铝、硫酸铝钾等。其中硫酸钠应用较多。一般掺量为水泥质量的0.5%～2.0%，硫酸钠对矿渣硅酸盐水泥混凝土的早强效果优于普通混凝土。

③ 其他早强剂。甲酸钙已被公认是较好的氯化钙替代物，但由于其价格较高，其用量还很少。

2)早强剂的作用机理。

① 氯盐类。氯化钙对普通混凝土的作用机理有两种论点：其一是氯化钙对水泥水化起催化作用，促使氢氧化钙浓度降低，因而加速了C_3S的水化；其二是氯化钙的Ca^{2+}吸附在水化硅酸钙表面，生成复合水化硅酸盐($C_3S \cdot CaCl_2 \cdot 12H_2O$)。同时，在石膏存在下与水泥石中$C_3A$作用生成水化氯铝酸盐($C_3A \cdot CaCl_2 \cdot 10H_2O$和$C_3A \cdot CaCl_2 \cdot 30H_2O$)。此外，氯化钙还增强水化硅酸钙缩聚过程。

② 硫酸盐类。以硫酸钠为例，在水泥硬化时，硫酸钠很快与氢氧化钙作用生成石膏和碱，新生成的细粒二水石膏比在水泥粉磨时加入的石膏更加迅速发生反应生成硫铝酸钙晶体。反应如下：

$$Na_2SO_4 + Ca(OH)_2 + 2H_2O \longrightarrow CaSO_4 \cdot 2H_2O + 2NaOH$$

$$3(CaSO_4 \cdot 2H_2O) + 3CaO \cdot Al_2O_3 + 25H_2O \longrightarrow 3CaO \cdot Al_2O_3 \cdot 3CaSO_4 \cdot 31H_2O$$

同时上述反应的发生也能加快C_3S的水化。

(3)缓凝剂

缓凝剂是一种能延缓水泥水化反应,从而延长混凝土的凝结时间,使新拌混凝土较长时间保持塑性,方便浇注,提高施工效率,同时对混凝土后期各项性能不会造成不良影响的外加剂。缓凝剂按其缓凝时间可分为普通缓凝剂和超缓凝剂;按化学成分可分为无机缓凝剂和有机缓凝剂。无机缓凝剂包括磷酸盐、锌盐、硫酸铁、硫酸铜、氟硅酸盐等;有机缓凝剂包括羟基羧酸及其盐、多元醇及其衍生物、糖类等。

1)常用的缓凝剂。

① 无机缓凝剂。

A. 磷酸盐、偏磷酸盐类缓凝剂是近年来研究较多的无机缓凝剂。三聚磷酸钠为白色粒状粉末,无毒,不燃,易溶于水,一般掺量为水泥质量的0.1% ~0.3%,能使混凝土的凝结时间延长50% ~100%。磷酸钠为无色透明或白色结晶体,水溶液呈碱性,一般掺量为水泥质量的0.1% ~1.0%,能使混凝土的凝结时间延长50% ~100%。

B. 硼砂为白色粉末状结晶物质,吸湿性强,易溶于水和甘油,其水溶液呈弱碱性,常用掺量为水泥质量的0.1% ~0.2%。

C. 氟硅酸钠为白色物质,有腐蚀性,常用掺量为水泥质量的0.1% ~0.2%。

D. 其他无机缓凝剂如氯化锌、碳酸锌以及锌、铁、铜、镉的硫酸盐也具有一定的缓凝作用,但是由于其缓凝作用不稳定,故不常使用。

② 有机缓凝剂。

A. 羟基羧酸、氨基羧酸及其盐。这一类缓凝剂的分子结构含有羟基(—OH)、羧基(—COOH)或氨基(—NH_2),常见的有柠檬酸、酒石酸、葡萄糖酸、水杨酸等及其盐。此类缓凝剂的缓凝效果较强,通常将凝结时间延长1倍,掺量一般在0.05% ~0.2%。

B. 多元醇及其衍生物。多元醇及其衍生物的缓凝作用较稳定,特别是在使用温度变化时仍有较好的稳定性。此类缓凝剂的掺量一般为水泥质量的0.05% ~0.2%。

C. 糖类。葡萄糖、蔗糖及其衍生物和糖蜜及其改性物,由于原料广泛,价格低廉,同时具有一定的缓凝功能,因此使用也较广泛,其掺量一般为水泥质量的0.1% ~0.3%。

2)缓凝剂的作用机理。一般来讲,多数有机缓凝剂有表面活性,它们在固-液界面上产生吸附,改变固体粒子的表面性质,或是通过其分子中亲水基团吸附大量的水分子形成较厚的水膜层,使晶体间的相互接触受到屏蔽,改变了结构形成过程;或是通过其分子中的某些官能团与游离的Ca^{2+}生成难溶性的钙盐吸附于矿物颗粒表面,从而抑制水泥的水化过程,起到缓凝效果。大多数无机缓凝剂与水泥水化产物生成复盐,沉淀于水泥矿物颗粒表面,抑制水泥的水化。缓凝剂的机理较复杂,通常是以上多种缓凝机理综合作用的结果。

缓凝剂的掺量一般很小,使用时应严格控制,过量掺入会使混凝土强度下降。

缓凝剂可用于商品混凝土、泵送混凝土、夏季高温施工混凝土、大体积混凝土,不宜用于气温低于5℃施工的混凝土、有早强要求的混凝土、蒸养混凝土。缓凝剂一般具有减水的作用。

(4)速凝剂

速凝剂是能使混凝土迅速硬化的外加剂。速凝剂的主要种类有无机盐类和有机盐类。我国常用的速凝剂是无机盐类。其适宜掺量2.5% ~4.0%。

1)常用速凝剂。

① 铝氧熟料加碳酸盐系速凝剂。其主要速凝成分是铝氧熟料、碳酸钠以及生石灰,这种速凝剂含碱量较高,混凝土的后期强度降低较大,但加入无水石膏可以在一定程度上降低碱度并提高后期强度。

② 铝酸盐系。它的主要成分是铝矾土、芒硝($Na_2SO_4 \cdot 10H_2O$),此类产品碱量低,且由于加入了氧化锌而提高了混凝土的后期强度,但却延缓了早期强度的发展。

③ 水玻璃系。以水玻璃为主要成分。这种速凝剂凝结、硬化很快,早期强度高,抗渗性好,而且可在低温下施工。缺点是收缩较大,这类产品用量低于前两类,由于其抗渗性能好,常用于止水堵漏。

2)速凝剂的作用机理。

① 铝氧熟料加碳酸盐型速凝剂作用机理如下:

$$Na_2CO_3 + CaSO_4 = CaCO_3 \downarrow + Na_2SO_4$$

$$NaAlO_2 + 2H_2O = Al(OH)_3 + NaOH$$

$$2NaAlO_2 + 3Ca(OH)_2 + 3CaSO_4 + 30H_2O = 3CaO \cdot Al_2O_3 \cdot 3CaSO_4 \cdot 32H_2O + 2NaOH$$

碳酸钠与水泥浆中石膏反应,生成不溶的$CaCO_3$沉淀,从而破坏了石膏的缓凝作用。铝酸钠在有$Ca(OH)_2$存在的条件下与石膏反应生成水化硫铝酸钙和氢氧化钠,由于石膏消耗而使水泥中的C_3A成分迅速分解进入水化反应,C_3A的水化又迅速生成钙矾石而加速了凝结硬化。另外,大量生成$NaOH$、$Al(OH)_3$、Na_2SO_4,这些都具有促凝、早强作用。

② 硫铝酸盐型速凝剂作用机理为:$Al_2(SO_4)_3$和石膏的迅速溶解使水化初期溶液中硫酸根离子浓度骤增,它与溶液中的Al_2O_3、$Ca(OH)_2$发生反应,迅速生成微细针柱状钙矾石和中间产物次生石膏,这些新晶体的增长和发展在水泥颗粒之间交叉生成网络状结构而呈现速凝。

③ 水玻璃型速凝剂作用机理为:水泥中的C_3S、C_2S等矿物在水化过程中生成$Ca(OH)_2$,而水玻璃溶液能与$Ca(OH)_2$发生强烈反应,生成硅酸钙和二氧化硅胶体。其反应如下:

$$Na_2O \cdot nSiO_2 + Ca(OH)_2 = (n-1)SiO_2 + CaSiO_3 + 2NaOH$$

反应中生成大量NaOH,将进一步促进水泥熟料矿物水化,从而使水泥迅速凝结硬化。

掺有速凝剂的混凝土早期强度明显提高,但后期强度均有所降低。速凝剂广泛应用于喷射混凝土、灌浆止水混凝土及抢修补强混凝土工程中,在矿山井巷、隧道涵洞、地下工程等用量很大。

(5)膨胀剂

膨胀剂是能使混凝土产生一定体积膨胀的外加剂。按化学成分可分为:硫铝酸盐系膨胀剂、石灰系膨胀剂、铁粉系膨胀剂、复合型膨胀剂。其掺量(内掺,等量取代水泥)为10%~14%(低掺量的高效膨胀剂掺量为8%~10%)。

1)常用膨胀剂。

① 硫铝酸盐系膨胀剂。此类膨胀剂包括硫铝酸钙膨胀剂(代号CSA)、U型膨胀剂(代号UEA)、铝酸钙膨胀剂(代号AEA)、复合型膨胀剂(代号CEA)、明矾石膨胀剂(代号EA-L)。其膨胀源为钙矾石。

② 石灰系膨胀剂。此类膨胀剂是指与水泥、水拌合后经水化反应生成氢氧化钙的混凝土膨胀剂,其膨胀源为氢氧化钙。该膨胀剂比CSA膨胀剂的膨胀速率快,且原料丰富,成本低

廉，膨胀稳定早，耐热性和对钢筋保护作用好。

③ 铁粉系膨胀剂。此类膨胀剂是利用机械加工产生的废料——铁屑作为主要原料，外加某些氧化剂、氯盐和减水剂混合制成。其膨胀源为 $Fe(OH)_2$。

④ 复合型膨胀剂。复合型膨胀剂是指膨胀剂与其他外加剂复合具有除膨胀性能外还兼有其他性能的复合外加剂。

2）膨胀剂的作用机理。上述各种膨胀剂的成分不同，其膨胀机理也各不相同。硫铝酸盐系膨胀剂加入普通混凝土后，自身组成中的无水硫铝酸钙或参与水泥矿物的水化或与水泥水化产物反应，形成高硫型硫铝酸钙（钙矾石），钙矾石相的生成使固相体积增加，而引起表观体积的膨胀。石灰系膨胀剂的膨胀作用主要由氧化钙晶体水化生成氢氧化钙晶体，引起体积增加所致。铁粉系膨胀剂则是由于铁粉中的金属铁与氧化剂发生氧化作用，形成氧化铁，并在水泥水化的碱性环境中还会生成胶状的氢氧化铁而产生膨胀效应。

掺硫铝酸钙膨胀剂的膨胀混凝土，不能用于长期处于环境温度为80℃以上的工程中。掺硫铝酸钙类或石灰类膨胀剂的混凝土，不宜使用氯盐类外加剂。掺铁屑膨胀剂的填充用膨胀砂浆，不能用于有杂散电流的工程和与铝镁材料接触的部位。

（6）引气剂

在混凝土搅拌过程中引入大量均匀分布、稳定而封闭的微小气泡，起到改善混凝土和易性，提高混凝土抗冻性和耐久性的外加剂，称为引气剂。引气剂按化学成分可分为松香类引气剂、合成阴离子表面活性类引气剂、木质素磺酸盐类引气剂、石油磺酸盐类引气剂、蛋白质盐类引气剂、脂肪酸和树脂及其盐类引气剂、合成非离子表面活性引气剂。它属于憎水性表面活性剂。

1）常用引气剂。我国应用较多的引气剂有松香类引气剂、木质素磺酸盐类引气剂等。松香类引气剂包括松香热聚物、松香酸钠及松香皂等。松香热聚物是将松香与苯酚、硫酸按一定比例投入反应釜，在一定温度和合适条件下反应生成，其适宜掺量为水泥质量的0.005%～0.02%，混凝土含气量为3%～5%，减水率约为8%。松香酸钠是松香加入煮沸的氢氧化钠溶液中经搅拌溶解，然后再在膏状松香酸钠中加入水，即可配成松香酸钠溶液引气剂。松香皂是由松香、无水碳酸钠和水三种物质按一定比例熬制而成，掺量约为水泥质量的0.02%。

2）引气剂的作用机理。引气剂属于表面活性剂，其界面活性作用基本上与减水剂相似，区别在于减水剂的界面活性作用主要在液-固界面上，而引气剂的界面活性主要发生在气-液界面上。

3）引气剂对混凝土质量的影响。

① 混凝土中掺入引气剂可改善混凝土拌合物的和易性，可以显著降低混凝土黏性，使它们的可塑性增强，减少单位用水量。通常每提高含气量1%，能减少单位用水量3%。

② 减少集料离析和泌水量，提高抗渗性。

③ 提高抗腐蚀性和耐久性。

④ 含气量每提高1%，抗压强度下降3%～5%，抗折强度下降2%～3%。

⑤ 引入空气会使干缩增大，但若同时减少用水量，对干缩的影响不会太大。

⑥ 使混凝土对钢筋的粘接强度有所降低，一般含气量为4%时，对垂直方向的钢筋粘接强度降低10%～15%，对水平方向的钢筋粘接强度稍有下降。

(7)防水剂

防水剂是一种能降低砂浆、混凝土在静水压力下透水性的外加剂。防水剂按化学成分可分为无机质防水剂(氯化钙、水玻璃系、氯化铁、锆化合物、硅质粉末系等)、有机质防水剂(反应型高分子物质、憎水性的表面活性剂、天然或合成的聚合物乳液以及水溶性树脂等)。

1)无机质防水剂。

① 氯化钙。它可以促进水泥水化反应,获得早期的防水效果,但后期抗渗性会降低。另外,氯化钙对钢筋有锈蚀作用,可以与阻锈剂复合使用,但不适用于海洋混凝土。

② 水玻璃系。硅酸钠与水泥水化反应生成的$Ca(OH)_2$反应生成不溶性硅酸钙,可以提高水泥石的密实性,但效果不太明显。

③ 氯化铁。氯化铁防水剂的掺量3%,在混凝土中与$Ca(OH)_2$反应生成氢氧化铁凝胶,使混凝土具有较高密实性和抗渗性,抗渗压力可达2.5~4.6MPa,适用于水下、深层防水工程或修补堵漏工程。

④ 氯化铝。它与水泥水化生成的$Ca(OH)_2$作用,生成活性很高的氢氧化铝,然后进一步反应生成水化氯铝酸盐,使凝胶体数量增加,同时水化氯铝酸盐有一定的膨胀性,因此提高水泥石的密实性和抗渗性。三氯化铝还具有很强的促凝作用,因此用它配制的水泥浆主要用于防水堵漏。

⑤ 锆化合物。锆的化合性很强,不以金属离子状态存在,能与电负性强的元素化合,因此锆容易与胺和乙二醇等物质化合。利用这种性质可用于纤维类的防水剂,作为混凝土防水剂也有市售品,锆与水泥中的钙结合生成不溶性物,具有憎水效果。

无机质防水剂都是通过水泥凝结硬化过程中与水发生化学反应,生成物填充在混凝土与砂浆的空隙中,提高混凝土的密实性,从而起到防水抗渗作用。

2)有机质防水剂。此类防水剂分为憎水性表面活性剂和天然或合成聚合物乳液水溶性树脂。

① 憎水性表面活性剂。金属皂类防水剂、环烷酸皂防水剂、有机硅憎水剂。这类防水剂是在建筑防水中占重要地位的一族,可以直接掺入混凝土和砂浆作防水剂,也可喷涂在表面作隔潮剂。

② 天然或合成聚合物乳液水溶性树脂。包括聚合物乳液、橡胶乳液、热固性树脂乳液、乳化沥青等。

3. 外加剂与水泥的适应性问题及改善措施

外加剂除了自身的良好性能外,在使用过程中还存在一个普遍且非常重要的问题,就是外加剂与水泥的适应性问题。外加剂与水泥的适应性不好,不但会降低外加剂的有效作用,增加外加剂的掺量从而增加混凝土成本,而且还可能使混凝土无法施工或引发工程事故。外加剂在检验时,试验时应使用《混凝土外加剂》(GB 8076—2008)标准规定的“基准水泥”,其组成和细度有严格的规定,而在实际工程使用中,由于选用水泥的组成与基准水泥不相同,外加剂在实际工程中的作用效果可能与使用基准水泥的检验结果有差异。

外加剂与水泥的适应性可描述为:按照《混凝土外加剂应用技术规范》(GB 50119—2003),将经检验符合有关标准要求的某种外加剂,掺入到按规定可以使用该外加剂且符合有关标准的水泥中,外加剂在所配制的混凝土中若能产生应有的作用效果,则称该外加剂与该水泥相适应；若外加剂作用效果明显低于使用基准水泥的检验结果，或者掺入水泥中出现异常现象，则称外加剂与该水泥适应性不良或不适应。通常的外加剂与水泥的适应性问题指的是减水剂与水泥的适应性。对于使用复合外加剂和矿物掺合料的混凝土或砂浆，除了外加剂与水泥存在着适应性问题以外，还存在着外加剂与矿物掺合料以及复合外加剂中各组分之间的适应性问题。

一般来说，影响外加剂与水泥适应性问题的因素包括三个因素：

1)水泥方面，如水泥的矿物组成、含碱量、混合材料种类、细度等。

2)化学外加剂方面，如减水剂分子结构、极性基团种类、非极性基团种类、平均相对分子质量及相对分子质量分布、聚合度、杂质含量等。

3)环境条件方面，如温度、距离等。

长期以来，混凝土工作者在提高减水剂与水泥的适应性，从而控制混凝土坍落度损失方面进行了大量持久的研究工作，提出了各种改善外加剂与水泥适应性，控制混凝土坍落度损失的方法。

1)新型高性能减水剂的开发应用。

2)外加剂的复合使用。

3)减水剂的掺入方法(先掺法、同掺法、后掺法)。

4)适当"增硫法"。

5)适当调整混凝土配合比方法。

总之，混凝土中应用外加剂时，需满足《混凝土外加剂应用技术规范》(GB 50119—2003)的规定。

6.2.6 混凝土矿物掺合料

矿物掺合料是指在混凝土拌合物中，为了节约水泥等胶凝材料的用量和改善混凝土性能而加入的具有一定细度的天然或人造的矿物粉体材料，也称为矿物外加剂，是混凝土的第六基本组成材料。常用的矿物掺合料有粉煤灰、硅灰、粒化高炉矿渣粉、沸石粉、燃烧煤矸石等。矿物掺合料的比表面积一般应大于350m^2/kg。比表面积一般应大于500m^2/kg的称为超细矿物掺合料。

1. 掺合料在混凝土中的作用

(1)改善新拌混凝土的和易性

混凝土提高流动性后，很容易使混凝土产生离析和泌水，掺入矿物细掺料后，混凝土具有很好的黏聚性。像粉煤灰等需水量小的掺合料还可以降低混凝土的水胶比，提高混凝土的耐久性。

(2)增大混凝土的后期强度

矿物细掺料中含有活性的SiO_2和Al_2O_3，与水泥中的石膏及水泥水化生成的$Ca(OH)_2$反应，生成C-S-H和C-A-H、水化硫铝酸钙。提高了混凝土的后期强度。但是值得提出的是，除硅灰外的矿物细掺料，混凝土的早期强度随掺量的增加而降低。

(3)降低混凝土温升

水泥水化产生热量，而混凝土又是热的不良导体，在大体积混凝土施工中，混凝土内部温度可达到50～70℃，比外部温度高，产生温度应力，混凝土内部体积膨胀，而外部混凝土随着气温降低而收缩。内部膨胀和外部收缩使得混凝土中产生很大的拉应力，导致混凝土产生裂缝。掺合料的加入，减少了水泥的用量，就进一步降低了水泥的水化热，降低混凝土温升。

(4)提高混凝土的耐久性

混凝土的耐久性与水泥水化产生的$Ca(OH)_2$密切相关，矿物细掺料和$Ca(OH)_2$发生化学反应，降低了混凝土中的$Ca(OH)_2$含量；同时减少混凝土中大的毛细孔，优化混凝土孔结构，降低混凝土气孔孔径，使混凝土结构更加致密，提高了混凝土的抗冻性、抗渗性、抗硫酸盐侵蚀等耐久性能。

(5)抑制碱-集料反应

试验证明，矿物掺合料掺量较大时，可以有效地抑制碱-集料反应。内掺30%的低钙粉煤灰能有数地抑制碱硅反应的有害膨胀，利用矿渣抑制碱集料反应，其掺量宜超过40%。

(6)不同矿物细掺料复合使用的“超叠效应”

不同矿物细掺料在混凝土中的作用有各自的特点。例如矿渣火山灰活性较高，有利于提高混凝土强度，但自干燥收缩大；掺优质粉煤灰的混凝土需水量小，且自干燥收缩和干燥收缩都很小，在低水胶比下可以保证较好的抗碳化性能。硅灰可以提高混凝土的早期和后期强度，但自干燥收缩大，且不利于降低混凝土温升。因此，复掺时，可充分发挥它们的各自优点，取长补短。例如可复掺粉煤灰和硅灰，用硅灰提高混凝土的早期强度，用优质粉煤灰降低混凝土需水量和自干燥收缩。

(7)降低成本

掺合料可以代替部分水泥，成本低廉，经济效益显著。

2. 常用的矿物掺合料

(1)粉煤灰

粉煤灰又称飞灰，是由燃烧煤粉的锅炉烟气中收集到的细粉末，其颗粒多呈球形，表面光滑，大部分由直径以μm计的实心和(或)中空玻璃微珠以及少量的莫来石、石英等结晶物质所组成。

① 粉煤灰质量要求和等级。根据国家标准《用于水泥和混凝土中的粉煤灰》(GB/T 1596—2005)的规定，粉煤灰分三个等级，其质量指标见表6-13。

表6-13　粉煤灰等级与质量指标(GB/T 1596—2005)

序号	指　标	级　别		
		Ⅰ	Ⅱ	Ⅲ
1	细度(45μm方孔筛筛余)(%)，≤	12	25	45
2	需水量比(%)，≤	95	105	115
3	烧失量(%)，≤	5	8	15
4	含水量(%)，≤	1	1	1
5	三氧化硫(%)，≤	3	3	3

注：表中需水量比是指掺30%粉煤灰的硅酸盐水泥与不掺粉煤灰的硅酸盐水泥，达到相同流动度(125～135mm)时所用的水量之比。

粉煤灰有高钙粉煤灰和低钙粉煤灰之分，由褐煤燃烧形成的粉煤灰，其氧化钙含量较高(一般大于10%)，呈褐黄色，称为高钙粉煤灰，它具有一定的水硬性；由烟煤和无烟煤燃烧形成的粉煤灰，其氧化钙含量很低(一般小于10%)，呈灰色或深灰色，称为低钙粉煤灰，一般具有火山灰活性。低钙粉煤灰来源比较广泛，是当前国内外用量最大、使用范围最广的混凝土掺合料。而高钙粉煤灰由于其游离氧化钙含量较高，可能造成混凝土开裂，使得使用受到限制。

② 粉煤灰掺合料在工程中的应用。国家标准《粉煤灰混凝土应用技术规范》(GBJ 146—1990)规定，粉煤灰用于混凝土工程，可根据等级，按下列规定应用：A. Ⅰ级粉煤灰适用于钢筋混凝土和跨度小于6m的预应力钢筋混凝土；B. Ⅱ级粉煤灰适用于钢筋混凝土和无筋混凝土；C. Ⅲ级粉煤灰主要用于无筋混凝土。对强度等级要求等于或大于C30的无筋粉煤灰混凝土，宜采用Ⅰ、Ⅱ级粉煤灰。

③ 用于预应力钢筋混凝土、钢筋混凝土及强度等级要求等于或大于C30的无筋混凝土的粉煤灰等级，如经试验论证，可采用比上述规定低一级的粉煤灰。

粉煤灰加入混凝土的方法有等量取代法、超量取代法和外加法。

A. 等量取代法是指以等质量粉煤灰取代混凝土中的水泥。可节约水泥并减少混凝土发热量，改善混凝土和易性，提高混凝土抗渗性，用于较高强度混凝土和大体积混凝土。

B. 超量取代法是指掺入的粉煤灰量超过取代的水泥量，超出的粉煤灰取代同体积的砂，其超量系数按规定选用，见表6-14。目的是保持混凝土28d强度及和易性不变。

表6-14　粉煤灰的超量系数(GBJ 146—1990)

粉煤灰等级	超量系数
Ⅰ	1.1～1.4
Ⅱ	1.3～1.7
Ⅲ	1.5～2.0

C. 外加法是指在保持混凝土中水泥用量不变的情况下，外掺一定数量的粉煤灰。其目的只是为了改善混凝土拌合物的和易性。

④ 粉煤灰在混凝土中的作用。

A. 活性行为和胶凝作用。粉煤灰的活性来源于它所含的玻璃体，它与水泥水化生成的$Ca(OH)_2$发生二次水化反应，生成C-S-H和C-A-H、水化硫铝酸钙，强化了混凝土界面过渡区，同时提高混凝土的后期强度。

B. 填充行为和致密作用。粉煤灰是高温煅烧的产物，其颗粒本身很小，且强度很高。粉煤灰颗粒分布于水泥浆体中水泥颗粒之间时，提高混凝土胶凝体系的密实性。

C. 需水行为和减水作用。由于粉煤灰的颗粒大多是球形的玻璃珠，优质粉煤灰由于其“滚珠轴承”的作用，可以改善混凝土拌合物的和易性，减少混凝土单位体积用水量，硬化后水泥浆体干缩小，提高混凝土的抗裂性。

D. 降低混凝土早期温升，抑制开裂。大掺量粉煤灰混凝土特别适合大体积混凝土。

E. 二次水化和较低的水泥熟料量使最终混凝土中的$Ca(OH)_2$大为减少，可以有效提高混凝土抵抗化学侵蚀的能力。

F. 当掺加量足够大时，可以明显抑制混凝土碱-集料反应的发生。

G. 降低氯离子渗透能力，提高混凝土的护筋性。

以上作用在水胶比低于0.42时，较突出。

(2)硅灰

硅灰又称硅粉或硅烟灰,是从生产硅铁合金或硅钢等所排放烟气中收集到的颗粒极细的烟尘,色呈浅灰到深灰。硅灰的颗粒是微细的玻璃球体,部分粒子凝聚成片或球状的粒子。其平均粒径为0.1~0.2μm,是水泥颗粒粒径的1/100~1/50,比表面积高达2.0×10^4~$2.5\times10^4 m^2/kg$。其主要成分是SiO_2(占90%以上),它的活性要比水泥高1~3倍。以10%硅灰等量取代水泥,混凝土强度可提高25%以上。由于硅灰具有高比表面积,因而其需水量很大,将其作为混凝土掺合料,必须配以减水剂,方可保证混凝土的和易性。硅粉混凝土的特点是特别早强和耐磨,很容易获得早强,而且耐磨性优良。硅粉使用时掺量较少,一般为胶凝材料总重的5%~10%,且不高于15%,使用时必须同时掺加减水剂,通常也可与其他矿物掺合料复合使用。在我国,因其产量低,目前价格很高,处于价格考虑,一般混凝土强度低于80MPa时,都不考虑掺加硅粉。掺用硅灰和高效减水剂可配制100MPa的高强混凝土。

(3)磨细粒化高炉矿渣粉

粒化高炉矿渣粉是指将粒化高炉矿渣经干燥、磨细达到相当细度且符合相应活性指数的粉状材料,细度大于$350m^2/kg$,一般为$400\sim600m^2/kg$,其掺量为10%~70%。其活性比粉煤灰高,根据《用于水泥和混凝土中的粒化高炉矿渣粉》(GB/T 18046—2008)规定,矿渣粉技术要求要符合表6-15的规定。

表6-15　矿渣粉技术要求(GB/T 18046—2008)

项　目		级　别		
		S105	S95	S75
密度(g/cm^3)		≥2.8		
比表面积(m^2/kg)		≥500	≥400	≥300
活性指数(%)	7d	≥95	≥75	≥55
	28d	≥105	≥95	≥75
流动度比(%)		≥95		
含水量(%)		≤1.0		
三氧化硫(%)		≤4.0		
氯离子(%)		≤0.06		
烧失量(%)		≤3.0		
玻璃体含量(%)		≥85		
放射性		合格		

粒化高炉矿渣在水淬时形成的大量玻璃体具有微弱的自身水硬性。用于高性能混凝土的矿渣粉磨至比表面积超过$400m^2/kg$,可以较充分地发挥其活性,减少泌水性。研究表明,矿渣磨得越细,其活性越高,掺入混凝土中后,早期产生的水化热越多,越不利于控制混凝土的温升,而且成本较高;当矿渣的比表面积超过$400m^2/kg$后,用于很低水胶比的混凝土中时,混凝土早期的自收缩随掺量的增加而增大;矿渣粉磨得越细,掺量越大,则低水胶比的高性能混凝土拌合物越黏稠。因此,磨细矿渣的比表面积不宜过细。用于大体积混凝土时,矿渣的比表面积不宜超过$420m^2/kg$;超过$420m^2/kg$的,宜用于水胶比不很低的非大体积混凝土,而且矿渣

颗粒多为棱形,会使混凝土拌合物的需水量随掺入矿渣微粉细度的提高而增加,同时生产成本也大幅度提高,综合经济技术效果并不好。

磨细矿渣粉和粉煤灰复合掺入时,矿渣粉弥补了粉煤灰的先天"缺钙"的不足,而粉煤灰又可以起到辅助减水作用,同时自干燥收缩和干燥收缩都很小,上述问题可以得到缓解,而且复掺可以改善颗粒级配和混凝土的孔结构及孔级配,进一步提高混凝土的耐久性,是未来商品混凝土发展的趋势。

(4)磨细沸石粉

沸石粉是天然的沸石岩磨细而成的,具有很大的内表面积。沸石岩是经天然煅烧后的火山灰质铝硅酸盐矿物,含有一定量活性 SiO_2 和 Al_2O_3,能与水泥水化析出的氢氧化钙作用,生成 C-S-H 和 C-A-H。其掺量为 10% ~20% 。

(5)超细微粒矿物质掺合料

超细微粒矿物质掺合料(又称超细粉掺合料),其比表面积一般应大于 $500m^2/kg$。将活性混合材料制成超细粉,超细化便具有新的特性和功能:表面能高、微观填充作用和化学活性增高。超细粉掺入混凝土中对混凝土有明显的流化和增强效应,并使结构致密化。采用超细粉的品种、细度与掺量的不同,其效果也不同。一般有以下几方面的效果:

① 改善混凝土的流变性。超细矿渣粉掺入后,可填充于水泥颗粒的间隙和絮凝结构中,占据了充分空间,原来絮凝结构中的水分被释放出来,使流动性增大。如果掺入超细沸石粉,除了有上述填充稀化效果外,由于其本身的多孔性及开放型,能吸入一部分的水,吸水性能带来的稠化作用占主要优势,会使流动性减小。无论何种超细粉均有表面能高的特点,自身或对水泥颗粒会产生吸附现象,在一定程度上形成凝聚结构,会使超细粉的填充稀化效应减小。但如将玻璃体的超细粉与高效减水剂共同掺用,这时超细粉可迅速吸附高效减水剂分子,从而降低其本身的表面能,使其不会对水泥颗粒产生吸附,起到分散作用,这样超细粉的微观填充稀化效应也得以正常发挥,混凝土的流动性显著增大。采用超细粉可配制大流动性且不离析的混凝土,如泵送混凝土等。

② 提高混凝土的强度。超细化一方面明显增加了混合掺量的化学反应活性,一方面由于微观填充作用产生的减少增密效应,对混凝土起到显著增强效果,后者正是超细粉与一般混合材料的不同之处。采用超细粉可配制高强与超高强混凝土。

③ 显著改善混凝土的耐久性。超细粉能显著改善硬化混凝土的微观结构、使 $Ca(OH)_2$ 显著减小、C-S-H 增多,结构变得致密。从而显著提高混凝土的抗渗、抗冻等耐久性能,而且还能抑制碱-集料反应。

利用超细粉作混凝土掺合料是当今混凝土技术发展的趋势之一。

6.3 普通混凝土主要技术性能

混凝土在未凝结硬化之前,称为混凝土拌合物。它必须具有良好的和易性,这样才便于施工,以保证能获得均匀密实的浇注质量,但仅保证混凝土正确地浇注还不够,还需混凝土浇筑后凝结前 6 ~10h 内,以及硬化最初几天里的特性与处理对其长期强度有显著影响,以保证建筑物能安全地承受设计荷载,并应具有必要的耐久性。

6.3.1　新拌混凝土性能

新拌混凝土性能主要包括混凝土拌合物的和易性和混凝土拌合物的凝结时间等性能。

1. 和易性的概念

和易性(又称工作性)是混凝土在凝结硬化前必须具备的性能,是指混凝土拌合物易于施工操作(拌合、运输、浇灌、捣实)并获得质量均匀、成型密实的混凝土性能。和易性是一项综合的技术性质,包括流动性、黏聚性和保水性等三个方面的含义。

1)流动性是指混凝土拌合物在本身自重或施工机械振捣的作用下,克服内部阻力和与模板、钢筋之间的阻力,产生流动,并均匀密实地填满模板的能力。

2)黏聚性是指混凝土拌合物具有一定的黏聚力,在施工、运输及浇注过程中,不至于出现分层离析,使混凝土保持整体均匀性的能力。如黏聚性差,则施工中易发生分层(即混凝土拌合物各组分出现层状分离现象)、离析(即混凝土拌合物内某些组分分离、析出现象)等情况,致使混凝土硬化产生"蜂窝"、"麻面"等缺陷,影响混凝土强度和耐久性。

3)保水性是指混凝土拌合物具有一定的保水能力,在施工中不致产生严重的泌水现象。水分泌出会形成连通孔隙,影响混凝土的密实性;泌出的水还会聚集在混凝土的表面,引起表面疏松;泌出的水积集在集料或钢筋的下表面会形成孔隙,从而降低了集料或钢筋与水泥石的粘接力,影响混凝土的质量。

混凝土拌合物的流动性、黏聚性和保水性三者之间既互相联系,又互相矛盾。如黏聚性好则保水性一般也较好,但流动性可能较差;当增大流动性时,黏聚性和保水性往往变差。因此,拌合物的和易性是三个方面性能在一定工程条件下的统一,直接影响混凝土施工的难易程度,同时对硬化后混凝土的强度、耐久性、外观完好性及内部结构都具有重要影响,是混凝土的重要性能之一。

2. 和易性测定方法及评定

到目前为止,混凝土拌合物的和易性还没有一个综合的定量指标来衡量。通常采用坍落度或维勃稠度来定量地测量流动性,黏聚性和保水性主要通过目测观察来判定。

(1)坍落度测定

目前世界各国普遍采用的是坍落度方法,它适用于测定最大集料粒径不大于40mm、坍落度不小于10mm的混凝土拌合物的流动性。测定的具体方法为:将标准圆锥坍落度筒(无底)放在水平的、不吸水的刚性底板上并固定,混凝土拌合物按规定方法装入其中,装满刮平后,垂直向上将筒提起,移到一旁,筒内拌合物失去水平方向约束后,由于自重将会产生坍落现象。然后量出向下坍落的尺寸(mm)就叫作坍落度,作为流动性指标,如图6-4所示。坍落度越大表示混凝土拌合物的流动性越大。

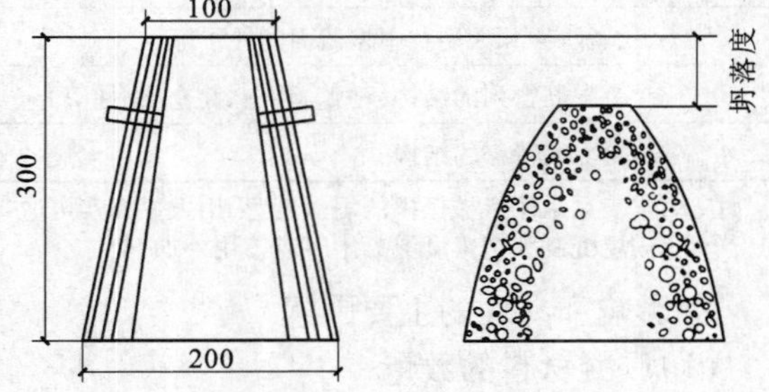

图6-4　混凝土拌合物坍落度的测定

根据坍落度的不同,可将混凝土拌合物

分为4级,见表6-16。坍落度试验只适用于粗集料的最大粒径不大于40mm,坍落度不小于10mm的混凝土拌合物。

表6-16　混凝土按坍落度的分级

级别	名　称	坍落度(mm)	级别	名　称	坍落度(mm)
T_1	干硬性混凝土	<10	T_3	流动性混凝土	100~150
T_2	塑性混凝土	10~90	T_4	大流动性混凝土	≥160

(2)维勃稠度测定

坍落度值小于10mm的混凝土叫做干硬性混凝土,通常采用维勃稠度仪测定其稠度(维勃稠度)。测定的具体方法为:在筒内按坍落度实验方法装料,提起坍落度筒,在拌合物试体顶面放一透明盘,启动振动台,测量从开始振动至混凝土拌合物与压板全面接触时的时间即为维勃稠度值(单位:s)。

根据维勃稠度的不同,混凝土拌合物也分为4级,见表6-17。

表6-17　混凝土按维勃稠度的分级

级别	名　称	维勃稠度(s)	级别	名　称	维勃稠度(s)
V_0	超干硬性混凝土	≥31	V_2	干硬性混凝土	20~11
V_1	特干硬性混凝土	30~21	V_3	半干硬性混凝土	10~5

该方法适用于集料最大粒径不超过40mm,维勃稠度在5~30s之间的混凝土拌合物的稠度测定。

3. 坍落度的选择

混凝土拌合物坍落度指标的选择,应根据结构条件及施工条件来确定,见表6-18。如考虑结构尺寸大小、钢筋的疏密、运输方法及捣实工具等因素。一般在便于施工操作和振捣密实的条件下,应尽可能采用较小的坍落度,以节约水泥并获得质量较高的混凝土。

表6-18　混凝土浇注时的坍落度

项目	结构种类	坍落度(cm)
1	基础和地面等的垫层、无配筋的厚大结构(挡土墙、基础或厚大的块体等)或配筋稀疏的结构	1~3
2	板、梁和大型及中型截面的柱子等	3~5
3	配筋密列的结构(薄壁、斗仓、筒仓、细柱等)	5~7
4	配筋特密的结构	7~9

注:1. 本表系采用机械振捣的坍落度,采用人工掏实可适当增大。
2. 需要配制大坍落度混凝土时应掺用外加剂。

4. 影响和易性的主要因素

(1)胶凝材料的数量

胶凝材料与水拌合而成的浆体,具有流动性和可塑性,它是普通混凝土拌合物和易性主要影响因素。混凝土拌合物中,除必须有足够的胶凝材料填充集料空隙外,还需要有一定数量的胶凝材料包裹在集料的表面,形成润滑层,以减小集料颗粒间的摩擦力,使混凝土具有一定的流动性。在水胶比不变的条件下,增加混凝土单位体积中的胶凝材料用量,则集料用量相对减少,增大了集料之间的润滑作用,从而使混凝土拌合物的流动性有所提高。

实际上,胶凝材料的数量对混凝土拌合物的影响,可以用单位用水量来反映,当水胶比变化在一定范围(W/B 在0.40~0.80)内以及其他体积不变时,在单位用水量与普通混凝土拌合物的流动性之间,可以建立直接的数量关系。也就是在一定条件下,要使混凝土拌合物获得一定的坍落度,所需要的单位用水量基本上是一个定值,见表6-19、表6-20。

表6-19　干硬性混凝土的用水量

拌合物稠度		干硬性混凝土的用水量(kg/m³)					
		卵石公称最大粒径			碎石公称最大粒径		
项　目	指标	10.0mm	20.0mm	40.0mm	16.0mm	20.0mm	40.0mm
维勃稠度(s)	16~20	175	160	145	180	170	155
	11~15	180	165	150	185	175	160
	5~10	185	170	155	190	180	165

表6-20　塑性混凝土的用水量

拌合物稠度		塑性混凝土的用水量(kg/m³)							
		卵石公称最大粒径				碎石公称最大粒径			
项　目	指标	10.0mm	20.0mm	31.5mm	40.0mm	16.0mm	20.0mm	31.5mm	40.0mm
坍落度(mm)	10~30	190	170	160	150	200	185	175	165
	35~50	200	180	170	160	210	195	185	175
	55~70	210	190	180	172	220	205	195	185
	75~90	215	195	185	175	230	215	205	195

注:本表用水量是采用中砂时的平均值。采用细砂时,每立方米混凝土用水量可增加5~10kg。采用粗砂时,则可减少5~10kg。

胶凝材料用量不宜过多或过少,胶凝材料过多会产生流浆及泌水现象;胶凝材料过少,则会产生崩塌现象,使黏聚性变差。

(2)水胶比

水胶比较小时,水泥浆较稠,混凝土拌合物的流动性也较小,当水胶比小到某一极限值以下,会造成混凝土无法施工。反之,水胶比过大,产生严重的离析和泌水现象。因此水胶比不宜过大也不宜过小,一般应根据混凝土的强度与耐久性要求合理选用。但是在常用水胶比范围(0.40~0.75)内,水胶比的变化对混凝土拌合物流动性影响不显著。

(3)砂率

砂率是指混凝土拌合物砂用量与砂石总量比值的百分率。在混凝土拌合物中,是砂子填充石子(粗集料)的空隙,而胶凝材料则填充砂子的空隙,同时有一定富余量去包裹集料的表面,润滑集料,使拌合物具有流动性和易密实的性能。但砂率过大,细集料含量相对增多,集料的总表面积明显增大,包裹砂子颗粒表面的胶凝材料数量显得不足,砂粒之间的内摩阻力增大成为降低混凝土拌合物流动性的主要因素。这时,随着砂率的增大,流动性将降低。所以,在用水量及胶凝材料用量一定的条件下,存在着一个合理砂率值,使混凝土拌合物获得最大的流动性,且保持黏聚性及保水性良好,如图6-5所示。

在保持流动性一定的条件下，砂率还影响混凝土中胶凝材料的用量，如图6-6所示。当砂率过小时，必须增大胶凝材料用量，以保证有足够的砂浆量来包裹和润滑粗集料；当砂率过大时，也要加大胶凝材料用量，以保证有足够的胶凝材料包裹和润滑细集料。在合理砂率时，水泥用量最少。

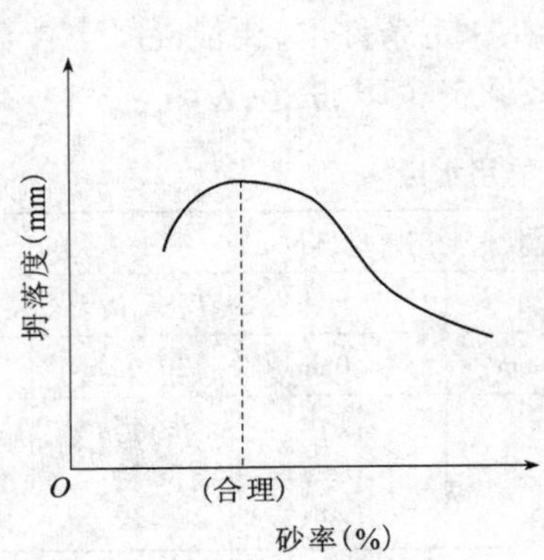

图6-5　含砂率与坍落度的关系
（水与水泥用量一定）

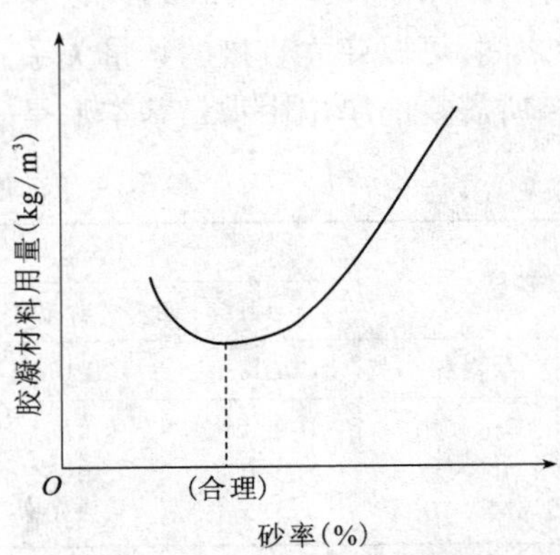

图6-6　含砂率与水泥用量的关系
（达到相同坍落度）

合理砂率一般是通过试验确定的，也可以根据以砂填充石子空隙并稍有富余，能拨开石子的原则来确定。根据此原则，可列出砂率计算公式如下：

$$\beta_s = \beta \frac{m_{so}}{m_{so} + m_{go}} = \beta \frac{\rho'_{so} V'_{so}}{\rho'_{so} V'_{so} + \rho'_{go} V'_{go}}$$

$$\beta \frac{\rho'_{so} V'_{go} P'}{\rho'_{so} V'_{go} P' + \rho'_{go} V'_{go}} = \beta \frac{\rho'_{so} P'}{\rho'_{so} P' + \rho'_{go}}$$

式中　β_s——砂率，%；

m_{so}，m_{go}——每立方米混凝土中砂及石子用量，kg；

V'_{so}，V'_{go}——每立方米混凝土中砂及石子松散体积，其中 $V'_{so} = V'_{go} P'$，m³；

ρ'_{so}，ρ'_{go}——砂和石子堆积密度，kg/m³；

P'——石子空隙率，%；

β——砂浆剩余系数（一般取1.1～1.4）。

另外，合理砂率在不具备试验条件又无使用经验时，可参照《普通混凝土配合比设计规程》（JGJ 55—2011）提供的混凝土砂率选用表，见表6-21。

表6-21　混凝土的砂率

水胶比 W/B	混凝土的砂率（%）					
	卵石最大公称粒径			碎石最大公称粒径		
	10.0mm	20.0mm	40.0mm	16.0mm	20.0mm	40.0mm
0.40	26～32	25～31	24～30	30～35	29～34	27～32
0.50	30～35	29～34	28～33	33～38	32～37	30～35
0.60	33～38	32～37	31～36	36～41	35～40	33～38
0.70	36～41	35～40	34～39	39～44	38～43	36～41

注：1. 本表数值是中砂的选用砂率，对细砂或粗砂，可相应地减小或增大砂率。
2. 只用一个单粒级粗集料配制混凝土时，砂率应适当增大。
3. 采用人工砂配制混凝土时，砂率可适当增加。

(4)胶凝材料品种与外加剂

如与普通硅酸盐水泥相比,采用矿渣硅酸盐水泥、火山灰质硅酸盐水泥的混凝土拌合物流动性较小。但是矿渣硅酸盐水泥的保水性差,尤其气温低时泌水较大。

在拌制混凝土拌合物时加入适量外加剂,如减水剂、引气剂等,使混凝土在较低水胶比、较小用水量的条件下仍能获得很高的流动性。

(5)集料物理性质

碎石比河卵石粗糙、棱角多,内摩擦阻力大,因而在胶凝材料用量和水胶比相同的条件下,流动性与压实性要差一些;石子最大粒径较大时,需要包裹的胶凝材料少,流动性要好一些,但稳定性较差,即容易离析;细砂的表面积大,拌制同样流动性的混凝土拌合物需要较多胶凝材料。所以,应采用最大粒径稍小、棱角少、片针状颗粒少、级配好的粗集料。细度模数偏大的中粗砂,砂率也稍高,胶凝材料用量较多的拌合物,其和易性的综合指标较好,这也是现代混凝土技术改变了以往尽量增大粗集料最大粒径与减小砂率,配制高强混凝土拌合物的原因。

(6)时间和温度

搅拌后的混凝土拌合物,随着时间的延长而逐渐变得干稠,坍落度降低,流动性下降,这种现象称为坍落度损失,从而使和易性变差。其原因是一部分水已与胶凝材料硬化,一部分被胶凝材料、集料吸收,一部分水蒸发,以及混凝土凝聚结构的逐渐形成,致使混凝土拌合物的流动性变差。

混凝土拌合物的和易性也受温度的影响,因为环境温度升高,水分蒸发及水化反应加快,相应使流动性降低。因此,施工中为保证一定的和易性,必须注意环境温度的变化,采取相应的措施。

5. 和易性的调整与改善

针对以上影响混凝土和易性的因素,在实际施工中,可以采取如下措施来改善混凝土的和易性。

1)当混凝土拌合物流动性小于设计要求时,为了保证混凝土的强度和耐久性,不能单独加水,必须保持水胶比不变,增加胶凝材料用量。

2)当混凝土拌合物流动性大于设计要求时,可在保持砂率不变的前提下,增加砂石用量。实际上是减少胶凝材料数量,选择合理的浆骨比。

3)改善集料级配,既可增加混凝土拌合物流动性,也能改善拌合物黏聚性和保水性。

4)掺加化学外加剂与活性矿物掺合料,改善、调整拌合物的和易性,以满足施工要求。

5)尽可能选用最优砂率,当黏聚性不足时可适当增大砂率。

6. 新拌混凝土的凝结时间

凝结是混凝土拌合物固化的开始,胶凝材料的水化反应是混凝土产生凝结的主要原因,但混凝土的凝结时间与配制混凝土所用胶凝材料的凝结时间不一致,因为胶凝材料的凝结和硬化过程要受到水化产物在空间填充程度的影响。因此,水胶比的大小会明显影响混凝土凝结时间,水胶比越大,凝结时间越长。一般配制混凝土所用的水胶比与测定水泥凝结时间规定的水胶比是不同的,所以这两者的凝结时间是不同的。而且混凝土的凝结时间,还会受到其他各种因素的影响,如环境温度的变化、混凝土中掺入的外加剂等。

混凝土拌合物的凝结时间通常是用贯入阻力法进行测定的。所使用的仪器为贯入阻力仪。先用5mm筛孔的筛从拌合物中筛取砂浆,按一定方法装入规定的容器中,然后每隔一定时间测定砂浆贯入到一定深度时的贯入阻力，绘制贯入阻力与时间关系的曲线，以贯入阻力3.5MPa及28.0MPa划两条平行于时间坐标的直线，直线与曲线交点的时间即分别为混凝土的初凝时间和终凝时间。这是从实用角度人为确定用该初凝时间表示施工时间的极限，终凝时间表示混凝土力学强度的开始发展。通常情况下混凝土的凝结时间为6～10h，但水泥组成、环境温度、外加剂等都会对混凝土凝结时间产生影响。当混凝土拌合物在10℃下养护时，其初凝时间和终凝时间要比23℃时分别延缓4h和7h。

6.3.2 混凝土硬化后的力学性能

混凝土硬化后的力学性能主要包括抗压强度、抗拉强度和抗折强度等。

1. 混凝土的受压破坏机理

硬化后的混凝土在未受外力作用之前，由于胶凝材料水化造成的物理收缩和化学收缩引起砂浆体积的变化，或者因泌水在集料下部形成水囊，而导致集料界面可能出现界面裂缝，在施加外力时，微裂缝处出现应力集中，随着外力的增大，裂缝就会延伸和扩展，最后导致混凝土破坏。混凝土的受压破坏实际上是裂缝的失稳扩展到贯通的过程。混凝土裂缝的扩展可分为如图6-7所示的四个阶段，每个阶段的裂缝状态示意图如图6-8所示。

当荷载到达“比例极限”（约为极限荷载的30%）以前，界面裂缝无明显变化（图6-7第Ⅰ阶段，图6-8Ⅰ）。此时，荷载与变形接近直线关系（图6-7曲线的*OA*段）；荷载超过“比例极限”以后，界面裂缝的数量、长度、宽度都不断扩大，界面借摩擦阻力继续承担荷载，但尚无明显的砂浆裂缝（图6-8Ⅱ）。此时，变形增大的速度超过荷载的增大速度，荷载与变形之间不再接近直线关系（图6-7曲线的*AB*段）。荷载超过“临界荷载”（为极限荷载的70%～90%）以后，在界面裂缝继续发展的同时，开始出现砂浆裂缝，并将临近的界面裂缝连接起来成为连续裂缝（图6-8Ⅲ）。此时，变形增大的速度进一步加快，荷载-变形曲线明显地弯向变形轴方向（图6-7曲线*BC*段）。超过极限荷载后，连续裂缝急速地扩展（图6-8Ⅳ）。此时，混凝土的承载力下降，荷载减小而变形迅速增大，以致完全破坏，荷载-变形曲线逐渐下降而最后结束（图6-7曲线*CD*段）。因此，混凝土的受力破坏过程实际上是混凝土裂缝的发生和发展过程，也是混凝土内部结构由连续到不连续的演变过程。

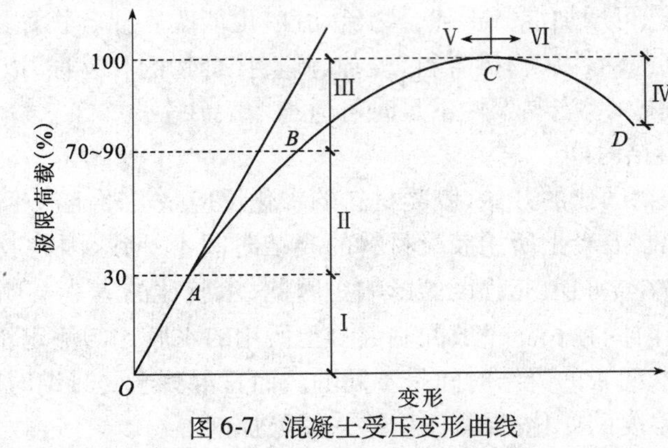

图6-7 混凝土受压变形曲线

Ⅰ—界面裂缝无明显变化；Ⅱ—界面裂缝增长；Ⅲ—出现砂浆裂缝和连续裂缝；
Ⅳ—连续裂缝迅速发展；Ⅴ—裂缝缓慢发展；Ⅵ—裂缝迅速增长

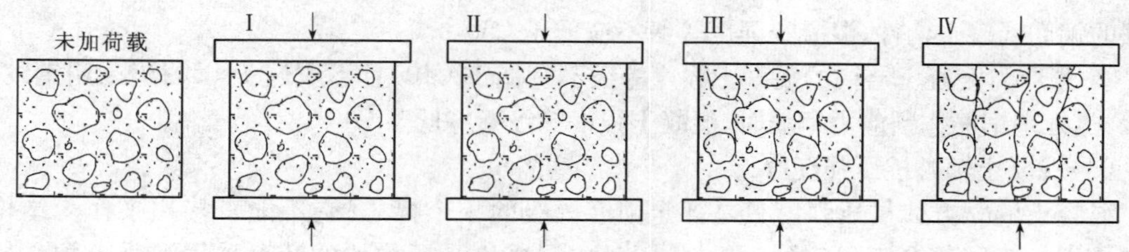

图6-8　不同受力阶段裂缝示意图

2. 混凝土的强度

混凝土的强度包括抗压、抗拉、抗折、抗剪及握裹钢筋强度等，其中抗压强度最大，故工程上混凝土主要承受压力。而且混凝土的抗压强度与其他强度间有一定的相关性，可以根据抗压强度的大小来估计其他强度值，因此混凝土的抗压强度是最重要的一项性能指标。

(1)混凝土的立方体抗压强度(f_{cu})

根据国家《普通混凝土力学性能试验方法标准》(GB/T 50081—2002)制作边长150mm的立方体标准试件，在标准条件[温度(20±2)℃，相对湿度95%以上]下，养护28d龄期，测得的抗压强度值作为混凝土的立方体抗压强度值，用f_{cu}表示，即：

$$f_{cu}=\frac{F}{A}$$

式中　f_{cu}——混凝土的立方体抗压强度，MPa；

F——破坏荷载，N；

A——试件承压面积，mm^2。

对于同一混凝土材料，采用不同的试验方法，如不同的养护温度、湿度，以及不同形状、尺寸的试件等其强度值将有所不同。

测定混凝土抗压强度时，也可以采用非标准试件，然后将测定结果乘以换算系数，换算成相当于标准试件的强度值，对于集料最大粒径为31.5mm的混凝土也可采用边长为100mm的立方体试件，但应乘以强度换算系数0.95；对于集料最大粒径为63mm的混凝土，也可采用边长为200mm的立方体试件，也应乘以强度换算系数1.05。

(2)混凝土立方体抗压强度标准值($f_{cu,k}$)与强度等级

混凝土立方体抗压强度标准值是指按标准方法制作和养护的边长为150mm的立方体试件，在28d龄期，用标准试验方法测得的强度总体分布中具有不低于95%保证率的抗压强度值，用$f_{cu,k}$表示。

根据国家标准《混凝土结构设计规范》(GB 50010—2010)，混凝土强度等级是按照立方体抗压强度标准值来划分的。混凝土强度等级用符号C与立方体抗压强度标准值(以MPa计)表示，普通混凝土划分为C15、C20、C25、C30、C35、C40、C45、C50、C55、C60、C65、C70、C75和C80十四个等级。混凝土的强度等级是混凝土结构设计、施工质量控制和工程检验的重要依据。

不同工程或用于不同部位的混凝土，其强度等级要求也不相同，一般是：

① 素混凝土结构的混凝土强度等级不应低于C15；钢筋混凝土结构的混凝土强度等级不应低于C20；采用强度级别400MPa及以上的钢筋时，混凝土强度等级不应低于C25；承受重复

荷载的钢筋混凝土构件，混凝土强度等级不应低于 C30。

② 预应力混凝土结构的混凝土强度等级不宜低于 C40，且不应低于 C30；当采用钢绞线、钢丝、热处理钢筋作预应力钢筋时，混凝土强度等级不应低于 C40。

(3) 混凝土轴心抗压强度(f_{cp})

混凝土的立方体抗压强度只是评定强度等级的一个标志，它不能直接用来作为结构设计的依据。为了符合工程实际，在结构设计中混凝土受压构件的计算采用混凝土轴心抗压强度。

国家《普通混凝土力学性能试验方法标准》(GB/T 50081—2002) 规定采用 150mm × 150mm × 300mm 的标准棱柱体试件进行抗压强度试验，也可以采用非标准尺寸的棱柱体试件。当混凝土强度等级 < C60 时，用非标准试件测得的强度值均应乘以尺寸换算系数，其值为：对 200mm × 200mm × 400mm 的试件，为 1.05；对 100mm × 100mm × 300mm 的试件，为 0.95。当混凝土强度等级 > C60 时宜采用标准试件；使用非标准试件时，尺寸换算系数应由试验确定。通过多组棱柱体和立方体试件的强度试验表明：在立方体抗压强度为 10 ~ 55MPa 的范围内，轴心抗压强度(f_{cp})和立方体抗压强度(f_{cu})之比为 0.70 ~ 0.80。

(4) 轴心抗拉强度(f_{ts})

混凝土是种脆性材料，在受拉时产生很小的变形就要开裂，它在断裂前没有残余变形。

混凝土的抗拉强度只有抗压强度的 1/20 ~ 1/10，而且随着混凝土强度等级的提高，比值降低。

混凝土的抗拉强度对于抗开裂性有重要意义。在结构设计中抗拉强度是确定混凝土抗裂能力的重要指标，有时也用它来间接衡量混凝土与钢筋的粘接强度等。

我国《普通混凝土力学性能试验方法标准》(GB/T 50081—2002) 规定，混凝土的抗拉强度采用立方体劈裂抗拉试验来测定，它是采用标准试件边长为 150mm 的立方体，按规定的劈裂抗拉装置检测劈拉强度。其计算公式为：

$$f_{ts} = \frac{2F}{\pi A} = 0.637\frac{F}{A}$$

式中 f_{ts}——劈裂抗拉强度，MPa；

F——破坏荷载，N；

A——试件劈裂面面积，mm^2。

各强度等级的混凝土轴心抗压强度标准值 f_{ck}、轴心抗拉强度标准值 f_{tk} 必须按表 6-22 采用。

表 6-22 混凝土强度标准值

强度 (MPa)	混凝土强度等级													
	C15	C20	C25	C30	C35	C40	C45	C50	C55	C60	C65	C70	C75	C80
f_{ck}	10.0	13.4	16.7	20.1	23.4	26.8	29.6	32.4	35.5	38.5	41.5	44.5	47.4	50.2
f_{tk}	1.27	1.54	1.78	2.01	2.20	2.39	2.51	2.64	2.74	2.85	2.93	2.99	3.05	3.11

还需注意的是，相同强度等级的混凝土轴心抗压强度设计值 f_c、轴心抗拉强度设计值 f_t 低于混凝土轴心抗压强度标准值 f_{ck}、轴心抗拉强度标准值 f_{tk}。

(5)混凝土抗折强度(f_{cf})

实际工程中常会出现混凝土的断裂破坏现象,如普通混凝土路面和桥面主要破坏形态就是断裂。因此,在进行路面结构设计以及混凝土配合比设计时,是以抗折强度作为主要强度指标。根据《公路水泥混凝土路面设计规范》(JTG D40—2002)规定,按混凝土弯拉强度高低与路面等级分为四级,见表6-23。

表6-23　公路普通混凝土弯拉强度与弯拉弹性模量(JTG D40—2002)

交通量分级	特　重	重	中　等	轻
混凝土设计弯拉强度标准值(MPa)	5.0	5.0	4.5	4.0
钢纤维混凝土弯拉强度标准值(MPa)	6.0	6.0	5.5	5.0
设计弯拉弹性模量,$\times10^3$,(MPa)	31	30	29	27

混凝土抗折强度试验采用边长为150mm×150mm×550mm的棱柱体试件作为标准试件,边长为100mm×100mm×400mm的棱柱体试件是非标准试件。经28d标准养护后,按三分点加荷方式加载测得其抗折强度,其计算公式为:

$$f_{cf}=\frac{FL}{bh^2}$$

式中　f_{cf}——混凝土抗折强度,MPa;

F——破坏荷载,N;

L——支座间跨度,mm;

h——试件截面高度,mm;

b——试件截面宽度,mm。

当试件尺寸为100mm×100mm×400mm非标准试件时,需考虑换算系数0.85;当混凝土强度等级≥C60时,宜采用标准试件。

(6)影响混凝土强度的因素

在荷载作用下,混凝土破坏形式通常有三种:最常见的是集料与硬化后的胶凝材料的界面破坏;其次是硬化后的胶凝材料本身的破坏;第三种是集料的破坏。在普通混凝土中卡料破坏的可能性较小,因为集料的强度通常大于硬化后的胶凝材料的强度及其与集料表面的粘接强度。硬化后的胶凝材料的强度及其与集料的粘接强度与胶凝材料的强度、水胶比及集料的杂质有很大关系。另外,混凝土强度还受施工质量、养护条件及龄期的影响。

1)原材料的影响。

① 胶凝材料强度。胶凝材料是混凝土中的活性组分,其强度大小直接影响混凝土强度。在水胶比不变的前提下,胶凝材料强度越高,硬化后的胶凝材料强度和胶结能力越强,混凝土的强度也就越高。试验证明,混凝土的强度与胶凝材料强度成正比关系。

② 集料的种类、质量和数量。硬化后的胶凝材料与集料的粘接力除了受水泥石强度的影响外,还与粗集料表面特征有关。碎石表面粗糙,粘接力比较大,卵石表面光滑,粘接力比较小。因而在胶凝材料强度和水胶比相同的条件下,碎石混凝土的强度往往高于卵石混凝土。

当粗集料级配良好,用量及砂率适当,能组成密集的骨架使胶凝材料用量相对减少,集料的骨架作用充分,也会使混凝土的强度有所提高。

③ 水胶比。当采用同一品种、同一强度的胶凝材料时，混凝土的强度取决于水胶比（混凝土的用水量与胶凝材料质量之比）。硬化后的胶凝材料的强度来源于胶凝材料的水化反应，按照理论计算，胶凝材料水化所需的结合水一般只占胶凝材料质量的23%左右，即水胶比为0.23；但为了使混凝土获得一定的流动性以满足施工的要求，以及考虑在施工过程中水分蒸发等因素，常常需要较多的水，这样在混凝土硬化后将有部分多余的水分残留在混凝土中形成水泡或在蒸发后或泌水过程中，形成毛细管通道及在大颗粒集料下部形成水隙，大大减少了混凝土抵抗荷载的有效截面，受力时，在气泡周围产生应力集中，降低硬化后的胶凝材料与集料的粘接强度。但是如果水胶比过小，混凝土拌合物流动性很小，很难保证浇灌、振实的质量，混凝土中将出现较多的蜂窝和孔洞，强度也将下降，如图6-9所示。

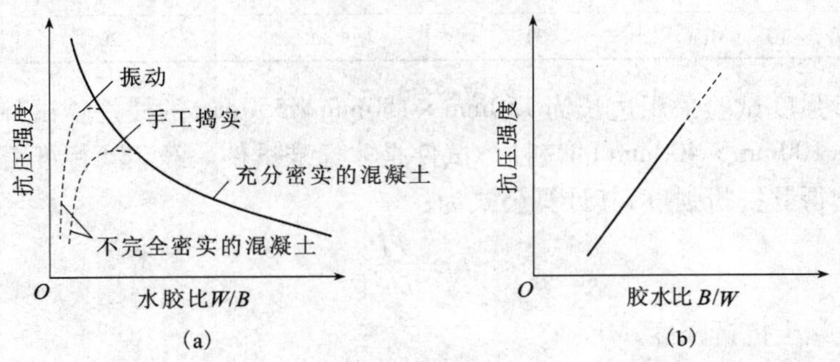

图6-9 混凝土强度与水胶比及胶水比的关系

（a）强度与水胶比的关系；（b）强度与胶水比的关系

大量试验证明，混凝土的强度随着水胶比的增加而降低，呈曲线关系，而混凝土强度和胶水比则呈直线关系。根据工程经验建立起来的常用混凝土强度公式即鲍罗米公式为：

$$\frac{W}{B}=\frac{\alpha_a f_b}{f_{cu,0}+\alpha_a\alpha_b f_b}$$

$$f_b=\gamma_f\cdot\gamma_s\cdot f_{ce}$$

$$f_{ce}=\gamma_c f_{ce,g}$$

式中 $f_{cu,o}$——混凝土28d抗压强度，MPa；

f_b——胶凝材料的28d实际强度测定值，MPa；

B——每立方米混凝土中胶凝材料用量，kg；

W——每立方米混凝土中用水量，kg；

α_a，α_b——回归系数（与集料品种、胶凝材料品种有关，《普通混凝土配合比设计规程》（JGJ 55—2011）提供的数据如下：采用碎石 $\alpha_a=0.53$，$\alpha_b=0.20$；采用卵石 $\alpha_a=0.49$，$\alpha_b=0.13$；

γ_f、γ_s——粉煤灰影响系数和粒化高炉矿渣粉影响系数，按表6-24选用；

f_{ce}——水泥28d胶砂抗压强度，可实测，MPa。

$f_{ce,g}$——水泥强度等级值，MPa；

γ_c——水泥强度等级富余系数（见表6-25）。

表 6-24　粉煤灰影响系数(γ_f)和粒化高炉矿渣粉影响系数(γ_s)(JGJ 55—2011)

掺　量(%)	粉煤灰影响系数(γ_f)	粒化高炉矿渣粉影响系数(γ_s)
0	1.00	1.00
10	0.85～0.95	1.00
20	0.75～0.85	0.95～1.00
30	0.65～0.75	0.90～1.00
40	0.55～0.65	0.80～0.90
50	—	0.70～0.85

注:1. 采用Ⅰ级、Ⅱ级粉煤灰宜取上限值。
2. 采用S75级粒化高炉矿渣粉宜取下限值,采用S95级粒化高炉矿渣粉宜取上限值,采用S105级粒化高炉矿渣粉宜取上限值加0.05。
3. 当超出表中的掺量时,粉煤灰和粒化高炉矿渣粉影响系数应经试验测定。

表 6-25　水泥强度等级值的富余系数(γ_c)(JGJ 55—2011)

水泥强度等级值	32.5	42.5	52.5
富余系数	1.12	1.16	1.10

上面的经验公式,一般只适用于流动性混凝土和低流动性混凝土,对干硬性混凝土则不适用。利用混凝土强度经验公式,可进行下面两个方面的估算。

A. 根据所用胶凝材料强度和水胶比来估算所配制混凝土的强度。

B. 根据胶凝材料强度和要求的混凝土强度等级来计算应采用的水胶比。

④ 外加剂和掺合料。混凝土中加入外加剂可按要求改变混凝土的强度及强度发展规律,如掺入减水剂可减少拌合用水量,提高混凝土的强度;如掺入早强剂可提高混凝土早期强度,但对后期强度发展无明显影响。超细的掺合料可配制高性能、超高强度的混凝土。

2)生产工艺因素。生产工艺因素包括混凝土生产过程中涉及的养护条件、养护时间、施工等因素。

① 养护条件——养护温度和湿度的影响。养护温度和湿度是决定胶凝材料水化速率的重要条件。混凝土养护温度越高,胶凝材料的水化速率越快,达到相同龄期时混凝土的强度越高,但是,初期温度过高将导致混凝土的早期强度发展较快,引起胶凝材料凝胶体结构发育不良,胶凝材料凝胶不均匀分布,对混凝土的后期强度发展不利,有可能降低混凝土的后期强度。较高温度下水化的胶凝材料凝胶更为多孔,水化产物来不及自胶凝材料颗粒向外扩散和在间隙空间内均匀地沉积,结果水化产物在水化颗粒临近位置堆积,分布不均匀影响后期强度的发展。

湿度对胶凝材料的水化能否正常进行有显著的影响。湿度适当,胶凝材料能够顺利进行水化,混凝土强度能够得到充分发展。如果湿度不够,混凝土会失水干燥而影响胶凝材料水化的顺利进行,甚至停止水化,使混凝土结构疏松,渗水性增大,或者形成干缩裂缝,降低混凝土的强度和耐久性。如对硅酸盐水泥、普通硅酸盐水泥和矿渣硅酸盐水泥配制的混凝土浇水养护不得少于7d;对粉煤灰硅酸盐水泥和火山灰质硅酸盐水泥,或掺有缓凝剂、膨胀剂,或有防水抗渗要求的混凝土,浇水养护不得少于14d。

② 龄期。龄期是指混凝土在正常养护条件下所经历的时间。在正常养护条件下,混凝土

的强度随龄期的增长而增加。发展趋势可以用下式的对数关系来描述：

$$\frac{f_n}{f_{28}}=\frac{\lg n}{\lg 28}$$

式中 f_n——nd 龄期混凝土的抗压强度，MPa；

F_{28}——28d 龄期混凝土的抗压强度，MPa；

n——养护龄期（$n \geqslant 3$），d。

随龄期的延长，强度呈对数曲线趋势增长，开始增长速度快，以后逐渐减慢，28d 以后强度基本趋于稳定。虽然 28d 以后的后期强度增长很少，但只要温度、湿度条件合适，混凝土的强度仍有所增长。

③ 施工条件——搅拌合振捣。在施工过程中，必须将混凝土拌合物搅拌均匀，浇筑后必须捣固密实，才能使混凝土有达到预期强度的可能。改进施工工艺可提高混凝土强度，如采用分次投料搅拌工艺；采用高速搅拌工艺；采用高频或多频振捣器；采用二次振捣工艺等都会有效地提高混凝土强度。

3）试验因素。在进行混凝土强度试验时，试件尺寸、形状、表面状态、含水率以及试验时加荷速度等试验因素都会影响混凝土强度试验的测试结果。

① 试件形状尺寸。混凝土试件在压力机上受压时，在沿加荷方向发生纵向变形的同时，也按泊松比效应横向膨胀。而钢制压板的横向膨胀起着约束作用，这种作用称为“环箍效应”。

“环箍效应”对混凝土强度有提高作用，离压板越远，“环箍效应”越小，在距离试件受压面约 0.866a（a 为试件边长）范围外这种效应消失，这种破坏后的试件上下部分各呈一完整的棱锥体。

在进行强度试验时，试件尺寸越大，测得强度值越小。这包括两方面的原因：一是“环箍效应”；二是由于大试件内存在的孔隙、裂缝和局部较差等缺陷的几率大，从而降低了材料的强度。

② 表面状态。当混凝土受压面非常光滑时，由于压板与试件表面的摩擦力减小，使“环箍效应”减小，试件将出现垂直裂纹而破坏，测得的混凝土强度值较低。

③ 含水程度。混凝土试件含水率越高，其强度越低。

④ 加荷速度。在进行混凝土抗压试验时，加荷速度过快，材料裂纹扩展的速度慢于荷载增加速度，故测得的强度值偏高。在进行混凝土立方体抗压强度试验时，应按规定的加荷速度进行。

（7）提高混凝土强度的措施

① 采用高强度胶凝材料。

② 采用低水胶比。

③ 采用有害杂质少、级配良好、颗粒适当的集料和合理的砂率。

④ 采用湿热处理（蒸汽养护或蒸压养护）。

⑤ 采用机械搅拌和振捣混凝土。

⑥ 掺用混凝土外加剂、掺合料。

6.3.3　混凝土的变形性能

普通混凝土在凝结硬化过程中以及硬化后，受到外力及环境因素的作用，会发生相应整体的或局部的体积变化，产生变形。实际使用中的混凝土结构一般会受到基础、钢筋或相邻部件的牵制而处于不同程度的约束，即使单一的混凝土试块没有受到外部的约束，其内部各组成之间也还是互相制约的。混凝土的体积变化则会由于约束作用在混凝土内部产生拉应力，当此拉应力超过混凝土的抗拉强度，就会引起混凝土开裂，产生裂缝。裂缝不仅影响混凝土承受设计荷载的能力，而且还会严重损害混凝土的外观和耐久性。

1. 化学收缩

由于胶凝材料水化产物的总体积小于水化前反应物的总体积而产生的混凝土收缩称为化学收缩。化学收缩是不可恢复的，其收缩量随混凝土龄期的延长而增加，大致与时间的对数成正比。一般在混凝土成型后40d内收缩量增加较快，以后逐渐趋向稳定。收缩值为$(4\sim100)\times10^{-6}$mm/mm时，可使混凝土内部产生细微裂缝。这些细微裂缝可能会影响混凝土的承载性能和耐久性能。

2. 温度变形

混凝土与其他材料一样，也会随着温度的变化产生热胀冷缩的变形。混凝土的温度线膨胀系数为$(1\sim1.5)\times10^{-5}$mm/(mm·℃)，即温度每升降1℃，每m胀缩0.01～0.015mm。

混凝土温度变形，除由于降温或升温影响外，还有混凝土内部与外部的温差影响。在混凝土硬化初期，胶凝材料水化放出较多的热量，混凝土又是热的不良导体，散热较慢，因此在大体积混凝土内部的温度比外部高，有时可达50～70℃。这将使内部混凝土的体积产生较大的膨胀，而外部混凝土却随气温降低而收缩。内部膨胀和外部收缩互相制约，在外层混凝土中将产生很大拉应力，严重时使混凝土产生裂缝。

为防止温度变形带来的危害，一般纵长的钢筋混凝土结构物，应采取每隔一段长度设置伸缩缝以及在结构物中设置温度钢筋等措施。而对于大体积混凝土工程，必须尽量减少混凝土发热量。目前常用的方法如下：

1）最大限度地减少用水量和胶凝材料用量。

2）采用低热胶凝材料。

3）选用热膨胀系数低的集料，减小热变形。

4）预冷原材料，在混凝土中埋冷却水管，表面绝热，减小内外温差。

5）对混凝土合理分缝、分块、减轻约束等。

3. 干湿变形

混凝土在干燥过程中，则发生气孔水和毛细孔水的蒸发。气孔水的蒸发并不引起混凝土的收缩。毛细孔水的蒸发，使毛细孔中形成负压，随着空气湿度的降低，负压逐渐增大，产生收缩力，导致混凝土收缩。同时，胶凝材料凝胶体颗粒的吸附水也发生部分蒸发，由于分子引力的作用，粒子间距离变小，使凝胶体产生紧缩。混凝土这种体积收缩，在重新吸水后大部分可以恢复，但仍有残余变形不能完全恢复。通常，残余收缩为收缩量的30%～60%。当混凝土在水中硬化时，体积不变，甚至轻微膨胀。这是由于胶凝体中胶体粒子间的距离增大所致。

混凝土的湿胀变形量很小，一般无损坏作用。但干缩变形对混凝土危害较大，在一般条件下，混凝土的极限收缩值达$(50 \sim 90) \times 10^{-5}$mm/mm，会使混凝土表面出现拉应力而导致开裂，严重影响混凝土耐久性。工程设计中混凝土的线收缩取$(15 \sim 20) \times 10^{-5}$mm/mm。干缩主要是硬化后的胶凝材料产生的，故降低胶凝材料用量、减小水胶比是减小干缩的关键。

4. 在荷载作用下的变形

(1)在短期荷载作用下的变形

① 混凝土的弹塑性变形。混凝土内部结构中含有砂石集料、硬化后的胶凝材料、游离水分和气泡，说明混凝土本身的不均质性。它是一种弹塑性体。受力时，混凝土既产生可以恢复的弹性变形，又会产生不可恢复的塑性变形，其应力与应变关系不是直线而是曲线，如图6-10所示。

在静力试验的加荷过程中，若加荷至应力为σ、应变ε的A点，然后将荷载逐渐卸去，则卸载时的应力-应变曲线如AC所示。卸载后能恢复的应变是由混凝土的弹性作用引起的，称为弹性应变$\varepsilon_{弹}$；剩余不能恢复的应变，则是由于混凝土的塑性性质引起的，称为塑性应变$\varepsilon_{塑}$。

在工程应用中，采用反复加荷、卸荷的方法使塑性变形减小，从而测得弹性变形。在重复荷载作用下的应力-应变曲线形式因作用力的大小而不同。当应力小于$(0.3 \sim 0.5)f_{cp}$时，每次卸载都残留一部分塑性变形$\varepsilon_{塑}$，但随着重复次数的增加，$\varepsilon_{塑}$的增量逐渐减小，最后曲线稳定于$A'C'$线，它与初始切线大致平行，如图6-11所示。若所加应力σ在$(0.5 \sim 0.7)f_{cp}$以上重复时，随着重复次数的增加，塑性应变逐渐增加，导致混凝土疲劳破坏。

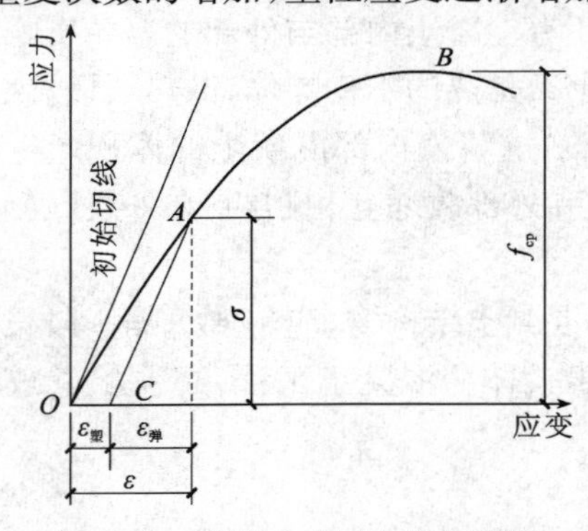

图6-10 混凝土在压力作用下的应力-应变曲线

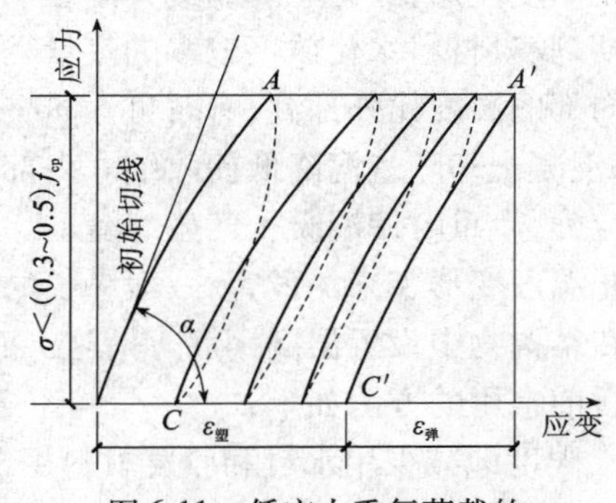

图6-11 低应力重复荷载的应力-应变曲线

② 混凝土的变形模量。在应力-应变曲线上任一点的应力σ与应变ε的比值，叫做混凝土在该应力下的变形模量。它反映混凝土所受应力与所产生应变之间的关系。在计算钢筋混凝土变形、裂缝开展及大体积混凝土的温度应力时，均需要知道该时混凝土的变形模量。在混凝土结构或钢筋混凝土结构设计中，常采用一种按标准方法测得的静力受压弹性模量E_c。

在静力受压弹性模量试验中，使混凝土的应力在$0.4f_{cp}$水平下经过多次反复加荷和卸荷，最后所得应力-应变曲线与初始切线大致平行，这样测出的变形模量称为弹性模量E_c，故E_c在数值上与$\tan\alpha$相近，如图6-11所示。

混凝土弹性模量受其组成相及孔隙率影响，并与混凝土的强度有一定的相关性。混凝土的强度越高，弹性模量也越高，当混凝土的强度等级由C15增加到C60时，其弹性模量大致由2.20×10^4MPa增到3.60×10^4MPa。

混凝土的弹性模量随其集料与硬化后的胶凝材料的弹性模量而异。由于硬化后的胶凝材料的弹性模量一般低于集料的弹性模量，所以混凝土的弹性模量一般略低于其集料的弹性模量。在材料质量不变的条件下，混凝土的集料含量越多、水胶比较小、养护较好及龄期较长时，混凝土的弹性模量较大。蒸汽养护的弹性模量比标准养护的低。

(2)在长期荷载作用下的变形——徐变

混凝土在恒定荷载的长期作用下，沿着作用力方向的变形随时间的增加而产生的变形称为徐变。徐变一般要延续2～3年才逐渐趋于稳定(如图6-12所示)。

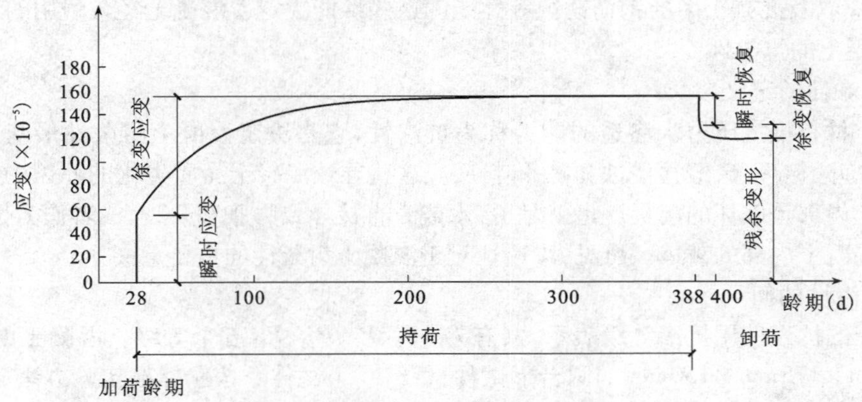

图6-12　混凝土的徐变与恢复

当混凝土受荷载作用后，即时产生瞬时变形，瞬时变形以弹性变形为主。随着荷载持续时间的增长，徐变逐渐增长，且在荷载作用初期增长较快，以后逐渐减慢并稳定，一般可达$(3\sim15)\times10^{-4}$mm/mm，即0.3～1.5mm/m，为瞬时变形的2～4倍。混凝土在变形稳定后，如卸去荷载，则部分变形可以产生瞬时恢复，部分变形在一段时间内逐渐恢复，称为徐变恢复(如图6-12所示)，但仍会残余大部分不可恢复的永久变形，称为残余变形。

一般认为，混凝土的徐变是由于硬化后的胶凝材料中凝胶体在长期荷载作用下的黏性流动，是凝胶孔水向毛细孔内迁移的结果。在混凝土较早龄期时，水泥尚未充分水化，水泥石中毛细孔较多，凝胶体易蠕动，所以徐变发展较快，在晚龄期时，由于水泥继续硬化，毛细孔逐渐减小，徐变发展渐慢。

混凝土徐变对结构物的作用：对普通钢筋混凝土构件，能消除钢筋混凝土内部的温度应力和收缩应力，减弱混凝土的开裂现象；对预应力构件，混凝土的徐变使预应力增加。

影响混凝土徐变的因素主要有：

① 水胶比一定时，胶凝材料用量越大，徐变越大。

② 水胶比越小，徐变越小。

③ 龄期长、结构致密、强度高则徐变小。

④ 集料用量多，徐变小。

⑤ 应力水平越高，徐变越大。

6.3.4 混凝土耐久性能

混凝土的耐久性是指混凝土在使用条件下抵抗周围环境中各种因素长期作用而不破坏的能力。根据混凝土所处的环境条件的不同,混凝土的耐久性应考虑的因素也不同。如承受压力水作用的混凝土,需要具有一定抗渗能力;遭受环境水侵蚀作用的混凝土,需要具有与之相适应的抗侵蚀性能等。

混凝土的耐久性是一个综合性概念,它主要包括抗渗性、抗冻性、抗侵蚀性、抗碳化性、抗碱-集料反应以及混凝土中的钢筋锈蚀等性能。这些性能决定着混凝土经久耐用的程度。

1. 混凝土的抗渗性

(1)抗渗性的定义

混凝土材料抵抗压力水渗透的能力称为抗渗性,它是决定混凝土耐久性最基本的因素。钢筋锈蚀、冻融循环、硫酸盐侵蚀和碱-集料反应这些导致混凝土品质劣化的原因中,水能够渗透到混凝土内部是破坏的前提。也就是说,水或者直接导致膨胀和开裂,或者作为侵蚀性介质扩散进入混凝土内部的载体。可见,渗透性对于混凝土耐久性的重要意义。

(2)抗渗性的衡量

混凝土的抗渗性用抗渗等级表示,共有P_4、P_6、P_8、P_{10}、P_{12}五个等级。混凝土的抗渗实验采用185mm×175mm×150mm的圆台形试件,每组6个试件。按照标准实验方法成型并养护至28～60d进行抗渗性试验。试验时将圆台性试件周围密封并装入模具,从圆台试件底部施加水压力,初始压力为0.1MPa,每隔8h增加0.1MPa,当6个试件中有4个试件未出现渗水时的最大水压力表示。《普通混凝土配合比设计规程》(JGJ 55—2011)中规定,具有抗渗要求的混凝土,试验要求的抗渗水压值应比设计值高0.2MPa,试验结果应符合下式要求:

$$P_t=\frac{P}{10}+0.2$$

式中 P_t——6个试件中4个未出现渗水的最大水压值,MPa;

P——设计要求的抗渗等级值。

(3)影响抗渗性的因素

混凝土的抗渗性主要与其密实度及内部孔隙的大小和构造有关。混凝土内部的互相连通和毛细管道,以及由于混凝土施工成型时,振捣不实产生的蜂窝、孔洞,都会造成混凝土渗水。

① 水胶比。混凝土水胶比大小对其抗渗性能起决定性作用。水胶比越大,其抗渗性越差。成型密实的混凝土,硬化后的胶凝材料本身的抗渗性对混凝土的抗渗性影响很大。

② 集料的最大粒径。在水胶比相同时,混凝土的最大粒径越大,其抗渗性越差。这是由于集料和水泥浆的界面处易产生裂纹和较大集料下方易形成空穴的缘故。

③ 养护方法。蒸汽养护的混凝土其抗渗性较潮湿养护的混凝土要差。在干燥条件下,混凝土早期失水过多,容易形成收缩裂隙,因而降低混凝土的抗渗性。

④ 胶凝材料品种。胶凝材料的品种、性质也影响混凝土的抗渗性能。

⑤ 外加剂。在混凝土中掺入某些外加剂,如减水剂等,可减少水胶比,改善混凝土的和易性,因而可改善混凝土的密实度,即提高了混凝土的抗渗性能。

⑥ 掺合料。在混凝土中加入掺合料，如掺入优质粉煤灰，可提高混凝土的密实度、细化孔隙，改善了孔结构和集料与水泥石界面的过渡区结构，提高了混凝土的抗渗性。

⑦ 龄期。混凝土龄期越长，其抗渗性越好。因为随着胶凝材料水化的进行，混凝土的密实度逐渐提高。

2. 混凝土的抗冻性

(1) 抗冻性定义与冻融破坏机理

混凝土的抗冻性是指混凝土在水饱和状态下经受多次冻融循环作用，能保持强度和外观完整性的能力。在寒冷地区，特别是接触水又受冻的环境下的混凝土，要求具有较高的抗冻性能。

混凝土的密实度、孔隙构造和数量，以及孔隙的充水程度是决定抗冻性的重要因素。密实的混凝土和具有封闭孔隙的混凝土抗冻性较高。影响混凝土抗渗性的因素对混凝土的抗冻性也有类似的影响，最有效的方法是掺入引气剂、减水剂和防冻剂。

(2) 抗冻性的表征

混凝土抗冻性用抗冻等级表示。抗冻试验有两种方法，即慢冻法和快冻法。

① 慢冻法。采用立方体试块，以龄期 28d 的试件在吸水饱和后承受反复冻融循环作用（冻 4h，融化），以抗压强度下降不超过 25%，质量损失不超过 5% 时所承受的最大冻融循环次数表示，如 D50、D100。

② 快冻法。采用 100mm × 100mm × 400mm 的棱柱体试件，以龄期 28d 后进行试验，试件饱和吸水后承受反复冻融循环，一个循环在 2 ~ 4h 内完成，以相对动弹性模量值不小于 60%，而且质量损失率不超过 5% 时所承受的最大循环次数表示，如 F50、F100、F150 等。

根据快速冻融最大次数，按以下公式可以求出混凝土的抗冻耐久性系数：

$$K_n = P_n \times \frac{N}{300}$$

式中　K_n——混凝土耐久性系数；

　　N——满足快冻法控制指标要求的最大冻融循环次数，次；

　　P_n——经 n 次冻融循环后试件的相对动弹性模量，%。

(3) 提高混凝土抗冻性的措施

① 降低混凝土水胶比，降低孔隙率。

② 掺加引气剂，保持含气量在 4% ~ 5%。

③ 提高混凝土强度，在相同含气量的情况下，混凝土强度越高，抗冻性越好。

3. 混凝土的碳化与钢筋锈蚀

(1) 混凝土碳化的定义

混凝土的碳化是指空气中的二氧化碳与硬化后的胶凝材料中的水化产物在有水的条件下发生化学反应，生成碳酸钙和水的过程。碳化过程是二氧化碳由表及里向混凝土内部逐渐扩散的过程。未经碳化的混凝土 pH = 12 ~ 13，碳化后 pH = 8.5 ~ 10，接近中性。混凝土碳化程度常用碳化深度表示。

(2) 混凝土保护钢筋不生锈的原因

混凝土保护钢筋不生锈是因为混凝土孔隙中的水溶液通常含有较大量的 Na^+、K^+、OH^-

及少量 Ca^{2+} 等离子,能保持离子电中性 OH^- 浓度较高,即 pH 较大的缘故。在这样的强碱环境中,钢筋表面生成一层厚 20～60Å 的致密钝化膜,使钢材难以进行电化学反应,即电化学腐蚀难以进行。一旦这层钝化膜遭到破坏,钢筋的周围又有一定的水分和氧气时,混凝土中的钢筋就会腐蚀。

(3)混凝土碳化的影响

① 使混凝土的碱度降低,减弱了对钢筋的保护作用。

② 引起混凝土显著收缩,使混凝土表面产生拉应力,导致混凝土的表面产生微细裂纹,从而使混凝土的抗拉和抗折强度下降。

③ 硬化后的胶凝材料中的水化产物分解。

上面三方面是不利的影响,当然也有有利的方面——碳化可使混凝土的抗压强度提高,这是因为碳化反应生成的水分有利于胶凝材料的水化作用,而且反应生成的碳酸钙减少了硬化后的胶凝材料内部的孔隙。但总体上弊大于利。

(4)影响碳化的因素

1)外部环境。

① 二氧化碳的浓度。二氧化碳浓度越高将加速碳化的进行。近年来,工业排放二氧化碳量持续上升,城市建筑混凝土碳化速度在加快。

② 环境湿度。水分是碳化反应进行的必需条件。相对湿度 50%～75% 时,碳化速度最快。

2)混凝土内部因素。

① 胶凝材料品种与掺合料用量。在混凝土中随着胶凝材料体系中硅酸盐水泥熟料成分减少,掺合料用量的增加,碳化加快。

② 混凝土的密实度。随着水胶比降低,孔隙率减少,二氧化碳气体和水不易扩散到混凝土内部,碳化速度减慢。

(5)钢筋锈蚀及对混凝土的影响

当钢筋表层保护膜破坏时,在氧气、水分存在的条件下,钢筋表面发生电化学腐蚀,在阳极,铁离子发生化学反应生成氧化亚铁、氢氧化铁等腐蚀物。钢筋锈蚀后,有效直径减小,直接危及混凝土结构的安全性;同时,钢筋锈蚀后,锈蚀生成物的体积膨胀,致使混凝土保护层顺筋开裂,混凝土自身免疫性大幅度降低,品质迅速劣化。

(6)氯离子对钢筋锈蚀的影响

氯离子是一种极强的钢筋腐蚀因子,扩散能力很强,混凝土中含有 0.6～1.2kg/m^3 氯离子时足以破坏钢筋钝化膜,腐蚀钢筋。北方某大学教学用大楼,因施工时使用了氯盐作防冻剂,10 年后,底层、柱子因钢筋锈蚀出现大面积开裂而无法正常使用。

4. 混凝土的抗侵蚀性

当混凝土所处使用环境中有侵蚀性介质时,混凝土很可能遭受侵蚀,通常有软水侵蚀、硫酸盐侵蚀、镁盐侵蚀、碳酸侵蚀、一般酸侵蚀与强碱腐蚀等。随着混凝土在海洋、盐渍、高寒等环境中的大量使用,对混凝土的抗侵蚀性提出了更严格的要求。

混凝土的抗侵蚀性受胶凝材料的组成、混凝土的密实度、孔隙特征与强度等因素影响。

5. 碱-集料反应

(1)碱-集料反应的定义

混凝土中的碱性氧化物(Na_2O、K_2O)与集料中的活性 SiO_2、活性碳酸盐发生化学反应生成碱-硅酸盐凝胶或碱-碳酸盐凝胶,沉积在集料与胶凝材料胶体的界面上,吸水后体积膨胀 3 倍以上,导致混凝土开裂破坏。这种碱性氧化物和活性二氧化硅之间的化学作用通常称为碱-集料反应。

普遍认为发生碱-集料反应必须同时具备下列三个必要条件:一是碱含量;二是集料中存在活性二氧化硅;三是环境潮湿,水分渗入混凝土。

(2)碱-集料破坏的特征

① 开裂破坏一般发生在混凝土浇筑后两三年或者更长时间。

② 常呈现顺筋开裂和网状龟裂。

③ 裂缝边缘出现凹凸不平现象。

④ 越潮湿的部位反应越强烈,膨胀和开裂破坏越明显。

⑤ 常有透明、淡黄色、褐色凝胶从裂缝处析出。

(3)预防或抑制混凝土碱-集料反应的措施

① 避免使用碱活性集料。

② 使用含碱小于 0.6% 的胶凝材料,以降低混凝土中总的碱含量,一般≤$3.5kg/m^3$。

③ 掺用矿物细粉掺合料,如粉煤灰、磨细矿渣,但至少要替代 25% 以上的水泥。

④ 使混凝土密实,防止水分进入混凝土内部。

6. 提高耐久性的措施

混凝土遭受各种侵蚀作用的破坏虽各不相同,但提高混凝土的耐久性措施有很多共同之处,即选择适当的原料;提高混凝土的密实度;改善混凝土的内部的孔结构。一般提高混凝土耐久性的具体措施有:

1)合理选择水泥品种,使其与工程环境相适应,见表 5-21。

2)采用较小水胶比和保证胶凝材料用量,见表 6-26。

3)选择质量良好、级配合理的集料和合理砂率。

4)掺用适量的引气剂或减水剂。

5)加强混凝土的质量的生产控制。

表 6-26　混凝土的最大水胶比和最小胶凝材料用量(JGJ 55—2011)

环境类别	环境条件	最大水胶比	最小胶凝材料用量(kg)		
			素混凝土	钢筋混凝土	预应力混凝土
一	1. 室内干燥环境 2. 无侵蚀性静水浸没环境	0.60	250	280	300
二 a	1. 室内潮湿环境 2. 非严寒和非寒冷地区的露天环境 3. 非严寒和非寒冷地区与无侵蚀性的水或土壤直接接触的环境 4. 严寒和寒冷地区的冰冻线以下与无侵蚀性的水或土壤直接接触的环境	0.55	280	300	300

续表

环境类别	环境条件	最大水胶比	最小胶凝材料用量(kg)		
			素混凝土	钢筋混凝土	预应力混凝土
二 b	1. 干湿交替环境 2. 水位频繁变动环境 3. 严寒和寒冷地区的露天环境 4. 严寒和寒冷地区的冰冻线以上与无侵蚀性的水或土壤直接接触的环境	0.50	320		
三 a	1. 严寒和寒冷地区冬季水位变动区环境 2. 受除冰盐影响环境 3. 海风环境	≤0.45	330		

6.4 普通混凝土的质量控制与强度评定

为了保证生产的混凝土按规定的保证率满足设计要求,应加强混凝土的质量控制。混凝土的质量控制有初步控制、生产控制和合格控制。

初步控制:混凝土生产前对人员配备、设备调试、组成材料的检验及混凝土配合比的确定与调整。

生产控制:包括控制计量、搅拌、运输、浇筑、振捣和养护等项内容。

合格控制:主要有批量划分、确定批量取样数、确定检测方法和检验界限等项内容。

混凝土的质量是由其性能检验结果来评定的。在施工中,虽然力求做到既要保证混凝土所要求的性能,又要保证其质量的稳定性。但实践中,由于原材料、施工条件及试验条件等许多复杂因素的影响,必然造成混凝土质量的波动。由于混凝土的质量波动将直接反映到其最终的强度上,而混凝土的抗压强度与其他性能有较好的相关性,因此,在混凝土生产质量管理中,常以混凝土的抗压强度作为评定和控制其质量的主要指标。

6.4.1 混凝土强度的质量控制

1. 混凝土强度的波动规律

对某种混凝土经随机取样测定其强度,其数据经过整理绘成强度概率分布曲线,一般均接近正态分布曲线(如图6-13 所示)。曲线高峰为混凝土平均强度的概率。以平均强度为对称轴,左右两边曲线是对称的。概率分布曲线窄而高,说明强度测定值比较集中,波动较小,混凝土的均匀性好,施工水平较高。如果曲线宽而矮,则说明强度值离散程度大,混凝土的均匀性差,施工水平较低。在数理统计方法中,常用强度平均值、标准差、变异系数和强度保证率等统计参数来评定混凝土质量。

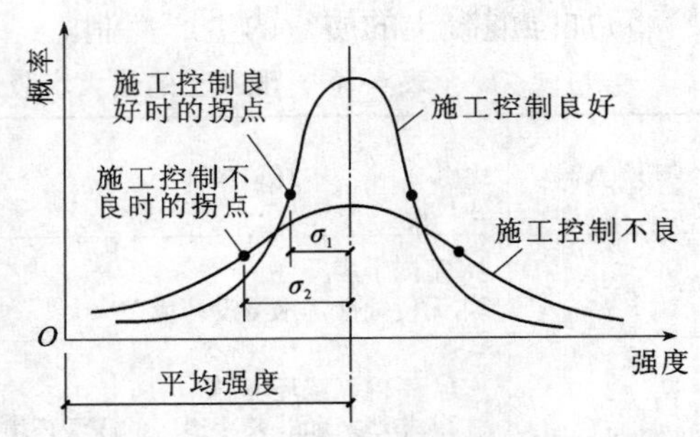

图 6-13 混凝土强度概率分布曲线

(1)强度平均值$\bar{f}_{cu}$

$$\bar{f}_{cu}=\frac{1}{n}\sum_{i=1}^{n}f_{cu,i}$$

式中　n——试件组数；

$f_{cu,i}$——第i组抗压强度,MPa。

强度平均值仅代表混凝土强度总体的平均水平,但并不反映混凝土强度的波动情况。

(2)标准差σ

$$\sigma=\sqrt{\frac{\sum_{i=1}^{n}f_{cu,i}^{2}-n\bar{f}_{cu,i}^{2}}{n-1}}$$

标准差又称均方差,它表明分布曲线的拐点距强度平均值的距离。σ越大,说明其强度离散程度越大,混凝土质量也越不稳定。

(3)变异系数C_V

$$C_V=\frac{\sigma}{\bar{f}_{cu}}$$

变异系数C_V又称离散系数,是混凝土质量均匀性的指标。σ越小,C_V越小,说明混凝土质量越稳定,混凝土生产的质量水平越高。

2. 混凝土强度保证率

在混凝土强度质量控制中,除了必须考虑到所生产的混凝土强度质量的稳定性之外,还必须考虑符合设计要求的强度等级的合格率。它是指在混凝土总体中,不小于设计要求的强度等级标准值($f_{cu,k}$)的概率P(%)。

随机变量t将强度概率分布曲线转换为标准正态分布曲线,如图6-14所示,曲线下的总面积为概率的总和,等于100%,阴影部分即混凝土的强度保证率。所以,强度保证率计算方法如下:

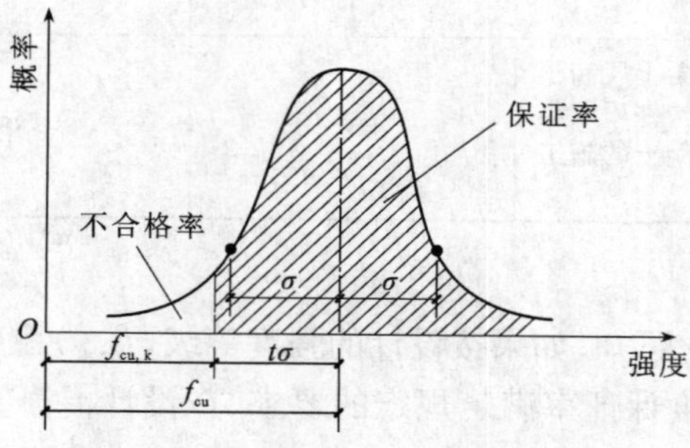

图6-14　强度标准正态分布曲线

先计算概率度t,即:

$$t=\frac{\bar{f}_{cu}-f_{cu,k}}{\sigma}=\frac{\bar{f}_{cu}-f_{cu,k}}{C_V\bar{f}_{cu}}$$

由概率度t,再根据标准正态分布曲线方程:

$$P(t) = \int_t^{+\infty} \phi(t) \quad dt = \frac{1}{\sqrt{2\pi}}\int_t^{+\infty} e^{-\frac{t^2}{2}}dt$$

可求得概率度 t 与强度保证率 $P(\%)$ 的关系，见表6-27。

表6-27　不同 t 值的保证率 P

t	0.00	−0.50	−0.84	−1.00	−1.20	−1.28	−1.40	−1.60
$P(\%)$	50.0	69.2	80.0	84.1	88.5	90.0	91.9	94.5
t	−1.645	−1.70	−1.81	−1.88	−2.00	−2.05	−2.33	−3.00
$P(\%)$	95.0	95.5	96.5	97.0	97.7	99.0	99.4	99.87

工程中 $P(\%)$ 值可根据统计周期内混凝土试件强度不低于要求等级标准值的组数 N_0 与试件总数 $N(N\geqslant25)$ 之比求得，即：

$$P = \frac{N_0}{N} \times 100\%$$

我国在《混凝土强度检验评定标准》（GB/T 50107—2010）中规定，根据统计周期内混凝土强度标准差 σ 值和保证率 $P(\%)$，可将混凝土生产单位的生产管理水平划分为优良、一般及差三个等级，见表6-28。

表6-28　混凝土生产管理水平

评定指标及生产单位 \ 生产管理水平及混凝土强度等级		优良		一般		差	
		<C20	≥C20	<C20	≥C20	<C20	≥C20
混凝土强度标准差 σ(MPa)	商品混凝土厂和预制混凝土构件厂	≤3.0	≤3.5	≤4.0	≤5.0	>5.0	>5.0
	集中搅拌混凝土的施工现场	≤3.5	≤4.0	≤4.5	≤5.5	>4.5	>5.5
强度等于和高于要求强度等级的百分率 $P(\%)$	商品混凝土厂和预制混凝土构件厂及集中搅拌混凝土的施工现场	≥95		>85		≤85	

3. 混凝土配制强度

根据混凝土保证率概念可知，如果按设计的强度等级（$f_{cu,k}$）配制混凝土，则其强度保证率只有50%。为使混凝土强度保证率满足规定的要求，在设计混凝土配合比时，必须使配制强度高于混凝土设计要求强度，则有

$$f_{cu,o} = f_{cu,k} - t\sigma$$

可见，设计要求的保证率越大，配制强度就要求越高；强度质量稳定性差，配制强度应越大。根据《普通混凝土配合比设计规程》（JGJ 55—2011）规定，工业与民用建筑及一般构筑物所采用的普通混凝土的强度保证率为95%，由表6-28知 t = −1.645，即得：

$$f_{cu,o} = f_{cu,k} + 1.645\sigma$$

式中　$f_{cu,o}$——混凝土配制强度，MPa；

$f_{cu,k}$——混凝土立方体抗压强度标准值,MPa;

σ——混凝土强度标准差,MPa。

6.4.2 混凝土强度的评定

1. 统计方法评定

混凝土强度进行分批检验评定。一个检验批的混凝土应由强度等级相同、龄期相同以及生产工艺条件和配合比基本相同的混凝土组成。

当混凝土的生产条件在较长时间内能保持一致,且同一品种混凝土的强度变异性能保持稳定时,即标准差已知时,应由连续的三组试件组成一个检验批。其强度应同时满足下列要求:

$$m_{f_{cu}} \geqslant f_{cu,k} + 0.7\sigma_0$$

$$f_{cu,min} \geqslant f_{cu,k} - 0.7\sigma_0$$

式中　$m_{f_{cu}}$——统一检验批混凝土立方体抗压强度的平均值,MPa,精确到 0.1MPa;

$f_{cu,k}$——混凝土立方体抗压强度标准值,MPa,精确到 0.1MPa;

$f_{cu,min}$——统一检验批混凝土立方体抗压强度的最小值,MPa,精确到 0.1MPa;

σ_0——检验批混凝土立方体抗压强度的标准差,MPa,精确到 0.1MPa。

当混凝土强度等级不高于 C20 时,其强度的最小值还应满足下式要求:

$$f_{cu,min} \geqslant 0.85 f_{cu,k}$$

当混凝土强度等级高于 C20 时,其强度的最小值还应满足下式要求:

$$f_{cu,min} \geqslant 0.90 f_{cu,k}$$

当混凝土的生产条件在较长时间内不能保持一致且混凝土强度变异不能保持稳定时,或在前一个检验期内的同一品种混凝土没有足够的数据用以确定检验批混凝土立方体抗压强度的标准差时,应由不少于 10 组的试件组成一个检验批,其强度应同时满足下列公式的要求:

$$m_{f_{cu}} \geqslant f_{cm,k} + \lambda_1 \cdot S_{f_{cu}}$$

$$f_{cu,min} \geqslant \lambda_2 \cdot f_{cu,k}$$

式中　$S_{f_{cu}}$——同一批检验混凝土立方体抗压强度的标准值(当 $S_{f_{cu}}$ 的计算值小于 2.5MPa 时,取 $S_{f_{cu}} = 2.5$MPa);

λ_1, λ_2——合格评定系数(见表 6-29)。

表 6-29　混凝土强度的合格评定系数

试件组数	10 ~ 14	15 ~ 19	≥20
λ_1	1.15	1.05	0.95
λ_2	0.90	0.85	0.85

混凝土立方体抗压强度的标准差 $S_{f_{cu}}$,可按下列公式计算:

$$S_{f_{cu}} = \sqrt{\frac{\sum_{i=1}^{n} f_{cu,i}^2 - n m_{f_{cu}}^2}{n-1}}$$

式中　$f_{cu,i}$——前一检验期内同一品种、同一强度等级的第 i 组混凝土试件的立方体抗压强度代表值,MPa,精确到 0.1MPa;该检验期不应少于 60d,也不得大于 90d;

n——前一检验期内的样本容量，在该期间样本容量不应少于45。

当用于评定的样本容量少于10组时，应采用非统计方法评定混凝土强度。

2. 非统计方法评定

以上为按统计方法评定混凝土强度。若按非统计法评定混凝土强度时，其强度应同时满足下列要求：

$$m_{f_{cu}} \geqslant \lambda_3 \cdot f_{cu,k}$$

$$f_{cu,min} \geqslant \lambda_4 \cdot f_{cu,k}$$

式中　λ_3, λ_4——合格评定系数（见表6-30）。

表6-30　混凝土强度非统计法的合格评定系数

混凝土强度等级	<C60	≥C60
λ_3	1.15	1.10
λ_4	0.95	0.95

若按上述方法检验，发现不满足合格条件时，则该批混凝土强度判为不合格。对不合格批的混凝土，可按国家现行的有关标准进行处理。

6.5　普通混凝土配合比设计

普通混凝土配合比设计就是根据工程要求、结构形式和施工条件来确定各组成材料数量之间的比例关系。一个完整的混凝土配合比设计应包括：初步配合比计算、试配、调整与确定等步骤。

6.5.1　混凝土配合比设计的基本要求

土木工程中所使用的混凝土须满足以下五项基本要求：

1）满足施工规定所需的和易性要求。

2）满足设计的强度要求。

3）满足与使用环境相适应的耐久性要求。

4）满足业主或施工单位渴望的经济性要求。

5）满足可持续发展所必需的生态性要求。

6.5.2　混凝土配合比设计的三个参数

1. 混凝土配合比表示方法

常用的表示方法有两种：一种是以1m^3混凝土中各项材料的质量表示，如某配合比：水泥240kg，矿物掺合料160kg，水180kg，砂630kg，石子1280kg，该混凝土1m^3总质量为2490kg；另一种是以各项材料相互间的质量比来表示（以水泥质量为1），将上例换算成质量比为：水泥∶矿物掺合料∶砂∶石∶掺合料=1∶0.67∶2.63∶5.33，水胶比$W/B=0.45$。

进行混凝土配合比设计计算时，其计算公式和有关参数表格中的数据均系以干燥状态集料为基准。干燥状态集料是指含水率小于0.5%的细集料或含水率小于0.2%的粗集料，如需以饱和面干集料为基准进行计算时，则应作相应的修改。

2. 主要参数

混凝土配合比设计，实质上就是确定水泥、水、砂和石子这四种组成材料用量之间的三个比例关系：

1）水与胶凝材料之间的比例关系，常用水胶比表示。

2）砂与石子之间的比例关系，常用砂率表示。

3）胶凝材料与集料之间的比例关系，常用单位用水量（$1m^3$混凝土用水量）来表示。

水胶比、砂率、单位用水量是混凝土配合比的三个重要参数，因为这三个参数与混凝土的各项性能之间有着密切的关系，在配合比设计中正确地确定这三个参数，就能使混凝土满足设计的五个基本要求。

6.5.3　混凝土配合比设计步骤

混凝土配合比设计步骤包括配合比计算、试配和调整、施工配合比的确定等。

1. 初步混凝土配合比计算

混凝土初步配合比计算应按下列步骤进行计算：①计算配制强度$f_{cu,o}$，并求出相应的水胶比；②选取每立方米混凝土的用水量，并计算出每立方米混凝土的胶凝材料用量、水泥用量和矿物掺合料用量；③选取砂率，计算粗集料和细集料的用量，并提出供试配用的初步配合比。

（1）计算配制强度（$f_{cu,o}$）

根据行业标准《普通混凝土配合比设计规程》（JGJ 55—2011）规定，试配强度按下式计算：

1）当混凝土的设计强度小于C60时，配制强度应按下式确定：

$$f_{cu,o} \geqslant f_{cu,k} + 1.645\sigma$$

式中　$f_{cu,o}$——混凝土配制强度，MPa；

$f_{cu,k}$——混凝土立方体抗压强度标准值，这里取混凝土的设计强度等级值，MPa；

σ——混凝土强度标准差，MPa。

2）当混凝土的设计强度不小于C60时，配制强度应按下式确定：

$$f_{cu,o} \geqslant 1.15 f_{cu,k}$$

混凝土强度标准差σ应根据同类混凝土统计资料计算确定，其计算公式如下：

$$S_{f_{cu}} = \sqrt{\frac{\sum_{i=1}^{n} f_{cu,i}^2 - n m_{f_{cu}}^2}{n-1}}$$

式中　$f_{cu,i}$——统计周期内同一品种混凝土第i组试件的强度值，MPa；

$m_{f_{cu}}$——统计周期内同一品种混凝土n组试件的强度平均值，MPa；

n——统计周期内同品种混凝土试件的总组数。

当具有近1~3个月的同一品种、同一强度等级混凝土的强度资料，且试件组数不小于30时，其混凝土强度标准差σ应按上式进行计算。

对于强度等级不大于C30的混凝土，当混凝土强度标准差计算值不小于3.0MPa时，应按混凝土强度标准差计算公式计算结果取值；当混凝土强度标准差计算值小于3.0MPa时，应取3.0MPa。

对于强度等级大于C30且小于C60的混凝土，当混凝土强度标准差计算值不小于4.0MPa时，应按混凝土强度标准差计算公式计算结果取值；当混凝土强度标准差计算值小于4.0MPa时，应取4.0MPa。

当无统计资料计算混凝土强度标准差时，其值应按现行国家标准《混凝土结构工程施工质量验收规范(2011版)》[GB 50204—2002(2011版)](见表6-31)取用。

表6-31 混凝土强度标准差σ值

混凝土强度等级	≤C20	C25～C45	C50～C55
σ(MPa)	4.0	5.0	6.0

(2)计算水胶比(W/B)。

混凝土强度等级小于C60时，混凝土水胶比应按下式计算：

$$\frac{W}{B}=\frac{\alpha_a f_b}{f_{cu,o}+\alpha_a\alpha_b f_b}$$

式中 α_a、α_b——回归系数，回归系数见表6-32；

f_b——胶凝材料28d胶砂抗压强度，可实测，MPa。

表6-32 回归系数α_a和α_b选用表

系　数	碎　石	卵　石
α_a	0.53	0.49
α_b	0.20	0.13

为保证混凝土的耐久性，需要控制水胶比及胶凝材料用量，水胶比不得大于表6-26所规定的最大水胶比，如果计算所得的水胶比大于规定的最大水胶比时，应取规定的最大水胶比。

(3)确定$1m^3$混凝土用水量(m_{wo})

1)干硬性和塑性混凝土单位用水量的确定。

水胶比在0.40～0.80范围内时，根据粗集料的品种、粒径及施工要求的混凝土拌合物稠度，其单位用水量可按表6-19、表6-20选取。

2)流动性和大流动性混凝土的用水量宜按下列步骤计算：

① 以表6-19中坍落度90mm的用水量为基础，按坍落度每增大20mm用水量增加5kg，计算出未掺外加剂时的混凝土用水量。当坍落度增大到180mm以上时，随坍落度的相应增加的用水量可减少。

② 掺外加剂时的混凝土用水量可按下式计算：

$$m_{wa}=m_{wo}(1-\beta)$$

式中 m_{wa}——掺外加剂混凝土每立方米混凝土的用水量，kg；

m_{wo}——未掺外加剂混凝土每立方米混凝土的用水量，kg；

β——外加剂的减水率，应经混凝土的试验确定，%。

(4)计算$1m^3$混凝土胶凝材料用量(m_{bo})

根据已选定的混凝土用水量m_{wo}和水胶比(W/B)可求出胶凝材料用量：

$$m_{bo}=\frac{m_{wo}}{W/B}$$

$1m^3$ 混凝土矿物掺合料用量(m_{fo})的确定:

$$m_{fo}=m_{bo}\cdot\beta_f$$

式中　β_f——矿物掺合料掺量(%),矿物掺合料在混凝土中的掺量应通过试验确定。采用硅酸盐水泥或普通硅酸盐水泥时,钢筋混凝土和预应力混凝土中矿物掺合料最大掺量宜分别符合表6-33的规定。对基础大体积混凝土,粉煤灰、粒化高炉矿渣粉和复合掺合料的最大掺量可增加5%。采用掺量大于30%的C类粉煤灰的混凝土应以实际使用的水泥和粉煤灰掺量进行安定性检验。

表6-33　钢筋混凝土和预应力混凝土中矿物掺合料最大掺量

矿物掺合料种类	水胶比	最大掺量(%)	
		采用硅酸盐水泥时	采用普通硅酸盐水泥时
粉煤灰	≤0.4	45(35)	35(30)
	>0.4	40(25)	30(20)
粒化高炉矿渣粉	≤0.4	65(55)	55(45)
	>0.4	55(45)	45(35)
钢渣粉	—	30(20)	20(10)
磷渣粉	—	30(20)	20(10)
硅灰	—	10(10)	10(10)
复合掺合料	≤0.4	65(55)	55(45)
	>0.4	55(45)	45(35)

注:表中最大掺量中括号里的指标是指预应力混凝土中的矿物掺合料最大掺量。

每立方米混凝土水泥用量(m_{co})的确定:

$$m_{co}=m_{bo}-m_{fo}$$

为保证混凝土的耐久性,由以上计算得出的胶凝材料用量还要满足有关规定的最小胶凝材料用量的要求(见表6-26),如算得的胶凝材料用量少于规定的最小胶凝材料用量,则应取规定的最小胶凝材料用量值。

(5)选取砂率 S_p

合理的砂率值主要根据混凝土拌合物的坍落度、黏聚性及保水性等特征来确定。一般应通过试验来确定合理的砂率。当无历史资料可参考时,可通过计算或按下列规定来确定混凝土砂率。

1)坍落度小于10mm的混凝土,其砂率可经试验确定。对于混凝土用量大的工程也应经试验确定。

2)坍落度为10~60mm的混凝土,其砂率应以试验确定,也可以根据粗集料品种、粒径及水胶比选取,见表6-21。

3)坍落度大于60mm的混凝土砂率,可经试验确定,也可在表6-21的基础上,按坍落度每增大20mm,砂率增大1%的幅度予以调整。

(6)计算粗集料和细集料用量(m_{go}、m_{so})

粗、细集料的用量可用质量法和体积法求得。

1)当采用质量法时,应按下列公式计算:

$$\begin{cases} m_{co}+m_{fo}+m_{go}+m_{so}+m_{wo}=m_{cp} \\ \beta_s=\dfrac{m_{so}}{m_{so}+m_{go}}\times 100\% \end{cases}$$

式中 m_{co}——每立方米混凝土的水泥用量,kg;

m_{fo}——每立方米混凝土的矿物掺合料用量,kg;

m_{go}——每立方米混凝土的粗集料用量,kg;

m_{so}——每立方米混凝土的细集料用量,kg;

m_{wo}——每立方米混凝土的用水量,kg;

m_{cp}——每立方米混凝土拌合物的假定质量(其值可取 2350 ~ 2450kg),kg;

β_s——砂率,%。

2)当采用体积法时,应按下列公式计算:

$$\begin{cases} \dfrac{m_{co}}{\rho_c}+\dfrac{m_{fo}}{\rho_f}+\dfrac{m_{go}}{\rho_g}+\dfrac{m_{so}}{\rho_s}+\dfrac{m_{wo}}{\rho_w}+0.01=1 \\ \beta_s=\dfrac{m_{so}}{m_{so}+m_{go}}\times 100\% \end{cases}$$

式中 ρ_c——水泥密度(可取 2900 ~ 3100kg/m³),kg/m³;

ρ_f——矿物掺合料密度,kg/m³;

ρ'_g——粗集料的表观密度,kg/m³;

ρ'_s——细集料的表观密度,kg/m³;

ρ_w——水的密度(可取 1000kg/m³),kg/m³;

α——混凝土的含气量百分数(在不使用引气型外加剂时,α 可取 1)。

粗集料和细集料的表观密度 ρ_g 与 ρ_s 应按现行行业标准《普通混凝土用砂、石质量及检验方法标准》(JGJ 52—2006)规定的方法测定。

(7)计算 1m³ 混凝土外加剂用量(m_{ao})的确定。1m³ 混凝土外加剂用量(m_{ao})应按下列计算:

$$m_{ao}=m_{bo}\cdot\beta_a$$

式中 m_{ao}——计算配合比每立方米混凝土中外加剂用量,kg/m³;

m_{bo}——计算配合比每立方米混凝土中胶凝材料用量,kg/m³;

β_a——外加剂掺量(应经混凝土试验确定),%。

2. 配合比的试配、调整与确定

(1)配合比的试配

以上求出的各材料用量,是借助于一些经验公式和数据计算出来的,或是利用经验资料查得的,因而不一定符合实际情况,必须通过试拌调整,直到混凝土拌合物的和易性符合要求为止,然后提出供检验混凝土强度用的基准配合比,以下介绍和易性调整方法。

按初步配合比称取材料进行试拌，每盘混凝土试配的最小搅拌量，对于粗集料最大公称粒径≤31.5mm时，取20L；对于粗集料最大公称粒径为40mm时，应取25L。并要求最小搅拌量不应小于搅拌机公称容量的1/4。混凝土拌合物搅拌均匀后应测定坍落度，并检查其黏聚性和保水性能好坏。如坍落度不满足要求或黏聚性不好时，则应在保持水胶比不变的条件下，相应调整用水量或砂率。当坍落度低于设计要求时，可保持水胶比不变，增加适量胶凝材料和用水量。如坍落度太大，可以保持砂率不变条件下适当增加集料用量。如出现含砂不足，黏聚性和保水性不良时，可适当增大砂率；反之，应适当减小砂率。每次调整后再试拌，直到符合为止。当试拌调整工作完成后，应测出混凝土拌合物的表观密度($\rho_{c,t}$)。

经过和易性调整试验得出的混凝土基准配合比，其水胶比值不一定选用恰当，其结果是强度不一定符合要求，所以应检验混凝土的强度。一般采用三个不同的配合比，其中一个为基准配合比，另外两个配合比的水胶比值，应比基准配合比分别增加及减少0.05，其用水量应该与基准配合比相同，砂率值可分别增加或减少1%。每种配合比制作一组(3个)试块，标准养护28d试压(在制作混凝土强度试块时，尚需检验混凝土拌合物的和易性及测定表观密度，并以此结果作为代表这一配合比的混凝土拌合物的性能)。

(2)配合比的调整、确定

由试验得出的各胶水比值时的混凝土强度，用作图法或计算求出与$f_{cu,o}$相对应的胶水比值，并按下列原则确定每立方米混凝土的材料用量：

① 用水量(m_w)。取基准配合比中的用水量值，并根据制作强度试块时测得的坍落度(或维勃稠度)值，加以适当调整。

② 胶凝材料用量(m_c)。取用水量乘以经试验定出的、为达到$f_{cu,o}$所必需的胶水比值。

③ 粗、细集料用量(m_g及m_s)。取基准配合比中的粗、细集料用量，并按定出的水胶比值进行调整后确定。

(3)混凝土表观密度的校正

配合比经试配、调整确定后，还需要根据实测的混凝土表观密度$\rho_{c,t}$做必要的校正，其步骤如下：

① 计算出混凝土的计算表观密度值($\rho_{c,c}$)：

$$\rho_{c,c} = m_c + m_f + m_g + m_s + m_w$$

② 将混凝土的实测表观密度值($\rho_{c,t}$)除以$\rho_{c,c}$得出校正系数δ，即：

$$\delta = \frac{\rho_{c,t}}{\rho_{c,c}}$$

③ 当$\rho_{c,t}$与$\rho_{c,c}$之差的绝对值不超过$\rho_{c,c}$的2%时，由以上定出的配合比，即为确定的设计配合比；若二者之差超过2%时，则要将已定出的混凝土配合比中每项材料用量均乘以校正系数δ，即为最终定出的设计配合比。

配合比调整后，应测定拌合物水溶性氯离子含量，试验结果应符合《普通混凝土配合比设计规程》(JGJ 55—2011)的规定。

另外，通常简易的做法是通过试压，选出既满足混凝土强度要求，胶凝材料用量又较少的配合比为所需的配合比，再做混凝土表观密度的校正。

若对混凝土还有其他的技术性能要求，如抗渗等级不低于P6级、抗冻等级不低于D50级等要求，混凝土的配合比设计应按《普通混凝土配合比设计规程》(JGJ 55—2011)的有关规定进行。

3. 施工配合比

设计配合比，是以干燥材料为基准的，而工地存放的砂、石材料都含有一定的水分。所以现场材料的实际称量应按工地砂、石的含水情况进行修正，修正后的配合比，叫做施工配合比。工地存放的砂、石的含水情况常有变化，应按变化情况，随时进行修正。

现假定工地测出的砂的含水率为 a%、石子的含水率为 b%，则将上述设计配合比换算为施工配合比，其材料的称量应为：

水泥 $m'_c = m_c(\text{kg})$

矿物掺合料： $m'_f = m_f(\text{kg})$

砂： $m'_s = m_s(1 + a\%)(\text{kg})$

石子： $m'_g = m_g(1 + b\%)(\text{kg})$

水： $m'_w = m_w - m_s \times a\% - m_g \times b\%(\text{kg})$

6.5.4 普通混凝土配合比设计的实例

某教学楼现浇钢筋混凝土“T”型梁，混凝土柱截面最小尺寸为100mm，钢筋间距最小尺寸为40mm。该柱在露天受雨雪影响。混凝土设计等级为C25。采用32.5级复合硅酸盐水泥，实测强度为37.0MPa，密度为3.15g/cm^3；砂子为中砂，含水率为3%，表观密度为2.60g/cm^3，堆积密度为1500kg/m^3；石子为碎石，含水率为1%，表观密度2.65g/cm^3，堆积密度为1550kg/m^3；该混凝土不掺入任何矿物掺合料。混凝土要求坍落度35～50mm，施工采用机械搅拌，机械振捣，施工单位无混凝土强度标准差的历史统计资料。试设计混凝土配合比。

【解】(1)初步配合比的确定($f_{cu,o}$)

1)配制强度的确定：

$$f_{cu,o} \geqslant f_{cu,k} + 1.645\sigma$$

由于施工单位没有 σ 的统计资料，查表6-31可得，$\sigma = 5.0$MPa，同时 $f_{cu,k} = 25$MPa，代入上式，得：

$$f_{cu,o} \geqslant 25 + 1.645 \times 5.0 = 33.23(\text{MPa})$$

2)确定水胶比(W/B)。由于混凝土强度低于C60，因此：

$$\frac{W}{B} = \frac{\alpha_a f_b}{f_{cu,o} + \alpha_a \alpha_b f_b}$$

采用碎石，$\alpha_a = 0.53$；$\alpha_b = 0.20$。

将复合硅酸盐水泥的实测强度 $f_{ce} = 37.0$MPa，代入上式，得：

$$\frac{W}{B} = \frac{\alpha_b f_{ce}}{f_{cu,o} + \alpha_a \alpha_b f_{ce}} = \frac{\alpha_a \gamma_f \gamma_s f_{ce}}{f_{cu,o} + \alpha_a \alpha_b \gamma_f \gamma_s f_{ce}} = \frac{0.53 \times 1.0 \times 1.0 \times 37.0}{33.23 + 0.53 \times 0.20 \times 1.0 \times 1.0 \times 37.0} = 0.53$$

根据表6-26，取 $W/B = 0.53$ 时，不能满足混凝土耐久性要求，为此，W/B 应取0.50。

3)确定单位用水量(W_{wo})。确定粗集料最大粒径：根据《混凝土结构工程施工质量验收规范》[GB 50204—2002(2011年版)]，粗集料最大粒径不超过结构截面最小尺寸的1/4，并不得大于钢筋最小净距的3/4，即：

$$D_{max} \leqslant (1/4) \times 100 = 25(\text{mm}) > 20\text{mm}$$

同时：

$$D_{max} \leqslant (3/4) \times 40 = 30(\text{mm}) > 20\text{mm}$$

因此，粗集料最大粒径按公称粒级应选用 $D_{max} = 20\text{mm}$，即采用5～20mm的碎石集料。

查表6-20，选用单位用水量195kg/m³。

4）计算胶凝材料用量：

$$m_{co} = \frac{m_{wo}}{W/B} = \frac{195}{0.50} = 390(\text{kg})$$

对照表6-26，本工程要求最小胶凝材料用量为320kg/m³，故选胶凝材料用量为390kg/m³。由于该混凝土不掺入任何矿物掺合料，所以水泥用量 m_{co}：

$$m_{co} = m_{bo} = 390(\text{kg})$$

5）确定砂率。查表6-21，砂率范围为32%～37%。

碎石空隙率 $P' = \left(1 - \frac{\rho'_{go}}{\rho'_g}\right) \times 100\% = \left(1 - \frac{1550}{2650}\right) \times 100\% = 42\%$

采用砂率公式计算得：

$$\beta_s = \beta \frac{\rho'_{so} P'}{\rho'_{so} P' + \rho'_{go}} = 1.2 \times \frac{1.50 \times 0.42}{1.5 \times 0.42 + 1.55} = 0.34$$

根据查表或计算取 $\beta_s = 34\%$。

6）计算砂石用量（采用体积法）：

$$\frac{m_{co}}{\rho_c} + \frac{m_{fo}}{\rho_f} + \frac{m_{go}}{\rho'_g} + \frac{m_{so}}{\rho'_s} + \frac{m_{wo}}{\rho_w} + 0.01\alpha = \frac{390}{3150} + 0 + \frac{m_{go}}{2650} + \frac{m_{so}}{2600} + \frac{195}{1000} + 0.01 \times 1 = 1$$

$$\beta_s = \frac{m_{so}}{m_{so} + m_{go}} \times 100\% = 34\%$$

解方程组得：

$$m_s = 600(\text{kg/m})^3, m_g = 1166(\text{kg/m})^3$$

经初步计算，每立方米混凝土材料用量为：水泥390kg；水195kg；砂600kg；碎石1166kg。

（2）配合比的试配、调整和确定

1）和易性的调整。按初步配合比，称取20L混凝土的材料用量。

水泥：$m_c = 390 \times 0.020 = 7.96(\text{kg})$；砂：$m_s = 600 \times 0.020 = 12.00(\text{kg})$

碎石：$m_g = 1166 \times 0.020 = 23.32(\text{kg})$；水：$m_w = 195 \times 0.020 = 3.90(\text{kg})$

按规定方法拌合，测得坍落度为60mm，不满足规定坍落度35～50mm，增加砂和石子各5%，则砂用量为12.60kg，石子为24.48kg，经拌合测得坍落度为50mm，混凝土黏聚性、保水性均良好。经调整后的各项材料用量：水泥7.80kg，水3.90kg，砂12.60kg，碎石24.48kg，材料总质量为48.78kg。符合设计要求。然后测定混凝土拌合物表观密度为2405kg/m³。

和易性合格后，确定基准配合比：

水泥：

$$m'_c = \frac{m_c}{m_c + m_s + m_g + m_w} \cdot \rho_{c,t} = \frac{7.80}{7.80 + 12.60 + 24.48 + 3.90} \times 2405 = 385(\text{kg})$$

砂：

$$m'_s = \frac{m_s}{m_c + m_s + m_g + m_w} \cdot \rho_{c,t} = \frac{12.60}{7.80 + 12.60 + 24.48 + 3.90} \times 2405 = 621(\text{kg})$$

碎石：

$$m'_g = \frac{m_g}{m_c + m_s + m_g + m_w} \cdot \rho_{c,t} = \frac{24.48}{7.80 + 12.60 + 24.48 + 3.90} \times 2405 = 1207(\text{kg})$$

水：

$$m'_w = \frac{m_w}{m_c + m_s + m_g + m_w} \cdot \rho_{c,t} = \frac{3.90}{7.80 + 12.60 + 24.48 + 3.90} \times 2405 = 192(\text{kg})$$

2）强度校核。采用水胶比为0.45、0.50和0.55三个不同的配合比，配制三组混凝土试件，并检验和易性（因$W/B = 0.50$的基准配合比已检验，可不再检验），测混凝土拌合物表观密度，分别制作混凝土试块，标养28d，然后测强度，其结果见表6-34。

表6-34　混凝土28d强度值

水胶比	材料用量（kg/m³）				坍落度（mm）	表观密度（kg/m³）	强度（MPa）
	水泥	砂	石	水			
0.45	427	621	1207	192	45	2415	34.6
0.50	384	621	1207	192	50	2405	31.9
0.55	349	621	1207	192	55	2400	29.6

由表6-34的三组数据，绘制$f_{cu} - \frac{B}{W}$关系曲线，可找出与配制强度33.23MPa相对应的胶水比，得2.04（水胶比为0.49）。

符合强度要求的配合比为：

水泥：$m_c = 2.04 \times 192 = 392\text{kg}$；砂：$m_s = 621\text{kg}$；碎石：$m_g = 1207\text{kg}$；水：$m_w = 192\text{kg}$

3）表观密度的校正：

$$\delta = \frac{2405}{392 + 621 + 1207 + 192} = 0.997$$

$$m_c = 392 \times 0.997 = 391(\text{kg})$$

$$m_s = 621 \times 0.997 = 619(\text{kg})$$

$$m_g = 1207 \times 0.997 = 1203(\text{kg})$$

$$m_w = 192 \times 0.997 = 191(\text{kg})$$

即确定的混凝土设计配合（留整数）为：水泥391kg、砂619kg、碎石1203kg、水191kg。

（3）确定施工配合比

由于施工现场砂和碎石的含水率分别为3%和1%，则该混凝土的施工配合比为：

水泥：$m_c = 391(\text{kg})$

砂：$m_s = 619 \times (1 + 3\%) = 637(\text{kg})$

碎石：$m_g = 1203 \times (1 + 1\%) = 1215(\text{kg})$

水：$m_w = 191 - 619 \times 3\% - 1203 \times 1\% = 160(\text{kg})$

6.6　路面水泥混凝土

路面水泥混凝土是指满足路面摊铺工作性、弯拉强度、耐久性与经济性要求的普通混凝土。

6.6.1　路面水泥混凝土对组成材料的技术要求

1. 水泥

水泥是路面混凝土的重要组成材料，直接影响混凝土的强度、早期干缩、温度变形和抗磨性。特重交通、重交通等级的普通混凝土路面，可使用旋窑硅酸盐水泥或普通硅酸盐水泥，应优先采用旋窑道路硅酸盐水泥。中、轻交通的路面，也可采用矿渣硅酸盐水泥。冬季施工、有快凝要求的路段可采用 R 型早强水泥，一般情况宜采用普通型水泥。表 6-35 为《公路普通混凝土路面施工技术规范》（JTG F30—2003）对各级交通等级路面混凝土用水泥的强度要求，水泥的化学成分、物理性能等品质要求应符合国家标准《通用硅酸盐水泥》国家标准第 1 号修改单（GB 175—2007/XG1—2009）规定。

表 6-35　各交通等级路面水泥各龄期的强度要求

交通等级	特重交通		重交通		中、轻交通	
龄期(d)	3	28	3	28	3	28
抗压强度(MPa)，≥	25.5	57.5	22.0	52.5	16.0	42.5
抗折强度(MPa)，≥	4.5	7.5	4.0	7.0	3.5	6.5

2. 粉煤灰

混凝土路面在掺用粉煤灰时，应掺用质量指标符合表 4-5 规定的Ⅰ、Ⅱ级干排或磨细粉煤灰，不得使用Ⅲ级粉煤灰。贫混凝土、碾压混凝土基层或复合式路面下面层应掺用符合表 4-5 规定的Ⅲ级或Ⅱ级以上粉煤灰，不得使用等外粉煤灰。

3. 粗集料

（1）技术要求

粗集料应使用质地坚硬、耐久、洁净的碎石、碎卵石或卵石，按《公路普通混凝土路面施工技术规范》（JTG F30—2003），粗集料应符合表 6-36 的规定。高速公路、一级公路、二级公路及有抗（盐）冻要求的三、四级公路混凝土路面使用的粗集料级别应不低于Ⅱ级，无抗（盐）冻要求的三、四级公路混凝土路面、碾压混凝土及贫混凝土基层可使用Ⅲ级粗集料。有抗（盐）冻要求时，Ⅰ级集料吸水率不应大于 1.0%；Ⅱ级集料吸水率不应大于 2.0%。

表 6-36　普通混凝土路面用粗集料的技术要求

技术指标	技术要求		
	Ⅰ级	Ⅱ级	Ⅲ级
碎石压碎指标(%)	<10	<15	<20
卵石压碎指标(%)	<12	<14	<16
岩石抗压强度	火成岩不应小于 100MPa；变质岩不应小于 80MPa；水成岩不应小于 60MPa		
坚固性(按质量损失计)(%)	<5	<8	<12
泥的质量分数(按质量计)(%)	<0.5	<1.0	<1.5
泥块质量分数(按质量计)(%)	<0	<0.2	<0.5
有机物质量分数(比色法)	合格	合格	合格

续表

技术指标	技术要求		
	Ⅰ级	Ⅱ级	Ⅲ级
硫化物和硫酸盐（按 SO_3，质量计）（%）	<0.5	<1.0	<1.0
针片状颗粒质量分数（按质量计）（%）	<5	<15	<20
表观密度（kg/cm^3）	>2500		
松散堆积密度（kg/cm^3）	>1350		
空隙率（%）	<47		
碱-集料反应	经碱-集料反应试验后，由砂配制的试件无裂缝、酥裂、胶体外溢等现象，在规定试验龄期的膨胀率应小于0.10%		

注：1. Ⅲ级碎石的压碎指标，用作路面时，应<20%；用作下面层或基层时，可<25%。

2. Ⅲ级粗集料的针、片状颗粒质量分数，用作路面时，应<20%；用作下面层或基层时，可<25%。

3. Ⅰ级宜用于强度等级>C60的混凝土；Ⅱ级宜用于强度等级C30~C60及抗冻、抗渗或有其他要求的混凝土；Ⅲ级宜用于强度等级<C30的混凝土。

（2）最大公称粒径和级配要求

用作路面和桥面混凝土的粗集料不得使用不分级的统料，应按最大公称粒径的不同，采用2~4个粒级的集料进行掺配，并应符合表6-37合成级配的要求。卵石最大公称粒径不宜大于19.0mm；碎卵石最大公称粒径不宜大于26.5mm；碎石最大公称粒径不应大于31.5mm。贫混凝土基层粗集料最大公称粒径不应大于31.5mm；钢纤维混凝土与碾压混凝土粗集料最大公称粒径不宜大于19.0mm。碎卵石或碎石中粒径小于75μm的石粉质量分数不宜大于1%。

表6-37　粗集料级配范围

公称粒级（mm）		累计筛余（%）							
		方筛孔（mm）							
		2.36	4.75	9.50	16.0	19.0	26.5	31.5	37.5
合成粒级	4.75~16	95~100	85~100	40~60	0~10	—	—	—	—
	4.75~19	95~100	85~95	60~75	30~45	0~5	0	—	—
	4.75~26.5	95~100	90~100	70~90	50~70	25~40	0~5	0	—
	4.75~31.5	95~100	90~100	75~90	60~75	40~60	20~35	0~5	0
粒级	4.75~9.5	95~100	80~100	0~15	0	—	—	—	—
	9.5~16	—	95~100	80~100	0~15	0	—	—	—
	9.5~19	—	95~100	85~100	40~60	0~15	0	—	—
	16~26.5	—	—	95~100	55~70	25~40	0~10	0	—
	16~31.5	—	—	95~100	85~100	55~70	25~40	0~10	0

4. 细集料

（1）技术要求

细集料应采用质地坚硬、耐久、洁净的天然砂、机制砂或混合砂，按《公路普通混凝土路面施工技术规范》(JTG F30—2003),细集料应符合表6-38的规定。高速公路、一级公路、二级公路及有抗(盐)冻要求的三、四级公路混凝土路面使用的砂不低于Ⅱ级,无抗(盐)冻要求的三、四级公路混凝土路面、碾压混凝土及贫混凝土基层可使用Ⅲ级砂。特重交通、重交通混凝土路面宜使用河砂,砂的硅质质量分数不应低于25%。

表6-38　普通混凝土路面用细集料的技术要求

<table>
<tr><th colspan="2" rowspan="2">技术指标</th><th colspan="3">技术要求</th></tr>
<tr><th>Ⅰ级</th><th>Ⅱ级</th><th>Ⅲ级</th></tr>
<tr><td rowspan="2">压碎值和坚固性</td><td>机制砂单粒级最大压碎指标(%)</td><td><20</td><td><25</td><td><30</td></tr>
<tr><td>坚固性(按质量损失计)(%)</td><td><6</td><td><8</td><td><10</td></tr>
<tr><td rowspan="9">有害杂质含量</td><td>天然砂、机制砂中泥的质量分数(按质量计)(%)</td><td><1.0</td><td><2.0</td><td><3.0</td></tr>
<tr><td>天然砂、机制砂泥块质量分数(按质量计)(%)</td><td><0</td><td><1.0</td><td><2.0</td></tr>
<tr><td>机制砂亚甲蓝试验MB值<1.4或合格,石粉质量分数(按质量计)(%)</td><td><3.0</td><td><5.0</td><td><7.0</td></tr>
<tr><td>机制砂亚甲蓝试验MB值≥1.4或不合格,石粉质量分数(按质量计)(%)</td><td><1.0</td><td><3.0</td><td><5.0</td></tr>
<tr><td>云母(按质量计)(%)</td><td><1.0</td><td><2.0</td><td><2.0</td></tr>
<tr><td>氯化物(按质量计)(%)</td><td><0.01</td><td><0.02</td><td><0.06</td></tr>
<tr><td>轻物质(按质量计)(%)</td><td><1.0</td><td><1.0</td><td><1.0</td></tr>
<tr><td>硫化物和硫酸盐(按SO_3质量计)(%)</td><td><0.5</td><td><0.5</td><td><0.5</td></tr>
<tr><td>有机质质量分数(比色法)</td><td>合格</td><td>合格</td><td>合格</td></tr>
<tr><td rowspan="2">密度</td><td>表观密度(kg/cm^3)</td><td colspan="3">>2500</td></tr>
<tr><td>松散堆积密度(kg/cm^3)</td><td colspan="3">>1350</td></tr>
<tr><td colspan="2">空隙率(%)</td><td colspan="3"><47</td></tr>
<tr><td colspan="2">碱-集料反应</td><td colspan="3">经碱-集料反应试验后,由砂配制的试件无裂缝、酥裂、胶体外溢等现象,在规定试验龄期的膨胀率应小于0.10%</td></tr>
</table>

注:1．天然Ⅲ级砂用作路面时,含泥量应小于3%;用作贫混凝土基层时,可小于5%。

2．Ⅰ级宜用于强度等级大于C60的混凝土;Ⅱ级宜用于强度等级C30~C60及抗冻、抗渗或有其他要求的混凝土;Ⅲ级宜用于强度等级小于C30的混凝土。

(2)级配和细度要求

细集料的级配要求应符合表6-6的规定,路面和桥面用的天然砂宜为中砂,也可使用细度模数在2.0~3.5的砂。同一配合比用的砂的细度模数变化范围不应超过0.3,否则,应分别堆放,并调整配合比中的砂率后使用。

5. 水

饮用水可以直接作为混凝土拌合养护用水,水中不得含有油污、泥及其他有害杂质。对水质有疑问时,经检验水应符合表6-39的指标,合格者方可使用。

表 6-39　路面混凝土用水的质量要求

指　标	要　求
pH 值	≥4
硫酸盐质量分数(按 SO_3 计)(mg/mm^3)	<0.0027
盐质量分数(mg/mm^3)	≤0.005

6. 外加剂

外加剂可以改善混凝土的性能,通常掺入的外加剂有减水剂、引气剂、缓凝剂、抗冻剂等。在路面混凝土中所使用的高效减水剂,其减水率应达到15%,引气减水剂的减水率应达到12%。

6.6.2　路面水泥混凝土的技术性质

路面混凝土既要受到车辆荷载的反复作用,又要受到大自然、气候的直接影响,因而需要具备优良的技术性质。

1. 抗折强度

各种交通等级,对混凝土抗折强度,要求不低于表6-40的标准,条件许可时,尽量采用较高的设计强度,特别是特重交通的道路。

表 6-40　路面水泥混凝土抗弯拉强度标准值

交通等级	特重	重	中等	轻
混凝土设计弯拉强度(MPa)	5.0	5.0	4.5	4.0

注:在特重交通的特殊路段,通过论证,可以使用设计抗折强度5.5MPa。

2. 和易性(工作性)

混凝土拌合物在施工拌合、运输浇筑、捣实和抹平等过程中不分层、不离析、不泌水,能均匀密实填充在结构物模板内,即具有良好的工作性,符合施工要求。混凝土路面滑模最佳工作性、允许范围及最大单位用水量,见表6-41。

表 6-41　混凝土路面滑模最佳和易性、允许范围及最大单位用水量

集料品种		卵石混凝土	碎石混凝土
坍落度(mm)	设前角的滑模摊铺机	20~40	25~50
	不设前角的滑模摊铺机	10~40	10~30
	允许波动范围(mm)	5~55	10~65
振动黏度系数($N\cdot s/m^2$)		200~500	100~600
最大单位用水量(kg/m^3)		155	160

不同路面施工方式的混凝土坍落度及最大单位用水量,见表6-42。

表 6-42　不同路面施工方式混凝土坍落度及最大单位用水量

摊铺方式	三辊轴机组摊铺		轨道摊铺机摊铺		小型机具摊铺	
出机坍落度(mm)	30~50		40~60		10~40	
摊铺坍落度(mm)	10~30		20~40		0~20	
最大单位用水量(kg/m^3)	碎石153	卵石148	碎石156	卵石153	碎石150	卵石145

3. 耐久性

混凝土与大自然接触，受到干湿、冷热、水流冲刷、行车磨耗和冲击、腐蚀等作用，要求混凝土路面必须具有良好的耐久性。在混凝土配合比设计时，采用限制最大水灰（胶）比和最小水泥用量来满足路面耐久性的要求，具体见表 6-43。

表 6-43　混凝土满足耐久性要求的最大水灰（胶）比和最小单位水泥用量

公路技术等级		高速公路、一级公路	二级公路	三、四级公路
最大水灰（胶）比		0.44	0.46	0.48
抗冰冻要求最大水灰（胶）比		0.42	0.44	0.46
抗盐冻要求最大水灰（胶）比		0.40	0.42	0.44
最小单位水泥用量（kg/m^3）	42.5 级	300	300	290
	32.5 级	310	310	305
抗冰（盐）冻时最小单位水泥用量（kg/m^3）	42.5 级	320	320	315
	32.5 级	330	330	325
掺粉煤灰时最小单位水泥用量（kg/m^3）	42.5 级	260	260	255
	32.5 级	280	270	265
抗冰（盐）冻掺粉煤灰最小单位水泥用量（42.5 级水泥）（kg/m^3）		280	270	265

注：1. 掺粉煤灰，并有抗冰（盐）冻性要求时，不得使用 32.5 级水泥。

2. 水灰（胶）比计算以砂石的自然风干状态计（砂中水的质量分数≤1.0%；石子中水的质量分数≤0.5%）；处在除冰盐、海风、酸雨或硫酸盐等腐蚀性环境中、在大纵坡等加减速车道上的混凝土，最大水灰（胶）比可比表中数值降低 0.01～0.02。

6.6.3　路面水泥混凝土配合比设计方法

普通混凝土路面用混凝土配合比设计方法，按行业现行标准《公路普通混凝土路面施工技术规范》（JTG F30—2003）的规定，采用抗弯拉强度为指标。

路面水泥混凝土配合比设计，应满足工作性、抗弯拉强度、耐久性的要求。

路面水泥混凝土配合比设计按下列步骤进行：

1. 确定配制强度（f_c）

$$f_c = \frac{f_r}{1 - 1.04c_v} + ts$$

式中　f_c——配制 28d 弯拉强度的均值，MPa；

f_r——混凝土设计抗弯拉强度标准值，按表 6-40 确定，MPa；

s——弯拉强度试验样本的标准差，MPa；

t——保证率系数，应按表 6-44 确定。

c_v——混凝土弯拉强度变异系数，应按照统计数据在表 6-45 的规定范围中取值；当无统计数据时，应按照设计取值；如果施工配制弯拉强度超出设计给定的弯拉强度变异系数上限，则必须改变施工机械装备，提高施工控制水平。

表 6-44　保证率系数 t

公路技术等级	判别概率 p	样本数 n(组)				
		3	6	9	15	20
高速公路	0.05	1.36	0.79	0.61	0.45	0.39
一级公路	0.10	0.95	0.59	0.46	0.35	0.30
二级公路	0.15	0.72	0.46	0.37	0.28	0.24
三、四级公路	0.20	0.56	0.37	0.29	0.22	0.19

表 6-45　各级公路混凝土路面弯拉强度变异系数

公路技术等级	高速公路	一级公路		二级公路	三、四级公路	
变异水平等级	低	低	中	中	中	高
变异系数允许范围	0.05~0.10	0.05~0.10	0.10~0.15	0.10~0.15	0.10~0.15	0.15~0.20

2. 水灰比(W/C)的计算、校核及确定

(1)按照混凝土弯拉强度计算水灰比

不同粗集料类型混凝土的水灰比 W/C 按下列经验公式计算。

碎石(或破碎卵石)混凝土:

$$\frac{W}{C}=\frac{1.5684}{f_c+1.0097-0.3595f_s}$$

卵石混凝土:

$$\frac{W}{C}=\frac{1.2618}{f_c+1.5492-0.4709f_s}$$

式中　f_c——混凝土配制弯拉强度,MPa;

f_s——水泥 28d 实测抗折强度,MPa。

(2)水胶比 $W/(C+F)$ 的计算

水胶比中的"水胶"是指水泥与粉煤灰质量之和,如果将粉煤灰作为掺合料时,应计入超量取代法中代替水泥的那一部分粉煤灰用量 F,代替砂的超量部分不计入,此时,水灰比 W/C 用水胶比 $W/(C+F)$ 代替。

(3)耐久性校核确定水灰(胶)比

按照路面混凝土的使用环境、道路技术等级查表 6-43,得到满足耐久性要求的最大水灰比(或最大水胶比)。在满足弯拉强度和耐久性要求的水灰比(或水胶比)中取小值作为路面混凝土的设计水灰比(或水胶比)。

3. 选取砂率(β_s)

根据砂的细度模数和粗集料品种,查表 6-46 选取砂率 β_s。

表 6-46　砂的细度模数与最优砂率的关系

砂的细度模数		2.2~2.5	2.5~2.8	2.8~3.1	3.1~3.4	3.4~3.7
砂率 β_s(%)	碎石	30~34	32~36	34~38	36~40	38~42
	卵石	28~32	30~34	32~36	34~38	36~40

4. 单位用水量(m_{wo})

(1)不掺外加剂和掺合料时,单位用水量的计算

单位用水量按照下列经验公式计算,其中砂石材料质量以自然风干状态计。

$$碎石:m_{wo}=104.97+0.309S_L+11.27(C/W)+0.61\beta_s$$

$$卵石:m_{wo}=86.89+0.370S_L+11.24(C/W)+1.00\beta_s$$

式中　S_L——坍落度,mm;

β_s——砂率,%;

C/W——灰水比。

(2)掺外加剂的混凝土单位用水量

掺外加剂混凝土的单位用水量按下式计算。

$$m_{w,ad}=m_{wo}(1-\beta_{ad})$$

式中　$m_{w,ad}$——掺外加剂混凝土的单位用水量,kg/m^3;

m_{wo}——未掺外加剂时混凝土的单位用水量,kg/m^3;

β_{ad}——外加剂减水率的实测值,以小数计。

单位用水量应取计算值与表6-41(或表6-42)中规定值中的较小值。如果实际用水量在仅掺引气剂时的混凝土拌合物不能满足坍落度要求时,应掺用引气剂复合(高效)减水剂。对于三、四级公路,也可采用真空脱水工艺。

5. 单位水泥用量(m_{co})的确定

单位水泥用量m_{co}按照下式计算,然后根据道路等级和环境条件,查表6-43得到满足耐久性要求的最小水泥用量,取两者中的较大值。

$$m_{co}=m_{wo}\times(C/W)$$

式中　m_{co}——单位用水量,kg/m^3;

C/W——混凝土的灰水比。

6. 单位粉煤灰用量

路面混凝土中掺用粉煤灰时,其配合比应按照超量取代法进行。代替水泥的粉煤灰掺量:Ⅰ型硅酸盐水泥≤30%;Ⅱ型硅酸盐水泥≤25%;道路硅酸盐水泥≤20%;普通硅酸盐水泥≤15%;矿渣硅酸盐水泥不得掺粉煤灰。粉煤灰的超量部分应代替砂,并折减用砂量。

7. 砂石材料用量m_{so}和m_{go}

一般道路混凝土中的砂石材料用量的计算采用体积法或质量法,将上述计算确定的单位水泥用量m_{co}、单位用水量m_{wo}和砂率β_s代入,联立求解即可确定砂石材料用量。

1)采用质量法时,应按下列公式计算:

$$\begin{cases}m_{co}+m_{go}+m_{so}+m_{wo}=m_{cp}\\ \beta_s=\dfrac{m_{so}}{m_{so}+m_{go}}\times100\%\end{cases}$$

式中　m_{co}——每立方米混凝土的水泥用量,kg;

m_{go}——每立方米混凝土的粗集料用量,kg;

m_{so}——每立方米混凝土的细集料用量,kg;

m_{wo}——每立方米混凝土的用水量,kg;

m_{cp}——每立方米混凝土拌合物的假定质量(其值可取2350~2450kg),kg;

β_s——砂率,%。

2)当采用体积法时,应按下列公式计算:

$$\begin{cases} \dfrac{m_{co}}{\rho_c}+\dfrac{m_{go}}{\rho'_g}+\dfrac{m_{so}}{\rho'_s}+\dfrac{m_{wo}}{\rho_w}+0.01\alpha=1 \\ \beta_s=\dfrac{m_{so}}{m_{so}+m_{go}}\times 100\% \end{cases}$$

式中 ρ_c——水泥密度(可取2900~3100kg/m³),kg/m³;

ρ'_g——粗集料的表观密度,kg/m³;

ρ'_s——细集料的表观密度,kg/m³;

ρ_w——水的密度(可取1000kg/m³),kg/m³;

α——混凝土的含气量百分数(在不使用引气型外加剂时,α可取1)。

经计算得到的配合比应验算单位粗集料填充体积率,且不宜小于70%。

混凝土的初步配合比确定后,应对该配合比进行试配、调整,确定其设计配合比,有关方法与本章普通混凝土配合比设计方法相同。

6.6.4 路面用水泥混凝土配合比的实例

试设计某高速公路路面用普通混凝土配合比(以弯拉强度为设计指标的设计方法)。

【原始资料】

(1)某高速公路路面工程用混凝土(无抗冰冻性要求),要求混凝土设计弯拉强度标准值f_r为5.0MPa,施工单位混凝土弯拉强度样本的标准差s为0.4MPa($n=9$)。混凝土由机械搅拌并振捣,采用滑模摊铺机摊铺,施工要求坍落度30~50mm。

(2)组成材料:硅酸盐水泥P·Ⅱ型52.5级,实测水泥28d抗折强度为8.2MPa,水泥密度$\rho_c=3100\text{kg/m}^3$;中砂:表观密度$\rho_s=2630\text{kg/m}^3$,细度模数2.6;碎石:公称粒级为5~40mm,表观密度$\rho_g=2700\text{kg/m}^3$;振实密度$\rho_{gh}=1701\text{kg/m}^3$;水:自来水。

【解】(1)确定初步配合比

1)计算配制弯拉强度(f_c)。由表6-44,当高速公路路面混凝土样本数为9时,保证率系数t为0.61。

按照表6-45,高速公路路面混凝土变异水平等级为“低”,混凝土弯拉强度变异系数c_v=0.05~0.10,取中值0.075。

根据设计要求$f_r=5.0$MPa,将以上参数带入混凝土配制弯拉强度计算公式计算混凝土配制弯拉强度:

$$f_c=\frac{f_r}{1-1.04c_v}+ts=\frac{5.0}{1-1.04\times 0.075}+0.61\times 0.4=5.67(\text{MPa})$$

2)确定水灰比(W/C)。

① 按弯拉强度计算水灰比。由所给资料:水泥实测抗折强度$f_s=8.2$MPa。计算得到的混凝土配制弯拉强度$f_c=5.67$MPa,粗集料为碎石,代入计算混凝土的水灰比(W/C)计算公式计算水灰比(W/C):

$$\frac{W}{C}=\frac{1.5684}{f_c+1.0097-0.3595f_s}=\frac{1.5684}{5.67+1.0097-0.3595\times 8.2}=0.42$$

② 耐久性校核。混凝土为高速公路路面所用,无抗冰冻性要求,查表6-43,得最大水灰比为0.44,故按照强度计算的水灰比结果符合耐久性要求,取水灰比 $W/C=0.42$,灰水比 $C/W=2.38$。

3)确定砂率(β_s)。由砂的细度模数2.6,碎石,查表6-46,取混凝土砂率 $\beta_s=34\%$。

4)确定单位用水量(m_{wo})。由坍落度要求30~50mm,取40mm,灰水比 $C/W=2.38$,砂率34%代入下式并计算单位用水量:

$$\begin{aligned} m_{wo}&=104.97+0.309S_L+11.27(C/W)+0.61\beta_s \\ &=104.97+0.309\times 40+11.27\times 2.38+0.61\times 34=143(\text{kg}) \end{aligned}$$

查表6-42,得知最大单位用水量为153kg,故取计算单位用水量143kg。

5)确定单位水泥用量(m_{co})。将单位用水量143kg,灰水比 $C/W=2.38$ 代入下式并计算单位水泥用量:

$$m_{co}=m_{wo}\times(C/W)=143\times 2.38\text{kg}=340\text{kg}$$

查表6-43得满足耐久性要求的最小水泥用量为300kg,由此取计算水泥用量340kg。

6)计算粗、细集料用量(m_{go}、m_{so})。采用体积法计算粗、细集料用量(m_{go}、m_{so}):

$$\begin{cases} \dfrac{m_{so}}{2630}+\dfrac{m_{go}}{2700}=1-\dfrac{340}{3100}-\dfrac{143}{1000}-0.01\times 1 \\ \dfrac{m_{so}}{m_{so}+m_{go}}\times 100\%=34\% \end{cases}$$

解得:砂用量 $m_{so}=671\text{kg}$;碎石用量 $m_{go}=1302\text{kg}$

验算:碎石的填充体积 $=(m_{go}/\rho_{gh})\times 100\%=(1302/1701)\times 100\%=74.2\%$,符合要求。

由此确定路面混凝土的"初步配合比"为:$m_{cb}:m_{wb}:m_{sb}:m_{gb}=345:145:671:302$。

(2)路面混凝土的基准配合比、设计配合比、施工配合比

路面混凝土的基准配合比、设计配合比、施工配合比的设计内容与普通混凝土相同。

6.7　其他功能混凝土

6.7.1　泵送混凝土

1. 泵送混凝土定义及特点

(1)定义

将搅拌好的混凝土,其坍落度不低于100mm,采用混凝土输送泵沿管道输送和浇注,称为泵送混凝土。由于施工工艺上的要求,所采用的施工设备和混凝土配合比都与普通施工方法不同。

(2)特点

采用混凝土泵输送混凝土拌合物,可一次连续完成垂直和水平输送,而且可以进行浇注,因而生产率高,节约劳动力,特别适用于工地狭窄和有障碍的施工现场,以及大体积混凝土结

构物和高层建筑。

2. 泵送混凝土的可泵性

(1)可泵性

泵送混凝土是拌合料在压力下沿管道内进行垂直和水平的输送,它的输送条件与传统的输送有很大的不同。因此,对拌合料性能的要求与传统的要求相比,既有相同点也有不同的特点。按传统方法设计的有良好和易性(流动性和黏聚性)的新拌混凝土,在泵送时却不一定有良好的可泵性,有时发生泵压陡升和阻泵现象。阻泵和堵泵会造成施工困难。这就要求混凝土学者对新拌混凝土的可泵性做出较科学又较实用的阐述,如什么叫可泵性、如何评价可泵性、泵送拌合料应具有什么样的性能、如何设计等,并找出影响可泵性的主要因素和提高可泵性的材料设计措施,从而提高配制泵送混凝土的技术水平。在泵送过程中,拌合料与管壁产生摩擦,在拌合料经过管道弯头处遇到阻力,拌合料必须克服摩擦阻力和弯头阻力方能顺利地流动。因此,简而言之,可泵性实际上就是拌合料在泵压下在管道中移动摩擦阻力和弯头阻力之和的倒数。阻力越小,则可泵性越好。

(2)评价方法

基于目前的研究水平,新拌混凝土的可泵性可用坍落度和压力泌水值双指标来评价。压力泌水值是在一定的压力下,一定量的拌合料在一定的时间内泌出水的总量,以总泌水量(M_1)或单位混凝土泌水量(kg/m^3)表示。压力泌水值太大,泌水较多,阻力大,泵压不稳定,可能堵泵;但是如果压力泌水值太小,拌合物黏稠,结构黏度过大,阻力大,也不易泵送。因此,可以得出结论:压力泌水值有一个合适的范围。实际施工现场测试表明,对于高层建筑坍落度大于160mm的拌合料,压力泌水值在70~110mL(40~70kg/m^3混凝土)较合适。对于坍落度100~160mm的拌合料,合适的泌水量范围相应还小一些。

3. 坍落度损失

混凝土拌合料从加水搅拌到浇灌要经历一段时间,在这段时间内拌合料逐渐变稠,流动性(坍落度)逐渐降低,这就是所谓"坍落度损失"。如果这段时间过长,环境气温又过高,坍落度损失可能很大,则将会给泵送、振捣等施工过程带来很大困难,或者造成振捣不密实,甚至出现蜂窝状缺陷。坍落度损失的原因是:①水分蒸发;②水泥在形成混凝土的最早期开始水化,特别是C_3A水化形成水化硫铝酸钙需要消耗一部分水;③新形成的少量水化生成物表面吸附一些水。这几个原因都使混凝土中游离水逐渐减少,致使混凝土流动性降低。

在正常情况下,从加水搅拌开始最初0.5h内水化物很少,坍落度降低也只有2~3cm,随后坍落度以一定速率降低。如果从搅拌到浇注或泵送时间间隔不长,环境气温不高(低于30℃),坍落度的正常损失问题还不大,只需略提高预拌混凝土的初始坍落度以补偿运输过程中的坍落度损失。如果从搅拌到浇注的时间间隔过长,气温又过高,或者出现混凝土早期不正常的稠化凝结,则必须采取措施解决过快的坍落度损失问题。

当坍落度损失成为施工中的问题时,可采取下列措施以减缓坍落度损失:

1)在炎热季节采取措施降低集料温度和拌合水温;在干燥条件下,采取措施防止水分过快蒸发。

2)在混凝土设计时,考虑掺加粉煤灰等矿物掺合料。

3)在采用高效减水剂的同时,掺加缓凝剂或引气剂或两者都掺。两者都有延缓坍落度损失的作用,缓凝剂作用比引气剂更显著。

4. 泵送混凝土对原材料的要求

泵送混凝土对材料的要求较严格,对混凝土配合比要求较高,要求施工组织严密,以保证连续进行输送,避免有较长时间的间歇而造成堵塞。泵送混凝土除了根据工程设计所需的强度外,还需要根据泵送工艺所需的流动性、不离析、少泌水的要求配制可泵的混凝土混合料。其可泵性取决于混凝土拌合物的和易性。在实际应用中,混凝土的和易性通常根据混凝土的坍落度来判断。许多国家都对泵送混凝土的坍落度做了规定,一般认为8～20cm范围较合适,具体的坍落度值要根据泵送距离和气温对混凝土的要求而定。

(1)胶凝材料

1)最小胶凝材料用量。在泵送混凝土中,胶凝材料起到润滑输送管道和传递压力的作用。用量过少,混凝土和易性差,泵送压力大,容易产生堵塞;用量过多,胶凝材料水化热高,大体积混凝土由于温度应力作用容易产生温度裂缝,而且混凝土拌合物的黏性增加,也会增大泵送阻力,另外不利于混凝土结构物的耐久性。

为保证混凝土的可泵性,各个国家均有各自最少胶凝材料用量的限制。国外对此一般规定250～300kg/m^3,我国《普通混凝土配合比设计规程》(JGJ 55—2011)规定泵送混凝土的最少胶凝材料用量为300kg/m^3。实际工程中,许多泵送混凝土中胶凝材料用量远低于此值,且耐久性良好。但是最佳胶凝材料用量应根据混凝土的设计强度等级、泵压、输送距离等通过试配、调整确定。

2)胶凝材料中的水泥品种。《普通混凝土配合比设计规程》(JGJ 55—2011)规定,泵送混凝土要求混凝土具有一定的保水性,不同的水泥品种对混凝土的保水性有影响。一般情况下,矿渣硅酸盐水泥由于保水性差、泌水大,不宜配制泵送混凝土,但其可以通过降低坍落度、适当提高砂率,以及掺加优质粉煤灰等措施而被使用。普通硅酸盐水泥和硅酸盐水泥通常优先被选用配制泵送混凝土,但其水化热大,不宜用于大体积混凝土工程。可以通过加入缓凝型引气剂和矿物细掺料来减少水泥用量,进一步降低水泥水化热而用于大体积混凝土工程。

(2)集料

集料的形状、种类、粒径和级配对泵送混凝土的性能有较大的影响。

1)粗集料。

① 最大粒径。由于三个石子在同一断面处相遇最容易引起管道阻塞,故碎石的最大粒径与输送管内径之比宜小于或等于1∶3,卵石则宜小于1∶2.5。

② 颗粒级配。对于泵送混凝土,其对颗粒级配尤其是粗集料的颗粒级配要求较高,以满足混凝土和易性的要求。

2)细集料。实践证明,在集料级配中,细度模数为2.3～3.2,粒径在0.30mm以下的细集料所占比例非常重要,其比例不应小于15%,最好能达到20%,这对改善混凝土的泵送性非常重要。

(3)矿物细掺料——粉煤灰

在混凝土中掺加粉煤灰是提高可泵性的一个重要措施,因为粉煤灰的多孔表面可吸附较多的水,因此,可减少混凝土的压力泌水。高质量的Ⅰ级粉煤灰的加入会显著降低混凝土拌合料的屈服剪切应力从而提高混凝土的流动性，改善混凝土的可泵性，提高施工速度；但是低质量粉煤灰对流动性和黏聚性都不利，在泵送混凝土中掺加的粉煤灰必须满足Ⅱ级以上的质量标准。此外，加入粉煤灰，还有一定的缓凝作用，降低混凝土的水化热，提高混凝土的抗裂性，有利于大体积混凝土的施工。

5. 泵送混凝土配合比设计基本原则

除按普通混凝土配合比设计的计算与试配规定外，还应符合以下规定：

1）混凝土的可泵性，10s 时的相对压力泌水率不宜超过 40%。

2）泵送混凝土的水胶比宜为 0.4 ~ 0.6。

3）泵送混凝土的砂率宜为 35% ~ 45%。

4）泵送混凝土的最小水泥用量宜为 300kg/m^3。

5）泵送混凝土，应掺加泵送剂或减水剂，掺引气型外加剂时，混凝土含气量不宜超过 4%。

6）泵送混凝土的试配，根据所用材料的质量、泵的种类、输送管的直径、压送距离、气候条件、浇注部位及浇注方法等具体进行试配，试配时要求的坍落度值应按下列计算：

$$T_t = T_p + \Delta T$$

式中　T_t——试配时要求的坍落度值。

T_p——入泵时要求的坍落度值，见表 6-47。

表 6-47　不同泵送高度入泵时坍落度选用值

泵送高度（m）	30 以下	30 ~ 60	60 ~ 100	100 以上
坍落度（mm）	100 ~ 140	140 ~ 160	160 ~ 180	180 ~ 200

6.7.2 高性能混凝土简述

1. 引言

（1）初期的观点

高性能混凝土必须是高强度，或者说高强混凝土属于高性能混凝土范畴；高性能混凝土必须是流动性好的、可泵性好的混凝土，以保证施工的密实性；高性能混凝土一般要控制坍落度损失，以保证施工要求的和易性；耐久性是高性能混凝土的重要指标，但混凝土达到高强后，自然会有高的耐久性。

（2）国外的观点

① 美、加学派认为：高性能混凝土不仅要求高强度，还应具有高耐久性，如高体积稳定性（高弹性模量、低干缩率、低徐变和低的温度应变）、高抗渗性和高和易性。

② 日本学者认为：高性能混凝土应具有高和易性、低温升、低干缩率、高抗渗性和足够的强度，属于水胶比很低的混凝土家族。

③ 第一届国际高性能混凝土研讨会将其定义为：靠传统的组分和普通的拌合、浇注、养护方法不可能制备出的具有所要求性质和均匀性的混凝土。

（3）国内学术观点

吴中伟、廉慧珍教授在 1999 年 9 月出版的《高性能混凝土》中提出：高性能混凝土是一种新型高技术混凝土，是在大幅度提高普通混凝土性能的基础上采用现代混凝土技术制作的混凝土。它以耐久性作为设计的主要指标。针对不同用途要求，高性能混凝土对下列性能重点予以保证：耐久性、和易性、适用性、强度、体积稳定性、经济性。为此高性能混凝土在配置上的特点是低水胶比，选用优质原材料，必须掺加足够数量的矿物细粉和高效减水剂。强调高性能混凝土不一定是高强混凝土。

2. 高性能混凝土的组成和结构

(1)普通混凝土的组成和结构

1)硬化水泥浆体的微结构。充分水化的水泥浆体组成是：C-S-H 凝胶约占70%，$Ca(OH)_2$约占20%，钙矾石和单硫型水化硫铝酸钙等约占7%，未水化熟料的残留物和其他杂质约占3%。此外，还有大量的凝胶孔及毛细孔。

2)混凝土中的界面。

① 界面过渡层的特点。

A. *W/C* 高。

B. 孔隙率大。

C. 硅酸钙水化物的钙硅比大。

D. $Ca(OH)_2$和钙矾石结晶颗粒多。

E. $Ca(OH)_2$取向生长。

② 影响界面过渡层厚度和性质的因素。

A. 集料的性质，集料表面积增大，过渡层厚度变小，粗糙的表面可以降低 $Ca(OH)_2$取向的程度。

B. 胶凝材料[活性细掺料减少 $Ca(OH)_2$的含量和取向生长]。

C. 混凝土水胶比。

D. 混凝土制作工艺。如用部分水泥以低水胶比(0.15～0.20)的净浆和石子进行第一次搅拌，然后再加入砂子，用其余的水泥和正常要求的水胶比进行第二次搅拌，这样，第一次搅拌在石子表面形成水胶比很低的水泥浆薄层，$Ca(OH)_2$在界面处含量低、取向程度低。

E. 其他，如各种外加剂。

③ 中心质假说。

A. 把不同尺寸的分散相称为中心质，把连续相称为介质。例如，钢筋、集料、纤维等称为大中心质；水化产物称为介质；少量空气和水称为负中心质。

B. 各级中心质和介质之间存在过渡层，中心质以外所存在的组成、结构和性能的变异范围都属于过渡层。

C. 各级中心质和介质都存在相互的效应，称为“中心质效应”。例如，混凝土中的集料就是大中心质，它对周围介质所产生的吸附、化合、机械咬合、粘接、稠化、强化、晶核作用、晶体取向、晶体连生等一切物理、化学、物理化学的效应均称为“大中心质效应”，效应所能达到的范围称为“效应圈”，过渡层是效应圈的一部分。

D. 有利的大中心质效应不仅可改善过渡层的大小和结构，而且效应圈中的大介质具有大中心质的某些性质，增加有利的效应，减少不利的效应，对改善混凝土的宏观行为能起重要的作用。

(2)高性能混凝土的组成和结构

1)高性能混凝土的水泥石微结构。按照中心质假说,属于次中心质的未水化水泥颗粒(H粒子)、属于次介质的水泥凝胶(L粒子)和属于负中心质的毛细孔组成水泥石。从强度的角度看孔隙率一定时,H/L值越大,水泥石强度越高;但有个最佳值,超过后随其提高而下降。在一定范围内,H/L最佳值随孔隙率下降而提高。也就是说,在次中心质的尺度上,一定量的孔隙率需要一定量的次中心质以形成足够的效应圈,起到效应叠加的作用,改善次介质。在水胶比很低的高性能混凝土中,水泥石的孔隙率很低,在一定的H/L值下,强度随孔隙率的减少而提高。因此,尽管水泥的水化程度很低,水泥石中保留了很大的H/L值,但与很低的孔隙率和良好的孔结构相配合,可得到高强度。

2)高性能混凝土的界面结构和性能。高性能混凝土的界面特点主要也是由低水胶比和掺入外加剂与矿物细粉带来的。由于低水胶比提高了水泥石强度和弹性模量,使水泥石和集料弹性模量的差距变小,因而使界面处水膜层厚度减少,晶体生长的自由空间减少;掺入的活性矿物细粉与$Ca(OH)_2$反应后,会增加C-S-H和AFt,减少$Ca(OH)_2$含量,并且干扰水化物的结晶,因此水化物结晶颗粒尺寸变小,富集程度和取向程度下降,硬化后的界面孔隙率也下降。

3)高性能混凝土结构的模型。

① 孔隙率很低,而且基本上不存在大于100nm的大孔。

② 水化物中$Ca(OH)_2$减少,C-S-H和AFt增多。

③ 未水化颗粒多,未水化颗粒和矿物细粉等各级中心质增多(H/L增大),各中心质间的距离缩短,有利的中心质效应增多,中心质网络骨架得到强化。

④ 界面过渡层厚度小,并且孔隙率低、$Ca(OH)_2$数量减少,取向程度下降,水化物结晶颗粒尺寸减小,更接近于水泥石本体水化物的分布,因而过渡区得到加强,减小了过渡区的厚度,增加了水泥石的密实度。

3. 高性能混凝土的原材料

(1)水泥

高性能混凝土所用的水泥最好是强度高且同时具有良好的流变性能,并与所用的混凝土外加剂相容性好。但在我国目前技术水平下,为避免水泥水化热大、需水量大、与外加剂相容性差、不易保存等问题,建议使用强度等级为52.5MPa的普通硅酸盐水泥或中热硅酸盐水泥。

(2)矿物细掺料

矿物细掺料在高性能混凝土中的作用:

① 改善新拌混凝土的和易性和抹面质量。

② 降低混凝土的温升。

③ 调整实际构件中混凝土强度的发展。

④ 增进混凝土的后期强度。

⑤ 提高抗化学侵蚀的能力,提高混凝土耐久性。

⑥ 不同品质矿物细掺料复合使用的"超叠效应"。

另外,在高性能混凝土中加入膨胀剂可在约束条件下产生一定的自应力,以补偿水泥的干缩和由于低水胶比造成的“自生收缩”，并在限制条件下增长强度。但必须控制好计量和拌合两个环节，否则适得其反。

(3)外加剂

外加剂主要有高效减水剂、引气剂、缓凝剂。

(4)集料

① 粗集料。强度高、清洁、颗粒尽量接近等径状、针片状颗粒尽量少、不含碱活性组分，最好不用卵石。

② 细集料。高性能混凝土宜用粗中砂，最好的砂要求 600μm 筛的累计筛余大于 70%，300μm 筛的累计筛余大于 85% ~95%，而 150μm 筛的累计筛余大于 98%。

4. 实例

日本明石海峡大桥水下浇注混凝土的配合比特点是：使用多组分胶凝材料、多组分外加剂；坍落度为 250mm，并长期保持低水胶比、低水泥用量。W/B 为 0. 33，砂率 45%，水 142kg，水泥 172kg，矿渣 172kg，粉煤灰 86kg，海砂 501kg，破碎砂 270kg，碎石 965kg，外加剂为高效减水剂、引气剂、塑化剂。其中石子的最大粒径为 20 mm，破碎砂细度模数为 3. 06，28d 强度 51. 9MPa。

6.8 建筑砂浆

砂浆是由胶凝材料、细集料、水，有时也加入适量掺合料和外加剂混合，在工程中起粘接、铺垫、传递应力作用的土木工程材料，又称为无粗集料的混凝土。砂浆在土木结构工程中不直接承受荷载，而是传递荷载，它可以将块状、粒状的材料砌筑粘接为整体，修建各种建筑物，如桥涵、堤坝和房屋的墙体等；或者薄层涂抹在表面上，在装饰工程中，梁、柱、地面、墙面等在进行表面装饰之前要用砂浆找平抹面，来满足功能的需要，并保护结构的内部。在采用各种石材、面砖等贴面时，一般也用砂浆作粘接和镶缝。

砂浆按所用的胶凝材料可分为水泥砂浆、水泥混合砂浆、石灰砂浆、石膏砂浆和聚合物砂浆等。砂浆按用途又可分为砌筑砂浆、抹面砂浆和特种砂浆。

6. 8. 1　砌筑砂浆

能够将砖、石块、砌块粘接成砌体的砂浆称为砌筑砂浆。在土木工程中用量很大，起粘接、垫层及传递应力的作用。

1. 砌筑砂浆的材料组成

(1)胶凝材料

砂浆中使用的胶凝材料有各种水泥、石灰、石膏和有机胶凝材料等，常用的是水泥和石灰。

① 水泥。砂浆可采用普通硅酸盐水泥、矿渣硅酸盐水泥、复合硅酸盐水泥、火山灰质硅酸盐水泥等常用品种的水泥或砌筑水泥。水泥的强度等级一般选择等级较低的强度等级为 32. 5MPa 的水泥，但对于高强砂浆也可以选择强度等级为 42. 5MPa 的水泥。水泥的品种应根据砂浆的使用环境和用途选择；在配制某些专门用途的砂浆时，还可以采用某些专用水泥和特种水泥，如用于装饰砂浆的白水泥，用于粘贴砂浆的粘贴水泥等。

② 石灰。为节约水泥、改善砂浆的和易性,砂浆中常掺入石灰膏配制成混合砂浆,当对砂浆的要求不高时,有时也单独用石灰配制成石灰砂浆。砂浆中使用的石灰应符合技术要求。为保证砂浆的质量,应将石灰预先消化,并经“陈伏”,消除过火石灰的膨胀破坏作用后在砂浆中使用。在满足工程要求的前提下,也可以使用工业废料,如电石灰膏等。

(2)细集料

细集料在砂浆中起骨架和填充作用,对砂浆的流动性、黏聚性和强度等技术性能影响较大。性能良好的细集料可以提高砂浆的和易性和强度,尤其对砂浆的收缩开裂,有较好的抑制作用。

砂浆中使用的细集料,原则上应采用符合混凝土用砂技术要求的优质河砂。由于砂浆层一般较薄,因此,对砂子的最大粒径有所限制。用于砌筑毛石砌体的砂浆,砂子的最大粒径应小于砂浆层厚度的1/5~1/4;用于砖砌体的砂浆,砂子的最大粒径应不大于2.5mm;用于光滑的抹面及勾缝的砂浆,应采用细砂,且最大粒径小于1.2mm。用于装饰的砂浆,还可采用彩砂、石渣等。砂子中的含泥量对砂浆的和易性、强度、变形性和耐久性均有影响。由于砂子中含有少量泥,可改善砂浆的黏聚性和保水性,故砂浆用砂的含泥量可比混凝土略高。对强度等级为M2.5以上的砌筑砂浆,含泥量应小于5%,对强度等级为M2.5砂浆,含泥量应小于10%。

砂浆用砂还可根据原材料情况,采用人工砂、山砂、特细砂等,但应根据经验并经试验后,确定其技术要求,在保温砂浆、吸声砂浆和装饰砂浆中,还采用轻砂(如膨胀珍珠岩)、白色或彩色砂等。

(3)掺合料和外加剂

在砂浆中,掺合料是为改善砂浆和易性而加入的无机材料:如石灰膏、粉煤灰、沸石粉等,砂浆中使用的掺合料必须符合国家相关规定,如砂浆中使用的粉煤灰应符合国家现行标准《用于水泥和混凝土中的粉煤灰》(GB/T 1596—2005)的要求。为改善砂浆的和易性及其他性能,还可以在砂浆中掺入外加剂,如增塑剂、早强剂、防水剂等。砂浆中掺用外加剂时,不但要考虑外加剂对砂浆本身性能的影响,还要根据砂浆的用途,考虑外加剂对砂浆的使用功能有哪些影响,并通过试验确定外加剂的品种和掺量。为了提高砂浆的和易性,改善硬化后砂浆的性质,节约水泥,可在水泥砂浆或混合砂浆中掺入外加剂,最常用的是微沫剂,它是一种松香热聚物,掺量一般为水泥质量的0.005%~0.010%,以通过试验的调配掺量为准。

(4)拌合水

砂浆拌合用水的技术要求与混凝土拌合用水相同,应采用洁净、无油污和硫酸盐等杂质的可饮用水,为节约用水,经化验分析或试拌验证合格的工业废水也可以用于拌制砂浆。

2. 砌筑砂浆的技术性质

砌筑砂浆的技术性质,主要包括新拌砂浆的和易性、硬化后砂浆的强度和粘接强度,以及抗冻性、收缩值等指标。

(1)新拌砂浆的和易性

和易性是指新拌制的砂浆拌合物的工作性,砂浆在硬化前应具有良好的和易性,即砂浆在搅拌、运输、摊铺时易于流动并不易失水的性质,和易性包括流动性和保水性两个方面。

① 流动性。砂浆的流动性是指砂浆在重力或外力的作用下流动的性能。砂浆的流动性

用“稠度”来表示。砂浆稠度的大小用沉入度表示，沉入度是指标准试锥在砂浆内自由沉入10s时沉入的深度，单位用mm表示，沉入量大的砂浆流动性好。

砂浆稠度的选择：沉入量的大小与砌体基材、施工气候有关。可根据施工经验来拌制，并应符合《砌筑砂浆配合比设计规程》(JGJ/T 98—2010)规定，见表6-48。

表6-48　砌筑砂浆的施工稠度

砌体种类	砂浆稠度(mm)
烧结普通砖砌体、粉煤灰砌体	70～90
普通混凝土小型空心砌体、混凝土砖砌体、灰砂砖砌体	50～70
烧结多孔砖砌体、烧结空心砖砌体、轻集料混凝土小型空心砌体、蒸压加气混凝土砌块砌体	60～80
石砌体	30～50

② 保水性。保水性是指新拌砂浆保持内部水分不流出的能力。它反映了砂浆中各组分材料不易分离的性质，保水性好的砂浆在运输、存放和施工过程中，水分不易从砂浆中离析，砂浆能保持一定的稠度，使砂浆在施工中能均匀地摊铺在砌体中间，形成均匀密实的连接层。保水性不好的砂浆在砌筑时，水分容易被吸收，从而影响砂浆的正常硬化，最终降低砌体的质量。砌筑砂浆中，水泥砂浆、水泥混合砂浆和预拌砌筑砂浆保水率分别不小于80%、84%和88%。

影响砂浆保水性的主要因素有：胶凝材料的种类及用量、掺合料的种类及用量、砂的质量及外加剂的品种和掺量等。

在拌制砂浆时，有时为了提高砂浆的流动性、保水性，常加入一定的掺合料(石灰膏、粉煤灰、石膏等)和外加剂。加入的外加剂，不仅可以改善砂浆的流动性、保水性，而且有些外加剂能提高硬化后砂浆的粘接力和强度，改善砂浆的抗渗性和干缩等。

砂浆的保水性是用分层度来表示，单位mm。保水性好的砂浆，分层度不应大于30mm；否则，砂浆易产生离析、分层，不便于施工；但分层度过小，接近于零时，水泥浆量多，砂浆易产生干缩裂缝，因此，砂浆的分层度一般控制在10～30mm。

(2)硬化后砂浆的强度及强度等级

砂浆抗压强度是以标准立方体试件(70.7mm×70.7mm×70.7mm)，一组3块，在标准养护条件下，测定其28d的抗压强度值而定的。根据砂浆的平均抗压强度，将水泥砂浆及预拌砌筑砂浆的强度等级可分为M5、M7.5、M10、M15、M20、M25和M30七个等级；将水泥混合砂浆的强度等级分为M5、M7.5、M10、M15四个等级。

影响砂浆抗压强度的因素很多，很难用简单的公式表达砂浆的抗压强度与其组成材料之间的关系。因此，在实际工程中，对于具体的组成材料，大多根据经验和通过试配，经试验确定砂浆的配合比。

用于不吸水底面(如密实的石材)砂浆的抗压强度，与混凝土相似，主要取决于水泥强度和水灰比。关系式如下：

$$f_{m,o} = A \times f_{ce} \times \left(\frac{C}{W} - B\right)$$

式中　$f_{m,o}$——砂浆28d抗压强度,MPa;

f_{ce}——水泥28d实测抗压强度,MPa;

A、B——与集料种类有关的系数(可根据试验资料统计确定);

C/W——灰水比。

用于吸水底面(如砖或其他多孔材料)的砂浆,即使用水量不同,但因底面吸水且砂浆具有一定的保水性,经底面吸水后,所保留在砂浆中的水分几乎是相同的,因此砂浆的抗压强度主要取决于水泥强度及水泥用量,而与砌筑前砂浆中的水灰比基本无关。其关系如下:

$$f_{m,o} = A \cdot f_{ce} \cdot \frac{Q_c}{1000} + B$$

式中　Q_c——水泥用量,kg;

A、B——砂浆的特征系数,其中A取3.03,B取-15.09。

砌筑砂浆的配合比可以根据上述两式并结合经验估算,再经试拌后检测各项性能后确定。

3. 砌筑砂浆的其他性能

(1)粘接力

砂浆的粘接力是影响砌体结构抗剪强度、抗震性、抗裂性等的重要因素。为了提高砌体的整体性,保证砌体的强度,要求砂浆要和基体材料有足够的粘接力,随着砂浆抗压强度的提高,砂浆与基层的粘接力提高。在充分润湿、干净、粗糙的基面,砂浆的粘接力较好。

(2)变形性能

砂浆在硬化过程中、承受荷载或在温度条件变化时均容易变形,变形过大会降低砌体的整体性,引起沉降和裂缝。在拌制砂浆时,如果砂过细、胶凝材料过多及用轻集料拌制砂浆,会引起砂浆的较大收缩变形而开裂。有时,为了减少收缩,可以在砂浆中加入适量的膨胀剂。

(3)凝结时间

砂浆凝结时间,以贯入阻力达到0.5MPa为评定的依据。水泥砂浆不宜超过8h,水泥混合砂浆不宜超过10h,掺入外加剂应满足工程设计和施工的要求。

(4)耐久性

砂浆应具有良好的耐久性,为此,砂浆应与基底材料有良好的粘接力、较小的收缩变形。受冻融影响的砌体结构,对砂浆还有抗冻性的要求。对冻融循环次数有要求的砂浆,经冻融试验后,质量损失率不得大于5%,抗压强度损失率不得大于25%。

4. 砌筑砂浆的配合比设计

(1)现场配制砌筑砂浆的试配要求

1)现场配制水泥混合砂浆的试配应符合下列规定:

① 砂浆配合比应按下列步骤进行计算:

A. 计算砂浆的试配强度$f_{m,o}$。

B. 计算1m³砂浆中的水泥用量(Q_C)。

C. 计算1m³砂浆中的石灰膏用量(Q_D)。

D. 计算1m³砂浆中的砂用量(Q_s)。

E. 按砂浆稠度计算1m³砂浆中的用水量(Q_w)。

② 砂浆的试配强度$f_{m,o}$，应按下式计算：

$$f_{m,o}=kf_2$$

式中　$f_{m,o}$——砂浆的试配强度，MPa；

f_2——砂浆的强度等级值，MPa；

k——系数，见表6-49。

表6-49　砂浆系数k值

系　数	施工水平		
	优良	一般	较差
k	1.15	1.20	1.25

③ $1m^3$砂浆中的水泥用量的计算，应符合下列要求：

$1m^3$砂浆中的水泥用量（Q_C），按下式计算：

$$Q_C=\frac{1000(f_{m,o}-B)}{A\cdot f_{ce}}$$

式中　Q_C——水泥用量，kg；

A、B——砂浆的特征系数，其中A取3.03，B取-15.09。

f_{ce}——水泥实测强度，MPa。

在无水泥的实测强度等级时，f_{ce}可按下式计算：

$$f_{ce}=\gamma_c\cdot f_{ce,k}$$

式中　$f_{ce,k}$——水泥强度等级对应的强度值，MPa；

γ_c——水泥强度等级值的富余系数，宜按实际统计资料确定；无统计资料时可取1.0。

④ $1m^3$砂浆中的石灰膏用量，应按下列计算：

$$Q_D=Q_A-Q_C$$

式中　Q_D——每立方米砂浆的石灰膏用量，kg，石灰膏使用时的稠度宜为120mm±5mm；

Q_A——每立方米砂浆中水泥和石灰膏总量，kg，可取350kg；

Q_C——每立方米砂浆的水泥用量，kg。

但石灰膏的稠度不是120mm时，其用量应乘以换算系数，换算系数见表6-50。

表6-50　石灰膏稠度的换算系数

石灰膏的稠度(mm)	120	110	100	90	80
换算系数	1.00	0.99	0.97	0.95	0.93
石灰膏的稠度(mm)	70	60	50	40	30
换算系数	0.92	0.90	0.88	0.86	0.85

⑤ $1m^3$砂浆中的砂的用量，应按干燥状态（含水率小于0.5%）的堆积密度值作为计算值（kg）。

⑥ $1m^3$砂浆中的用水量，可根据砂浆稠度等要求选用210～310kg。

2)现场配制水泥砂浆的试配应符合下列规定:

① 1m³水泥砂浆的材料用量见表6-51。

表6-51　1m³水泥砂浆材料用量

强度等级	水泥(kg)	砂(kg)	用水量(kg)
M5	200～230	砂的堆积密度值	270～330
M7.5	230～260		
M10	200～290		
M15	290～330		
M20	340～400		
M25	360～410		
M30	430～480		

注:1. M15及M15以下强度等级水泥砂浆,水泥强度等级为32.5级;M15以上强度等级水泥砂浆,水泥强度等级为42.5级。

2. 当采用细砂或粗砂时,用水量分别取上限或下限。

3. 稠度小于70mm时,用水量可小于下限。

4. 施工现场气候炎热或干燥季节,可酌量增加用水量。

② 1m³水泥粉煤灰砂浆的材料用量见表6-52。

表6-52　1m³水泥粉煤灰砂浆材料用量

强度等级	水泥(kg)	粉煤灰(kg)	砂(kg)	用水量(kg)
M5	210～240	粉煤灰掺量可占胶凝材料总量的15%～25%	砂的堆积密度值	270～330
M7.5	240～270			
M10	270～300			
M15	300～330			

注:1. 表中水泥强度等级为32.5级。

2. 当采用细砂或粗砂时,用水量分别取上限或下限。

3. 稠度小于70mm时,用水量可小于下限。

4. 施工现场气候炎热或干燥季节,可酌量增加用水量。

(2)砌筑砂浆配合比试配、调整与确定

1)砌筑砂浆试配时应考虑工程实际要求,搅拌应符合:

① 对水泥砂浆和水泥混合砂浆,搅拌时间不得少于120s。

② 对预拌砌筑砂浆和掺有粉煤灰、外加剂、保水增稠材料等的砂浆,搅拌时间不得少于180s。

2)按计算或查表所得配合比进行试拌时,应按现行行业标准《建筑砂浆基本性能试验方法标准》(JGJ/T 70—2009)测定砌筑砂浆拌合物的稠度和保水率。当稠度和保水率不能满足要求时,应调整材料用量,直到符合要求为止,然后确定为试配时的砂浆基本配合比。

3)试配时至少应采用三个不同的配合比,其中一个配合比应为按以上方法计算得出的基准配合比,其余两个配合比的水泥用量应按基准配合比分别增加或减少10%。在保证稠度、保水率合格的条件下,可将用水量、石灰膏、保水增稠材料或粉煤灰等活性掺合料用量做相应调整。

4）砌筑砂浆试配时稠度应满足施工要求，并应按现行行业标准《建筑砂浆基本性能试验方法标准》（JGJ/T 70—2009）分别测定不同配合比砂浆的表观密度和强度；并应选用符合试配强度及和易性要求，水泥用量的最低的配合比作为砂浆的试配配合比。

5）砌筑砂浆试配配合比还应按下列步骤进行校正：

① 根据砂浆试配配合比确定的材料用量，按下式计算砂浆的理论表观密度：

$$\rho_t = Q_C + Q_D + Q_s + Q_w$$

式中　ρ_t——砂浆的理论表观密度值，kg/m³。

② 按下式计算砂浆配合比校正系数 δ：

$$\delta = \frac{\rho_c}{\rho_t}$$

式中　ρ_c——砂浆的实测表观密度值，kg/m³。

③ 当砂浆的实测表观密度值与理论表观密度值之差的绝对值不超过理论值的 2% 时，则可将试配配合比确定为砂浆设计配合比；当超过 2% 时，应将试配配合比中每项材料用量均乘以校正系数后，确定为砂浆设计配合比。

5. 砂浆配合比设计计算实例

某工程要求砖墙用砌筑砂浆使用水泥石灰混合砂浆。砂浆强度等级为 M7.5，稠度 70～80mm。原材料性能如下：水泥为 P·O32.5MPa 水泥；砂子为中砂，干砂的堆积密度为 1450kg/m³，砂的实际含水率为 3%；石灰膏稠度为 90mm；施工水平一般。

（1）计算配制强度：

$$f_{m,o} = kf_2 = 1.20 \times 7.5 = 9.0(\mathrm{MPa})$$

（2）计算水泥用量：

$$Q_C = \frac{1000(f_{m,o} - B)}{Af_{ce}} = \frac{1000 \times (9.0 + 15.09)}{3.03 \times 1 \times 32.5} = 245(\mathrm{kg})$$

（3）计算石灰膏用量：

$$Q_D = Q_A - Q_C = 350 - 245 = 105(\mathrm{kg})$$

石灰膏稠度 90mm 换算成 120mm，查表 6-50 得：

$$105 \times 0.95 = 100(\mathrm{kg})$$

（4）根据砂的堆积密度和含水率，计算用砂量：

$$Q_s = 1450 \times (1 + 3\%) = 1494(\mathrm{kg})$$

（5）该砂浆稠度为 70～80mm，用水量可取 210kg。

故该砂浆试配时的配合比（质量比）为

水泥∶石灰膏∶砂∶水 = 245∶100∶1494∶210 = 1∶0.41∶6.10∶0.86

6.8.2　抹面砂浆

凡粉刷于土木工程的建筑物或构筑物表面的砂浆，统称为抹面砂浆。抹面砂浆有保护基层、增加美观的功能。抹面砂浆的强度要求不高，但要求保水性好，与基底的粘接力好，容易磨成均匀平整的薄层，长期使用不会开裂或脱落。

抹面砂浆按其功能不同可分为普通抹面砂浆、防水砂浆和装饰砂浆等。

1. 普通抹面砂浆

普通抹面砂浆用于室外、易撞击或潮湿的环境中，如外墙、水池、墙裙等，一般应采用水泥砂浆。普通抹面砂浆的功能是保护结构主体，提高耐久性，改善外观。常用的抹面砂浆的配合比和应用范围见表6-53。普通抹面砂浆的流动性和砂子的最大粒径见表6-54。

表6-53　常用抹面砂浆的配合比和应用范围

材　料	体积配合比	应用范围
石灰:砂	1:3	用于干燥环境中的砖石墙面打底或找平
石灰:黏土:砂	1:1:6	干燥环境墙面
石灰:石膏:砂	1:0.6:3	不潮湿的墙及天花板
石灰:石膏:砂	1:2:3	不潮湿的线脚及装饰
石灰:水泥:砂	1:0.5:4.5	勒脚、女儿墙及较潮湿的部位
水泥:砂	1:2.5	用于潮湿的房间墙裙、地面基层
水泥:砂	1:1.5	地面、墙面、天棚
水泥:砂	1:1	混凝土地面压光
水泥:石膏:砂:锯末	1:1:3.5	吸声粉刷
水泥:白石子	1:1.5	水磨石
石灰膏:麻刀	1:2.5	木板条顶棚底层
石灰膏:纸筋	1m^{3}灰膏掺3.6kg纸筋	较高级的墙面及顶棚
石灰膏:纸筋	100:3.8(质量比)	木板条顶棚面层
石灰膏:麻刀	1:1.4(质量比)	木板条顶棚面层

表6-54　抹面砂浆的流动性及砂子的最大粒径

抹面层	沉入度(人工抹面)(mm)	砂的最大粒径(mm)
底层	100~120	2.5
中层	70~90	2.5
面层	70~80	1.2

2. 防水砂浆

用作防水层的砂浆称为防水砂浆。砂浆防水层又称刚性防水层，适用于不受振动和具有一定刚度的混凝土和砖石砌体工程。

防水砂浆主要有普通水泥防水砂浆、掺加防水剂的防水砂浆、膨胀水泥和无收缩水泥防水砂浆三种。普通水泥防水砂浆是由水泥、细集料、掺合料和水拌制成的砂浆。掺加防水剂的水泥砂浆是在普通水泥中掺入一定量的防水剂而制得的防水砂浆，是目前应用广泛的一种防水砂浆。常用的防水剂有硅酸钠类、金属皂类、氯化物金属盐及有机硅类等。膨胀水泥和无收缩水泥防水砂浆是采用膨胀水泥和无收缩水泥制作的砂浆，利用这两种水泥制作的砂浆有微膨胀或补偿收缩性能，从而提高砂浆的密实性和抗渗性。

防水砂浆的配合比一般采用水泥:砂=1:(2.5~3)，水灰比为0.5~0.55。水泥应采用42.5强度等级的普通硅酸盐水泥，砂子应采用级配良好的中砂。

防水砂浆对施工操作技术要求很高。制备防水砂浆应先将水泥和砂干拌均匀，再加入水和防水剂溶液搅拌均匀。粉刷前，先在润湿清洁的底面上抹一层低水灰比的纯水泥浆(有时也用聚合物水泥浆)，然后抹一层防水砂浆，在初凝前，用木抹子压实一遍，第二、三、四层都是以同样的方法进行操作，最后一层要压光。粉刷时，每层厚度约为5mm，共粉刷4~5层，共20~30mm厚。粉刷完后，必须加强养护。

3. 装饰砂浆

装饰砂浆是指粉刷在建筑物内外墙表面，具有美化装饰、改善功能、保护建筑物的抹面砂浆。装饰砂浆所采用的胶凝材料除普通硅酸盐水泥、矿渣硅酸盐水泥等外，还可以应用白色硅酸盐水泥、彩色硅酸盐水泥，或在常用水泥中掺加耐碱矿物颜料，配制成彩色水泥砂浆；装饰砂浆采用的集料除普通河砂外，还可以使用色彩鲜艳的花岗岩、大理石等色石及细石渣，有时也采用玻璃或陶瓷碎粒。有时也可以加入少量云母碎片、玻璃碎料、长石、贝壳等使表面获得发光效果。掺颜料的砂浆在室外抹灰工程中使用，总会受到风吹、日晒、雨淋及大气中有害气体的腐蚀。因此，装饰砂浆中的颜料，应采用耐碱和耐光晒的矿物颜料。

外墙面的装饰砂浆有如下工艺做法：

1）拉毛。先用水泥砂浆做底层，再用水泥石灰砂浆做面层。在砂浆尚未凝结之前，用抹刀将表面拍拉成凹凸不平的形状。

2）水刷石。用颗粒细小（约5mm）的石渣拌成的砂浆做面层，在水泥终凝前，喷水冲刷表面，冲洗掉石渣表面的水泥浆，使石渣表面外露。水刷石用于建筑物的外墙面，具有一定的质感，且经久耐用，不需要维护。

3）干黏石。在水泥砂浆面层的表面，粘接粒径5mm以下的白色或彩色石渣、小石子、彩色玻璃、陶瓷碎粒等。要求石渣粘接均匀、牢固。干黏石的装饰效果与水刷石相近，且石子表面更洁净、艳丽；避免了喷水冲洗的湿作业，施工效率高，而且节约材料和水。干黏石在预制外墙板的生产中，有较多的应用。

4）斩假石。又称为剁假石、斧剁石。砂浆的配制与水刷石基本一致。砂浆抹面硬化后，用斧刃将表面剁毛并露出石渣。斩假石的装饰效果与粗面花岗岩相似。

5）假面砖。将硬化的普通砂浆表面用刀斧锤凿刻划出线条；或者在初凝后的普通砂浆表面用木条、钢片压划出线条；也可用涂料画出线条，将墙面装饰成仿砖砌体、仿瓷砖贴面、仿石材贴面等艺术效果。

6）水磨石。用普通硅酸盐水泥、白色硅酸盐水泥、彩色硅酸盐水泥或普通硅酸盐水泥加耐碱颜料拌合各种色彩的大理石石渣做面层，硬化后用机械反复磨平抛光表面而成。水磨石多用于地面、水池等工程部位。可事先设计图案色彩，磨平抛光后更具艺术效果。水磨石还可以制成预制件或预制块，做楼梯踏步、窗台板、柱面、台面、踢脚板、地面板等构件。

室内外的地面、墙面、台面、柱面等，也可以用水磨石进行装饰。

装饰砂浆还可以采用喷涂、弹涂、辊压等工艺方法，做成丰富多彩、形式多样的装饰面层。装饰砂浆操作方便，施工效率高。与其他墙面、地面装饰相比，成本低，耐久性好。

实训与创新

1. 运用你掌握的知识，根据学校的实验条件，通过当地的实训基地——检测中心，设计一项简便易行的试验来检验普通混凝土的和易性、耐久性或其他性能；

2. 根据你掌握的知识，综合考虑集料的级配、水泥剂量、外加剂及施工工艺，配合实训基地——生产商品混凝土的生产厂家的技术人员，配制一种普通混凝土，要求其抗压强度与水泥用量之比越大越好，并撰写一篇科技小论文。

3. 某住宅楼工程柱用碎石混凝土，设计强度等级为C20，配制混凝土所用的水泥28d抗压强度实测值为35.0MPa，并在配制过程中，各加20% Ⅰ级粉煤灰和S95粒化高炉矿渣粉，已知混凝土强度标准差为4.0MPa，试确定混凝土的配制强度$f_{cu,o}$及满足强度要求的水胶比值W/B。

4. 某建筑工地夏季需配制M7.5的水泥石灰混合砂浆砌筑砖墙，现场有32.5级及42.5级的复合硅酸盐水泥可供选用，砂为中砂，含水率为3%，堆积密度为1460kg/m^3，石灰膏的稠度为12cm，施工水平优良。

要求：(1)计算砂浆配合比并进行试配与调整，确定最佳配比。

(2)填写砂浆配合比通知单。

(3)填写砂浆抗压强度原始记录及报告单。

复习思考题与习题

6.1 混凝土用砂为何要提出级配和细度要求？两种砂的细度模数相同，其级配是否相同？反之，如果级配相同，其细度模数是否相同？

6.2 简述减水剂的作用机理，并综述混凝土掺入减水剂可获得的技术经济效果。

6.3 引气剂掺入混凝土中对混凝土性能有何影响？引气剂的掺量是如何控制的？

6.4 粉煤灰用作混凝土掺合料，对其质量有哪些要求？粉煤灰掺入混凝土中，对混凝土产生什么效应？

6.5 普通混凝土的和易性包括哪些内容？怎样测定？

6.6 什么是混凝土的可泵性？可泵性用什么指标评定？

6.7 混凝土的耐久性通常包括哪些方面的性能？影响混凝土耐久性的关键是什么？怎样提高混凝土的耐久性？

6.8 为什么混凝土中的水泥用量不能过多？

6.9 在胶凝材料用量一定的条件下，为什么砂率过小和过大都会使混合料的流动性变差？

6.10 某混凝土搅拌站原使用砂的细度模数为2.5，后改用细度模数为2.1的砂。改砂后原混凝土配比不变，但坍落度明显变小。请分析原因。

6.11 影响混凝土强度的主要因素有哪些？怎样影响？如何提高混凝土的强度？

6.12 为什么混凝土在潮湿条件下养护时收缩较小，干燥条件下养护时收缩较大，而在水中养护时却不收缩？

6.13 某工程设计要求混凝土强度等级为C25，工地一个月内按施工配合比施工，先后取样制备了30组试件(15cm×15cm×15cm立方体)，测出每组(三个试件)28d抗压强度代表值见下表：

试件组编号	1	2	3	4	5	6	7	8	9	10
28d 抗压强度(MPa)	24.1	29.4	20.0	26.0	27.7	28.2	26.5	28.8	26.0	27.5
试件组编号	11	12	13	14	15	16	17	18	19	20
28d 抗压强度(MPa)	25.0	25.2	29.5	28.5	26.5	26.5	29.5	24.0	26.7	27.7
试件组编号	21	22	23	24	25	26	27	28	29	30
28d 抗压强度(MPa)	26.1	25.6	27.0	25.3	27.0	25.1	26.7	28.0	28.5	27.3

请计算该批混凝土强度的平均值、标准差、保证率，并评定该工程的混凝土能否检验和生产质量水平。

6.14　某工程需要配制C20混凝土，经计算初步配合比为1∶2.6∶4.6∶0.6(m_{co}∶m_{so}∶m_{go}∶m_{wo})，其中水泥密度为3.10g/cm^3，砂的表观密度为2.600g/cm^3，碎石的表观密度为2.650g/cm^3。

(1)求1m^{3}混凝土中各材料的用量。

(2)按照上述配合比进行试配，水泥和水各加5%后，坍落度才符合要求，并测得拌合物的表观密度为2390kg/m^3，求满足坍落度要求的各种材料用量。

6.15　粗细两种砂的筛分结果见下表：

砂别	筛孔尺寸(mm)						<0.15
	4.75	2.36	1.18	0.60	0.30	0.15	
	分计筛余(g)						
细砂	0	25	25	75	120	245	10
粗砂	50	150	150	75	50	25	0

这两种砂可否单独用于配制混凝土，以什么比例混合才能使用？

6.16　影响砌筑砂浆强度的因素有哪些？

6.17　配制砂浆时，为什么除水泥外常常还要加入一定量的其他胶凝材料？

6.18　某工地夏秋季需要配制M5.0的水泥石灰混合砂浆。采用32.5级复合硅酸盐水泥，砂子为中砂，堆积密度为1480kg/m^3，施工水平为中等。试计算砂浆的配合比。

第7章　钢　　材

教学目的：钢材是现代土木工程(包括市政工程)中重要的结构材料，通过本章的学习重点掌握钢材的分类和主要性能，为钢结构、钢筋混凝土和预应力钢筋混凝土结构设计打下基础。尤其近年来，必须越来越关注钢材的防火问题。

教学要求：结合钢材的实际性能，了解钢材的化学成分对其性能的影响；结合土木工程的实际，重点掌握钢材的分类、主要技术性能和使用场合。

7.1　概　　述

7.1.1　土木工程用钢材

土木工程中所使用的钢材主要包括钢结构中使用的各种型钢、钢板、钢管、钢筋混凝土和预应力钢筋混凝土结构所用的各种钢筋和钢丝。

钢材是在严格的技术控制下生产的材料，其质量均匀、强度高、有一定的塑性和韧性，且能承受冲击荷载和振动荷载的作用；既可以冷、热加工，又能焊接或铆接，便于预制和装配。因此，在土木工程中大量使用钢材作为结构材料。用型钢制作钢结构，具有质量轻、安全度高的特点，尤其适用于大跨度及多层结构。由于钢材是国民经济各部门用量很大的材料，所以土木工程中应节约钢材。钢筋混凝土结构的自重虽然大，但能大量节省钢材，还克服了钢结构易于锈蚀的特点。今后，随着混凝土和钢材强度的提高，钢筋混凝土结构自重大的缺点将得以改善。所以，钢筋混凝土将是今后的主要结构材料，钢筋和钢丝也成为重要的土木工程材料。

7.1.2　钢的冶炼和加工对钢材质量的影响

钢铁的主要化学成分是铁和碳(又称铁碳合金)，此外还有少量的硅、锰、磷、硫、氧和氮等。含碳量大于2%的铁碳合金称为生铁或铸铁；含碳量小于2%的铁碳合金称为钢。生铁是把铁矿石中的氧化铁还原成铁而得到的。钢则是将熔融的铁水进行氧化，使碳的含量降低到预定的范围，磷、硫等杂质降低到允许的范围而得到的。

在钢的冶炼过程中，碳被氧化成一氧化碳气体而逸出；硅、锰等氧化成二氧化硅和氧化锰随钢渣被排除；磷、硫则在石灰的作用下，也进入渣中被排出。由于炼钢过程中必须供给足够的氧以保证碳、硅、锰的氧化以及其他杂质的去除，因此，钢液中尚有一定数量的氧化铁。为了消除氧化铁对钢质量的影响,常在精炼的最后阶段,向钢液中加入硅铁、锰铁等脱氧剂以去除钢液中的氧,这种操作工艺称为脱氧。

7.1.3 钢的分类

1. 按化学成分分类

(1)碳素钢

含碳量为0.02%~2.06%的铁碳合金称为碳素钢,也称碳钢。其主要成分是铁和碳,还有少量的硅、锰、磷、硫、氧、氮等。碳素钢中的含碳量较多,且对钢的性质影响较大,故又称碳素钢。根据含碳量的不同,碳素钢又分为三种:

① 低碳钢。含碳量小于0.25%。

② 中碳钢。含碳量为0.25%~0.6%。

③ 高碳钢。含碳量大于0.6%。

(2)合金钢

合金钢是碳素钢中加入一定的合金元素的钢。钢中除含有铁、碳和少量不可避免的硅、锰、磷、硫外,还含有一定量(有意加入的)硅、锰、钛、矾、铬、镍、硼等一种或多种合金元素。其目的是改善钢的性能或使其获得某些特殊性能。合金钢按合金元素总含量分为三种:

①低合金钢。合金元素总含量小于5%。

②中合金钢。合金元素总含量为5%~10%。

③高合金钢。合金元素总含量大于10%。

2. 按冶炼方法分类

(1)氧气转炉钢

氧气转炉钢是向转炉中烧融的铁水中吹入氧气而制成的钢。向转炉中吹入氧气能有效地除去磷、硫等杂质,而且可避免由空气带入钢中杂质,故质量较好。目前我国多采用此法生产碳素钢和合金钢。

(2)平炉钢

以固态或液态铁、铁矿石或废钢铁为原料,煤气或重油为燃料,在平炉中炼制的钢称为平炉钢。平炉钢的冶炼时间长,有足够的时间调整和控制其成分,杂质和气体的去除较彻底,因此钢的质量较好。但因其设备投资大,燃料热效率不高,冶炼时间又长,故成本较高。

(3)电炉钢

电炉钢是利用电流效应产生的高温炼制的钢。热效率高,除杂质充分,适合冶炼优质钢和特种钢。

3. 按脱氧程度分类

(1)沸腾钢

沸腾钢是脱氧不充分的钢。脱氧后钢液中还剩余一定数量的氧化铁(FeO),氧化铁和碳继续作用放出一氧化碳气体,因此钢液在钢锭模内呈沸腾状态,故称沸腾钢,其代号“F”。这种钢的优点是钢锭无缩孔、轧成的钢材表面质量和加工性能好,成品率高,成本较低。缺点是化学成分不均匀、易偏析、钢的致密程度较差,故其抗蚀性、冲击韧性和可焊性较差,尤其在低温时冲击韧性降低更显著。

(2)镇静钢

镇静钢是脱氧充分的钢。由于钢液中氧已经很少,当钢液浇铸后在锭模内呈静止状态,故称镇静钢,其代号"Z"。其优点是化学成分均匀,机械性能稳定,焊接性能和塑性较好,抗蚀性也较强。其缺点是钢锭中有缩孔、成材率低。它多用于承受冲击荷载及其他重要的结构上。

(3)特殊镇静钢

特殊镇静钢的脱氧程度比镇静钢还要充分彻底,其质量最好。

土木工程用钢材主要是经热轧(热变形压力加工)制成并按热轧状态供应的。热轧工艺可使钢坯中大部分气孔焊合,晶粒破碎细化,钢材的质量提高。轧制的压缩比和停轧温度对质量提高有影响。厚度和直径较大的钢材,与用同样钢坯轧制的薄钢材比较,因其轧制次数较少,停轧温度较高,故其强度稍差。

上述冶炼、轧制加工对钢材质量的影响,必然要反映到钢材标准和有关规范中去。例如,由于热轧加工的影响,在普通碳素结构钢标准中对不同尺寸的钢材,分别规定了不同的强度要求。

土木工程用钢材的主要钢种是普通碳素钢和合金钢中的普通低合金钢。

7.2 土木工程用钢材的主要技术性能

土木工程用钢材的技术性能主要有力学性能和工艺性能。其中力学性能是钢材最重要的使用性能,包括强度、弹性、塑性和耐疲劳性能等,工艺性能表示钢材在各种加工过程中的行为,包括冷变形性能和可焊接性等。

7.2.1 力学性能

1. 抗拉性能

钢材有较高的抗拉性能,抗拉性能是土木工程用钢材的重要性能。由拉力试验测得的屈服点、抗拉强度和伸长率是钢材的重要技术指标。

土木工程用钢材的抗拉性能,可由低碳钢(也称软钢)受拉的应力-应变图来说明(如图7-1所示)。图7-1中 $OABCD$ 曲线上的任一点都表示在一定荷载作用下,钢材的应力(σ)和应变(ε)的关系。由图7-1可知,低碳钢的受拉过程明显地划分为四个阶段。

(1)弹性阶段

应力-应变曲线在 OA 段为一直线。在 OA 范围内应力和应变保持正比例关系,卸去外力,试件恢复原状,无残余变形,这一阶段称为弹性阶段。曲线上和 A 点对应的应力称为弹性极限,常用 σ_p 表示。弹性阶段所产生的变形称为弹性变形。在 OA 线上任一点的应力与应变的比值为一常数,称为弹性模量,用 E 表示,即 $E=\sigma/\varepsilon$。弹性模量说明产生单位应变时所需应力的大小,弹性模量反映钢材的刚度,是钢材计算结构受力变形的重要指标。工程中常用的Q235钢的弹性极限 σ_p 为180~200MPa,弹性模量 E 为$(2.0\sim2.1)\times10^5$MPa。

(2)屈服阶段

当应力超过 A 点以后,应力和应变失去线性关系,AB 是一条复杂的曲线,由图7-1看到,当应力达到 $B_{上}$ 点时,钢材暂时失去对外力的抵抗作用,在应力不增长(在不大的范围内波动)

的情况下，应变迅速增加，钢材内部发生“屈服”现象，直到 B 点为止。曲线上的 $B_{上}$点称为屈服上限，$B_{下}$点称为屈服下限。由于 $B_{下}$比较稳定，且较易测定，故一般以 $B_{下}$点对应的应力作为屈服点（又称屈服极限），用 σ_s表示。Q235 钢的 σ_s为 210 ~ 240MPa。

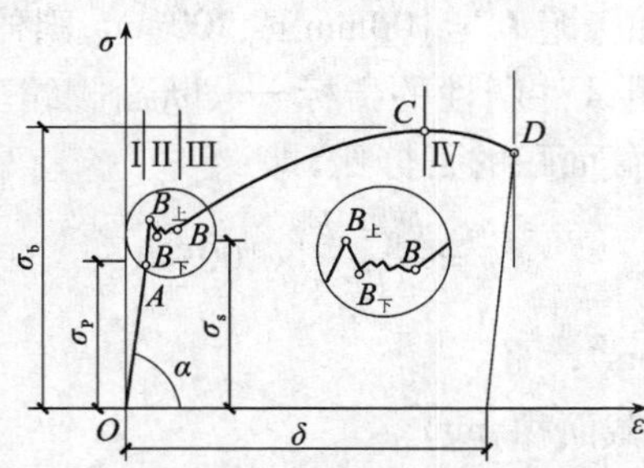

图 7-1　低碳钢受拉的应力-应变图

屈服阶段表示钢材的性质由弹性转变为以塑性为主，这在实际应用上有重要意义。因为钢材受力达到屈服点以后，塑性变形即迅速增长，尽管钢材尚未破坏，但因变形过大已不能满足使用要求，所以 σ_s是钢材在工作状态下允许达到的应力值，即应力不超过 σ_s，钢材不会发生较大的塑性变形，故结构设计中一般以 σ_s作为强度取值的依据。

（3）强化阶段

应力超过 B 点后，由于钢材内部组织的变化，经过应力重分布以后，其抵抗塑性变形的能力又加强了，BC 曲线呈上升趋势，故称为强化阶段。对应于最高点 C 的应力称为抗拉强度（又称极限强度），用 σ_b表示，它是钢材所承受的最大拉应力。Q235 钢的 σ_b = 380 ~ 470MPa。

抗拉强度在设计中虽然不像屈服点那样作为强度取值的依据，但屈服点与抗拉强度的比值（即屈强比 σ_s/σ_b）却能反映钢材的利用率和安全可靠程度。屈强比小，反映钢材在受力超过屈服点工作时的可靠程度大，因而结构的安全度高。但屈强比太小，钢材可利用的应力值小，钢材利用率低，造成钢材浪费；反之，若屈强比过大，虽然提高了钢材的利用率，但其安全度却降低了。实际工程中选用钢材时，应在保证结构安全可靠的情况下，尽量选用大的屈强比，以提高钢材的利用率。一般情况下，合理的屈强比 σ_s/σ_b为 0.60 ~ 0.75。Q235 钢的屈强比为 0.58 ~ 0.63；普通低合金钢的屈强比为 0.65 ~ 0.75。用于抗震结构的普通钢筋实测的屈强比应不低于 0.80。

（4）颈缩阶段

应力超过 C 点以后，钢材抵抗塑性变形的能力大大降低，塑性变形急剧增加，在薄弱处断面显著减小，出现“颈缩现象”而断裂。

试件拉断后，将其拼合，测出标距内的长度 L_1，即可按下式计算其伸长率 δ_n：

$$\delta_n = \frac{L_1 - L_0}{L_0} \times 100\%$$

式中　L_0——试件原标准长度，mm；

L_1——试件拉断后标距间的长度，mm；

n ——试件原标距长度与其直径之比。

应当指出，由于出现颈缩，塑性变形在试件标距内的分布是不均匀的，而且颈缩处的伸长较大。因而原标距与直径之比越大，则颈缩处伸长值在整个伸长值中所占的分量越小，结果计算出的伸长率则小一些。通常以 δ_5 表示 $L_0 = 5d_0$（称为短试件）时的伸长率；以 δ_{10} 表示 $L_0 = 10d_0$（称为长试件）的伸长率。d_0 为试件的原直径。对于同一钢材，$\delta_5 > \delta_{10}$。某些钢材的伸长率是采用定标距试件测定的，如标距 $L_0 = 100$mm 或 200mm，则伸长率用 δ_{100} 或 δ_{200} 表示。通过拉力试验，还可以测定另一表明试件塑性的指标——断面收缩率（ψ）。它是试件拉断后颈缩处横截面最大缩减量与原始横截面积的百分比，即：

$$\psi = \frac{F_0 - F}{F_0} \times 100\%$$

式中　F_0——原始横截面积，mm^2；

　　F——断裂颈缩处的横截面积，mm^2。

伸长率和断面收缩率是表示钢材塑性大小的指标，在工程中具有重要意义。伸长率过大，断面收缩率过小，钢质软，在荷载作用下结构易产生较大的塑性变形，影响实际使用；伸长率过小，断面收缩率过大，钢质硬脆，当结构受到超载作用时，钢材易断裂；塑性良好（伸长率或断面收缩率在一定范围内）的钢材，即使在承受偶然超载时，钢材通过产生塑性变形而使其内部应力重新分布，从而克服了因应力集中而造成的危害。此外，对塑性良好的钢材，可以在常温下进行加工，从而得到不同形状的制品，并使其强度和塑性得到一定程度的改善。因此，在实际使用中，尤其受动荷载作用的结构，对钢材的塑性有较高的要求。

高碳钢（包括高强度钢筋和钢丝，也称硬钢）受拉时的应力-应变曲线与低碳钢的完全不同，如图 7-2 所示。其特点是没有明显的屈服阶段，抗拉强度高，伸长率小，拉断时呈脆性破坏。这类钢因无明显的屈服阶段，故不能测定其屈服点，一般以条件屈服点代替。条件屈服点是钢材产生 0.2% 塑性变形所对应的应力值，以 $\sigma_{0.2}$ 表示，单位 MPa。

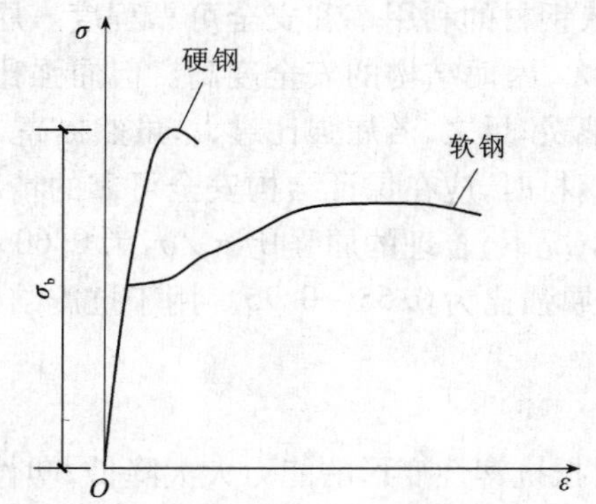

图 7-2　硬钢与软钢的应力-应变曲线比较

2. 冲击韧性

钢材在瞬间动载作用下，抵抗破坏的能力称为冲击韧性。冲击韧性的大小是用带有 V 形刻槽的标准试件的弯曲冲击韧性试验确定的（如图 7-3 所示）。以摆锤打击试件时，于刻槽处试件被打断，试件单位截面积（cm^2）上所消耗的功，即为钢材的冲击韧性指标，以冲击功（也称冲击值）a_k 表示。a_k 值越大，表示冲断试件时消耗的功越多，钢材的冲击韧性越好。钢材的冲击韧性受其化学成分、组织状态、轧制与焊接质量、环境温度以及时间等因素的影响。

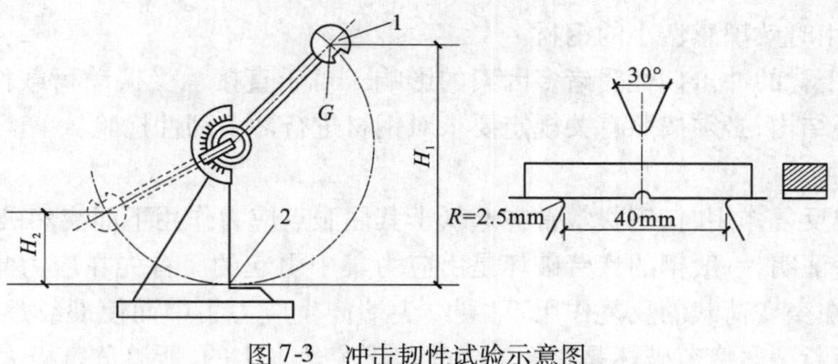

图7-3 冲击韧性试验示意图

1—摆锤;2—试件

(1)化学成分与组织状态对冲击韧性的影响

当钢中的硫、磷含量较高,且存在偏析及非金属夹杂物时,a_k值下降。细晶结构的a_k值比粗晶结构的高。

(2)轧制与焊接质量对冲击韧性的影响

试验时沿轧制方向取样比沿垂直于轧制方向取样的a_k值高。焊接件中形成的热裂纹及晶体组织的不均匀分布,将使a_k值显著降低。

(3)环境温度对冲击韧性的影响

试验表明,钢材的冲击韧性受环境温度的影响很大。为了找出这种影响的变化规律,可在不同温度下测定其冲击值,将试验结果绘成曲线,如图7-4所示。冲击韧性随温度的下降而降低;温度较高时,a_k值下降较少,破坏时呈韧性断裂。当温度降至某一温度范围时,a_k值突然大幅度下降,钢材开始呈脆性断裂,这种性质称为钢材的冷脆性。发生冷脆性时的温度范围,称为脆性转变温度范围。脆性转变温度越低,表明钢材的冷脆性越小,其低温冲击性能越好。

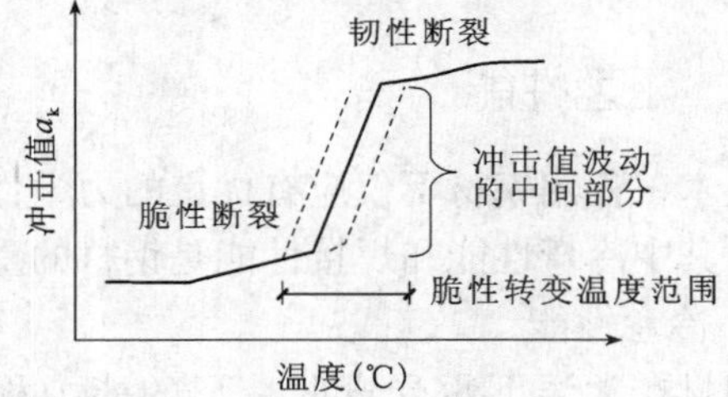

图7-4 温度对冲击韧性的影响(在20℃以下)

冷脆性是冬季一些钢结构发生事故的主要原因。因此,在负温下使用钢结构时,应评定钢材的冷脆性。由于脆性临界温度的测定较复杂,通常根据气温条件在-20℃或-40℃时测定a_k值,以此来推断其脆性临界温度范围。

(4)时间对冲击韧性的影响

随着时间的进展,钢材的强度提高,而塑性和冲击韧性降低的现象称为时效。钢中的氮原子和氧原子是产生时效的主要原因,它们及其化合物在温度变化或受机械作用时将加快向缺陷中的富集过程,从而阻碍了钢材受力后的变形,使钢材的塑性和冲击韧性降低。完成时效变化过程可达数十年。钢材如受冷加工而变形,或者使用中经受振动和反复荷载的影响,其时效可迅速发展。因时效而导致性能改变的程度称为时效敏感性,时效敏感性的大小可以用时效前后冲击值降低的程度(时效前后冲击值之差与时效前冲击值之比)来表示。时效敏感性越大的钢材,经过时效以后其冲击韧性的降低越显著。为了保证安全,对于承受动荷载作用的重要结构,应当选用时效敏感性小的钢材。

由上可知,钢材的冲击韧性受诸多因素的影响。对于直接承受振动荷载作用或可能在负温下工作的重要结构,必须按照有关规定要求对钢材进行冲击韧性检验。

3. 耐疲劳性

受交变荷载反复作用时,钢材常常在远低于其屈服点应力作用下而突然破坏,这种破坏称疲劳破坏。试验证明,一般钢的疲劳破坏是由应力集中引起的。首先在应力集中的地方出现疲劳裂纹;然后在交变荷载的反复作用下,裂纹尖端产生应力集中而使裂纹逐渐扩大,直至突然发生瞬时疲劳断裂。疲劳破坏是在低应力状态下突然发生的,所以危害极大,往往造成灾难性的事故。

若发生破坏时的危险应力是在规定周期(交变荷载反复作用次数)内的最大应力,则称其为疲劳极限或疲劳强度。此时规定的周期 N 称为钢材的疲劳寿命。测定疲劳极限时,应根据结构的受力特点确定应力循环类型(拉-拉型、拉-压型等)、应力特征值 ρ(为最小和最大应力之比)和周期基数。例如,测定钢筋的疲劳极限时,常用改变大小的拉应力循环来确定 ρ 值,对非预应力筋 ρ 一般为 0.1 ~ 0.8;预应力筋则为 0.7 ~ 0.85;周期基数一般为 2×10^6 或 4×10^6 次以上,实际测量时常以 2×10^6 次应力循环为基准。钢材的疲劳极限不仅与其化学成分、组织结构有关,而且与其截面变化、表面质量以及内应力大小等可能造成应力集中的各种因素有关。所以,在设计承受反复荷载作用且必须进行疲劳验算的钢结构时,应当了解所用钢材的疲劳极限。

7.2.2 工艺性能

土木工程用钢材不仅应有优良的力学性能,而且应有良好的工艺性能,以满足施工工艺的要求。其中冷弯性能和焊接性能是钢材的重要工艺性能。

1. 冷弯性能

钢材在常温下承受弯曲变形的能力称为冷弯性能。钢材冷弯性能指标是用试件在常温下所承受的弯曲程度表示。弯曲程度可以通过试件被弯曲的角度和弯心直径对试件厚度(或直径)的比值来表示,如图 7-5 所示。试验时,采用的弯曲角度越大,弯心直径对试件厚度的比值越小,表明冷弯性能越好。按规定的弯曲角度和弯心直径进行试验,试件的弯曲处不产生裂缝、起层或断裂,即为冷弯性能合格。

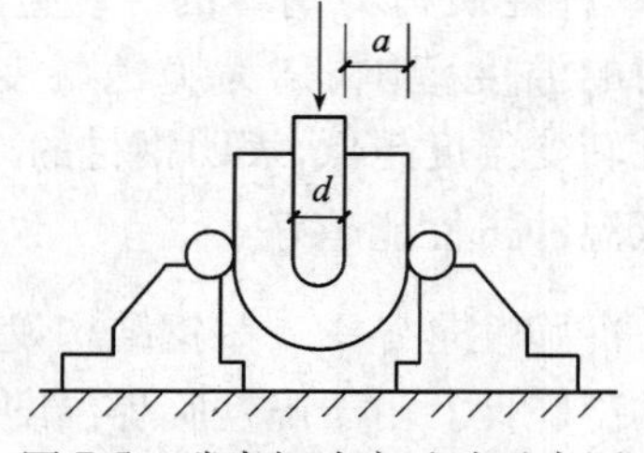

图 7-5 碳素钢冷弯试验示意图

钢材的冷弯,是通过试件受弯处的塑性变形实现的,如图 7-5 所示。它和伸长率一样,都反映钢材在静载下的塑性。但冷弯是钢材局部发生的不均匀变形下的塑性,而伸长率则反映钢材在均匀变形下的塑性,故冷弯试验是一种比较严格的检验,它比伸长率更能很好地揭示钢材是否存在内部组织不均匀、内应力和夹杂物等缺陷。这些缺陷在拉伸试验中,常因塑性变形导致应力重分布而得不到反映。

冷弯试验对焊接质量也是一种严格的检验,它能揭示焊件在受弯表面存在的未熔合、微裂纹和夹杂物等缺陷。

2. 焊接性能

在工业与民用建筑中焊接联结是钢结构的主要联结方式；在钢筋混凝土工程中，焊接则广泛应用于钢筋接头、钢筋网、钢筋骨架和预埋件的焊接，以及装配式构件的安装。在建筑工程的钢结构中，焊接结构占90%以上，因此，要求钢材应有良好的可焊性。

钢材的焊接方法主要有两种：钢结构焊接用的电弧焊和钢筋连接用的接触对焊。焊接过程的特点是：在很短的时间内达到很高的温度；钢件熔化的体积小；由于钢件传热快，冷却的速度也快，所以存在剧烈的膨胀和收缩。因此，在焊件中常发生复杂的、不均匀的反应和变化，使焊件易产生变形、内应力组织的变化和局部硬脆倾向等缺陷。对可焊性良好的钢材，焊接后焊缝处的性质应尽可能与母材一致，这样才能获得焊接牢固可靠、硬脆倾向小的效果。

钢的可焊性能主要受其化学成分及含量的影响。当含碳量超过0.25%后，钢的可焊性变差。锰、硅、钒等对钢的可焊性能也都有影响。其他杂质含量增多，也会使可焊性降低。特别是硫能使焊缝处产生热裂纹并硬脆，这种现象称为热脆性。

由于焊接件在使用过程中要求的主要力学性能是强度、塑性、韧性和耐疲劳性，因此，对性能影响最大的焊接缺陷是焊件中的裂纹、缺口和因硬化而引起的塑性和冲击韧性的降低。

采取焊前预热和焊后热处理的方法，可以使可焊性较差的钢材的焊接质量得以提高。此外，正确地选用焊接材料和焊接工艺，也是提高焊接质量的重要措施。

7.3　钢材的化学成分对钢材性能的影响

化学成分对钢材性能的影响主要是通过固溶于铁素体、形成化合物及改变晶粒大小等来实现的。如合金元素中除了锰之外，各合金元素均有细化晶粒的作用，特别是铌、钛、钒等。现对经冶炼后存在于钢中的各种化学元素，对钢的性质产生不同的影响分述如下。

7.3.1　碳

碳是铁碳合金的主要元素之一，对钢的性能有重要影响，如图7-6所示。由图7-6可知，对于含碳量不大于0.8%的碳素钢，随着含碳量的增加，钢的抗拉强度和硬度提高，而塑性和冲击韧性则降低。而强度以含碳量为0.8%左右为最高。但当含碳量大于1%时，强度开始下降。钢中含碳量的增加，焊接时焊缝附近的热影响区组织和性能变化大，容易出现局部硬脆倾向，而使钢的可焊性降低。当含碳量超过0.25%时，钢的可焊性将显著下降。含碳量增大，将增加钢的冷脆性和时效倾向，而且降低抵抗大气腐蚀的能力。

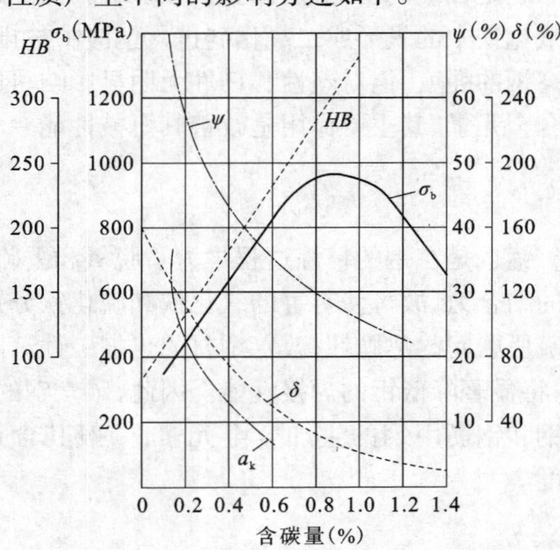

图7-6　含碳量对钢的机械性能的影响

σ_b—抗拉强度；a_k—冲击韧性；HB—硬度；

δ—伸长率；ψ—断面缩减率

7.3.2 磷

磷是碳素钢的有害杂质,主要来源于炼钢用的原料。钢的含磷量提高时,钢的强度提高,塑性和韧性显著下降。温度越低,对塑性和韧性的影响越大。此外,磷在钢中的分布不均匀,偏析严重,使钢的冷脆性显著增大,焊接时容易产生冷裂纹,使钢的可焊性显著降低。因此,在碳素钢中对磷的含量有严格要求。

磷可以提高钢的耐磨性和耐蚀性,在普通低合金钢中,可配合其他元素加以利用。

7.3.3 硫

硫也是钢的有害杂质,来源于炼钢原料,以硫化铁夹杂物的形式存在于钢中,能降低钢的各种力学性能。由于硫化铁的熔点低,当钢在红热状态下进行热加工或焊接时,易使钢材内部产生裂纹,引起钢材断裂,这种现象称为热脆性。热脆性将大大降低钢的热加工性能与可焊性能。硫还能降低钢的冲击韧性、疲劳强度和抗腐蚀性。因此,碳素钢中对硫的含量有严格限制。

7.3.4 氮、氧、氢

这三种气体元素也是钢中的有害杂质,它们在固态钢中溶解度极小,偏析严重,使钢的塑性、韧性显著降低,甚至会造成微裂纹事故。钢的强度越高,其危害性越大,所以应严格限制氮、氧、氢的含量。

7.3.5 硅

硅是在钢的精炼过程中为了脱氧而有意加入的元素。由于硅与氧的结合力强,所以能夺取氧化铁中的氧形成二氧化硅进入钢渣中被排除,使钢的质量提高。当硅含量小于1%时,可提高钢的强度,但对塑性和韧性无明显影响,且可提高其抗腐蚀能力。硅是我国钢筋用钢的主加合金元素,其主要作用是改善其机械性能。

7.3.6 锰

锰也是在钢的精炼过程中为了脱氧和去硫而加入的。锰对氧和硫的结合力大于铁对氧和硫的结合力,故可使有害的氧化铁和硫化铁分别形成氧化锰和硫化锰而进入钢渣被排除,削弱了硫所引起的热脆性,改善钢材的热加工性。同时,锰还能提高钢的强度和硬度,但含量较高时,将显著降低钢的焊接性能。因此,碳素钢的含锰量控制在0.9%以下。锰是我国低合金结构钢和钢筋用钢的主加合金元素,一般其含量控制为1% ~2%。其主要作用是提高钢的强度。

7.3.7 钛

钛是强脱氧剂,且能使晶粒细化,故可以显著提高钢的强度,而塑性略有降低。同时,因晶粒细化,可改善钢的韧性,还能提高可焊性和抗大气腐蚀性。因此,钛是常用的合金元素。

7.3.8　钒

钒是弱脱氧剂，它加入钢中能削弱碳和氮的不利影响。钒能细化晶粒，提高强度和改善韧性，并能减少时效倾向，但钒将增大焊接时的硬脆倾向而使可焊性降低。

7.4　钢材的冷加工及热加工

在建筑工地和混凝土预制厂，经常对使用上强度偏低的钢筋和塑性偏大的钢筋或低碳盘条钢筋进行冷拉或冷拔并时效处理，以提高屈服强度和利用率。

经过冷加工的钢材，可适当减少钢筋混凝土结构设计截面，或减少混凝土中的配筋数量，从而达到节约钢材的目的。钢筋冷拉还有利于简化施工工序。冷拉盘条钢筋可省去开盘和调直工序；冷拉直条钢筋则可与矫直、除锈等工序一并完成。但冷拉钢丝的屈强比较大，相应的安全储备较小。

建筑工程中大量使用的钢筋采用冷加工强化具有明显的经济效益，而且冷加工所用机械比较简单，容易操作，效果明显，因而建筑工程中常用此方法。

7.4.1　冷加工强化

1. 冷加工强化的机理

将钢材在常温下进行冷拉、冷拔或冷轧，使之产生塑性变形，从而提高其机械强度，相应降低塑性和韧性的过程，称为冷加工强化或冷加工硬化处理。

冷加工强化的机理是：钢材经冷加工变形后，钢材内部分晶粒沿某些滑移面产生滑移，晶格扭曲，晶粒的形状也相应改变即受拉晶粒被拉长或受压晶粒被压扁，滑移面上的晶粒甚至破碎；当继续加大荷载或重新加载时，已经变形的晶粒对继续进行的滑移将产生巨大阻力，使已经滑移过的区域增加了对塑性变形的抗力，因而硬度与强度提高。原来已经滑移的晶粒也不再进行滑移，新的滑移将在其他区域内发生。换言之，要使钢材重新产生变形（即滑移）就必须增加外力，所以显示出屈服点的提高。钢的塑性、韧性则由于塑性变形后滑移减少而降低，脆性增大。由于塑性变形中产生内应力，故钢材的弹性模量降低。

2. 冷加工强化的方法

（1）冷拉

冷拉是将钢筋拉至其 σ-ε 曲线的强化阶段内任一点 K 处，然后缓慢卸去荷载，则当再度加荷时，其屈服强度将有所提高，而其塑性变形能力将有所降低。冷拉一般可控制冷拉率。钢筋经冷拉后，一般屈服点可提高20%～25%。

（2）冷拔

冷拔是将光圆钢筋通过硬质合金拔丝模孔强行拉拔。冷拔作用比纯拉伸作用强烈，钢筋不仅受拉，而且同时受到挤压作用。经过一次或多次的冷拉后得到的冷拔低碳钢丝，其屈服点可提高40%～60%，但失去软钢的塑性和韧性而具有硬钢的特点。

（3）冷轧

冷轧是将圆钢在冷轧机上轧成断面形状截面的钢筋，可提高其强度及与混凝土的粘接力。

钢筋在冷轧时，纵向与横向同时产生变形，因而能较好地保持其塑性和内部结构的均匀性。

7.4.2 时效处理

将经过冷拉的钢筋在常温下存放15～20d或加热到100～200℃保持2～3h，其屈服点将进一步提高，抗拉强度稍有增长，塑性和韧性继续降低，这个过程称为时效处理。前者为自然时效；后者则为人工时效。由于时效过程中内应力的消减，故其弹性模量可基本恢复。

冷拉及时效处理后钢筋性能的变化规律，可由拉力试验的应力-应变图得到反映（如图7-7所示）。

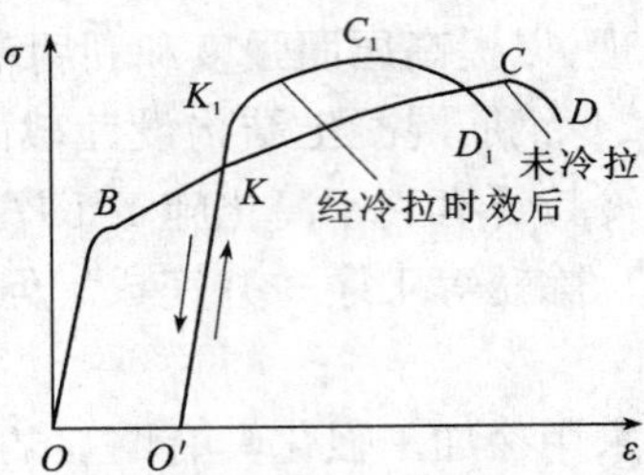

图7-7 钢筋经冷拉时效后应力-应变图的变化

图7-7中$OBCD$为未经冷拉和时效处理试件的应力-应变曲线。若将试件拉伸至超过屈服点后的任意一点K，然后卸载，由于试件已产生塑性变形，故卸载曲线就将沿着KO'下降，KO'大致与BO平行。若卸载后立即再拉伸，则新的屈服点将高达K点。以后的应力-应变关系将与原曲线KCD相似。这表明钢筋经冷拉后，其屈服点将提高。若在K点卸载后，不立即拉伸，而是对试件进行时效处理，然后再拉伸，则其屈服点将升高至K_1点。继续拉伸，曲线将沿$K_1C_1D_1$发展。这说明钢筋经冷拉时效处理以后，屈服点和抗拉强度都得到提高，塑性和韧性则相应降低。

钢材产生时效的根本原因是钢材晶体组织中的碳原子、氮原子有向缺陷处移动、集中的倾向，甚至呈碳化物或氮化物微粒析出。钢材受冷加工变形以后或在使用中受到反复振动，则碳原子、氮原子的移动、集中会大大加快。这将使缺陷处碳原子、氮原子富集，阻碍晶粒发生滑移，增加了对塑性变形的抗力，因而强度提高，塑性和韧性降低。

钢筋冷拉后，不仅可以提高屈服点和抗拉强度20%～25%，而且还可以简化施工工艺；圆盘钢筋可使开盘、矫直、冷拉三道工序一次完成；直条钢筋则可使矫直、冷拉一次完成，并使钢筋锈皮自行脱落。

一般土木工程中，应通过试验选择合理的冷拉应力和时效处理措施。强度较低的钢筋可采用自然时效，而强度较高的钢筋则应采用人工时效。

7.4.3 热处理

热处理是将钢材按规定的温度，进行加热、保温和冷却处理，以改变其组织，得到所需要性能的一种工艺。热处理包括淬火、回火、退火和正火。

1. 淬火

淬火是将钢材加热到显微组织转变温度(723℃)以上,保持一段时间,使钢材的显微组织发生转变,然后将钢材置于水或油中冷却。淬火可提高钢材的强度和硬度,但使塑性和韧性明显降低。

2. 回火

将比较硬脆、存在内应力的钢加热到基本组织改变温度以下(150～650℃),保温后按一定制度冷却到适温的热处理方法称回火。回火后的钢材,内应力消除,硬度降低,塑性和韧性得到改善。

3. 退火

将钢材加热到基本组织转变温度以下(低温退火)或以上(完全退火),适当保温后缓慢冷却,以消除内应力,减少缺陷和晶格畸变,使钢材的塑性和韧性得到改善。

4. 正火

将钢材加热到基本组织转变温度以上,然后在空气中冷却使晶格细化,钢材的强度提高而塑性有所降低。

7.5　钢材的标准和选用

土木工程用钢材主要分为钢结构用的钢和钢筋混凝土结构用的钢筋及钢丝两大类。

7.5.1　土木工程常用钢种

我国土木工程中常用钢种主要有碳素结构钢和合金钢两大类。其中合金钢中使用较多的是普通低合金结构钢。

1. 碳素结构钢

(1)牌号及其表示方法

根据国家标准《碳素结构钢》(GB/T 700—2006)中的规定,钢的牌号由代表屈服点的字母、屈服点数值、质量等级符号、脱氧方法符号等四个部分按顺序组成,其中,以“Q”代表屈服点;屈服点数值共分 195MPa、215MPa、235MPa 和 275MPa 四种;质量等级以硫、磷等杂质含量由多到少,分别由 A、B、C、D 符号表示;脱氧方法以 F 代表沸腾钢、Z 和 TZ 分别表示镇静钢和特殊镇静钢,Z 和 TZ 在钢的牌号中予以省略。例如,Q235-A · F 表示屈服点为 235MPa 的 A 级沸腾钢;Q215-B 表示屈服点为 215MPa 的 B 级镇静钢。

国家标准《碳素结构钢》(GB/T 700—2006)将碳素结构钢分为四个牌号,每个牌号又分为不同的质量等级。牌号数值越大,含碳量越高,其强度、硬度也越高,但塑性、韧性降低。冷弯性能逐渐变差。同一钢材的质量等级越高,钢材的质量越好。平炉钢和氧气转炉钢质量均较好。特殊镇静钢的质量优于镇静钢的质量,更优于沸腾钢的质量。碳素结构钢的质量等级主要取决于钢材内硫、磷的含量,硫、磷的含量越低,钢的质量越好,其焊接性能和低温冲击性能都能得到提高。

(2)技术性能

碳素结构钢的技术要求有化学成分、力学性能、冶炼方法、交货状态及表面质量等五方面。

各牌号钢的化学成分、力学性质和工艺性质应分别符合表 7-1、表 7-2 和表 7-3 的规定。

表 7-1　碳素结构钢的化学成分

牌号	等级	厚度或直径(mm)	脱氧方法	化学成分(%)				
				C	Si	Mn	S	P
Q195	—	—	F、Z	0.12	0.30	0.50	0.040	0.035
Q215	A	—	F、Z	0.15	0.35	1.20	0.050	0.045
	B						0.045	
Q235	A	—	F、Z	0.22	0.35	1.40	0.050	0.045
	B		Z	0.20			0.045	
	C		TZ	0.17			0.040	0.040
	D						0.035	0.035
Q275	A	—	F、Z	0.24	0.35	1.50	0.050	0.045
	B	≤40	Z	0.21			0.045	0.045
		>40		0.22				
	C	—	Z	0.20			0.040	0.040
	D	—	TZ				0.035	0.035

表 7-2　碳素结构钢的力学性质

牌号	等级	拉伸试验													冲击试验(V 形缺口)	
		屈服点 σ_s(N/mm²)						抗拉强度 σ_b(N/mm²)	伸长率 δ(%)					温度(℃)	冲击吸收功(纵向)(J)
		钢材厚度(或直径)(mm)							钢材厚度(或直径)(mm)						
		≤16	>16~40	>40~60	>60~100	>100~150	>150~200		≤40	>40~60	>60~100	>100~150	>150~200		
		≥							≥						≥
Q195	—	195	185	—	—	—	—	315~430	33	—	—	—	—	—	—
Q215	A	215	205	195	185	175	165	335~450	31	30	29	27	26	—	—
	B													+20	27
Q235	A	235	225	215	215	195	185	375~500	26	25	24	22	21	—	27
	B													+20	
	C													—	
	D													−20	
Q275	A	275	265	255	245	225	215	410~540	22	21	20	18	17	—	—
	B													+20	27
	C													—	
	D													−20	

表7-3 碳素结构钢的工艺性质

牌号	试样方向	冷弯试验180°,$B=2a$	
		钢材厚度(直径)(mm)	
		≥60	>60~100
		弯心直径d	
Q195	纵	0	—
	横	0.5a	
Q215	纵	0.5a	1.5a
	横	a	2a
Q235	纵	a	2a
	横	1.5a	2.5a
Q275	纵	1.5a	2.5a
	横	2a	3a

(3)碳素钢的选用

钢材的选用一方面要根据钢材的质量、性能及相应的标准;另一方面要根据工程使用条件对钢材性能的要求。

① Q195——该牌号钢材强度不高,塑性、韧性、加工性能与焊接性能较好,主要用于轧制薄板和盘条等。钢钉、铆钉、螺栓及铁丝等。

② Q215——该牌号钢材与Q195钢基本相同,其强度稍高,大量用作管坯、螺栓等。

③ Q235——强度适中,有良好的承载性,又具有较好的塑性和韧性,可焊性和可加工性也较好,是钢结构常用的牌号,大量制作成钢筋、型钢和钢板用于建造房屋和桥梁等。Q235是建筑工程中最常用的碳素结构钢牌号,其既具有较高强度,又具有较好的塑性、韧性,同时还具有较好的可焊性。Q235良好的塑性可保证钢结构在超载、冲击、焊接、温度应力等不利因素作用下的安全性,故Q235能满足一般钢结构用钢的要求。Q235-A一般用于只承受静荷载作用的钢结构。Q235-B适合用于承受动荷载焊接的普通钢结构,Q235-C适合用于承受动荷载焊接的重要钢结构,Q235-D适合用于低温环境使用的承受动荷载焊接的重要钢结构。

沸腾钢不得用于直接承受重级动荷载的焊接结构,不得用于计算温度等于和低于-20℃的承受中级或轻级动荷载的焊接结构和承受重级动荷载的非焊接结构,也不得用于计算温度等于和低于-30℃的承受静荷载或间接承受动荷载的焊接结构。

④ Q275——强度更高,硬而脆,适于制作耐磨构件、机械零件和工具。也可以用于钢结构构件。

工程结构的荷载类型、焊接情况及环境温度等条件对钢材性能有不同的要求，选用钢材时必须满足。一般情况下，沸腾钢在下述情况下是限制使用的：

① 在直接承受动荷载的焊接结构。

② 非焊接结构而计算温度等于或低于 -20℃时。

③ 受静荷载及间接动荷载作用，而计算温度等于或低于 -30℃时的焊接结构。

2. 低合金高强度结构钢

低合金高强度结构钢是一种在碳素钢的基础上添加总量小于5%的一种或多种合金元素的钢材。所加的合金元素主要有锰、硅、钡、钛、铌、铬、镍及稀土元素等。

(1)牌号的表示方法

根据国家标准《低合金高强度结构钢》(GB/T 1591—2008)规定，低合金高强度结构钢共有八个牌号：Q345、Q390、Q420、Q460、Q500、Q550、Q620 和 Q690。其牌号的表示方法是由屈服点字母 Q、屈服点数值、质量等级(分 A、B、C、D、E 五级)三个部分组成。

(2)标准与性能

低合金高强度结构钢的化学成分见表 7-4。

低合金高强度钢的含碳量一般都较低，以便于钢材的加工和焊接要求。其强度的提高主要是靠加入的合金元素结晶强化和固溶强化来达到。采用低合金高强度钢的主要目的是减轻结构质量，延长使用寿命。这类钢具有较高的屈服点和抗拉强度、良好的塑性和冲击韧性，具有耐锈蚀、耐低温性能，综合性能好。

低合金高强度结构钢的拉伸性能、夏比(V 形)冲击试验的试验温度和冲击吸收能量分别见表 7-5 和表 7-6。

对于大跨度、大柱网结构，采用较高强度的低合金结构钢，技术经济效果更显著。

Q235 钢与 Q345 钢是土木工程两种常用的钢，而这两种钢在哪种情况下使用更合适呢？当结构截面需按强度控制，且在有条件的情况下，宜采用 Q345 钢。当跨度较大时，一般是以变形控制，但是有重荷载时又有区别。Q345 比 Q235 屈服强度提高 45% 左右，理论上用 Q345 可节约用钢量 15% ~25%。从技术角度，凡是以强度控制的宜用 Q345，以变形控制的宜用 Q235。从经济角度看，目前两种价差很少，而 Q345 强度提高较多，Q345 性价比较高，故多用 Q345。

Q235 钢与 Q345 钢两种钢材在常温静载下的韧性差不多，在低温时，Q345 钢材的韧性要好一些，在动载下，随着加载速度的增加，脆性都增加，但是 Q345 脆性增加得更快。所以，在温度比较低、承受动载时，适合用 Q345 钢材。从经济上，如果采用 Q345 比 Q235 用钢量降低 10% 以上，就采用 Q345。

另外，两者采用焊接材料是不同的，Q345 宜用 E50 型，Q345 宜用 E43 型。Q345 焊接用 E50 型焊条，焊接条件要求高些，对施焊人员技术要求也高些，所以设计时不但要考虑强度和变形，还应考虑施焊条件，尽可能避免现场焊接 Q345 钢材。当 Q235 与 Q345 焊接时，宜采用 E43 型焊条，即焊条宜与性能低的材料相匹配。

表 7-4　低合金高强度结构钢的化学成分（GB/T 1591—2008）

牌号	质量等级	元素化学成分（质量分数）（%）														
		C	Si	Mn	P	S	Nb	V	Ti	Cr	Ni	Cu	N	Mo	B	Als
					不大于											不小于
Q345	A	≤0.20	≤0.50	≤1.70	0.035	0.035	0.07	0.15	0.20	0.30	0.50	0.30	0.012	0.10	—	—
	B				0.035	0.035										
	C				0.030	0.030										0.015
	D	≤0.18			0.030	0.025										
	E				0.025	0.020										
Q390	A	≤0.20	≤0.50	≤1.70	0.035	0.035	0.07	0.20	0.20	0.30	0.50	0.30	0.015	0.10	—	—
	B				0.035	0.035										
	C				0.030	0.030										0.015
	D				0.030	0.025										
	E				0.025	0.020										
Q420	A	≤0.20	≤0.50	≤1.70	0.035	0.035	0.11	0.20	0.20	0.30	0.80	0.30	0.015	0.20	—	—
	B				0.035	0.035										
	C				0.030	0.030										0.015
	D				0.030	0.025										
	E				0.025	0.020										
Q460	C	≤0.20	≤0.60	≤1.80	0.030	0.030	0.11	0.20	0.20	0.30	0.80	0.55	0.015	0.20	0.004	0.015
	D				0.030	0.025										
	E				0.025	0.020										
Q500	C	≤0.18	≤0.60	≤1.80	0.030	0.030	0.11	0.12	0.20	0.60	0.80	0.55	0.015	0.20	0.004	0.015
	D				0.030	0.025										
	E				0.025	0.020										
Q550	C	≤0.18	≤0.60	≤2.00	0.030	0.030	0.11	0.12	0.20	0.80	0.80	0.80	0.015	0.30	0.004	0.015
	D				0.030	0.025										
	E				0.025	0.020										

续表

牌号	质量等级	C	Si	Mn	P	S	Nb	V	Ti	Cr	Ni	Cu	N	Mo	B	Als
		元素化学成分(质量分数)(%)														
					不大于											不小于
Q620	C				0.030	0.030										
	D	≤0.18	≤0.60	≤2.00	0.030	0.025	0.11	0.12	0.20	1.00	0.80	0.80	0.015	0.30	0.004	0.015
	E				0.025	0.020										
Q690	C				0.030	0.030										
	D	≤0.18	≤0.60	≤2.00	0.030	0.025	0.11	0.12	0.20	1.00	0.80	0.80	0.015	0.30	0.004	0.015
	E				0.025	0.020										

表 7-5　低合金高强度结构钢的拉伸性能(GB/T 1591—2008)

牌号	等级	拉伸试验																					
		屈服点 σ_s(N/mm^2)									抗拉强度 σ_b(N/mm^2)							伸长率 δ(%)					
		公称厚度(或直径,边长)(mm)									公称厚度(或直径,边长)(mm)							公称厚度(或直径,边长)(mm)					
		≤16	>16~40	>40~63	>63~80	>80~100	>100~150	>150~200	>200~250	>250~400	≤40	>40~63	>63~80	>80~100	>100~150	>150~250	>250~400	≤40	>40~63	>63~100	>100~150	>150~250	>250~400
Q345	A																	≥20	≥19	≥19	≥18	≥17	
	B									—							—						—
	C	≥345	≥335	≥325	≥315	≥305	≥285	≥275	≥265		470~630	470~630	470~630	470~630	450~600	450~600							
	D									≥265							450~600	≥21	≥20	≥20	≥19	≥18	≥17
	E																						
Q390	A																						
	B																						
	C	≥390	≥370	≥350	≥330	≥330	≥310	—	—	—	490~650	490~650	490~650	490~650	470~620	—	—	≥20	≥19	≥19	≥18	—	—
	D																						
	E																						

续表

牌号	等级	拉伸试验																					
		屈服点 σ_s(N/mm²)									抗拉强度 σ_b(N/mm²)							伸长率 δ(%)					
		公称厚度(或直径,边长)(mm)									公称厚度(或直径,边长)(mm)							公称厚度(或直径,边长)(mm)					
		≤16	>16~40	>40~63	>63~80	>80~100	>100~150	>150~200	>200~250	>250~400	≤40	>40~63	>63~80	>80~100	>100~150	>150~250	>250~400	≤40	>40~63	>63~100	>100~150	>150~250	>250~400
Q420	A B C D E	≥420	≥400	≥380	≥360	≥360	≥340	—	—	—	520~680	520~680	520~680	520~680	500~650	—	—	≥19	≥18	≥18	≥18	—	—
Q460	C D E	≥460	≥440	≥420	≥400	≥400	≥380	—	—	—	550~720	550~720	550~720	550~720	530~700	—	—	≥17	≥16	≥16	≥16	—	—
Q500	C D E	≥500	≥480	≥470	≥450	≥440	—	—	—	—	610~770	600~760	590~750	540~730	—	—	—	≥17	≥17	≥17	—	—	—
Q550	C D E	≥550	≥530	≥520	≥500	≥490	—	—	—	—	670~830	620~810	600~790	590~780	—	—	—	≥18	≥16	≥16	—	—	—
Q620	C D E	≥620	≥600	≥590	≥570	—	—	—	—	—	710~880	690~880	670~860	—	—	—	—	≥15	≥15	≥15	—	—	—
Q690	C D E	≥690	≥670	≥660	≥640	—	—	—	—	—	770~940	750~920	730~900	—	—	—	—	≥14	≥14	≥14	—	—	—

表 7-6　夏比（V 形）冲击试验的试验温度和冲击吸收能量（GB/T 1591—2008）

牌号	质量等级	试验温度（℃）	冲击吸收能量（KV_2），（J）		
			公称厚度（或直径，边长）（mm）		
			12～150	>150～250	>250～400
Q345	B	20	≥34	≥27	—
	C	0			
	D	−20			27
	E	−40			
Q390	B	20	≥34	—	—
	C	0			
	D	−20			
	E	−40			
Q420	B	20	≥34	—	—
	C	0			
	D	−20			
	E	−40			
Q460	C	0	≥34	—	—
	D	−20		—	—
	E	−40		—	—
Q500、Q550、Q620、Q690	C	0	≥55	—	—
	D	−20	≥47	—	—
	E	−40	≥31	—	—

7.5.2　土木工程常用钢材

土木工程中常用的钢筋混凝土结构及预应力混凝土结构钢筋，根据生产工艺、性能和用途的不同，主要品种有热轧钢筋、冷拉热轧钢筋、冷轧带肋钢筋、热处理钢筋、冷拔低碳钢丝、预应力混凝土用钢丝及钢绞线等。钢结构构件一般直接选用型钢。

1. 钢筋与钢丝

直径为 5mm 以上的称为钢筋，直径为 5mm 及 5mm 以下的称为钢丝。

（1）热轧钢筋

热轧钢筋是钢筋混凝土和预应力钢筋混凝土的主要组成材料之一，不仅要求有较高的强度，而且应有良好的塑性、韧性和可焊性能。热轧钢筋分为热轧光圆钢筋及热轧带肋钢筋。其中 H、P、R、B 分别为热轧（Hot-rolled）、光圆（Plain）、带肋（Ribbed）、钢筋（Bars）四个词的英文首位字母。

① 热轧光圆钢筋。热轧光圆钢筋是经热轧成型，横截面通常为圆形，表面光滑的成品钢筋。国家标准《钢筋混凝土用钢 第 1 部分：热轧光圆钢筋》（GB 1499.1—2008）将碳素结构钢分为两个牌号，有 HPB230 和 HPB300 两个牌号，其中 H、P、B 分别为热轧（Hot-rolled）、光圆

(Plain)、钢筋(Bars)三个词的英文首位字母。其强度较低,但具有塑性及焊接性能好,伸长率高,便于弯折成形和进行各种冷加工等特点,其技术要求包括牌号和化学成分、冶炼方法、力学性能和工艺性能、表面质量四个方面。其中,牌号和化学成分应符合表 7-7 的规定,力学性能和工艺性能应符合表 7-8 的规定。

表 7-7　热轧光圆钢筋的牌号和化学成分(GB 1499.1—2008)

<table>
<tr><th rowspan="2">牌号</th><th colspan="8">化学成分(%),不大于</th></tr>
<tr><th>C</th><th>Si</th><th>Mn</th><th>Cr</th><th>Ni</th><th>Cu</th><th>P</th><th>S</th></tr>
<tr><td>HPB235</td><td>0.22</td><td>0.30</td><td>0.65</td><td colspan="3" rowspan="2">0.30</td><td rowspan="2">0.045</td><td rowspan="2">0.050</td></tr>
<tr><td>HPB300</td><td>0.25</td><td>0.55</td><td>1.50</td></tr>
</table>

表 7-8　热轧光圆钢筋力学、工艺性能(GB 1499.1—2008)

<table>
<tr><th rowspan="2">表面形状</th><th rowspan="2">牌号</th><th rowspan="2">公称直径(mm)</th><th>屈服点 σ_s (MPa)</th><th>抗拉强度 σ_b (MPa)</th><th>断后伸长率 δ (%)</th><th rowspan="2">冷弯 180°
d—弯芯直径
a—钢筋公称直径</th></tr>
<tr><th colspan="3">≥</th></tr>
<tr><td rowspan="2">光圆</td><td>HPB235</td><td rowspan="2">6 ~ 22(推荐钢筋公称直径为 6、8、10、12、16、20)</td><td>235</td><td>370</td><td rowspan="2">25</td><td rowspan="2">$d = a$</td></tr>
<tr><td>HPB300</td><td>300</td><td>420</td></tr>
</table>

热轧光圆钢筋广泛用于普通钢筋混凝土构件中,作为中小型钢筋混凝土结构的主要受力钢筋和各种钢筋混凝土结构的箍筋等。

② 热轧带肋钢筋。热轧带肋钢筋分为普通热轧带肋钢筋和细晶粒热轧带肋钢筋。普通热轧带肋钢筋的晶相组织主要是铁素体加珠光体,不得有影响使用性能的其他组织(如基圆上出现的回火马氏体组织)存在。

国家标准《钢筋混凝土用钢 第 2 部分:热轧带肋钢筋》国家标准第 1 号修改单(GB 1499.2—2007/XG1—2009)将普通热轧带肋钢筋分为 HRB335、HRB400、HRB500 和 HRB335E、HRB400E、HRB500E 六个牌号,牌号由 HRB 和牌号的屈服点最小值构成。其中 H、R、B 分别为热轧(Hot - rolled)、带肋(Ribbed)、钢筋(Bars)三个词的英文首位字母。

细晶粒热轧带肋钢筋是在热轧过程中,通过控轧和控冷工艺形成的细晶粒钢筋,其晶相组织主要是铁素体加珠光体,不得有影响使用性能的其他组织(如基圆上出现的回火马氏体组织)存在,晶粒度不粗于 9 级。国家标准《钢筋混凝土用钢 第 2 部分:热轧带肋钢筋》国家标准第 1 号修改单(GB 1499.2—2007/XG1—2009)将细晶粒热轧带肋钢筋分为 HRBF335、HRBF400、HRBF500 和 HRBF335E、HRBF400E、HRBF500E 六个牌号。牌号由 HRBF 和牌号的屈服点最小值构成,牌号在热轧带肋钢筋的英文缩写后加“细”的英文(Fine)首位字母。

其中 HRB335E、HRB400E、HRB500E、HRBF335E、HRBF400E 或 HRBF500E 钢筋,主要用于有较高要求的抗震结构上。

对有抗震设防要求的结构,其纵向受力钢筋的性能应满足设计要求;当设计无具体要求时,对按一、二、三级抗震等级设计的框架和斜撑构件(含梯段)中的纵向受力钢筋应采用 HRB335E、HRB400E、HRB500E、HRBF335E、HRBF400E 或 HRBF500E 钢筋,其强度和最大力下总伸长率的实测值应符合下列规定：

A. 钢筋的抗拉强度实测值与屈服强度实测值的比值不应小于1.25。

B. 钢筋的屈服强度实测值与屈服强度标准值的比值不应大于1.30。

C. 钢筋的最大力下总伸长率不应小于9%。

HRB335E、HRB400E、HRB500E、HRBF335E、HRBF400E或HRBF500E钢筋的其他要求与相应牌号钢筋（HRB335、HRB400、HRB500、HRBF335、HRBF400或HRBF500）相同。

根据《钢筋混凝土用钢 第2部分：热轧带肋钢筋》国家标准第1号修改单（GB 1499.2—2007/XG1—2009），热轧带肋钢筋的技术要求包括牌号和化学成分、交货形式、力学性能、工艺性能、疲劳性能、焊接性能、晶粒度及表面质量八个方面。其中，牌号和化学成分应符合表7-9的规定，力学性能应符合表7-10的规定。

表7-9　热轧带肋钢筋的牌号和化学成分（GB 1499.2—2007/XG1—2009）

牌号	化学成分（%），不大于					
	C	Si	Mn	P	S	Ceq
HRB335 HRBF335	0.25	0.80	1.60	0.045	0.045	0.52
HRB400 HRBF400						0.54
HRB500 HRBF500						0.55

注：碳当量（Ceq）按Ceq（百分比）= C + Mn/6 + (Cr + V + Mo)/5 + (Cu + Ni)/15计算。

表7-10　热轧带肋钢筋力学性能（GB 1499.2—2007/XG1—2009）

牌号	公称直径（mm）	屈服点 σ_s（MPa）	抗拉强度 σ_b（MPa）	断后伸长率 δ（%）	最大力下总伸长率 A_{gt}（%）
		≥			
HRB335 HRBF335	6～50（推荐钢筋公称直径为6、8、10、12、16、20、25、32、40、50）	335	455	17	7.5
HRB400 HRBF400		400	540	16	
HRB500 HRBF500		500	630	15	

根据《钢筋混凝土用钢 第2部分：热轧带肋钢筋》国家标准第1号修改单（GB 1499.2—2007/XG1—2009），热轧带肋钢筋的工艺性能要求按表7-11规定的弯芯直径弯曲180°后，钢筋受弯曲部位表面不得产生裂纹。

表7-11　热轧带肋钢筋工艺性能（GB 1499.2—2007/XG1—2009）

牌号	公称直径 d（mm）	弯芯直径（mm）
HRB335 HRBF335	6～25	3d
	28～40	4d
	>40～50	5d

续表

牌号	公称直径 d(mm)	弯芯直径(mm)
HRB400 HRBF400	6~25	4d
	28~40	5d
	>40~50	6d
HRB500 HRBF500	6~25	6d
	28~40	7d
	>40~50	8d

HRB335、HRB400、HRBF335 和 HRBF400 热轧带肋钢筋强度较高，塑性和焊接性能也较好，因表面带肋，加强了钢筋与混凝土之间的粘接力，广泛用于大、中型钢筋混凝土结构的主筋，经冷拉处理后也可作为预应力筋。HRB500 用中碳低合金镇静钢轧制而成，除硅、锰主要合金元素外，还加入钒或钛作为固熔弥散强化元素，使之在提高强度的同时保证塑性和韧性。主要用于土木工程中的预应力钢筋。

(2)冷拉热轧钢筋将热轧钢筋在常温下拉伸至超过屈服点小于抗拉强度的某一应力，然后卸荷，即成了冷拉钢筋。冷拉可使屈服点提高 17%~27%，材料变脆、屈服阶段缩短，伸长率降低，冷拉时效后强度略有提高。实际操作中可将冷拉、除锈、调直、切断合并为一道工序，这样简化了流程，提高了效率。冷拉既可以节约钢材，又可以制作预应力钢筋，是钢筋加工的常用方法之一。

(3)冷轧带肋钢筋

冷轧带肋钢筋采用热轧圆盘条经冷轧而成，表面带有沿长度方向均匀分布的三面或两面的月牙肋。根据国家标准《冷轧带肋钢筋》(GB 13788—2008)规定，冷轧带肋钢筋的牌号是由 CRB 和钢筋抗拉强度最小值构成的，其中 C、R、B 分别为冷轧(Cold-rolled)、带肋(Ribbed)、钢筋(Bars)三个词的英文首位字母。冷轧带肋钢筋分为 CRB550、CRB650、CRB800、CRB970 四个牌号，分别表示抗拉强度不小于 550MPa、650MPa、800MPa、970MPa 的钢筋。CRB550 钢筋的公称直径范围为 4~12mm。其中 CRB650 及以上牌号的钢筋公称直径为 4mm、5mm、6mm。冷轧带肋钢筋各等级的力学性能和工艺性能应符合表 7-12 的规定。

表 7-12　冷轧带肋钢筋的性能(GB 13788—2008)

级别代号	规定非比例伸长应力 $\sigma_{0.2}$(MPa)不小于	抗拉强度 σ_b(MPa)不小于	伸长率(%)不小于		冷弯试验 180°	反复弯曲次数	应力松弛 初始应力应相当于公称抗拉强度的70%
			δ_{10}	δ_{100}			1000h 松弛率(%)不大于
CRB55	500	550	8.0	—	$D=3d$	—	—
CRB650	585	650	—	4.0	—	3	8
CRB800	720	800	—	4.0	—	3	8
CRB970	875	970	—	4.0	—	3	8

注：D—弯芯直径(mm)；d—钢筋公称直径(mm)。

冷轧带肋钢筋强度高，塑性、焊接性较好，握裹力强，广泛应用于中小预应力混凝土结构构件和普通钢筋混凝土结构构件中，也可以用冷轧带肋钢筋焊接成钢筋网使用于上述构件的生产。

(4)冷拔低碳钢丝

冷拔低碳钢丝是用6.5～8mm的碳素结构钢Q235或Q215盘条，通过多次强力拔制而成的直径为3mm、4mm、5mm的钢丝。其屈服强度可提高40%～60%。但失去了低碳钢的性能，变得硬脆，属硬钢类钢丝。冷拔低碳钢丝按力学强度分为两级：甲级为预应力钢丝；乙级为非预应力钢丝。混凝土工厂自行冷拔时，应对钢丝的质量严格控制，对其外观要求分批抽样，表面不准有锈蚀、油污、伤痕、皂渍、裂纹等，逐炉检查其力学、工艺性质并要符合表7-13的规定，凡伸长率不合格者，不准用于预应力混凝土构件中。

表7-13　冷拔低碳钢丝的力学性能(JC/T 540—2006)

级别	公称直径 d (mm)	抗拉强度 σ_b(MPa) 不小于	伸长率 δ_{100}(%) 不小于	反复弯曲次数 (次/180°)不小于
甲级	5.0	650	3.0	4
		600		
	4.0	700	2.5	
		650		
乙级	3.0,4.0,5.0,6.0	550	2.0	

注：甲级冷拔低碳钢丝作预应力筋时，如经机械调直则抗拉强度标准值应降低50MPa。

(5)热处理钢筋

预应力混凝土用热处理钢筋是用热轧中碳低合金钢筋经淬火、回火调质处理的钢筋。通常有直径为6mm、8.2mm、10mm等三种规格，抗拉强度 $\sigma_b \geqslant 1500$MPa，屈服点 $\sigma_{0.2} \geqslant 1350$MPa，伸长率 $\delta_{10} \geqslant 6\%$。为增加与混凝土的粘接力，钢筋表面常轧有通长的纵筋和均布的横肋。一般卷成直径为1.7～2.0m的弹性盘条供应，开盘后可自行伸直。使用时应按所需长度切割，不能用电焊或氧气切割，也不能焊接，以免引起强度下降或脆断。热处理钢筋的设计强度取标准强度的0.8，先张法和后张法预应力的张拉控制应力分别为标准强度的0.7和0.65。

(6)预应力混凝土用钢丝及钢绞线

按照《预应力混凝土用钢丝》(GB/T 5223—2002/XG2—2008)的规定，钢丝按加工状态分为冷拉钢丝(代号为WCD)和消除应力钢丝两种。消除应力钢丝按松弛性能又分为低松弛级钢丝(代号为WLR)和普通松弛级钢丝(代号为WNR)。若钢丝表面沿着长度方向上具有规则间隔的压痕即成刻痕钢丝。

根据《预应力混凝土用钢丝》(GB/T 5223—2002/XG2—2008)，冷拉钢丝、消除应力的光圆及螺旋肋钢丝、消除应力的刻痕钢丝的力学性能应分别符合表7-14、表7-15和表7-16的规定。

表 7-14　冷拉钢丝的力学性能（GB/T 5223—2002/XG2—2008）

<table>
<tr><th>公称直径
d(mm)</th><th>抗拉强度
σ_b
(MPa)
不小于</th><th>规定非比例伸长应力
$\sigma_{P0.2}$
(MPa)不小于</th><th>最大力下总伸长率
(L_0 = 200mm)δ_{gh}
(%)不小于</th><th>弯曲次数
(次/180°)
不小于</th><th>弯曲半径
R(mm)</th><th>断面收缩率 ψ(%)
不小于</th><th>每 210mm 扭矩的扭转次数 n
不小于</th><th>初始应力应相当于公称抗拉强度的 70% 时，1000h 后应力松弛率(%)
不大于</th></tr>
<tr><td>3.00</td><td rowspan="3">1470
1570
1670
1770</td><td rowspan="3">1100
1180
1250
1330</td><td rowspan="6">1.5</td><td>4</td><td>7.5</td><td>—</td><td>—</td><td rowspan="6">8</td></tr>
<tr><td>4.00</td><td>4</td><td>10</td><td rowspan="2">35</td><td>8</td></tr>
<tr><td>5.00</td><td>4</td><td>15</td><td>8</td></tr>
<tr><td>6.00</td><td rowspan="3">1470
1570
1670
1770</td><td rowspan="3">1100
1180
1250
1330</td><td>5</td><td>15</td><td rowspan="3">30</td><td>7</td></tr>
<tr><td>7.00</td><td>5</td><td>20</td><td>6</td></tr>
<tr><td>8.00</td><td>5</td><td>20</td><td>5</td></tr>
</table>

表 7-15　消除应力的光圆及螺旋肋钢丝的力学性能（GB/T 5223—2002/XG2—2008）

<table>
<tr><th rowspan="3">公称直径
d(mm)</th><th rowspan="3">抗拉强度
σ_b(MPa)
不小于</th><th colspan="2" rowspan="2">规定非比例伸长应力
$\sigma_{P0.2}$(MPa)
不小于</th><th rowspan="3">最大力下总伸长率
(L_0 = 200mm)
δ_{gh}(%)
不小于</th><th rowspan="3">弯曲次数
(次/180°)
不小于</th><th rowspan="3">弯曲半径
R(mm)</th><th colspan="3">应力松弛性能</th></tr>
<tr><th rowspan="2">初始应力应相当于公称抗拉强度的百分数(%)</th><th colspan="2">1000h 后应力松弛率(%)
不大于</th></tr>
<tr><th>WLR</th><th>WNR</th><th>WLR</th><th>WNR</th></tr>
<tr><td></td><td></td><td></td><td></td><td></td><td></td><td></td><td colspan="3">对所有规格</td></tr>
<tr><td>4.00</td><td rowspan="3">1470
1570
1670
1770
1860</td><td rowspan="3">1290
1380
1470
1560
1640</td><td rowspan="3">1250
1330
1410
1500
1580</td><td rowspan="10">3.5</td><td>3</td><td>10</td><td rowspan="10">60
70
80</td><td rowspan="10">1.0
2.5
4.5</td><td rowspan="10">4.5
8
12</td></tr>
<tr><td>4.80</td><td rowspan="2">4</td><td rowspan="2">15</td></tr>
<tr><td>5.00</td></tr>
<tr><td>6.00</td><td rowspan="3">1470
1570
1670
1770</td><td rowspan="3">1290
1380
1470
1560</td><td rowspan="3">1250
1330
1410
1500</td><td>4</td><td>15</td></tr>
<tr><td>6.25</td><td>4</td><td>20</td></tr>
<tr><td>7.00</td><td>4</td><td>20</td></tr>
<tr><td>8.00</td><td rowspan="2">1470
1570</td><td rowspan="2">1290
1380</td><td rowspan="2">1250
1330</td><td>4</td><td>20</td></tr>
<tr><td>9.00</td><td>4</td><td>25</td></tr>
<tr><td>10.00</td><td>1470</td><td>1290</td><td>1250</td><td>4</td><td>25</td></tr>
<tr><td>12.00</td><td colspan="3"></td><td>4</td><td>30</td></tr>
</table>

表 7-16　消除应力的刻痕钢丝的力学性能(GB/T 5223—2002/XG2—2008)

<table>
<tr><th rowspan="3">公称直径
d(mm)</th><th rowspan="3">抗拉强度
σ_b(MPa)
不小于</th><th colspan="2" rowspan="2">规定非比例伸长应力
$\sigma_{P0.2}$(MPa)
不小于</th><th rowspan="3">最大力下总伸长率
(L_0 = 200mm)
δ_{gh}(%)
不小于</th><th rowspan="3">弯曲次数
(次/180°)
不小于</th><th rowspan="3">弯曲半径
R(mm)</th><th colspan="3">应力松弛性能</th></tr>
<tr><th rowspan="2">初始应力应相当于公称抗拉强度的百分数(%)</th><th colspan="2">1000h 后应力松弛率(%)不大于</th></tr>
<tr><th>WLR</th><th>WNR</th><th>WLR</th><th>WNR</th></tr>
<tr><th colspan="3"></th><th colspan="3">对所有规格</th></tr>
<tr><td rowspan="5">≤5.0</td><td>1470</td><td>1290</td><td>1250</td><td rowspan="9">3.5</td><td rowspan="9">3</td><td rowspan="5">15</td><td rowspan="3">60</td><td rowspan="3">1.5</td><td rowspan="3">4.5</td></tr>
<tr><td>1570</td><td>1380</td><td>1330</td></tr>
<tr><td>1670</td><td>1470</td><td>1410</td></tr>
<tr><td>1770</td><td>1560</td><td>1500</td><td rowspan="3">70</td><td rowspan="3">2.5</td><td rowspan="3">8</td></tr>
<tr><td>1860</td><td>1640</td><td>1580</td></tr>
<tr><td rowspan="4">>5.0</td><td>1470</td><td>1290</td><td>1250</td><td rowspan="4">20</td></tr>
<tr><td>1570</td><td>1380</td><td>1330</td><td rowspan="3">80</td><td rowspan="3">4.5</td><td rowspan="3">12</td></tr>
<tr><td>1670</td><td>1470</td><td>1410</td></tr>
<tr><td>1770</td><td>1560</td><td>1500</td></tr>
</table>

钢丝、刻痕钢丝均属于冷加工强化的钢材,没有明显的屈服点,但抗拉强度远远超过热轧钢筋和冷轧钢筋,并具有较好的柔韧性,应力松弛率低。预应力钢丝、刻痕钢丝适用于大荷载、大跨度及曲线配筋的预应力混凝土。

2. 型钢

钢结构构件一般应直接选用各种型钢。型钢之间可直接连接或附加连接钢板进行连接。连接方式可铆接、螺栓连接或焊接。钢结构所用钢主要是型钢和钢板。型钢有热轧(常用的有角钢、工字钢、槽钢、T形钢、H形钢、Z形钢等)及冷成(常用的有角钢、槽钢及空心薄壁型等)两种,钢板也有热轧和冷轧两种。

7.6　钢材的腐蚀与防护

钢结构具有许多优点,但也存在隐患。主要有失稳、腐蚀和火灾三个方面。

钢结构的失稳分两类:整体失稳和局部失稳。整体失稳大多数是由局部失稳造成的,当受扭部位或受弯部位的长细比超过允许值时,会失去稳定。它受很多客观因素影响,如荷载变化,钢材的初始缺陷等。如出现1988年加拿大一停车场的屋盖结构坍落等事故。

普通钢材的抗腐蚀性能较差,尤其是处于湿度较大、有腐蚀性介质的环境中,会较快地生锈腐蚀。钢结构的腐蚀问题正在给世界各国的国民经济带来巨大的损失。据一些工业发达国家统计,每年由于钢结构腐蚀而造成的经济损失约占国民经济生产总值的2%~4%。

钢材的许多性能随温度升降而变化。当温度达到430~540℃,钢材的屈服点、抗拉强度和弹性模量将急剧下降,失去承载能力。例如,"9·11"恐怖袭击中倒塌的纽约世贸大厦,在撞击事件发生后,大厦内部发生猛烈燃烧,高温导致金属结构发生变化,失去了支撑力,整座建筑物倒塌时是一层层往下坠,形成了一个非常令人震惊的现象。为此,钢结构防火十分重要。

7.6.1 钢材的腐蚀

钢材的腐蚀是指钢的表面与周围介质发生化学作用或电化学作用而遭到的破坏。腐蚀不仅使其截面减少，降低承载力，而且由于局部腐蚀造成应力集中，易导致结构破坏。若受到冲击荷载或反复荷载的作用，将产生锈蚀疲劳，使疲劳强度大大降低，甚至出现脆性断裂。

1. 化学腐蚀

化学腐蚀是钢与干燥气体及非电解质液体的反应而产生的腐蚀。这种腐蚀通常为氧化作用，使钢被氧化形成疏松的氧化物（如氧化铁等）。在干燥环境中腐蚀进行得很慢，但在温度高和湿度较大时腐蚀速度较快。

2. 电化学腐蚀

钢材与电解质溶液接触而产生电流，形成微电池从而引起腐蚀。钢材本身含有铁、碳等多种成分，由于它们的电极电位不同，形成许多微电池。当凝聚在钢材表面的水分中溶入 CO_2、SO_2 等气体后，就形成电解质溶液。铁比碳活泼，因而铁成为阳极，碳成为阴极，阴阳两极通过电解质溶液相连，使电子产生流动。在阳极，铁失去电子成为 Fe^{2+} 进入水膜；在阴极，溶于水的氧被还原为 OH^-。同时，Fe^{2+} 与 OH^- 结合成为 $Fe(OH)_2$，并进一步被氧化成为疏松的红色铁锈 $Fe(OH)_3$，使钢材受到腐蚀。电化学腐蚀是钢材在使用及存放过程中发生腐蚀的主要形式。

7.6.2 钢材的保护

1. 钢材的防腐

钢材的防腐主要通过以下措施来实施。

（1）涂敷保护层

涂刷防锈涂料（防锈漆）；采用电镀或其他方式在钢材的表面镀锌、铬等；涂敷搪瓷或塑料层等。利用保护膜将钢材与周围介质隔离开，从而起到保护作用。

（2）设置阳极或阴极保护

对于不易涂敷保护层的钢结构，如地下管道、港口结构等，可采取阳极保护或阴极保护。

阳极保护又称外加电流保护法，是在钢结构的附近埋设一些废钢铁，外加直流电源，将阴极接在被保护的钢结构上，阳极接在废钢上。通电后废钢铁成为阳极而被腐蚀，钢结构成为阴极而被保护。

阴极保护是在被保护的钢结构上连接一块比铁更为活泼的金属，如锌、镁，使锌、镁成为阳极而被腐蚀，钢结构成为阴极而被保护。

（3）掺入阻锈剂

在土木工程中大量应用的钢筋混凝土中的钢筋，由于水泥水化后产生大量的氢氧化钙，即混凝土的碱度较高（pH 一般为 12 以上）。处于这种强碱性环境的钢筋，其表面产生一层钝化膜，对钢筋具有保护作用，因而实际上是不生锈的。但随着碳化的进行混凝土的 pH 降低或氯离子侵蚀作用下把钢筋表面的钝化膜破坏，此时与腐蚀介质接触时将会受到腐蚀。可通过提高密实度和掺入阻锈剂提高混凝土中钢筋阻锈能力。常用的阻锈剂有亚硝酸盐、磷酸盐、铬盐、氧化锌、间苯二酚等。

2. 钢材的防火

钢结构与传统的混凝土结构相比较，具有自重轻、强度高、抗震性能好、施工快等优点。特别适合于大跨度空间结构、高耸构筑物，也符合环保与资源再利用的国策。钢是不燃性材料，但这并不表明钢材能够抵抗火灾。耐火试验与火灾案例表明：以失去支持能力为标准，无保护层时钢柱和钢屋架的耐火极限只有0.25h，而裸露钢梁的耐火极限为0.15h。温度在200℃以内，可以认为钢材的性能基本不变；超过300℃以后，弹性模量、屈服点和极限强度均开始显著下降，应变急剧增大；达到600℃时已经失去承载能力。美国"9·11"事件后，钢结构的一大致命缺陷即抗高温软化能力很差的问题引起人们的普遍关注。

钢结构防火保护的基本原理是采用绝热或吸热材料，阻隔火焰和热量，推迟钢结构的升温速率。防火方法以包覆法为主，即以防火涂料、不燃性板材或混凝土和砂浆将钢构件包裹起来。防止钢结构在火灾中迅速升温发生形变塌落，其措施是多种多样的，关键是要根据不同情况采取不同方法，如采用绝热、耐火材料阻隔火焰直接灼烧钢结构，降低热量传递的速度推迟钢结构温升、强度变弱的时间等。以下是几种较为有效的钢结构防火保护措施。

(1)外包层

就是在钢结构外表添加外包层，可以现浇成型，也可以采用喷涂法。现浇成型的实体混凝土外包层通常用钢丝网或钢筋来加强，以限制收缩裂缝，并保证外壳的强度。喷涂法可以在施工现场对钢结构表面涂抹砂浆以形成保护层.砂浆可以是石灰水泥或是石膏砂浆，也可以掺入珍珠岩或石棉。同时，外包层也可以用珍珠岩、石棉、石膏或石棉水泥、轻混凝土做成预制板，采用胶粘剂、钉子、螺栓固定在钢结构上。

(2)结构内充水

空心型钢结构内充水是抵御火灾最有效的防护措施。这种方法能使钢结构在火灾中保持较低的温度，水在钢结构内循环，吸收材料本身受热的热量。受热的水经冷却后可以进行再循环，或由管道引入凉水来取代受热的水。

(3)屏蔽

钢结构设置在耐火材料组成的墙体或顶棚内，或将构件包藏在两片墙之间的空隙里，只要增加少许耐火材料或不增加即能达到防火的目的。这是一种经济的防火方法。

(4)膨胀材料

采用钢结构防火涂料保护构件，这种方法具有防火隔热性能好、施工不受钢结构几何形体限制等优点，一般不需要添加辅助设施，且涂层质量轻，还有一定的美观装饰作用。发泡漆的对火时间一般为0.5h。

实训与创新

1. 深入各实训基地——土木工程施工现场，收集土木工程中所采用的各种钢材，包括各种钢筋、型钢、钢丝等，观察其截面形状和表面质量，调查并总结各种钢材的牌号、技术性能特点和使用场合等。

2. 某建筑工地送来 HRB400ϕ16mm 的钢筋一组(两根长、两根短)，问能否使用?

3. 经过检测，两根长试样拉伸读取屈服点分别为 82.3kN 和 86.2kN，极限荷载分别为

110.0kN 和 116.5kN,拉断后的标距长度分别为 96.0mm 和 95.0mm;冷弯检测合格。

要求:(1)计算该组钢筋的屈服强度以及伸长率。

(2)填写钢筋拉伸和冷弯的原始记录及报告单。

复习思考题与习题

7.1　低碳钢的拉伸试验图划分为几个阶段?各阶段的应力-应变有何特点?指出弹性极限 σ_p、屈服点 σ_s 和抗拉强度 σ_b 在图中的位置。

7.2　何谓钢材的屈强比?其大小对使用性能有何影响?

7.3　钢的伸长率与试件标距长度有何关系?为什么?

7.4　钢的脱氧程度对钢的性能有何影响?

7.5　钢材的冷加工对钢的力学性能有何影响?从技术和经济两个方面说明低合金钢的优越性。

7.6　试述钢中含碳量对各项力学性能的影响。

7.7　对有抗震要求的框架,为什么不宜用强度等级较高的钢筋代替原设计中的钢筋?

7.8　钢材的牌号是如何确定的?

7.9　钢筋的锈蚀是如何产生的?应如何防护钢筋?

7.10 钢结构是否耐火?可做哪些防火处理?

第8章 砌筑材料

教学目的：烧结普通砖是我国传统的墙体材料，使用的量大面广，为了环境保护、可持续发展、建筑节能等，我国鼓励使用蒸压蒸养砖、混凝土多孔砖和混凝土普通砖以及砌块，建筑的砌块化已成为一种发展趋势。

教学要求：了解烧结普通砖的性质与应用特点；掌握烧结多孔砖、烧结空心砖的、蒸养蒸压砖、混凝土多孔砖和混凝土普通砖以及砌块的主要性质与应用特点。

砌筑材料是指用来砌筑、拼装或用其他方法构成承重或非承重墙体或构筑物的材料。其中墙体材料具有承重、围护和分隔作用，其质量占墙体总质量的50%以上，合理选用墙体材料对建筑物的结构形式、高度、跨度、安全、使用功能及工程造价等均有重要意义。墙体材料的品种很多，根据外形和尺寸大小分为砌墙砖、砌块和板材三大类，每一类中又分为实心和空心两种形式。我国传统的砌筑材料主要是烧结普通砖（实心黏土砖）和石块，烧结普通砖在我国砌墙材料产品构成中曾占“绝对统治”地位，是世界上烧结普通砖的“王国”。由于烧结普通砖不论从对土地的破坏、资源与能源的耗费以及对环境的污染的任何一个角度来分析，都不符合可持续发展的要求，因此，近年来，我国大力开发了节土、节能、利渣、利废、多功能、有利于环保的各类砌块、蒸养砖等砌筑材料。

8.1 砌墙砖

砌墙砖是指以黏土、工业废料及其他地方资源为主要原料，按不同工艺制成的，在建筑上用来砌筑墙体的块状材料。按制作工艺分为烧结砖和蒸养砖。

8.1.1 烧结砖

烧结砖是以砂质黏土、页岩、煤矸石、粉煤灰为主要原料，经焙烧等工艺制成的矩形直角六面体块材。按使用的原料又分为烧结黏土砖（N）、烧结页岩砖（Y）、烧结粉煤灰砖（F）和烧结煤矸石砖（M），分别简称黏土砖、页岩砖、粉煤灰砖和煤矸石砖。按孔洞率的不同分为烧结普通砖（又称实心砖，孔洞率 $<25\%$）、烧结多孔砖（孔洞率 $\geq 25\%$）和烧结空心砖（孔洞率 $\geq 40\%$）三种。

1. 烧结砖的工艺流程

烧结砖的工艺流程为：原料开采和处理→成型→干燥→焙烧→成品。

(1)原料的开采和处理

原料的开采在原料矿进行，当原料矿整体的化学成分和物理性能基本相同，质量均匀时，可采用任意方式开采；当不均匀时，可沿断面均匀取土。为了破坏黏土的天然结构，开采的原料需要经风化、混合搅拌、陈化和原料的细碎处理过程。

(2)成型

烧结砖的成型方法依黏土的塑性不同，可采取不同的成型方法，其中有塑性挤出法或半硬挤出法。前者成型时坯体中含水大于 18%；后者坯体中含水小于 18%。

(3)干燥

砖坯成型后，含水量较高，倘若直接焙烧，会因坯体内产生的较大蒸汽压使砖坯爆裂，甚至造成砖垛倒塌等严重后果。因此，砖坯成型后需要进行干燥处理，干燥后的砖坯含水要降至 6% 以下。干燥有自然干燥和人工干燥两种。前者是将砖坯在阴凉处阴干后再经太阳晒干，这种方法受季节限制；后者是利用焙烧窑中的余热对砖坯进行干燥，不受季节限制。干燥中常出现的问题是干燥裂纹，在生产中应严格控制。

(4)焙烧

焙烧是烧结砖最重要的环节，焙烧时，坯体内发生了一系列的物理化学变化。当温度达 110℃时，坯体内的水全部被排出，温度升至 500 ~ 700℃，有机物燃尽，黏土矿物和其他化合物中的结晶水脱出。温度继续升高，黏土矿物发生分解，并在焙烧温度下重新化合生成合成矿物（如硅线石等）和易熔硅酸类新生物。原料不同，焙烧温度（最高烧结温度）有所不同，通常黏土砖为 950℃左右；页岩砖、粉煤灰砖为 1050℃左右；煤矸石砖为 1100℃左右。当温度升高达到某些矿物的最低共熔点时，便出现液相，该液相包裹一些不熔固体颗粒，并填充颗粒的间隙中，在制品冷却时，这些液相凝固成玻璃相。从微观上观察烧结砖的内部结构是结晶的固体颗粒被玻璃相牢固地粘接在一起的，所以烧结砖的性质与生坯完全不同，既有耐水性，又有较高的强度和化学稳定性。

焙烧温度若控制不当，就会出现过火砖和欠火砖，过火砖变形较大，欠火砖耐水性和强度都较低，因此，焙烧时要严格控制焙烧温度。为节约能耗，在坯体制作过程中，加入粉煤灰、煤矸石、煤粉，经烧结制成的砖叫“内燃砖”，这种砖的质量较均匀。

焙烧砖坯的窑主要有轮窑、隧道窑和土窑，用轮窑或隧道窑烧砖的特点是生产量大、可以利用余热、可节省能源，烧出的砖的色彩为红色，也叫红砖。土窑的特点是窑中的焙烧“气氛”可以调节，到达焙烧温度后，可以采取措施使窑内形成还原气氛，使砖中呈红色的高价 Fe_2O_3 还原成呈青色的 FeO，从而得到青砖，青砖多用于仿古建筑的修复。

2. 烧结普通砖

烧结普通砖曾在我国使用得非常广泛，尽管我国在逐渐限制烧结砖的生产和使用，但由于烧结普通砖的使用历史悠久，其性能及特点已被人们所熟悉，质量检验技术已成熟，因此烧结普通砖的技术性质已成为发展其他墙体材料时的参考。

(1)烧结普通砖的规格和质量等级

① 烧结普通砖的规格。砖的外形为直角六面体，其公称尺寸为：长 240mm、宽 115mm、高 53mm，如加上 10mm 的砌筑灰缝，则 4 块砖长，8 块砖宽或 16 块砖厚均为 1m，$1m^3$ 的砖砌砌体共需 512 块砖。在建筑上，墙厚的尺寸是以普通砖为基础，如“二四墙”、“三七墙”和“四九墙”，分别为一块砖长的厚度，一块半和两块的厚度。

② 等级。普通砖按根据 10 块砖试样的抗压强度平均值 $\bar{f}$ 和抗压强度标准值 f_k 或单块最

小抗压强度值f_{min}分为MU30、MU25、MU20、MU15、MU10五个强度等级;强度和抗风化性能合格的砖,根据尺寸偏差、外观质量、泛霜和石灰爆裂分为优等品(A)、一等品(B)、合格品(C)三个质量等级。其中,优等品可以用于清水墙和墙体装饰,一等品、合格品可以用于混水墙。中等泛霜的砖不能用于潮湿部位。

(2)技术要求

《烧结普通砖》(GB 5101—2003)中规定的技术要求中,包括尺寸偏差、外观质量、强度、抗风化性能、泛霜和石灰爆裂。其中各指标要求如下。

① 尺寸允许偏差。砖的尺寸允许偏差见表8-1。

表8-1　尺寸允许偏差(GB 5101—2003)　(单位:mm)

公称尺寸	优等品		一等品		合格品	
	样本平均偏差	样本极差≤	样本平均偏差	样本极差≤	样本平均偏差	样本极差≤
240	±2.0	6	±2.5	7	±3.0	8
115	±1.5	5	±2.0	6	±2.5	7
53	±1.5	4	±1.6	5	±2.0	6

② 砖的外观质量。砖的外观质量应符合表8-2规定。

表8-2　外观质量(GB 5101—2003)　(单位:mm)

项目		优等品	一等品	合格品
两条面高度差,≤		2	3	5
弯曲,≤		2	3	5
杂质突出高度,≤		2	3	5
缺棱掉角的三个破坏尺寸　不得同时大于		15	20	30
裂纹长度,≤	a. 大面上宽度方向及其延伸至条面上水平裂纹的长度	30	60	80
	b. 大面上长度方向及其延伸至顶面或条面上水平裂纹的长度	50	80	100
完整面　不得少于		两条面和两顶面	一条面和一顶面	—
颜色		基本一致	—	—

③ 砖的强度等级。普通砖的强度等级的评定方法如下。

第一步,分别测出10块砖的破坏荷载,并求出10块砖的强度个别值和平均值:

$$\bar{f}=\frac{1}{10}\sum_{i=1}^{10}f_i$$

第二步,根据$\bar{f}$及f_i再求出强度标准差S及变异系数δ:

强度标准差 $S=\sqrt{\frac{1}{9}\sum_{i=1}^{10}(\bar{f}-f_i)^2}$

变异系数 $\delta=\frac{S}{\bar{f}}$

第三步,根据δ值确定评定方法:当$\delta\leqslant0.21$时,按平均值$\bar{f}$和强度标准值f_k评定(其中强度标准值$f_k=\bar{f}-1.80S$)；当$\delta>0.21$时，按平均值和单块最小抗压强度值评定。各强度等级具体指标见表 8-3。

表 8-3　烧结普通砖强度等级(GB 5101—2003)　(单位:MPa)

强度等级	抗压强度平均值$\bar{f}\geqslant$	变异系数$\delta\leqslant0.21$	变异系数$\delta>0.21$
		强度标准值$f_k\geqslant$	单块最小抗压强度值$f_{min}\geqslant$
MU30	30.0	22.0	25.0
MU25	25.0	18.0	22.0
MU20	20.0	14.0	16.0
MU15	15.0	10.0	12.0
MU10	10.0	6.5	7.5

④ 抗风化性能。砖的抗风化性能用抗冻融试验或吸水率试验来衡量。《烧结普通砖》(GB 5101—2003)的规定，风化指数≥12700 者为严重风化区，风化指数<12700 者为非严重风化区。风化指数是指日气温从正温降到负温或从负温升到正温的平均天数，与每年从霜冻之日起到消失霜冻之日止这一期间降雨量的平均值的乘积。正温严重风化区中的 1、2、3、4、5 地区(见表 4-4)的砖必须进行冻融试验，15 次冻融循环试验后每块砖样不允许出现裂纹、分层、掉皮、缺棱、掉角等冻坏现象，而且干质量损失≯2%。其他地区的砖抗风化性能符合表 8-5 规定时可不做冻融试验；否则，必须进行冻融试验。

表 8-4　风化区划分

严重风化区		非严重风化区		
1. 黑龙江省	8. 青海省	1. 山东省	8. 四川省	15. 海南省
2. 吉林省	9. 陕西省	2. 河南省	9. 贵州省	16. 云南省
3. 辽宁省	10. 山西省	3. 安徽省	10. 湖南省	17. 西藏自治区
4. 内蒙古自治区	11. 河北省	4. 江苏省	11. 福建省	18. 上海市
5. 新疆维吾尔自治区	12. 北京市	5. 湖北省	12. 台湾省	19. 重庆市
6. 宁夏回族自治区	13. 天津市	6. 江西省	13. 广东省	
7. 甘肃省		7. 浙江省	14. 广西壮族自治区	

表 8-5　抗风化性能(GB 5101—2003)

砖种类	严重风化区				非严重风化区			
	5h 沸煮吸水率(%),(≤)		饱和系数≤		5h 沸煮吸水率(%),(≤)		饱和系数≤	
	平均值	单块最大值	平均值	单块最大值	平均值	单块最大值	平均值	单块最大值
黏土砖	21	23	0.85	0.87	23	25	0.88	0.90
粉煤灰砖	23	25	0.85	0.87	30	32	0.88	0.90
页岩砖	16	18	0.74	0.77	18	20	0.78	0.80
煤矸石砖	19	21	0.74	0.77	21	23	0.78	0.80

⑤ 泛霜。泛霜是指可溶性盐类(如硫酸盐类)在砖或砌块表面的析出现象，一般是白色粉末、絮团或片状结晶。砖中出现泛霜不仅影响外观，而且因结晶膨胀引起砖表层酥松，甚至剥落。优等品不应有泛霜；一等品不允许出现中等泛霜；合格品不应出现严重泛霜。

⑥ 石灰爆裂。当砂质黏土中含石灰石时，焙烧后将有生石灰生成，生石灰遇水膨胀导致

砖块裂缝。因此，对于石灰爆裂产生的区域在标准中都做出了规定。

另外，产品不允许有欠火砖、酥砖和螺旋砖。

(3)烧结普通砖的应用

在土木工程中，烧结普通砖主要用作墙体材料，也可砌筑砖柱、砖拱、烟囱、沟渠、基础等，还可以与其他轻质材料构成复合墙体。

烧结普通砖有一定的强度和耐久性，并有较好的隔热性，是传统的墙体材料。但由于焙烧普通砖的过程中要大量占用耕地，消耗能源，污染环境，因此国家为促进墙体材料结构调整和技术进步，提高建筑工程质量和改善建筑功能，出台了一系列政策。城市城区“禁实（禁止使用实心黏土砖）”任务基本完成。截至2010年底，全国600多个城市已基本实现城市（城区）禁止使用实心黏土砖。部分地区在完成城市“禁实”的基础上，开始向县城推进，已有16省（区、市）的487个县城实现“禁实”。部分地区已经开展禁止生产和限制使用黏土制品工作。

3. 烧结多孔砖和烧结空心砖

与普通砖相比，多孔砖和多孔砌块与空心砖和空心砌块具有以下优越性：在生产方面，节土、节煤和提高生产效率，如孔洞率为24%的多孔砖，可比实心砖节约24%左右的土及煤，用与实心砖相同的挤泥机，可相应提高成型效率，由于其质量低，还提高了装运与出窑效率。在施工方面，可提高工效约30%，节约砂浆20%，节约运输费约15%，由于可使建筑物自重下降，可减少基础荷重，降低造价。在使用方面，由于导热系数比普通砖低，故绝热效果优于普通砖。目前，多孔砖和多孔砌块与空心砖和空心砌块已成为普通砖的替代产品。

(1)烧结多孔砖和多孔砌块

烧结多孔砖和多孔砌块按主要原料分为黏土砖和黏土砌块（N）、页岩砖和页岩砌块（Y）、煤矸石砖和煤矸石砌块（M）、粉煤灰砖和粉煤灰砌块（F）、淤泥砖和淤泥砌块（U）、固体废弃物砖和固体废弃物砌块（G）。

① 烧结多孔砖和多孔砌块的孔型、孔结构及孔洞率。烧结多孔砖和多孔砌块的孔型、孔结构及孔洞率要求，见表8-6。

表8-6　烧结多孔砖和多孔砌块的孔型、孔结构及孔洞率（GB 13544—2011）

孔型	孔洞尺寸（mm）		最小外壁厚（mm）	最小肋厚（mm）	孔洞率（%）		孔洞排列
	孔宽度尺寸 b	孔长度尺寸 L			多块砖	多孔砌块	
矩形条孔或矩形孔	≤13	≤40	≥12	≥5	≥28	≥33	1. 所有孔宽应相等，孔采用单向或双向交错排列 2. 孔洞排列上下、左右应对称，分布均匀，手抓孔的长度方向尺寸必须平行于砖的条面

注：1. 矩形孔的孔长 L、孔宽 b 满足 $L \geqslant 3b$ 时，为矩形条孔；

2. 孔四个角应做成过渡圆角，不得做成直尖角；

3. 如设有砌筑砂浆槽，则砌筑砂浆槽不计算在孔洞率内；

4. 规格大的砖和砌块应设置手抓孔，手抓孔尺寸为（30～40）mm×（75～85）mm。

② 烧结多孔砖和多孔砌块的规格尺寸。根据《烧结多孔砖和多孔砌块》（GB 13544—2011）的规定：砖和砌块的外形为直角六面体，其外形如图8-1、图8-2所示。

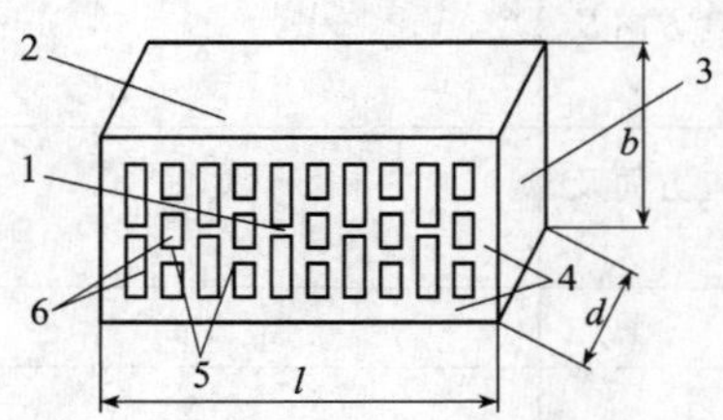

图 8-1　烧结多孔砖外形示意图
1—大面(坐浆面);2—条面;3—顶面;
4—外壁;5—肋;6—孔洞
l—长度(mm);b—宽度(mm);d—高度(mm)

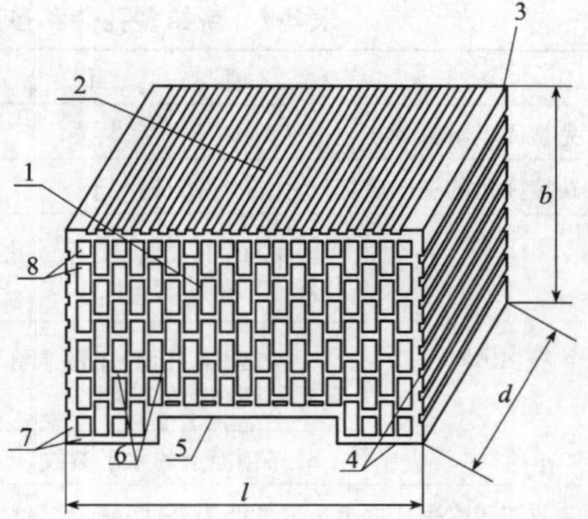

图 8-2　烧结多孔砌块外形示意图
1—大面(坐浆面);2—条面;3—顶面;4—粉刷沟槽;
5—砂浆槽;6—肋;7—外壁;8—孔洞
l—长度(mm);b—宽度(mm);d—高度(mm)

烧结多孔砖和多孔砌块的长度(l)、宽度(b)、高度(d)尺寸应分别符合下列要求:砌砖规格尺寸:290mm,240mm,190mm,180mm;240mm,190mm,115mm,90mm;115mm,90mm。砌块规格尺寸:490mm,440mm,390mm,340mm,290mm,240mm,190mm,180mm;440mm,390mm,340mm,290mm,240mm,190mm,140mm,115mm;140mm,115mm,90mm。其他规格尺寸可由供需双方协商确定。

③ 烧结多孔砖和多孔砌块的等级。烧结多孔砖和多孔砌块根据抗压强度分为 MU30、MU25、MU20、MU15、MU10 五个强度等级;烧结多孔砖的密度等级(kg/m^3)为 1000、1100、1200、1300 四个等级,烧结多孔砌块的密度等级(kg/m^3)为 900、1000、1100、1200 四个等级。烧结多孔砖和多孔砌块的强度等级、密度等级、外观质量和尺寸允许偏差的具体要求分别见表 8-7 ~ 表 8-10。

表 8-7　烧结多孔砖和多孔砌块强度等级(GB 13544—2011)　(单位:MPa)

强度等级	抗压强度平均值 $\bar{f}$≥	强度标准值 f_k≥
MU30	30.0	22.0
MU25	25.0	18.0
MU20	20.0	14.0
MU15	15.0	10.0
MU10	10.0	6.5

表 8-8　烧结多孔砖和多孔砌块密度等级(GB 13544—2011)

密度等级		3 块烧结多孔砖或砌块干燥表观密度平均值(kg/m^3)
烧结多孔砖(kg/m^3)	烧结多孔砌块(kg/m^3)	
—	900	≤900
1000	1000	900 ~ 1000
1100	1100	1000 ~ 1100
1200	1200	1100 ~ 1200
1300	—	1200 ~ 1300

表 8-9　烧结多孔砖和多孔砌块外观质量(GB 13544—2011)　　(单位:mm)

项　　目		指　　标
1. 完整面　不得少于		一条面和一顶面
2. 缺棱掉角的三个破坏尺寸　不得同时大于		30
3. 裂纹长度,≤	a)大面(有孔面)上深入孔壁 15mm 以上宽度方向及其延伸到条面的长度	80
	b)大面(有孔面)上深入孔壁 15mm 以上长度方向及其延伸到顶面的长度	100
	c)条顶面上的水平裂纹	100
4. 杂质在砖或砌块面上造成的凸出高度,≤		5

8-10　烧结多孔砖和多孔砌块尺寸允许偏差(GB 13544—2011)　　(单位:mm)

尺寸	样本平均偏差	样本极差,≤
>400	±3.0	10.0
300~400	±2.5	9.0
200~300	±2.5	8.0
100~200	±2.0	7.0
<100	±1.5	6.0

④ 烧结多孔砖和多孔砌块的泛霜和石灰爆裂。按照《烧结多孔砖和多孔砌块》(GB 13544—2011)的要求,每块烧结多孔砖和多孔砌块不允许出现严重的泛霜现象。烧结多孔砖和多孔砌块的石灰爆裂要求是:对于破坏尺寸大于 2mm 且不大于 15mm 的爆裂区域,每组烧结多孔砖和多孔砌块不得多于 15 处。其中大于 10mm 的不得多于 7 处;不允许出现破坏尺寸大于 15mm 的爆裂区域。

⑤ 烧结多孔砖和多孔砌块的抗风化性能。严重风化区中的 1、2、3、4、5 地区的烧结多孔砖、多孔砌块和其他地区以淤泥、固体废弃物为主要原料生产的多孔砖和多孔砌块必须进行冻融试验;其他地区以黏土、粉煤灰、页岩、煤矸石为主要原料生产的多孔砖和多孔砌块的抗风化性能符合表 8-11 规定时可不做冻融试验,否则必须进行冻融试验。经过 15 次冻融试验后,要求每块多孔砖和多孔砌块不允许出现裂纹、分层、掉皮、缺棱掉角等冻坏现象。

表 8-11　烧结多孔砖和多孔砌块的风化性能(GB 13544—2011)

种类	项　目							
	严重风化区				非严重风化区			
	5h 沸煮吸水率(%)		饱和系数,≤		5h 沸煮吸水率(%)		饱和系数,≤	
	平均值	单块最大值	平均值	单块最大值	平均值	单块最大值	平均值	单块最大值
黏土砖和砌块	21	23	0.85	0.87	23	25	0.88	0.90
粉煤灰砖和砌块	23	25			30	32		
页岩砖和砌块	16	18	0.74	0.77	18	20	0.77	0.80
煤矸石砖和砌块	19	21			21	23		

注:粉煤灰掺入量(质量比)小于 30% 时,按黏土砖和砌块规定判断。

⑥ 烧结多孔砖和多孔砌块的产品标记。烧结多孔砖和多孔砌块的产品标记是按产品名称、品种、规格、强度等级、密度等级和标准编号顺序编写的。如规格尺寸 290mm × 140mm × 90mm、强度等级 MU25、密度 1200 级的黏土烧结多孔砖，其标记为：烧结多孔砖 N290 × 140 × 90　MU25 1200　GB 13544—2011。

(2)烧结空心砖和空心砌块

烧结空心砖和空心砌块的孔洞率等于或大于 40%，其孔的尺寸大而数量少，孔的方向平行于大面和条面，如图 8-3 所示。烧结空心砖和空心砌块尺寸应满足：长度(L)不大于 365mm，宽度(B)不大于 240mm。常见尺寸有 240mm × 180mm × 115mm；290mm × 190mm × 90mm 等。

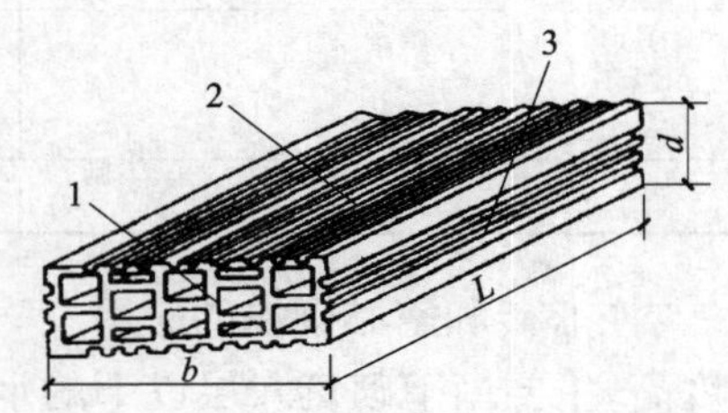

图 8-3　烧结空心砖和空心砌块的外形示意图

1—顶面；2—大面；3—条面

L—长度；b—宽度；d—高度

《烧结空心砖和空心砌块》(GB 13545—2003)指出烧结空心砖和空心砌块根据其大面和条面的抗压强度分为：MU10、MU7.5、MU5.0、MU3.0、MU2.0 五个强度等级，根据其体积密度分为 800、900、1000、1100 四个密度级别。每个密度级别的产品根据其孔洞及孔排列数、尺寸偏差、外观质量、强度等级分为优等品(A)、一等品(B)、合格品(C)三个质量等级，其中强度等级指标、尺寸允许偏差和外观质量要求分别见表 8-12 ~ 表 8-14。

表 8-12　烧结空心砖和空心砌块的强度等级(GB 13545—2003)　(单位：MPa)

强度等级	抗压强度平均值 $\bar{f}$ ≥	变异系数 $\delta \leq 0.21$	变异系数 $\delta > 0.21$
		强度标准值 f_k ≥	单块最小抗压强度值 f_{min} ≥
MU10.0	10.0	7.0	8.0
MU7.5	7.5	5.0	5.8
MU5.0	5.0	3.5	4.0
MU3.0	3.5	2.5	2.8
MU2.0	2.5	1.6	1.8

表 8-13　烧结空心砖和空心砌块的尺寸允许偏差(GB 13545—2003)　(单位：mm)

尺寸	优等品	一等品	合格品
>200	±4	±5	±7
200 ~ 100	±3	±4	±5
<100	±3	±4	±4

表 8-14　空心砖和空心砌块外观质量(GB 13545—2003)　　(单位:mm)

项目		优等品	一等品	合格品
1. 弯曲,≤		3	4	4
2. 缺棱掉角的三个破坏尺寸　不得同时大于		15	30	40
3. 未贯穿裂纹长度,≤	a. 大面上宽度方向及其延伸到条面的长度	不允许	100	140
	b. 大面上长度方向或条面上水平方向的长度	不允许	120	160
4. 贯穿裂纹长度,≤	a. 大面上宽度方向及其延伸到条面的长度	不允许	60	80
	b. 壁、肋沿长度方向、宽度方向及其水平方向长度			
5. 肋、壁内残缺长度,≤		不允许	60	80
6. 完整面　不得少于		一条面和一大面	一条面或一大面	—
7. 欠火砖和酥砖		不允许	不允许	不允许

(3)烧结多孔砖和多孔砌块与空心砖和空心砌块的应用

烧结多孔砖和多孔砌块强度高,主要用于砌筑六层以下的承重墙体。空心砖和空心砌块自重轻、强度较低,多用作非承重墙,如多层建筑内隔墙或框架结构的填充墙等。

8.1.2　蒸养(压)砖

蒸养(压)砖是以石灰和含硅材料(砂子、粉煤灰、煤矸石、炉渣和页岩等)加水拌合,经压制成型、蒸汽养护或蒸压养护而成。

1. 蒸压灰砂砖

蒸压灰砂砖是以石灰和天然砂为主要原料,经磨细、计量配料、搅拌混合、消化、压制成型(一般温度为 175 ~ 203℃,压力为 0.8 ~ 1.6MPa 的饱和蒸汽)养护、成品包装等工序而制成的空心砖或实心砖。

(1)灰砂砖的技术要求

灰砂砖的规格尺寸同烧结普通砖,为 240mm × 115mm × 53mm,体积密度为 1800 ~ 1900kg/m^3,导热系数为 0.61W/(m · K)。根据产品的外观与尺寸偏差、强度和抗冻性分为优等品(A)、一等品(B)和合格品(C)三个质量等级,按抗压强度和抗折强度分为 MU25、MU20、MU15、MU10 四个强度等级。蒸压灰砂砖的尺寸偏差与外观质量见表 8-15,强度等级和抗冻性指标见表 8-16。

表 8-15　灰砂砖尺寸偏差和外观质量(GB 11945—1999)

项目		优等品	一等品	合格品
尺寸偏差(mm)	长度	±2	±2	±3
	宽度	±2		
	高度	±1		
缺棱掉角	个数(个),不多于	1	1	2
	最大尺寸(mm),≤	10	15	20
	最小尺寸(mm),≤	5	10	10

续表

项　　目		优等品	一等品	合格品
对应高度差(mm),≤		1	2	3
裂纹(mm),≤	条数(条)	1	1	2
	大面上深入孔壁 15mm 以上,宽度方向及其延伸到条面的长度	20	50	70
	大面上深入孔壁 15mm 以上,长度方向及其延伸到顶面的长度	30	70	100

表 8-16　蒸压灰砂砖的强度等级和抗冻性指标(GB 11945—1999)

<table>
<tr><th rowspan="3">强度等级</th><th colspan="4">强度指标</th><th colspan="2">抗冻性指标</th></tr>
<tr><th colspan="2">抗压强度(MPa)</th><th colspan="2">抗折强度(MPa)</th><th rowspan="2">5 块冻后抗压强度平均值(MPa),≥</th><th rowspan="2">单块砖干质量损失小于(%)</th></tr>
<tr><th>平均值≥</th><th>单块值≥</th><th>平均值≥</th><th>单块值≥</th></tr>
<tr><td>MU25</td><td>25.0</td><td>20.0</td><td>5.0</td><td>4.0</td><td>20.0</td><td rowspan="4">2.0</td></tr>
<tr><td>MU20</td><td>20.0</td><td>16.0</td><td>4.0</td><td>3.2</td><td>16.0</td></tr>
<tr><td>MU15</td><td>15.0</td><td>12.0</td><td>3.3</td><td>2.6</td><td>12.0</td></tr>
<tr><td>MU10</td><td>10.0</td><td>8.0</td><td>2.5</td><td>2.0</td><td>8.0</td></tr>
</table>

(2)灰砂砖的性能与应用

① 耐热性、耐酸性差。灰砂砖中含有氢氧化钙等不耐热和不耐酸的组分,因此,不宜用于长期受热高于 200℃、受急冷急热交替作用或有酸性介质的建筑部位。

② 耐水性良好,但抗流水冲刷能力差。在长期潮湿环境中,灰砂砖的强度变化不明显,但其抗流水冲刷能力较弱,因此,不能用于有流水冲刷的建筑部位,如落水管出水处和水龙头下面等。

③ 与砂浆粘接力差。灰砂砖表面光滑平整,与砂浆粘接力差,当用于高层建筑、地震区或筒仓构筑物等,除应有相应结构措施外,还应有提高砖和砂浆粘接力的措施,如采用高黏度的专用砂浆,以防止渗雨、漏水和墙体开裂。

④ 灰砂砖自生产之日起,应放置 1 个月以后,方可用于砌体的施工。砌筑灰砂砖砌体时,砖的含水率宜为 8% ~12%,严禁使用干砖或含水饱和砖,灰砂砖不宜与烧结砖或其他品种砖同层混砌。

2. 粉煤灰砖

粉煤灰砖是以粉煤灰、石灰或水泥为主要原料,掺加适量石膏、外加剂、颜料和集料等,经坯料制备、压制成型、常压或高压蒸汽养护等工艺过程而成的。常压蒸汽养护的称蒸养粉煤灰砖;高压蒸汽(温度在 176℃,工作压力在 0.8MPa 以上)养护制成的称蒸压粉煤灰砖。

粉煤灰具有火山灰性、在水热环境中、在石灰碱性激发剂和石膏的硫酸盐激发剂共同作用下,形成水化硅酸钙、水化铝酸钙等多种水化产物。蒸压养护可使砖中的活性组分水热反应充分,砖的强度高,性能趋于稳定,而蒸养粉煤灰砖性能较差,墙体更易出现开裂等弊端。

根据《粉煤灰砖》(JC 239—2001)规定,粉煤灰砖规格尺寸为 240mm × 115mm × 53mm;表观密度为 1500kg/m^3;按抗压强度和抗折强度划分为 MU30、MU25、MU20、MU15、MU10 五个强度等级;按外观质量、强度、抗冻性和干燥收缩分为优等品(A)、一等品(B)和合格品(C)三个产品等级。各等级强度值及抗冻性指标见表 8-17。

表 8-17 粉煤灰砖的强度等级和抗冻性指标(JC 239—2001)

强度等级	强度指标				抗冻性指标	
	抗压强度(MPa)		抗折强度(MPa)		抗压强度平均值(MPa),≥	单块砖干质量损失(%),≤
	10 块平均值≥	单块值≥	10 块平均值≥	单块值≥		
MU30	30.0	24.0	6.2	5.0	24.0	2.0
MU25	25.0	20.0	5.0	4.0	20.0	
MU20	20.0	16.0	4.0	3.2	16.0	
MU15	15.0	12.0	3.3	2.6	12.0	
MU10	10.0	8.0	2.5	2.0	8.0	

蒸压粉煤灰砖的性能,与灰砂砖相近,同样因砖中含有氢氧化钙,不得用于长期受热高于200℃、受急冷急热交替作用或有酸性介质的建筑部位。也不宜用于有流水冲刷的部位。用粉煤灰砖砌筑的建筑物,应适当增加圈梁及伸缩缝或采取其他措施,以避免或减少收缩裂缝的产生。压制成型的粉煤灰砖表面光滑平整,并可能有少量“起粉”,与砂浆粘接力低,使用时,应尽可能采用专用砌筑砂浆。粉煤灰砖的初始吸水能力差,后期的吸水较大,施工时应提前湿水,保持砖的含水率在10%左右,以保证砌筑质量。由于粉煤灰砖出釜后收缩较大,因此,出釜1周后才能用于砌筑。

8.1.3 混凝土多孔砖和混凝土普通砖

1. 混凝土多孔砖

混凝土多孔砖以水泥为胶结材料,以砂、石等为主要骨料,加水搅拌、成型、养护制成的一种多排小孔的混凝土砖。是继普通与轻骨料混凝土小型空心砌块之后又一个墙体材料新品种。具有生产能耗低、节土利废、施工方便和体轻、强度高、保温效果好、耐久、收缩变形小等特点,是一种替代烧结黏土砖的理想材料。

根据《混凝土多孔砖》(JC 943—2004)规定,其主要技术性能如下。

(1)规格尺寸

混凝土多孔砖的外形尺寸为直角六面体。主规格尺寸为240mm×115mm×90mm,其他规格尺寸如长度、宽度、高度尺寸虚符合下列要求:290mm,240mm,190mm,180mm;240mm,190mm,115mm,90mm;115mm,90mm。采用薄壁多孔和铺浆面倒梯形的独特设计(如图8-3所示),不但使混凝土多孔砖表观密度与多孔黏土砖相接近,并且提高了混凝土制品的保温隔热性能,解决了大空心制品砌筑接触面小、抗剪强度低的缺陷,适用于建筑物的承重和非承重墙体。

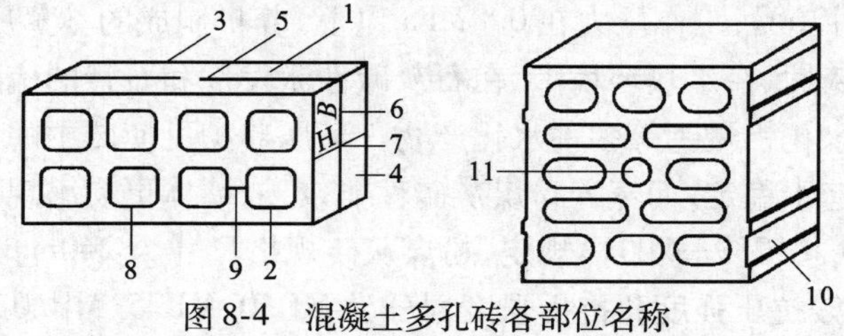

图 8-4 混凝土多孔砖各部位名称

1—条面;2—坐浆面(外壁、肋的厚度较小的面);3—铺浆面(外壁、肋的厚度较大的面);4—顶面;5—长度(L);6—宽度(B);7—高度(H);8—外壁;9—肋;10—槽;11—手抓孔

(2)外观质量

按产品的尺寸偏差、外观质量分为一等品(B)与合格品(C),见表8-18。

表8-18　混凝土多孔砖的尺寸允许偏差(JC 943—2004;GB 8239—1997)

<table>
<tr><th rowspan="2">项目名称</th><th colspan="2">《混凝土多孔砖》(JC 943—2004)</th><th colspan="3">《普通混凝土小型空心砌块》(GB 8239—1997)</th></tr>
<tr><th>一等品(B)</th><th>合格品(C)</th><th>优等品</th><th>一等品</th><th>合格品</th></tr>
<tr><td>长度(mm)</td><td>±1</td><td>±2</td><td rowspan="3">±2</td><td rowspan="3">±3</td><td>±3</td></tr>
<tr><td>宽度(mm)</td><td>±1</td><td>±2</td><td>±3</td></tr>
<tr><td>高度(mm)</td><td>±1.5</td><td>±3</td><td>+3,-4</td></tr>
</table>

(3)强度等级

混凝土多孔砖强度等级见表8-19。为了提高建筑物的使用寿命,保证围护与承重结构的工程质量,标准中未列入MU7.5级的产品。

表8-19　混凝土多孔砖的强度等级(JC 943—2004)

强度等级	抗压强度(MPa)	
	平均值≥	单块最小值≥
MU30	30.0	24.0
MU25	25.0	20.0
MU20	20.0	16.0
MU15	15.0	12.0
MU10	10.0	8.0

(4)相对含水率

相对含水率是指混凝土多孔砖出厂时的含水率与其吸水率的比值,见表8-20。这一指标是为控制砌筑墙体干燥收缩引起墙体裂缝。对墙体开裂,一般均会从房屋受力状态与构造措施等因素去分析,而美国的研究认为砌块的相对含水率是墙体开裂的主要内因。因此,为了保证出厂含水率与上墙时含水率基本一致,国外砌块生产厂产品出厂时一般采用塑料袋包装。我国砌块出厂一般不包装,砌块上墙时的含水率随出厂时间、环境温湿度条件而发生变化,砌块上墙时的含水率未得到应有的控制,这是造成砌块、砌体开裂的主要成因。

表8-20　混凝土多孔砖的相对含水率(JC 943—2004)

干燥收缩率(%)	相对含水率(%),≤		
	潮　湿	中　等	干　燥
<0.030	45	40	35
0.030~0.045	40	35	30

注:1. 相对含水率(W)即混凝土多孔砖含水率(w_1,%)与吸水率(w_2,%)之比:$W = w_1 / w_2 \times 100$。

2. 使用地区的湿度条件:潮湿——系指年平均相对湿度大于75%的地区;中等——系指年平均相对湿度50%~75%的地区;干燥——系指年平均相对湿度小于50%的地区。

(5)抗冻性

抗冻性是混凝土多孔砖的耐久性指标,见表8-21。目前我国生产的混凝土多孔砖采用普通硅酸盐水泥、矿渣硅酸盐水泥或粉煤灰硅酸盐水泥。矿渣、粉煤灰等混合材料的掺入会影响混凝土的抗冻性,同时一些小型生产企业采用的制砖机成型质量较差,早期养护不好,强度不够,都可能导致混凝土抗冻性下降。非采暖地区与采暖地区(非采暖地区指最冷月份平均气温高于-5℃的地区;采暖地区指最冷月份平均气温低于或等于-5℃的地区)都需进行抗冻性试验,以检验混凝土多孔砖的耐久性能。

表8-21　混凝土多孔砖的抗冻性(JC 943—2004)

使用环境条件		抗冻标号	指　标
非采暖地区		D15	强度损失≤25% 质量损失≤5%
采暖地区	一般环境	D15	
	干湿交替环境	D20	

(6)抗渗性

混凝土多孔砖使用于外墙,不论清水墙或混水墙均需要进行抗渗性测试,合格才能使用,这比普通混凝土小型空心砌块提出了更严的要求。

2. 混凝土普通砖

混凝土普通砖(P),以水泥和普通骨料或轻骨料为主要原料,经原料制备、加压或振动加压、养护而制成,用于工业与民用建筑基础和墙体的实心砖(以下简称普通砖)。

根据《混凝土普通砖和装饰砖》(NY/T 671—2003)规定,混凝土普通砖规格尺寸为:240mm×115mm×53mm(其他规格由供需双方协商确定);密度等级分为:500、600、700、800、900、1000、1200七个等级;抗压强度分为MU30、MU25、MU20、MU15、MU10、MU7.5、MU3.5七个强度等级,强度等级小于MU10的砖只能用于非承重部位。强度、抗冻性能合格的砖,根据尺寸偏差、外观质量、吸水率分为优等品(A)、一等品(B)、合格品(C)三个质量等级。

8.2　砌　　块

砌块建筑在我国始于20世纪20年代,时至今日,小砌块的生产和使用才得以迅速发展。这主要是由于我国建筑业一直在使用我国引以自豪的传统的烧结普通砖,但烧结普通砖的生产和使用造成了土地资源和能源的消耗,不适合作可持续发展的材料。砌块使用灵活,适应性强,无论在严寒地区或温带地区、地震区或非地震区、各种类型的多层或低层建筑中都能适用并满足高质量的要求,因此,砌块在世界上发展很快,目前已有100多个国家生产小型砌块。近年来,我国建筑业一直在倡导使用新型墙体材料,并制定了有关墙体材料改革的政策。实际上,我国具有广泛的生产砌块的原材料,发展砌块使之成为新型墙体材料,非常适合我国国情。

砌块的造型、尺寸、颜色、纹理和断面可以多样化,能满足砌体建筑的需要,即可以用来作结构承重材料、特种结构材料,也可以用于墙面的装饰和功能材料。特别是高强砌块和配筋混凝土砌体已发展并用以建造高层建筑的承重结构。

8.2.1　砌块的特性

1. 减少土地资源的耗用

按每 1 万 m^3混凝土砌块替代 700 万块烧结普通砖计算，可节土 1.3 万 m^3，若平均采土深度达 3m，则少毁农田 4335m^3。

2. 减少能耗

生产砌块比生产烧结普通砖节约能耗 70% ~90%。

3. 减少环境污染

煤渣、粉煤灰、煤矸石等工业废渣占用场地、污染环境，将其用于制作砌块，是可持续发展的一项措施。

4. 应用面广泛

砌块可以承重、保温、防火、装饰，因此可以用于建筑物的许多部位。

5. 降低建筑物自重、降低成本

特别是空心砌块，可减轻墙体自重 30% ~50%，使地基处理费用降低，整体建筑结构成本下降。

8.2.2　砌块的分类

砌块的种类很多，主要分类方法如下。

1. 按砌块空心率

按砌块空心率可分为空心砌块和实心砌块两类。空心率小于 25% 或无孔洞的砌块为实心砌块；空心率等于或大于 25% 的砌块为空心砌块。

2. 按规格大小

砌块外形尺寸一般比烧结普通砖大，砌块中主规格的长度、宽度或高度有一项或一项以上应分别大于 365mm、240mm 或 115mm，但高度不大于长度或宽度的 6 倍，长度不超过高度的 3 倍。在砌块系列中主规格的高度大于 115mm 而又小于 380mm 的砌块，简称为小砌块；系列中的主规格的高度为 380 ~980mm 的砌块，称为中砌块；系列中主规格的高度大于 980mm 的砌块，称为大砌块。目前，小型空心砌块在建筑工程中非常流行，是我国品种和产量增长都很快的新型墙体材料。

3. 按集料的品种

按集料的品种可分为普通砌块（集料采用的是普通砂、石）和轻集料砌块（集料采用的是天然轻集料、人造的轻集料或工业废渣）。

4. 按用途

按用途可分为结构型砌块、装饰型砌块和功能型砌块。结构型的包括承重和非承重砌块；装饰型的是带有装饰面的砌块，适合清水墙面；功能型是指具有吸声、隔热等的多功能砌块。

5. 按胶凝材料的种类

按胶凝材料的种类可分为硅酸盐砌块、水泥混凝土砌块。前者用煤渣、粉煤灰、煤矿石等硅质材料加石灰、石膏配制成胶凝材料，如煤矸石空心砌块；后者是用水泥作胶结材料制作而成，如混凝土小型空心砌块和轻集料混凝土小型空心砌块。

8.2.3 常用的建筑砌块

1. 普通混凝土小型空心砌块

(1)品种

普通混凝土空心砌块按原材料分有普通混凝土砌块、工业废渣集料混凝土砌块、天然轻集料混凝土和人造轻集料混凝土砌块;按性能分有承重砌块和非承重砌块。

(2)规格形状

混凝土小型空心砌块的主规格尺寸为390mm×190mm×190mm,最小外壁厚应不小于30mm,最小肋厚应不小于25mm。其空心率应不小于25%。其他规格尺寸也可以根据供需双方协商。图8-5是砌块各部位名称。

(3)产品等级

根据《普通混凝土小型空心砌块》(GB 8239—1997)的规定,砌块按尺寸允许偏差、外观质量(包括弯曲、掉角、缺棱、裂纹)分为优等品(A)、一等品(B)和合格品(C)三个质量级,见表8-22、表8-23;

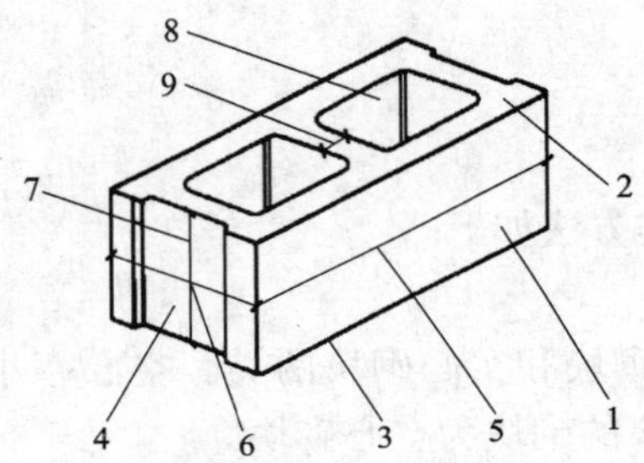

图8-5 砌块各部位名称

1—条面;2—坐浆面(肋厚较小的面);3—铺浆面;4—顶面;5—长度;6—宽度;7—高度;8—壁;9—肋

表8-22 普通混凝土小型空心砌块的尺寸允许偏差(GB 8239—1997) (单位:mm)

项目名称	优等品(A)	一等品(B)	合格品(C)
长度	±2	±3	±3
宽度	±2	±3	±3
高度	±2	±3	+3,-4

表8-23 普通混凝土小型空心砌块的外观质量(GB 8239—1997)

项目名称	优等品(A)	一等品(B)	合格品(C)
弯曲(mm),≤	2	2	3
缺棱掉角个数(个),≤	0	2	2
三个方向投影尺寸的最小值(mm),≤	0	20	30
裂纹延伸投影的尺寸累计(mm),≤	0	20	30

按强度等级又分为MU3.5、MU5.0、MU7.5、MU10.0、MU15.0、MU20.0六个强度等级,见表8-24。

表 8-24　普通混凝土小型空心砌块的强度等级(GB 8239—1997)

强度等级	砌块抗压强度(MPa)		强度等级	砌块抗压强度(MPa)	
	平均值≮	单块最小值≮		平均值≮	单块最小值≮
MU3.5	3.5	2.8	MU10.0	10.0	8.0
MU5.0	5.0	4.0	MU15.0	15.0	12.0
MU7.5	7.5	6.0	MU20.0	20.0	16.0

(4)性能

① 体积密度、吸水率和软化系数。混凝土小砌块的体积密度与密度、空心率、半封底与通孔以及砌块的壁、肋厚度有关,一般砌块体积密度为 1300 ~ 1400kg/m³。

当采用卵石集料时,吸水率为 5% ~7%,当集料为碎石时,吸水率为 6% ~8%。

小砌块的软化系数一般为 0.9 左右,属于耐水性材料。

② 抗压强度。混凝土砌块的强度以试验的极限荷载除以砌块毛截面积计算。砌块的强度取决于混凝土的强度和空心率。这几项参数间有下列关系:

$$f_k = (0.9577 - 1.129K) \times f_H$$

式中　f_k——砌块 28d 抗压强度,MPa;

f_H——混凝土 28d 抗压强度,MPa;

K——砌块空心率(以小数表示)。

目前,我国建筑上常选用的强度等级为 MU3.5、MU5、MU7.5、MU10 四种。等级在 MU7.5 以上的砌块可用于五层砌块建筑的底层和六层砌块建筑的一、二两层;五层砌块建筑的二至五层和六层砌块建筑的四至六层都用 MU5 小砌块建筑,也用于四层砌块建筑;MU3.5 砌块,只限用于单层建筑;MU15.0、MU20.0 多用于中高层承重砌块墙体。

为保证小砌块抗压强度的稳定性,生产厂严格控制变异系数为 10% ~15%。

③ 抗折强度。小砌块的抗折强度随抗压强度的增加而提高,但并非是直线关系,抗折强度是抗压强度的 0.16 ~0.26 倍,如 MU5 的抗折强度为 1.3MPa,MU7.5 的是 1.5MPa,MU10 的是 1.7MPa。

④ 干缩率。小砌块会产生干缩,一般干缩率为 0.23% ~0.40%,干缩率的大小直接影响墙体的裂缝情况,因此应尽量提高强度减少干缩。

⑤ 相对含水率。砌块因失水而产生的收缩会导致墙体开裂,为了控制砌块建筑的墙体开裂,国家标准《普通混凝土小型空心砌块》(GB 8239—1997)规定了砌块的相对含水率,见表 8-25。

表 8-25　普通混凝土小型空心砌块的相对含水率(GB 8239—1997)

使用地区	潮　湿	中　等	干　燥
相对含水率(%),≤	45	40	35

注:1. 潮湿是指年平均相对湿度大于 75% 的地区。
2. 中等是指年平均相对湿度 50% ~75% 的地区。
3. 干燥是指年平均相对湿度小于 50% 的地区。

⑥ 抗渗性。小砌块的抗渗与建筑物外墙体的渗漏关系十分密切,特别是对用于清水墙砌块的抗渗性要求更高,国家标准《普通混凝土小型空心砌块》(GB 8239—1997)中规定试块按

规定方法测试时,其水面下降高度在三块试件中任一块应不大于10mm。

⑦ 抗冻性。砌块的抗冻性应符合表8-26规定。

表8-26　普通混凝土小型空心砌块的抗冻性(GB 8239—1997)

使用环境条件		抗冻标号	指　标
非采暖地区		不规定	—
采暖地区	一般环境	D15	强度损失≤25% 质量损失≤5%
	干湿交替环境	D25	

注:1. 非采暖地区是指最冷月份平均气温高于-5℃的地区。
2. 采暖地区是指最冷月份平均气温低于或等于-5℃的地区。

(5)砌块应用时应注意的事项

① 保持砌块干燥。混凝土砌块在砌筑时一般不宜浇水,如果使用受潮的砌块来砌墙,随着水分的消失它们将会产生收缩,而当这种收缩受到约束时,则随着内部应力的产生将使砌体开裂。一般要求砌块干燥至平衡含水率以下。

② 砌块砂浆要保持良好的和易性。砂浆的性能会影响到砌块结构强度、耐久和不透水性。要求砂浆稠度应小于50mm为宜。

③ 采取墙体防裂措施。砌块墙体会产生因碳化引起收缩和结构中其他部位的位移的影响,当收缩与位移受到约束时,墙体产生应力,如砌体的收缩受到遏制时,墙体会产生拉应力。当应力超过砌体的受拉强度和砂浆与砌体的粘接强度时,或者超过了水平灰缝的抗剪强度,则墙体就会产生裂缝。《混凝土小型空心砌块建筑技术规程》(JGJ/T 14—2011)中规定了墙体防裂的主要措施。

④ 清洁砌块。为了保证砌筑外观质量及砌筑强度,砌块表面污物和芯柱所用砌块孔洞的底部毛边应清洁。

2. 轻集料混凝土小型空心砌块

(1)轻集料混凝土小型空心砌块的优势

目前,国内外使用轻集料混凝土小型空心砌块非常广泛。这是因为轻集料混凝土小型空心砌块与普通混凝土小型空心砌块相比具有许多优势:

① 轻质。体积密度最大不超过1400kg/m^3。

② 保温性好。轻集料混凝土的导热系数较小,做成空心砌块因空洞使整块砌块的导热系数进一步减小,从而更有利于保温。

③ 有利于综合治理与应用。轻集料的种类可以是人造轻集料如页岩陶粒、黏土陶粒、粉煤灰陶粒,也可以有如煤矸石、煤渣、液态渣、钢渣等工业废料,将其利用起来,可净化环境,造福于人民。

④ 强度较高。砌块的强度可达到10MPa,因此可作为承重材料,建造5~7层的砌块建筑。

(2)轻集料混凝土小型空心砌块的分类及等级

① 分类。轻集料混凝土小型空心砌块按其孔的排数分为:单排孔、双排孔、三排孔和四排孔等四类。

② 等级。

A. 按孔的排数分为:实心(0)、单排孔(1)、双排孔(2)、三排孔(3)、四排孔(4)五类。

B. 按密度等级分为:500、600、700、800、900、1000、1200、1400 八个等级。

C. 按其强度等级分为:1.5、2.5、3.5、5.0、7.0、10.0 六个等级。

D. 按尺寸允许偏差、外观质量分为(两个等级):一等品(B)和合格品(C)。

(3)技术要求

① 砌块的主规格尺寸为 390mm×190mm×90mm、390mm×90mm×190mm。其他尺寸可由供需双方商定。其尺寸允许偏差见表8-22。

② 外观质量要求见表8-27。

表8-27　轻集料混凝土小型空心砌块的外观质量(GB 15229—2002)

项目名称	一等品	合格品
缺棱掉角(个),≤	0	2
3个方向投影的最小尺寸(mm),≤	0	30
裂缝延伸投影的累计尺寸(mm),≤	0	30

③ 密度等级要求见表8-28。

表8-28　轻集料混凝土小型空心砌块的密度等级(GB 15229—2002)

密度等级	砌块干燥表观密度的范围(kg/m³)	密度等级	砌块干燥表观密度的范围(kg/m³)
500	≤500	900	810~900
600	510~600	1000	910~1000
700	610~700	1200	1010~1200
800	710~800	1400	1210~1400

④ 抗冻性要求。对于非采暖地区,一般不规定;采暖地区的一般环境,抗冻等级要达到F15;干湿交替的环境,抗冻等级要达到F25。

⑤ 碳化与软化系数要求。加入粉煤灰等火山灰质掺合料的小砌块,碳化系数≥0.80,软化系数≥0.75。

⑥ 强度等级要求见表8-29。

表8-29　轻集料混凝土小型空心砌块的强度等级(GB 15229—2002)

强度等级	砌块抗压强度(MPa)		密度等级范围(kg/m³)
	平均值	最小值	
1.5	≥1.5	1.2	≤600
2.5	≥2.5	2.0	≤800
3.5	≥3.5	2.8	≤1200
5.0	≥5.0	4.0	
7.5	≥7.5	6.0	≤1400
10.0	≥10.0	8.0	

⑦ 吸水率要求。A. 吸水率不应大于20%,B. 干缩率和相对含水率的要求见表8-30。

表 8-30　轻集料混凝土小型空心砌块的相对含水率(GB 15229—2002)

干缩率(%)	相对含水率(%),≤		
	潮　湿	中　等	干　燥
<0.030	45	40	35
0.030～0.045	40	35	30
0.045～0.065	35	30	25

(4)轻集料混凝土小型空心砌块的应用及应用要点

① 用作保温型墙体材料。强度等级≤MU5.0用在框架结构中的非承重隔墙和非承重墙。

② 用作结构承重型墙体材料。强度等级为MU7.5、MU10.0的主要用于砌筑多层建筑的承重墙体。

③ 应用技术要点包括:设置钢筋混凝土带,墙体与柱、墙、框架采用柔性连接;隔墙门口处理采取相应措施;砌筑前一天,注意在与其接触的部位洒水湿润。

3. 蒸压加气混凝土砌块

蒸压加气混凝土砌块是以钙质材料(水泥、石灰等)和硅质材料(矿渣和粉煤灰)加入铝粉(作加气剂),经蒸压养护而成的多孔轻质块体材料,简称加气混凝土。

加气混凝土砌块发展很快,世界上40多个国家都能生产加气砌块,我国加气砌块的生产和使用在20世纪70年代特别是80年代得到很大的发展,目前,全国有加气砌块厂140多个,总生产能力达700万m^3,应用技术规程等方面也已经成熟。

(1)加气混凝土砌块的组成材料

① 水泥。水泥的重要作用主要在于保证生产初期阶段的浇注稳定性和坯体凝结硬化速度,对于后期蒸压过程中的反应也有着相当大的作用。由于矿渣硅酸盐水泥、火山灰质硅酸盐水泥、粉煤灰硅酸盐水泥早期强度低,若要保证早期性能就要增加水泥用量,因此从经济技术考虑,一般使用普通硅酸盐水泥。

② 石灰。必须采用生石灰以使消解时放出的热量促进铝粉水化放出氢气,石灰的另外作用是参与水化反应,生成水化产物,促进料浆稠化,促进坯体硬化,提高砌块的强度。

③ 粉煤灰和矿渣。均为活性混合材料,可以在激发剂作用下生成水硬性胶凝材料。

④ 铝粉。主要作用是发气,产生气泡,使料浆形成多孔结构。

⑤ 外加剂。有气泡稳定剂、铝粉脱脂剂、调节剂等,其中气泡稳定剂保证坯体形成细小而均匀的多孔结构。调节剂的品种较多,有起激发作用的、调节凝结时间作用的等。

(2)砌块的技术性能

① 规格尺寸。根据《蒸压加气混凝土砌块》(GB 11968—2006)规定,加气混凝土规格尺寸见表8-31。

表 8-31　蒸压加气混凝土砌块的规格尺寸(GB 11968—2006)

项　目	a系列		b系列
长度(mm)	600		600
宽度(mm)	100、125、150	200、250、300	120、180、240
高度(mm)	200	250	300

② 等级。根据《蒸压加气混凝土砌块》(GB/T 11968—2006)规定,砌块按抗压强度分为 A1.0、A2.0、A2.5、A3.5、A5.0、A7.5、A10.0 七个等级,标记中 A 代表砌块强度等级,数字表示抗压强度平均值(MPa),具体指标见表 8-32。按干表观密度(kg/m^3)分为 B03、B04、B05、B06、B07、B08 六个等级,具体指标见表 8-33。

表 8-32　蒸压加气混凝土砌块的抗压强度(GB/T 11968—2006)

强度等级		A1.0	A2.0	A2.5	A3.5	A5.0	A7.5	A10.0
立方体抗压强度(MPa)	平均值,≥	1.0	2.0	2.5	3.5	5.0	7.5	10.0
	单块最小值,≥	0.8	1.6	2.0	2.8	4.0	6.0	8.0

表 8-33　蒸压加气混凝土砌块的干表观密度(GB/T 11968—2006)

干表观密度级别		B03	B04	B05	B06	B07	B08
干表观密度(kg/m^3)	优等品(A),≤	300	400	500	600	700	800
	合格品(B),≤	325	425	525	625	725	825

③ 干缩值、抗冻性、导热系数。砌块孔隙率较高,抗冻性较差、保温性较好;出釜时含水率较高,干缩值较大;因此《蒸压加气混凝土砌块》(GB/T 11968—2006)规定了干缩值、抗冻性和导热系数,见表 8-34。

表 8-34　砌块的干燥收缩、抗冻性和导热系数(GB/T 11968—2006)

<table>
<tr><td colspan="3">体积密度级别</td><td>B03</td><td>B04</td><td>B05</td><td>B06</td><td>B07</td><td>B08</td></tr>
<tr><td rowspan="2">干燥收缩值①</td><td colspan="2">标准法(mm/m),≤</td><td colspan="6">0.5</td></tr>
<tr><td colspan="2">快速法(mm/m),≤</td><td colspan="6">0.8</td></tr>
<tr><td rowspan="3">抗冻性</td><td colspan="2">质量损失(%),≤</td><td colspan="6">5.0</td></tr>
<tr><td rowspan="2">冻后强度(MPa),≥</td><td>优等品(A)</td><td rowspan="2">0.8</td><td rowspan="2">1.6</td><td>2.8</td><td>4.0</td><td>6.0</td><td>8.0</td></tr>
<tr><td>合格品(B)</td><td>2.0</td><td>2.8</td><td>4.0</td><td>6.0</td></tr>
<tr><td colspan="3">导热系数(干态)[(W/m·K)],≤</td><td>0.10</td><td>0.12</td><td>0.14</td><td>0.16</td><td>0.18</td><td>0.20</td></tr>
</table>

① 规定采用标准法、快速法测定砌块干燥收缩值,若测定结果发生矛盾不能判断时,则以标准法测定的结果为准。

(3)蒸压加气混凝土砌块的特性及应用

蒸压力加气混凝土砌块常用品种有加气粉煤灰砌块、蒸压矿渣加气混凝土砌块。具有表观密度小、质量轻(仅为烧结普通砖的 1/3),工程应用可使建筑物自重减轻 2/5 ~ 1/2,有利于提高建筑物的抗震性能,并降低建筑成本。多孔砌块使导热系数小(0.14 ~ 0.28W/m·K),保温性能好。砌块加工性能好(可钉、可锯、可刨、可粘接),使施工便捷。制作砌块可利用工业废料,有利于保护环境。

蒸压力加气混凝土砌块可用于一般建筑物墙体,可作为低层建筑的承重墙和框架结构、现浇混凝土结构建筑的外墙填充、内墙隔断,也可用于抗震圈梁构造柱多层建筑的外墙或保温隔热复合墙体。使用加气混凝土砌块不得用于建筑基础和处于浸水、高湿和有化学侵蚀的环境中,也不能用于承重制品表面温度高于 80℃ 的建筑部位。加气混凝土外墙面应作饰面防护措施。

实训与创新

1. 目前国内外建筑墙体材料均向"环保"、"绿色"的方向发展,运用常用的砌墙砖和砌块的主要技术性质的知识,调查当地建筑业目前常用的墙体材料的种类、主要技术要求和质量检测项目及检测手段,并写出不少于500字的科技小论文。

2. 某工地送来一组烧结多孔砖,试评定该组砖的强度等级。试件成型养护3d后可以试验,测得破坏荷载如下:

砖编号	1	2	3	4	5	6	7	8	9	10
破坏荷载(kN)	297	392	315	321	376	283	340	412	219	334

要求:(1)计算烧结多孔砖(尺寸为240mm×115mm×90mm)抗压强度等。

(2)填写烧结多孔砖抗压强度原始记录及报告单。

复习思考题与习题

8.1 砌墙砖分哪几类?

8.2 某住宅楼地下室墙体用普通黏土砖,设计强度等级为MU10,经对现场送检试样进行检验,抗压强度测定结果如下表:

试件编号	1	2	3	4	5	6	7	8	9	10
抗压强度(MPa)	11.2	9.8	13.5	12.3	9.6	9.4	8.8	13.1	9.8	12.5

试评定该砖的强度是否满足设计要求。

8.3 什么烧结多孔砖和空心砖为是普通黏土砖的替代产品?烧结多孔砖和空心砖的孔形特点及其主要用途是什么?

8.4 砌块与砌墙砖相比,有什么优缺点?

8.5 烧结普通砖的标准尺寸是多少?其技术性能要求有哪些?强度等级和产品等级是怎样划分的?

8.6 什么是蒸养蒸压砖?常见的蒸养蒸压砖有哪些?它们的强度等级如何划分的?在工程中的应用要注意哪些?

8.7 什么是普通混凝土砌块?有哪几个强度等级?在建筑中的应用有哪些优点?

8.8 什么是蒸压加气混凝土砌块?与其他类型砌块相比,有何特点?

8.9 蒸压加气混凝土砌块质量等级是如何划分的?

第9章 沥青材料

教学目的：沥青是种有机的胶凝材料，是现代市政工程中的公路及城市主要的路面胶结材料和结构工程中常用的防水材料，重点掌握沥青的主要技术性质，认识沥青性能与实际应用的关系，为沥青混合料的学习打好基础。

教学要求：结合现代路面工程，重点掌握沥青的主要技术性质及实际应用；并了解沥青防水材料的基本性质及改性沥青的品种和性能。

沥青是一种由许多高分子碳氢化合物及其非金属（氧、硫、氮等）衍生物所组成的在常温下呈褐色或黑褐色固体、半固体及液体状态的复杂的混合物。它能溶于二硫化碳等有机溶剂中。

沥青是一种憎水性的有机胶凝材料，它具有与矿质混合料良好的粘接力；同时结构致密，几乎完全不溶于水和不吸水；还具有较好的抗腐蚀能力，能抵抗一般的酸性、碱性及盐类等具有腐蚀性的液体或气体的腐蚀等特点。故沥青是市政工程中不可缺少的材料之一，广泛应用于道路桥梁、水利工程以及其他防水防潮工程中。

沥青按产源不同分为地沥青与焦油沥青两大类。地沥青中有石油沥青与天然沥青；焦油沥青则有煤沥青、木沥青、页岩沥青及泥炭沥青等几种。市政工程中主要使用石油沥青和煤沥青，以及以沥青为原料通过加入表面活性物质而得到的乳化沥青和改性沥青等。

9.1 石油沥青

石油沥青是石油（原油）经蒸馏等工艺提炼出各种轻质油及润滑油以后得到的残留物，或者再经加工得到的残渣。当原油的品种不同、提炼加工的方式和程度不同时，可以得到组成、结构和性质不同的各种石油沥青产品。

9.1.1 石油沥青的品种

石油沥青的分类方法尚不统一，各种分类方法都有各自的特点和实用价值。

1. 按原油加工后所得沥青中含蜡量多少分类

石油沥青按原油基层不同分为石蜡基沥青、沥青基沥青和中间基沥青三种。

1）石蜡基沥青。它是由含大量烷属烃成分的石蜡基原油提炼制得的，其含蜡量一般均大于5%。由于其含蜡量较高，其黏性和温度稳定性将受到影响，故这种沥青的软化点高，针入度小，延度低，但抗老化性能较好。

2)沥青基沥青(环烷基沥青)。它是由沥青基原油提炼制得的。其含蜡量一般少于2%,含有较多的脂环烃,故其黏性高,延伸性好。

3)中间基沥青(混合基沥青)。它是由含蜡量介于石蜡基和沥青基石油之间的原油提炼制得的。其含蜡量在2% ~5%之间。

2. 按加工方法分类

按加工方法不同,石油可炼制成如图9-1所示的不同种类的沥青。

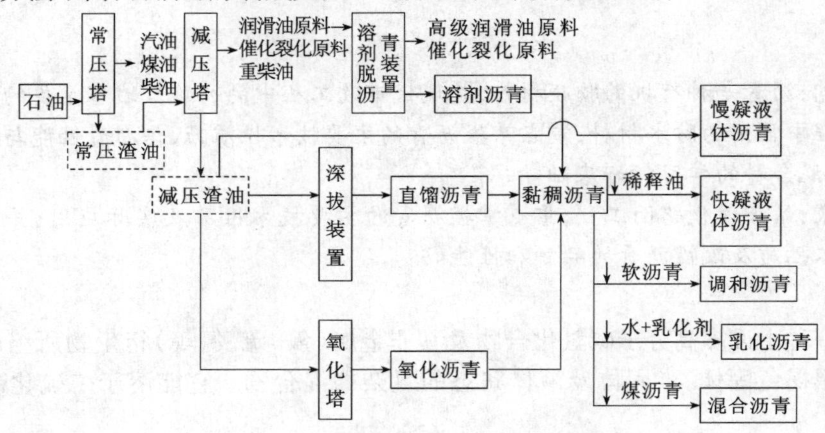

图9-1　石油沥青生产工艺流程示意图

原油经过常压蒸馏后得到常压渣油,再经减压蒸馏后,得到减压渣油。这些渣油属于低牌号的慢凝液体沥青。

为提高沥青的稠度,以慢凝液体沥青为原料,可以采用不同的工艺方法得到黏稠沥青。渣油再经过减蒸工艺,进一步拔出各种重质油品,可得到不同稠度的直馏沥青:渣油经不同深度的氧化后,可以得到不同稠度的氧化沥青或半氧化沥青;渣油经不同程度地脱出沥青油,可得到不同稠度的溶剂沥青。除轻度蒸馏和轻度氧化的沥青属于高牌号慢凝沥青外,这些沥青都属于黏稠沥青。

有时为施工需要,希望在常温条件下具有较大的施工流动性,在施工完成后短时间内又能凝固而具有高的粘接性,为此在黏稠沥青中掺加煤油或汽油等挥发速度较快的溶剂,这种用快速挥发溶剂作稀释剂的沥青,称之为中凝液体沥青或快凝液体沥青。为得到不同稠度的沥青,也可以采用硬的沥青与软的沥青以适当比例调配,称之为调配沥青。按照比例不同所得成品可以是黏稠沥青,也可以是慢凝液体沥青。

快凝液体沥青需要耗费高价的有机稀释剂,同时要求石料必须是干燥的。为节约溶剂和扩大使用范围,可将沥青分散于有乳化剂的水中而形成沥青乳液,这种乳液也称为乳化沥青。

为更好地发挥石油沥青和煤沥青的优点,选择适当比例的煤沥青与石油沥青混合而成一种稳定的胶体,这种胶体称为混合沥青。

9.1.2　石油沥青的化学组成与结构

石油沥青是高分子碳氢化合物及其非金属衍生物的混合物。其主要化学成分是碳(80% ~87%)和氢(10% ~15%),少量的氧、硫、氮(约为5%)及微量的铁、钙、铅、镍等金属元素。

由于沥青化学组成与结构的复杂性以及分析测试技术的限制，将沥青分离成纯化学单体较困难，而且化学元素含量的变化与沥青的技术性质间也没有较好的相关性，所以许多研究者都着眼于胶体理论、高分子理论和沥青组分理论的分析。

1. 石油沥青胶体结构理论分析

(1)胶体结构的形成

石油沥青的主要成分是油质、树脂和地沥青质。油质和树脂可以互溶，树脂能浸润地沥青质，在地沥青质的超细颗粒表面能形成树脂薄膜，所以石油沥青的胶体结构是以沥青质为核心，其周围吸附着高相对分子质量的树脂而形成胶团，无数胶团分散于溶有低相对分子质量树脂的油分中而形成胶体结构。在这个稳定的分散系统中，分散相为吸附部分树脂的沥青质，分散介质为溶有部分树脂的油质。分散相与分散介质表面能量相等，它们能形成稳定的亲液胶体。在这个胶体结构中，从地沥青质到油质是均匀地逐步递变的，并无明显界面。

(2)胶体结构的类型

石油沥青中各化学组分含量变化时，会形成不同类型的胶体结构。通常根据沥青的流变特性，其胶体结构可分为以下三类：溶胶型(沥青的针入度指数 $PI < -2$)、溶-凝胶型(沥青的针入度指数 PI 在 $-2 \sim 2$ 之间)及凝胶型(沥青的针入度指数 $PI > 2$)结构的石油沥青，如图 9-2 所示。

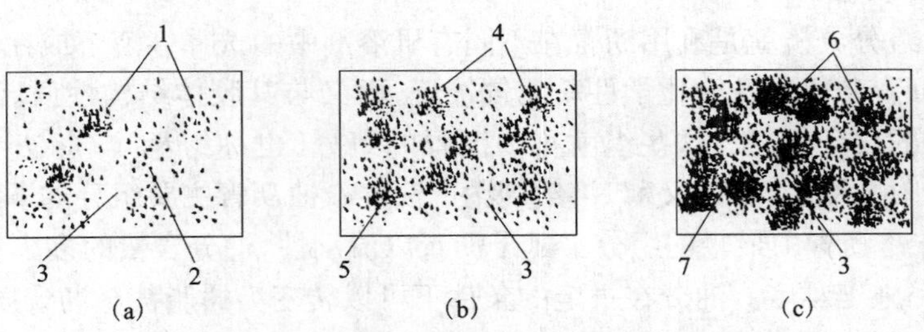

图 9-2　石油沥青的胶体结构类型示意图

(a)溶胶型；(b)溶-凝胶型；(c)凝胶型

1—溶胶中的胶粒；2—质点颗粒；3—分散介质油质；4—吸附层；
5—地沥青质；6—凝胶颗粒；7—结合的分散介质油质

① 溶胶型结构。当油质和低相对分子质量树脂足够多时，胶团外膜层较厚，胶团间没有吸引力或吸引力较小，胶团之间相对运动较自由，这种胶体结构的沥青，称为溶胶型石油沥青。溶胶型石油沥青的特点是：流动性和塑性较好，开裂后自行愈合能力较强，但其温度稳定性较差。直馏沥青多属溶胶型结构。

② 凝胶型结构。当油质和低相对分子质量树脂较少时，胶团外膜层较薄，胶团间距离减小，相互吸引力增大，胶团间相互移动比较困难，具有明显的弹性效应，这种胶体结构的沥青称为凝胶型石油沥青。凝胶型石油沥青的特点是：弹性和黏性较高，温度稳定性好，但流动性和塑性较差，开裂后自行愈合能力较差。氧化沥青多属凝胶型结构。

③ 溶-凝胶型结构。当沥青各组分的比例适当，而胶团间又靠得较近时，相互间有一定的吸引力，在常温下受力较小时，呈现出一定的弹性效应；当变形增加到一定数值后，则变为有阻尼的黏性流动，形成一种介于溶胶型和凝胶型二者之间的结构，这种结构称为溶-凝胶型结构。

具有这种结构的石油沥青的性质也介于溶胶型沥青和凝胶型沥青之间。它是道路工程用沥青较理想的结构,大部分优质道路石油沥青均配制成溶-凝胶型结构。

2. 高分子溶液理论分析

随着对石油沥青研究的深入发展,有些学者已开始摒弃石油沥青胶体结构观点,而认为它是一种高分子溶液。在石油沥青高分子溶液里,分散相沥青质与分散介质软沥青质具有很强的亲和力,而且在每个沥青质分子的表面上紧紧地保持着一层软沥青质的溶剂分子,而形成高分子溶液。高分子溶液具有可逆性,即随沥青质与软沥青质相对含量的变化,高分子溶液可以是较浓的或是较稀的。较浓的高分子溶液,沥青质含量就多,相当于凝胶型石油沥青;较稀的高分子溶液,沥青质含量就少,软沥青质含量多,相当于溶胶型石油沥青;稠度介于两者之间的为溶-凝胶型。这是一个新的研究发展方向,目前这种理论应用于沥青老化和再生机理的研究,已取得一些初步的成果。

3. 沥青的组分理论分析

我国现行《公路工程沥青及沥青混合料试验规程》(JTJ 052—2000)中规定有三组分和四组分两种分析法。三组分分析法将石油沥青分为:油分、树脂和沥青质三个组分。四组分分析法将石油沥青分为:饱和分、芳香分、胶质和沥青质四个组分。除了上述组分外,石油沥青中还含有其他化学组分:石蜡及少量地沥青酸和地沥青酸酐。

(1)三组分分析法

沥青的化学组分分析就是利用沥青在不同有机溶剂中的选择性溶解或在不同吸附剂上的选择性吸附,将沥青分离为几个化学性质比较接近,而又与其胶体结构性质、流变性质和技术性质有一定联系的化合物组。这些组就称为沥青的组分(也称组丛)。此法主要利用选择性溶解和选择性吸附的原理,所以又称"溶解-吸附"法。石油沥青主要组分如下:

① 油分。它是沥青中最轻的组分。赋予沥青以流动性,油分含量的多少直接影响沥青的柔韧性、抗裂性和施工难度。油分在一定的条件下可以转变为树脂甚至沥青质。

② 树脂。其相对分子质量比油质的大。树脂有酸性和中性之分。酸性树脂的含量较少,为表面活性物质,对沥青与矿质材料的结合起表面亲和作用,可提高胶结力;中性树脂可使沥青具有一定的塑性、可流动性和粘接力,其含量越高,沥青的粘接力和延伸性增加。

③ 沥青质。它是石油沥青中相对分子质量较大的固态组分,为高分子化合物。沥青质决定着沥青的粘接力、黏度、温度稳定性以及沥青的硬度和软化点等。其含量越高,沥青的黏度、粘接力、硬度和温度稳定性越高,但其塑性则越低。

④ 沥青碳和似碳物。它们是由于沥青受高温的影响脱氢而生成的,一般只在高温裂化或加热及深度氧化过程中产生。它们多为深黑色固态粉末状微粒,是石油沥青中相对分子质量最高的组分。沥青碳和似碳物在沥青中的含量不多,一般在2%~3%以下,它们能降低沥青的粘接力。

⑤ 蜡。蜡在常温下呈白色结晶状态存在于沥青中。当温度达45℃左右时,它就会由固态转变为液态,石蜡含量增加时,将使沥青的胶体结构遭到破坏,从而降低沥青的延度和粘接力,所以蜡是石油沥青的有害成分。国际上大多都规定沥青的含蜡量在2%~4%范围内。《公路沥青路面施工技术规范》(JTG F40—2004)规定,蒸馏法测得的含蜡量应不大于3%。

三组分分析法的石油沥青各组分含量及性状列于表9-1中。

表9-1 石油沥青三组分分析法各组分含量及性状

组分	颜色	体态	相对密度	相对分子质量	碳氢原子数比	在沥青中含量(%)	特征性能	作用	转化方向
油分	淡黄色至红褐色	黏稠透明液体	1.0~1.1	200~700 平均500	0.5~0.7	45~60	几乎溶于所有溶剂,具有光学活性,在很多情况下发荧光	赋予沥青以流动性	↓
树脂	红褐色至黑褐	有黏性半固体	0.7~1.0	800~3000 平均1000	0.7~0.8	15~30	对温度敏感,熔点低于100 ℃	赋予沥青以黏性和塑性	↓
沥青质	深褐色至黑色	固体脆性粉末状微粒	1.1~1.5	1000~5000	0.8~1.0	5~30	加热不熔化,分解为硬焦炭	增加沥青的黏性和热稳定性	↓
沥青碳	黑色	固体粉末	>1.0	约10000	1.0~1.3	2~3	外形似沥青,不溶于四氯化碳,仅溶于二硫化碳	降低沥青的黏性和塑性	↓
似碳物	黑色	固体粉末	>1.0	—	约1.3		是沥青质的最终产物,不溶于任何溶剂	降低沥青的粘接力	—
蜡	白色(常温)	白色结晶(常温)	—	300~700	—	变化范围较大	能溶于多种溶剂中,对温度特别敏感	降低沥青的延度和粘接力	—

(2)四组分分析法

四组分分析法的石油沥青各组分含量及性状列于表9-2中。

表9-2 石油沥青四组分分析法的各组分情况

组分	平均分子量	相对密度(g/cm^3)	外观特征	对沥青性质的影响
饱和分	625	0.89	无色液体	使沥青具有流动性,其含量的增加会使沥青的稠度降低
芳香分	730	0.99	黄色至红色液体	使沥青具有良好的塑性
胶质	970	1.09	棕色黏稠液体	具有胶溶作用,使沥青质胶团能分散在饱和分和芳香分组成的分散介质中,形成稳定的胶体结构
沥青质	3400	1.15	深棕色至黑色固体	在有饱和分存在的条件下,其含量的增加可使沥青获得较低的感温性

9.1.3 石油沥青的技术性质

石油沥青作为胶凝材料常用于建筑防水和道路工程。沥青是憎水性材料,几乎完全不溶于水,所以具有良好的防水性。为了保证工程质量,正确选择材料和指导施工,必须了解和掌握沥青的各种技术性质。

1. 黏性(黏滞性)

沥青作为胶结材料必须具有一定的粘接力,以便把矿质材料和其他材料胶结为具有一定强度的整体。粘接力的大小与沥青的黏滞性密切有关。黏滞性是指在外力作用下,沥青粒子相互位移时抵抗变形的能力。沥青的黏滞性以绝对黏度表示，它是沥青性质的重要指标之一。

绝对黏度的测定方法比较复杂。工程上常用相对（条件）黏度代替绝对黏度。测定相对黏度时用针入度仪和标准黏度计。前者用来测定黏稠石油沥青的相对黏度；后者则用于测定液体（或较稀的）石油沥青的相对黏度。黏稠石油沥青的相对黏度用针入度表示。针入度是指在规定的温度［（25±0.1）℃］条件下，以规定质量［（100±0.05）g］的标准针，经过规定时间（5s）贯入试样的深度（以1/10mm为1度）。针入度以$P_{T,m,t}$表示，其中P为针入度，T为试验温度，m为标准针的质量，t为贯入时间。现行国家标准《沥青针入度测定》（GB/T 4509—2010）规定，常用的试验条件为$P_{25℃,100g,5s}$。它反映石油沥青抵抗剪切变形的能力。针入度值越小，沥青的黏滞度越大，抵抗变形的能力越强。

液体沥青的相对黏度可以用标准黏度计测定的标准黏度表示。标准黏度是在规定温度（20 ℃、25 ℃、30 ℃或60 ℃）、规定直径（3mm、5mm或10mm）的孔口流出50mm^{3}沥青所需的时间（s）。常用符号$C_t{}^dT$表示，其中d为流孔直径，t为试样温度，T为流出50mm^{3}沥青所需的时间。各种石油沥青黏滞性的变化范围很大，主要受其组分和温度的影响。一般沥青质含量较高时，其黏滞性较大。在一定温度范围内，温度升高时，黏滞性降低；反之，则随之增大。

2. 延展性

沥青在外力作用下，产生变形而不破坏，除去外力后，仍能保持变形后的形状的性质，称为延展性。它是反映石油沥青受力时所能承受的塑性变形的能力。

石油沥青的延展性以延度（延伸度）表示。延度是在延度仪上测定的，即把沥青试样制成∞形标准试模（中间最小截面积1cm^2），在规定的温度［（25±0.5）℃］下，以规定速度［（5±0.25）cm/min］拉伸试模，拉断时的长度（以cm表示）即为延度。延度越大，说明沥青的延展性越好。

沥青的延展性与其组分有关。当树脂含量较多，且其他组分含量又适当时，延展性较好。此外，周围介质的温度和沥青膜层厚度对延展性有影响。温度升高，则延展性增大；膜层越厚，则延展性越高；反之，膜层越薄，延伸性变差；当膜层薄至1μm时，塑性近于消失，即接近于弹性。

延展性高是沥青的一种良好性能，它反映了沥青开裂后的自行愈合能力。例如，履带车辆在通过沥青路面后，路面有变形发生但无局部破坏，而在通过水泥混凝土路面后，则可能发生局部脆性破坏。另外，沥青的延展性对冲击振动荷载也有一定吸收能力，并能减少摩擦时产生的噪声，故沥青是一种优良的道路路面材料。此外，沥青基柔性防水材料的柔性，在很大程度上来源于沥青的延展性。

3. 温度敏感性

温度敏感性是指石油沥青的粘滞性和塑性随温度升降而变化的性能。因沥青是一种高分子非晶态热塑性物质，故没有一定的熔点。当温度升高时，沥青由固态或半固态逐渐软化，使沥青分子之间发生相对滑动，此时沥青就像液体一样发生了黏性流动，称为黏流态。与此相反，当温度降低时又逐渐由黏流态凝固为固态（或称高弹态），甚至变硬变脆（像玻璃一样硬脆称作玻璃态）。在此过程中，反映了沥青随温度升降其粘滞性和塑性的变化。在相同的温度变化间隔里，各种沥青粘滞性及塑性变化幅度不会相同，工程要求沥青随温度变化而产生的粘滞性及塑性变化幅度应较小，即温度敏感性较小。建筑工程宜选用温度敏感性较小的沥青。所以，温度敏感性是沥青性质的重要指标之一。

通常石油沥青中地沥青质含量较多，在一定程度上能够减小其温度敏感性。在工程使用时往往加入滑石粉、石灰石粉或其他矿物填料来减小其温度敏感性。沥青中含蜡量较多时，则会增大温度敏感性。多蜡沥青不能用于建筑工程就是因为该沥青温度敏感性大，当温度不太高（60℃左右）时就发生流淌；在温度较低时又易变硬开裂。

沥青软化点是反映沥青温度敏感性的重要指标。由于沥青材料从固态至液态有一定的变态间隔，故取液化点与固化点之间温度间隔的87.21%作为软化点。

沥青软化点测定方法很多，国内外一般采用环球法软化点仪测定。我国现行国家标准《沥青软化点测定法（环球法）》（GB/T 4507—1999）和国家行业标准《公路工程沥青及沥青混合料试验规程》（JTJ 052—2000）规定，它是把沥青试样装入规定尺寸内径为19.8mm的铜环内，试样上放置一标准钢球（直径9.5mm，重3.5g），浸入水或甘油中，以规定的升温速度（5℃/min）加热，使沥青软化下垂，当下垂到规定距离25.4mm时的温度，以℃单位表示。软化点高，则沥青的温度敏感性低。

石油沥青的针入度、延度和软化点是评定黏稠石油沥青牌号的三大指标。

4. 大气稳定性

石油沥青是有机材料，它在热、阳光、氧气及潮湿等大气因素的长期综合作用下，其组分和性质将发生一系列变化，即油质和树脂减少，地沥青质逐渐增多。因此，沥青随时间的进展而流动性和塑性减小，硬脆性逐渐增大，直至脆裂，此过程称为沥青的“老化”。抵抗“老化”的性质，称为大气稳定性（耐久性）。

国家行业标准《公路工程沥青及沥青混合料试验规程》（JTJ 052—2000）规定，石油沥青的大气稳定性常以加热后的蒸发损失和蒸发后针入度比来评定。其测定方法是：先测定沥青试样的质量及其针入度，然后将试样置于烘箱中，在163℃下加热蒸发5h，待冷却后再测定沥青试样的质量及其针入度，后者与前者的比值分别称为蒸发损失百分数和蒸发后针入度比。蒸发损失百分数越小，蒸发后针入度比越大，表示沥青的大气稳定性越高，老化越慢，耐久性越好。

5. 溶解度

溶解度是石油沥青在溶剂（苯、三氯甲烷、四氯化碳等）中溶解的百分率，以确定石油沥青中有效物质的含量。某些不溶物质（沥青碳或似碳物等）将降低沥青的性能，应将其视为有害物质加以限制。

实际工作中除特殊情况外，一般不进行沥青的化学组分分析而测定其溶解度，借以确定沥青中对工程有利的有效成分的含量，石油沥青的溶解度一般均在98%以上。

6. 施工安全性——闪点与燃点

沥青在使用时均需要加热，在加热过程中，沥青中挥发出的油分蒸气与周围空气组成油气混合物，此混合气体在规定条件下与火焰接触，初次发生有蓝色闪光时的沥青温度即为闪点（又称闪火点）。若继续加热，油气混合物的浓度增大，与火焰接触能持续燃烧5s以上时的沥青温度即为燃点（又称着火点）。通常燃点比闪点高约10℃。

闪点和燃点的高低，表明沥青引起火灾或爆炸的危险性的大小。因此，加热沥青时，其加热温度必须低于闪点，以免发生火灾。

9.1.4　道路石油沥青的技术标准与选用

1. 道路石油沥青的技术标准

黏稠石油沥青按针入度划分为160号、130号、110号、90号、70号、50号、30号七个牌号，根据当前的沥青使用和生产水平，按技术性能分为A、B、C三个等级。一般A级沥青适用于各个等级的公路的任何场合任何层次；B级沥青用于高速公路、一级公路沥青下面层，二级及二级以下公路的各个层次或用作改性沥青、乳化沥青、改性乳化沥青及稀释沥青的基质沥青；C级只用于三级及三级以下公路的各个层次。

道路石油沥青技术标准除针入度外，对不同牌号各等级沥青的针入度指数、软化点、延度、闪点、密度等指标提出了相应的要求，道路石油沥青的技术要求见表9-3。

由表9-3可知，沥青的牌号越大，沥青的黏滞性越小（针入度越大），塑性越好（延度越大），温度稳定性越差（软化点越低），使用寿命越长。

表9-3　道路石油沥青的技术要求

指标	单位	等级	沥青牌号																
			160号	130号	110号			90号					70号②					50号	30号
针入度(25℃,5s,100g)	—	—	140~200③	120~140③	100~120			80~100					60~80					40~60	20~40
适用的气候分区④	—	—	注③	注③	2-1	2-2	3-2	1-1	1-2	1-3	2-2	2-3	1-3	1-4	2-2	2-3	2-4	1-4	注③
针入度指标 *PI*①	—	A	−1.5~+1.0																
		B	−1.8~+1.0																
软化点(*R & B*)，不小于	℃	A	38	40	43			45			44		46		45			49	55
		B	36	39	42			3			42		44		43			46	53
		C	35	37	41			42					43					45	50
60℃动力黏度①，不小于	Pa·s	A	—	60	120			160			140		180		160			200	260
10℃延度①，不小于	cm	A	50	50	40			45	30	20	30	20	20	15	25	20	15	15	10
		B	30	30	30			30	20	15	20	15	15	10	20	15	10	10	8
15℃延度，不小于	cm	A、B	100															80	50
		C	80	80	60			50					40					30	20
蜡的质量分数（蒸馏法）不大于	%	A	2.2																
		B	3.0																
		C	4.5																
闪点，不小于	℃	—	230					245					260						
溶解度，不小于	%	—	99.5																
密度(15℃)	g/cm^3	—	实测记录																
TFOT（或RTFOT）后质量变化，不大于	%	—	±0.8																

续表

指　标	单位	等级	沥青牌号						
			160 号	130 号	110 号	90 号	70 号②	50 号	30 号
残留针入度比,不小于	%	A	48	54	55	57	61	63	65
		B	45	50	52	54	58	60	62
		C	40	45	48	50	54	58	60
残留延度(10℃),不小于	cm	A	12	12	10	8	6	4	—
		B	10	10	8	6	4	2	—
残留延度(15℃),不小于	cm	C	40	35	30	20	15	10	—

① 经建设单位同意,表中 *PI* 值、60℃动力黏度、10℃延度可作为选择性指标,也可不作为施工质量检验指标。

② 70 号沥青可根据需要要求供应商提供针入度为 60 ~ 70 或 70 ~ 80 的沥青,50 号沥青可要求提供针入度为 40 ~ 50 或 50 ~ 60 的沥青。

③ 30 号沥青仅适用于沥青稳定基层。130 号和 160 号沥青除寒冷地区可在中低级公路上直接应用外,通常用作乳化沥青、稀释沥青、改性沥青的基质沥青。

④ 气候分区见《公路沥青路面施工技术规范》(JTG F40—2004)附录 A。

2. 黏稠石油沥青和液体石油沥青的技术标准

石油沥青按稠度大小可分为黏稠石油沥青和液体石油沥青。而黏稠石油沥青按道路的交通量,道路石油沥青又分为中、轻交通石油沥青和重交通石油沥青。其中,中、轻交通量道路石油沥青的技术要求见表 9-4。

表 9-4　中、轻交通量道路石油沥青的技术要求(JTJ 052—2000)

质量指标		A-200	A-180	A-140	A-100		A-60	
					甲	乙	甲	乙
针入度(25℃,100g,5s),(1/10mm)		200 ~ 300	160 ~ 200	120 ~ 160	90 ~ 120	80 ~ 120	50 ~ 80	40 ~ 80
延度(15℃)(cm),≥		20	100	100	90	60	70	40
软化点(环球法)(℃)		30 ~ 45	35 ~ 45	38 ~ 48	42 ~ 52	42 ~ 52	45 ~ 55	45 ~ 55
溶解度(三氯乙烯)(%),≥		99.0						
薄膜烘箱加热试验(160℃,5h)	质量损失(%),≤	1.0	1.0	1.0	1.0	1.0	1.0	1.0
	针入度比(%),≥	50	60	60	65	65	70	70
闪点(开口)(℃),≥		180	200	230	230	230	230	230

表 9-4 中的中、轻交通石油沥青的技术标准相当于石油化工行业标准《道路石油沥青》(NB/SH/T 0522—2010)中的技术标准,该标准是将道路石油沥青按针入度值划分为 A-60、A-100、A-140、A-180、A-200 五个牌号。其中 A-100 和 A-60 又按延度的不同分为甲、乙两个副牌号。

而重交通道路石油沥青按国家标准《重交通道路石油沥青》(GB/T 15180—2010),分为 AH-30、AH-50、AH-70、AH-90、AH-110 和 AH-130 六个牌号,各牌号的技术要求见表 9-5。

表 9-5　重交通量道路石油沥青的技术要求(GB/T 15180—2010)

<table>
<tr><th colspan="2" rowspan="2">质量指标</th><th colspan="6">重交通量道路石油沥青</th></tr>
<tr><th>AH-130</th><th>AH-110</th><th>AH-90</th><th>AH-70</th><th>AH-50</th><th>AH-30</th></tr>
<tr><td colspan="2">针入度(25℃,100g,5s),(1/10mm)</td><td>120 ~ 140</td><td>100 ~ 120</td><td>80 ~ 100</td><td>60 ~ 80</td><td>40 ~ 60</td><td>20 ~ 40</td></tr>
<tr><td colspan="2">延度(15℃,15mm/min)(cm),≥</td><td>100</td><td>100</td><td>100</td><td>100</td><td>100</td><td>实测记录</td></tr>
<tr><td colspan="2">软化点(环球法)(℃)</td><td>38 ~ 51</td><td>40 ~ 53</td><td>42 ~ 55</td><td>44 ~ 57</td><td>45 ~ 58</td><td>50 ~ 65</td></tr>
<tr><td colspan="2">溶解度(三氯乙烯)(%),≥</td><td colspan="6">99.0</td></tr>
<tr><td colspan="2">含蜡量(蒸馏法)(%),≤</td><td colspan="6">3.0</td></tr>
<tr><td rowspan="3">薄膜烘箱加热试验(160℃,5h)</td><td>质量损失(%),≤</td><td>1.3</td><td>1.2</td><td>1.0</td><td>0.8</td><td>0.6</td><td>—</td></tr>
<tr><td>针入度比(%),≥</td><td>45</td><td>48</td><td>50</td><td>55</td><td>58</td><td>—</td></tr>
<tr><td>延度(15℃)(%),≥</td><td>100</td><td>50</td><td>40</td><td>30</td><td colspan="2">实测记录</td></tr>
<tr><td colspan="2">闪点(开口)(℃),≥</td><td colspan="5">230</td><td>260</td></tr>
</table>

中、轻交通道路石油沥青主要用作一般道路路面、车间地面等工程。常配制沥青混凝土、沥青混合料和沥青砂浆使用。选用道路石油沥青时,要按照工程要求、施工方法以及气候条件等选用不同牌号的沥青。此外,还可用作密封材料、粘接剂和沥青涂料等。重交通道路石油沥青主要用于高速公路、一级公路路面、机场道面以及重要的城市道路路面等工程。

道路用液体石油沥青按照液体沥青的凝固速度分为快凝、中凝和慢凝 3 个等级,快凝的液体沥青又划分为 3 个牌号,除黏度外,对蒸馏的馏分及残留物性质、闪点和含水量也提出相应的要求。道路用液体石油沥青的技术要求见表 9-6。

3. 石油沥青的外观简易鉴别

石油沥青的质量的外观简易鉴别方法和牌号的简易判断分别见表 9-7 和表 9-8。

表9-6　道路液体石油沥青的技术要求

试验项目		快凝		中凝						慢凝					
		AL(R)-1	AL(R)-2	AL(M)-1	AL(M)-2	AL(M)-3	AL(M)-4	AL(M)-5	AL(M)-6	AL(S)-1	AL(S)-2	AL(S)-3	AL(S)-4	AL(S)-5	AL(S)-6
黏度(s)	$C_{25,5}$	<20	—	<20	—	—	—	—	—	<20	—	—	—	—	—
	$C_{60,5}$	—	5~15	—	5~15	16~25	26~40	41~100	101~200	—	5~15	16~25	26~40	41~100	101~180
蒸馏体积(%),≤	225℃前	>20	>15	<10	<7	<3	<2	0	0	—	—	—	—	—	—
	315℃前	>35	>30	<35	<25	<17	<14	<8	<5	—	—	—	—	—	—
	360℃前	>45	>34	<50	<35	<30	<25	<20	<15	<40	<35	<25	<20	<15	<5
蒸馏后残留物	针入度 $P_{(25℃,100g,5s)}$,(1/10mm)	60~200	60~200	100~300	100~300	100~300	100~300	100~300	100~300	—	—	—	—	—	—
	延度(25℃,5cm/min)	60	60	60	60	60	<60	60	60	—	—	—	—	—	—
	浮漂度(50℃),(s)	—	—	—	—	—	—	—	—	<50	>20	>30	>40	>45	>45
闪点(TOC法),≥		30	30	65	65	65	65	65	65	70	70	100	100	120	120
含水量(%),≤		0.2	0.2	0.2	0.2	0.2	0.2	0.2	0.2	0.2	0.2	0.2	0.2	0.2	0.2

表 9-7　石油沥青质量的外观简易鉴别

沥青形态	外观简易鉴别
固体	敲碎，检查新断口处，色黑而发亮的质量好，色暗淡的质量差
半固体	取少许，拉成细丝，越细长，质量越好
液体	黏性大，有光泽，没有沉淀和杂质的质量好；也可利用拉丝来判断

表 9-8　石油沥青牌号的简易判断

牌　号	简易鉴别方法
140～120	质软
60	用铁锤敲，不碎，只变形
30	用铁锤敲，变成较大的碎块
10	用铁锤敲，变成较小的碎块，表面呈黑色而有光泽

9.1.5　石油沥青在道路工程的选用

道路石油沥青的质量应符合表 9-3 规定的技术要求。各个沥青等级的使用范围应符合表 9-9的规定。经建设单位同意，沥青的 *PI* 值、60℃动力黏度、10℃的延度可作为选择性指标。

表 9-9　道路石油沥青的适用范围

石油沥青等级	适用范围
A 级石油沥青	各个等级的公路，适用于任何场合和层次
B 级石油沥青	①高速公路、一级公路沥青下面层及以下的层次，二级及二级以下公路的各个层次 ②用作改性沥青、乳化沥青、改性乳化沥青、稀释沥青的基质沥青
C 级石油沥青	三级及三级以下公路的各个层次

在道路工程中选用沥青材料时，应根据工程的性质、当地的气候条件以及工作环境来选用沥青。道路石油沥青主要用于道路路面等工程，一般拌制成沥青混合料或沥青砂浆使用。在应用过程中需控制好加热温度和加热时间。沥青在使用过程中若加热温度过高或加热时间过长，都将使石油沥青的技术性能发生变化；若加热温度过低，则沥青的黏滞度就不会满足施工要求。沥青合适的加热温度和加热时间，应根据达到施工最小黏滞度的要求并保证沥青最小程度地改变原来性能的原则，并根据当地实际情况来加以确定。同时，在应用过程中还应进行严格的质量控制。其主要内容应包括：在施工现场随机抽样试样，按沥青材料的标准试验方法进行检验，并判断沥青的质量状况；若沥青中含有水分，则应在使用前脱水，脱水时应将含有水分的沥青徐徐倒入锅中，其数量以不超过油锅容积的一半为度，并保持沥青温度为 80～90℃。在脱水过程中应经常搅动，以加速脱水速度，并防止溢锅，待水分脱净后，方可继续加入含水沥青，沥青脱水后方可抽样试样进行试验。

9.1.6　石油沥青的存放和贮存

沥青必须按品种、标号分开存放。除长期不使用的沥青可放在自然温度下存储外，沥青在储罐中的贮存温度不宜低于130℃,并不得高于170℃。桶装沥青应直立堆放,加盖苫布。

道路石油沥青在贮运、使用及存放过程中应有良好的防水措施,避免雨水或加热管道蒸汽进入沥青中。

9.2　煤　沥　青

将高温煤焦油进行再蒸馏,蒸去水分和全部轻油及部分中油、重油和蒽油、萘油后所得的残渣即为煤沥青。

9.2.1　煤沥青的原料——煤焦油

煤沥青的原料是煤焦油,它是生产焦炭和煤气的副产物。将烟煤在隔绝空气的条件下加热干馏,干馏中的挥发物气化流出,冷却后仍为气体者即为煤气;冷凝下来的液体除去氨及苯后,即为煤焦油。

按照干馏温度的不同,煤焦油有高温煤焦油(700℃以上)和低温煤焦油(450~700℃);按照工艺过程,有焦炭焦油和煤气焦油。高温煤焦油含碳较多,密度较大,含有多量的芳香族碳氢化合物,技术性质较好;低温煤焦油则与之相反,技术性质较差。因此,多用高温煤焦油制作煤沥青和建筑防水材料。

9.2.2　煤沥青的化学组分和结构

煤沥青也是一种复杂的高分子碳氢化合物及其非金属衍生物的混合物。其主要组分有以下几种。

1. 游离碳(又称自由碳)

游离碳是高分子有机化合物的固态碳质微粒,不溶于任何有机溶剂,加热不熔化,只在高温下才分解。游离碳能提高煤沥青的黏度和热稳定性,但随着游离碳的增多,沥青的低温脆性也随之增加,其作用相当于石油沥青中的沥青质。

2. 树脂

树脂属于环心含氧的环状碳氢化合物。树脂有固态树脂和可溶性树脂之分。

(1)固态树脂(也称硬树脂)。为固态晶体结构,仅溶于吡啶,类似石油沥青中的沥青质,它能增加煤沥青的黏滞度。

(2)可溶性树脂(又称软树脂)。为赤褐色黏塑状物质,溶于氯仿,类似石油沥青中树脂,它能使煤沥青的塑性增大。

3. 油分

油分为液态,由未饱和的芳香族碳氢化合物组成,类似于石油沥青中的油分,能提高煤沥青的流动性。

此外,煤沥青油分中还含有萘油、蒽油和酚等。当萘油含量<15%时,可溶于油分中;当其含量超过15%,且温度低于10℃时,萘油呈固态晶体析出,影响煤沥青的低温变形能力。酚为苯环中含羟基的物质,呈酸性,有微毒,能溶于水,故煤沥青的防腐杀菌力强。但酚易与碱起反应而生成易溶于水的酚盐,降低沥青产品的水稳定性,故其含量不宜太多。

和石油沥青一样，煤沥青也具有复杂的分散系胶体结构，其中自由碳和固态树脂为分散相，油分是分散介质。可溶性树脂溶解于油分中，被吸附于固态分散微粒表面给予分散系以稳定性。

9.2.3 煤沥青的技术要求

煤沥青根据蒸馏程度不同分为低温煤沥青（软化点30～75℃）、中温煤沥青（软化点75～95℃）和高温煤沥青（软化点95～120℃）三种。建筑和道路工程中使用的煤沥青多为黏稠或半固体的低温沥青。

煤沥青按其稠度不同分为软煤沥青（液体、半固体的）和硬煤沥青（固体的）两类，道路工程中主要应用软煤沥青。软煤沥青又按其黏度和有关技术性质分为9个牌号，道路用煤沥青的技术要求见表9-10。

表9-10　道路用煤沥青的主要技术要求

项目		T-1	T-2	T-3	T-4	T-5	T-6	T-7	T-8	T-9
黏度(s)	$C_{30,5}$	5～25	26～70	—	—	—	—	—	—	—
	$C_{30,10}$	—	—	5～20	21～50	51～120	121～200	—	—	—
	$C_{50,10}$	—	—	—	—	—	—	10～75	76～200	—
	$C_{60,10}$	—	—	—	—	—	—	—	—	25～65
蒸馏体积(%)，≤	170℃前	3.0	3.0	3.0	2.0	1.5	1.5	1.0	1.0	1.0
	270℃前	20	20	20	15	15	15	10	10	10
	300℃前	15～25	15～35	30	30	25	25	20	20	15
300℃蒸馏残渣软化点（环球法）(℃)		30～45	30～45	35～65	35～65	35～65	35～65	35～70	35～70	35～70
水分(%)，<		3.0	3.0	1.0	1.0	1.0	0.5	0.5	0.5	0.5
甲苯不溶物，<		20	20	20	20	20	20	20	20	20
含萘量，<		5	5	5	4	4	3.5	3	2	2
焦油酸含量，<		4	4	3	3	1.5	2.5	1.5	1.5	1.5

9.2.4 煤沥青技术性质的特点

煤沥青与石油沥青相比，由于产源、组分和结构的不同，所以煤沥青技术性质有如下特点：

1）温度稳定性差。煤沥青是较粗的分散系（自由碳颗粒比沥青质粗），且树脂的可溶性较高，受热时由固态或半固态转变为黏流态（或液态）的温度间隔较窄，故夏天易软化流淌而冬天易脆裂。

2）塑性较差。煤沥青中含有较多的游离碳，故煤沥青的塑性较差，使用中易因变形而开裂。

3）大气稳定性较差。煤沥青中含挥发性成分和化学稳定性差的成分（如未饱和的芳香烃化合物）较多，它们在热、阳光、氧气等因素的长期综合作用下，将发生聚合、氧化等反应，使煤沥青的组分发生变化，从而黏度增加，塑性降低，加速老化。

4)与矿质材料的黏附性好。煤沥青中含有较多的酸、碱性物质,这些物质均属于表面活性物质,所以煤沥青的表面活性比石油沥青的高,故与酸、碱性石料的黏附性较好。

5)防腐力较强。煤沥青中含有蒽、萘、酚等有毒成分,并有一定臭味,故防腐能力较好,多用作木材的防腐处理。但蒽油的蒸气和微粒可引起各种器官的炎症,在阳光作用下危害更大,因此施工时应特别注意防护。

9.2.5　石油沥青和煤沥青的比较

煤沥青和石油沥青相比较,在技术性质上和外观上以及气味上存在着较大差异。主要差异见表9-11。

表9-11　石油沥青和煤沥青的主要差异

项　目		石油沥青	煤沥青
技术性质	密度	近于1.0	1.25~1.28
	塑性	较好	低温脆性较大
	温度稳定性	较好	较差
	大气稳定性	较好	较差
	抗腐蚀性	差	强
	与矿料颗粒表面的黏附性能	一般	较好
外观及气味	气味	加热后有松香味	加热后有臭味
	烟色	接近白色	呈黄色
	溶解	能全部溶解于汽油或煤油,溶液呈黑褐色	不能全部溶解,且溶液呈黄绿色
	外观	呈黑褐色	呈灰黑色,剖面看似有一层灰
	毒性	无毒	有刺激性的毒性

由于煤沥青的主要性质比石油沥青差,因此在道路工程中使用较少,一般根据等级不同,石油沥青可适用于不同公路等级沥青路面的各个等级;煤沥青则用于各级公路各种基层上的透层或三级及三级以下公路铺筑表面处治或贯入式沥青路面或与道路石油沥青、乳化沥青混合使用,以改善渗透性。

9.3　乳化沥青

乳化沥青是将沥青热融,经过机械的作用,使其以细小的微滴状态分散于含有乳化剂的水溶液之中,形成水包油状的沥青乳液。水和沥青是互不相溶的,但由于乳化剂吸附在沥青微滴上的定向排列作用,降低了水与沥青界面间的界面张力,使沥青微滴能均匀地分散在水中而不致沉析;同时,由于稳定剂的稳定作用,使沥青微滴能在水中形成均匀稳定的分散系。乳化沥青呈茶褐色,具有高流动度,可以冷态使用,在与基底材料和矿质材料结合时有良好的黏附性。

9.3.1　乳化沥青的组成材料

乳化沥青主要由沥青、水、乳化剂、稳定剂等材料组成。

1. 沥青

沥青是乳化沥青的主要组成材料，占乳化沥青的55%～70%。各种牌号的沥青均可配制乳化沥青，稠度较小的沥青（针入度在100～250之间）更易乳化。

2. 水

水质对乳化沥青的性能也有影响：一方面水能润湿、溶解、黏附其他物质，并起缓和化学反应的作用；另一方面，水中含有各种矿物质及其他影响乳化沥青形成的物质。所以，水质应相当纯净，不含杂质。一般来说，水质硬度不宜太大，尤其阴离子乳化沥青，对水质要求较严，每升水中氧化钙含量不得超过80mg。

3. 乳化剂

乳化剂是乳化沥青形成和保持稳定的关键组成，它能使互不相溶的两相物质（沥青和水）形成均匀稳定的分散体系，它的性能在很大程度上影响着乳化沥青的性能。

沥青乳化剂是一种表面活性剂，按其在水中能否解离而分为离子型乳化剂和非离子型乳化剂两大类。离子型乳化剂按其解离后亲水端生成离子所带电荷的不同，又分为阴离子型乳化剂、阳离子型乳化剂和两性离子型乳化剂等三种。现将常用的沥青乳化剂见表9-12。

表9-12 常用沥青乳化剂

乳化剂类型		乳化剂名称
按离子类型分类	阴离子乳化剂	羧酸盐类——肥皂等 磺酸盐类——洗衣粉等
	阳离子乳化剂	十八烷基三甲基氯化铵（代号NOT或1831） 十六烷基三甲基溴化铵（代号1631） 十八烷基二甲基羧乙基硝酸铵 烷基丙烯二胺（代号ASF） 烷基酰基多胺（代号JSA）
	两性离子乳化剂	氨基酸型两性乳化剂 甜菜碱型两性乳化剂
	非离子型乳化剂	聚氧乙烯醚型非离子型乳化剂
按分解破乳速度分类	快裂型	烷基二甲基羟乙基氯化铵（代号1621）
	中裂型	牛脂烷基酰胺基多胺（代号JSA-2）
	慢裂型	硬脂酸烷酰胺基多胺（代号3SA-1） HY型双胺类

4. 稳定剂

为使沥青乳液具有良好的储存稳定性，常常在乳化沥青生产时向水溶液中加入适量的稳定剂。常用的稳定剂有氯化钙、聚乙烯醇等。

9.3.2 乳化沥青形成机理

乳化沥青是油-水分散体系。在这个体系中，水是分散介质，沥青是分散相，两者只有在表面能较接近时才能形成稳定的结构。乳化沥青的结构是以沥青细微颗粒为固体核，乳化剂包覆沥青微粒表面形成吸附层（包覆膜），此膜具有一定的电荷，沥青微粒表面的膜层较紧密，向外则逐渐转为普通的分散介质；吸附层之外是带有相反电荷的扩散离子层水膜。由上可知，乳化沥青能够形成和稳定存在的原因主要如下：

1）乳化剂在沥青-水系统界面上的吸附作用，降低了两相物质间的界面张力，这种作用可以抵制沥青微粒的合并。

2）沥青微粒表面均带有相同电荷，使微粒间相互排斥不靠拢，达到分散颗粒的目的。

3）微粒外水膜的形成，可以机械地阻碍颗粒的聚集。

9.3.3　乳化沥青的分解破乳

要使乳化沥青在路面中（或与其他材料接触时）发挥结合料的作用，就必须使沥青从水相中分离出来，产生分解与破乳。所谓分解破乳就是指沥青乳液的性质发生变化，沥青与乳液中的水相分离，使许多微小的沥青颗粒互相聚结，成为连续整体薄膜。这种分解破乳主要是乳液与其他材料接触后，由于离子电荷的吸附和水分的蒸发而产生的，其变化过程可从沥青乳液的颜色、粘接性及稠度等方面的变化进行观察和鉴别。乳液分解破乳的外观特征是其颜色由茶褐色变成黑色，此时乳液还含有水分，需待水分完全蒸发、分解破乳完成后，乳液中的沥青才能恢复到乳化前的性能。沥青乳液的分解破乳过程如图 9-3 所示。

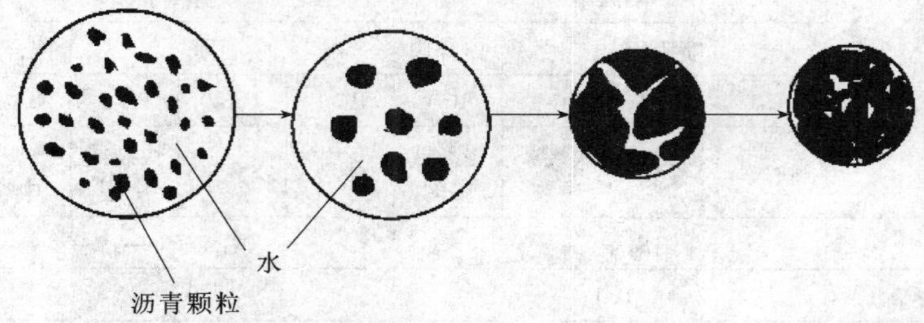

图 9-3　沥青乳液的分解破乳过程

沥青乳液分解破乳所需要的时间，即为沥青乳液的分解破乳速度。影响分解破乳速度的因素有以下几个。

1. 离子电荷的吸引作用

这种作用对阳离子乳化沥青尤为显著。目前我国筑路用石料多含碳酸盐或硅酸盐，在潮湿状态下它们一般带负电荷，所以阳离子沥青乳液很快与集料表面相结合。此外，阳离子沥青乳化剂具有较高的振动性能，与固体表面有自然的吸引力，它可以穿过集料表面的水膜，与骨料表面紧密结合。电荷强度大，能加速破乳；反之则延缓破乳速度。

2. 骨料的孔隙度、粗糙度与干湿度的影响

如果与乳液接触的集料或其他材料为多孔质表面粗糙或疏松的材料时，乳液中的水分将很快被材料所吸收，破坏了乳液的平衡，加快了破乳速度；反之，若材料表面致密光滑，吸水性很小时，将延缓乳液的破乳速度。材料本身的干湿度也将影响破乳速度。干燥材料将加快破乳速度，湿润与饱和水材料将延缓破乳速度。

3. 施工时气候条件的影响

沥青乳液施工时的气温、湿度、风速等都将影响分解破乳速度。气温高、湿度小、风速大将加速破乳；否则将延缓破乳。

4. 机械冲击与压力作用的影响

施工中压路机和行车的振动冲击和碾压作用，也能加快乳液的破乳速度。

5. 集料颗粒级配的影响

集料颗粒越细、表面积越大,乳液越分散,其破乳速度越快,否则破乳速度将延缓。

6. 乳化剂种类与用量的影响

乳化剂本身有快、中、慢型之分,因此用其所制备的沥青乳液也相应地分为快、中、慢型三种。这些分类本身就意味着与材料接触时的分解破乳速度不同。同种乳化剂其用量不同时,也影响破乳速度。乳化剂用量大,延缓破乳;用量小则加快破乳。

9.3.4 乳化沥青的技术要求

按《公路沥青路面施工技术规范》(JTG F40—2004),道路用乳化沥青的技术要求见表 9-13。在高温条件下宜采用黏度较大的乳化沥青,寒冷条件下宜采用黏度较小的乳化沥青。

表 9-13 道路用乳化沥青的技术要求

<table>
<tr><td colspan="2" rowspan="4">试验项目</td><td colspan="10">品种及代号</td></tr>
<tr><td colspan="4">阳离子</td><td colspan="4">阴离子</td><td colspan="2">非离子</td></tr>
<tr><td colspan="3">喷洒用</td><td>拌合用</td><td colspan="3">喷洒用</td><td>拌合用</td><td>喷洒用</td><td>拌合用</td></tr>
<tr><td>PC-1</td><td>PC-2</td><td>PC-3</td><td>BC-1</td><td>PA-1</td><td>PA-2</td><td>PA-3</td><td>BA-1</td><td>PN-2</td><td>BN-1</td></tr>
<tr><td colspan="2">破乳速度</td><td>快裂</td><td>慢裂</td><td>快裂或中裂</td><td>慢裂或中裂</td><td>快裂</td><td>慢裂</td><td>快裂或中裂</td><td>慢裂或中裂</td><td>慢裂</td><td>慢裂</td></tr>
<tr><td colspan="2">离子电荷</td><td colspan="4">阳离子(+)</td><td colspan="4">阴离子(-)</td><td colspan="2">非离子</td></tr>
<tr><td colspan="2">筛上残留物(1.18mm)(%),≤</td><td colspan="4">0.1</td><td colspan="4">0.1</td><td colspan="2">0.1</td></tr>
<tr><td rowspan="2">黏度(s)</td><td>恩格拉黏度计 E_{25}</td><td>2~6</td><td>1~6</td><td>1~6</td><td>2~30</td><td>2~6</td><td>1~6</td><td>1~6</td><td>2~30</td><td>1~6</td><td>2~30</td></tr>
<tr><td>道路标准黏度计 $C_{25,3}$</td><td>10~25</td><td>8~20</td><td>8~20</td><td>10~60</td><td>10~25</td><td>8~20</td><td>8~20</td><td>10~60</td><td>8~20</td><td>10~60</td></tr>
<tr><td rowspan="4">蒸发残留物</td><td>残留分含量(%),≥</td><td>50</td><td>50</td><td>50</td><td>55</td><td>50</td><td>50</td><td>50</td><td>55</td><td>50</td><td>55</td></tr>
<tr><td>溶解度(%),≥</td><td colspan="4">97.5</td><td colspan="4">97.5</td><td colspan="2">97.5</td></tr>
<tr><td>针入度(25℃)(0.1mm)</td><td>50~200</td><td>50~300</td><td colspan="2">45~150</td><td>50~200</td><td>50~300</td><td colspan="2">45~150</td><td>50~200</td><td>60~300</td></tr>
<tr><td>延度(15℃)(cm),≥</td><td colspan="4">40</td><td colspan="4">40</td><td colspan="2">40</td></tr>
<tr><td colspan="2">与粗集料的黏附性,裹附面积,≥</td><td colspan="3">2/3</td><td>—</td><td colspan="3">2/3</td><td>—</td><td>2/3</td><td>—</td></tr>
<tr><td colspan="2">与粗、细粒式集料拌合试验</td><td colspan="3">—</td><td>均匀</td><td colspan="3">—</td><td>均匀</td><td colspan="2">—</td></tr>
<tr><td colspan="2">水泥拌合试验的筛上剩余(%),≤</td><td colspan="4">—</td><td colspan="4">—</td><td>—</td><td>—</td></tr>
<tr><td rowspan="2">常温贮存稳定性(%)</td><td>1d,≤</td><td colspan="4">1</td><td colspan="4">1</td><td colspan="2">1</td></tr>
<tr><td>5d,≤</td><td colspan="4">5</td><td colspan="4">5</td><td colspan="2">5</td></tr>
</table>

注:1. P 为喷洒型,B 为拌合型,C、A、N 分别表示阳离子、阴离子、非离子乳化沥青。
2. 黏度可选用恩格拉黏度计或沥青标准黏度计之一测定。
3. 表中的破乳速度与集料的黏附性、拌合试验的要求、所使用的岩石品种有关,质量检验时应采用工程上实际的岩石进行试验,仅进行乳化沥青产品质量评定时可不要求此 3 项指标。
4. 贮存稳定性根据施工实际情况选用试验时间,通常采用 5d,乳液生产后能在当天使用时也可用 1d 的稳定性。
5. 当乳化沥青需要在低温冰冻条件下贮存或使用时,尚需按《乳化沥青贮存稳定度测定法》(SH/T 0099.5—2005)的规定进行 -5℃低温贮存稳定性试验,要求没有粗颗粒、不结块。
6. 如果乳化沥青是将高浓度产品运到现场经稀释后使用时,表中的蒸发残留物等各项指标指稀释前对乳化沥青的要求。

9.3.5　乳化沥青的优缺点

1. 乳化沥青的优点

1）节约能源。采用乳化沥青筑路时，只需要在沥青乳化时一次加热，且加热温度较低（一般为 120 ~ 140℃）。若使用阳离子乳化沥青时，砂石料也不需要烘干和加热，甚至可以在湿润状态下使用，所以大大节约了能源。

2）节省资源。乳化沥青有良好的黏附性，可以在集料表面形成均匀的沥青膜，易于准确控制沥青用量，因而可以节约沥青。由于沥青也是一种能源，所以节省沥青既可以节省资源，又可以节省能源。

3）提高工程质量。由于乳化沥青与集料有良好的黏附性，而且沥青用量又少，施工中沥青的加热温度低，加热次数少，热老化损失小，因而增强了路面的稳定性、耐磨性与耐久性，提高了工程质量。

4）延长施工时间。阴雨与低温季节，正是沥青路发生病害较多的季节。采用阳离子乳化沥青筑路或修补，几乎不受阴湿或低温季节的影响，发现病害及时修补，能及时改善路况，提高好路率和运输效率。一年中延长施工的时间，随各地气候条件而不同，平均 60d 左右。

5）改善施工条件，减少环境污染。采用乳化沥青可以在常温下施工，现场不需要支锅熬油，施工人员不受烟熏火烤，减少了环境污染，改善了施工条件。

6）提高工作效率。沥青乳液的黏度低、喷洒与拌合容易，操作简便、省力、安全，故可以提高工效 30%，深受交通部门和施工人员的欢迎。

2. 乳化沥青的缺点

1）储存期较短。乳化沥青由于稳定性较差，故其储存期较短，一般不宜超过 0.5 年，而且储存温度也不宜太低，一般保持在 0℃以上。

2）乳化沥青修筑道路的成型期较长，最初要控制车辆的行驶速度。

9.3.6　乳化沥青的应用

自商品乳化沥青问世以来，已有几十年的历史。前期主要发展阴离子乳化沥青，其缺点是沥青与集料间的黏附力低，若遇阴湿或低温季节，沥青分解破乳的时间将更长。此外，石蜡基与中间基原油的沥青量增多，阴离子乳化剂对这些沥青也难以进行乳化，故其发展受到限制。

近年来，阳离子乳化沥青发展较快。这种沥青乳液与集料的黏附力强，即使在阴湿低温季节，其吸附作用仍然可以正常进行。因此，它既有阴离子乳化沥青的优点，又弥补了阴离子乳化沥青的缺点。于是，乳化沥青的发展又进入了一个新阶段。

道路用乳化沥青常用于沥青表面处治路面、沥青贯入式路面、冷拌沥青混合料路面以及修补裂缝、喷洒透层、黏层和封层等，就其施工方法来讲有两种：

1）洒布法：如沥青混合料路面、透层、黏层或封层等。

2）拌合法：如沥青混合料路面、沥青碎石路面。

具体应用时要根据用途选择乳化沥青的种类，乳化沥青的品种与适用范围见表 9-14。

表 9-14　乳化沥青的品种与适用范围

分　类	品种及代号	适用范围
阳离子乳化沥青	PC-1	表处、贯入式路面及下封层
	PC-2	透层油及基层养生
	PC-3	粘层油
	BC-1	稀浆封层或冷拌沥青混合料
阴离子乳化沥青	PA-1	表处、贯入式路面及下封层
	PA-2	透层油及基层养生
	PA-3	粘层油
	BA-1	稀浆封层或冷拌沥青混合料
非离子乳化沥青	PN-2	透层油
	BN-1	与水泥稳定集料同时使用(基层路拌或再生)

9.4 改性沥青

现代公路和道路发生许多变化:交通流量和行驶频度急剧增长,货运车的轴重不断增加,普遍实行分车道单向行驶,要求进一步提高路面抗流动性,即高温下抗车辙的能力;提高柔性和弹性,即低温下抗开裂的能力;提高耐磨耗能力和延长使用寿命。使用环境发生的这些变化对石油沥青的性能提出了严峻的挑战。对石油沥青改性,使其适应上述苛刻使用要求,引起了人们的重视。

改性沥青是指掺加橡胶、树脂、高分子聚合物、磨细的橡胶粉或其他填料等外掺剂,或采用对沥青轻度氧化等措施,使性能得到改善后的沥青。

改性沥青的改性剂种类繁多,主要有:高聚物类改性剂、微填料类改性剂、纤维类改性剂、硫磷类改性剂等。

9.4.1 改性沥青的分类及特性

目前道路改性沥青一般是指聚合物改性沥青,改性沥青按改性剂不同可分为以下种类:

1. 热塑橡胶类改性沥青

热塑橡胶类改性沥青中的改性剂主要是苯乙烯嵌段共聚物,如苯乙烯-聚乙烯(SE)、苯乙烯-丁二烯-苯乙烯(SBS)、苯乙烯-异戊二烯-苯乙烯(SIS)、丁基-聚乙烯(BS)。其中 SBS 常用于路面沥青混合料,SIS 常用于热熔粘接料,SE 和 BS 常用于有抗氧化、抗高温变形要求的道路。

目前使用最多的为 SBS 改性沥青,此类改性沥青最大的特点是高温稳定性和低温抗裂性好,且具有良好的弹性恢复性能和抗老化性能。

2. 橡胶类改性沥青

橡胶类改性沥青也称为橡胶沥青,其使用最多的是丁苯橡胶(SBR)和氯丁橡胶(CR)。这类改性沥青出现较早、应用比较广泛,尤其是胶乳形式的 SBR 使用越来越广泛,CR 具有极性,常掺入到煤沥青中使用。

SBR 改性沥青最大的特点是低温稳定性较好,但老化试验后的延度严重降低,主要适宜于寒冷地区。

3. 热塑性树脂类改性沥青

常用的热塑性树脂类改性沥青有聚乙烯(PE)、乙烯-乙酸乙烯共聚物(EVA)、聚丙烯、聚氯乙烯以及聚苯乙烯。

这类热塑性树脂的共同特点是加热后软化,冷却时变硬,使沥青混合料在常温下黏度增大,高温稳定性提高,但不能提高混合料的弹性,并且加热后容易产生离析现象,再次冷却时产生弥散体。

4. 其他改性沥青

(1)掺天然沥青的改性沥青

将一定的特立尼达湖沥青(TLA)掺入沥青中能提高沥青的高温稳定性、低温抗裂性及耐久性。掺加页岩的沥青耐久性好,具有抗剥离、耐老化、高温抗车辙等特点。

(2)炭黑改性沥青

在改性好的SBS改性沥青中加入炭黑,可使改性沥青的黏度增大,回弹性能提高。

(3)多价金属皂化物改性沥青

将由一元酸与多价金属所形成的金属皂溶解在沥青中形成改性沥青,可使沥青的塑性增加、脆点降低,明显提高沥青与集料的黏附性,增加混合料的强度,提高沥青路面的柔性和疲劳强度。

(4)玻纤格栅

将一种自粘接型的玻璃纤维格栅,用专用机械铺于沥青混合料中,可以提高沥青的耐热性、粘接性、高温抗车辙、低温抗裂性,同时还可防止路面的反射裂缝。

9.4.2　改性剂的选择

改性剂的选用应根据工程所在地的地理位置、气候条件、道路等级、路面结构等综合比较考虑。我国使用的聚合物改性剂主要是热塑性橡胶类(如SBS)、橡胶类(如SBR)、热塑性树脂类(如EVA及PE)。

1. 根据不同气候条件选择改性剂

Ⅰ类SBS类热塑性橡胶类聚合物改性沥青。Ⅰ-A型、Ⅰ-B型适用于寒冷地区,Ⅰ-C型适用于较热地区,Ⅰ-D型适用于炎热地区及重交通量路段。

Ⅱ类SBR橡胶类聚合物改性沥青。Ⅱ-A型适用以寒冷地区,Ⅱ-B型、Ⅱ-C型适用于较热地区。

Ⅲ类热塑性树脂类聚合物改性沥青,适用于较热和炎热地区。通常要求软化点温度比最高月使用温度的最大日空气温度要高20℃左右。

2. 根据沥青改性目的和要求选择改性剂

1)为提高抗永久变形能力,宜使用热塑性橡胶类、热塑性树脂类改性剂。

2)为提高抗低温开裂能力,宜使用热塑性橡胶类、橡胶类改性剂。

3)为提高抗疲劳开裂能力,宜使用热塑性橡胶类、橡胶类、热塑性树脂类改性剂。

4)为提高抗水损害能力,宜使用各类抗剥剂等外加剂。

9.4.3　主要改性沥青

1. SBS改性沥青

SBS 改性沥青的主要特点是：

1）温度高于 160℃后，改性沥青的黏度与原沥青基本相近，可与普通沥青一样拌合使用。

2）温度低于 90℃后，改性沥青的黏度是原沥青的数倍，高温稳定性好，因而改性沥青混合料路面的抗车辙能力大大提高。

3）改性沥青的低温延度、脆点较原沥青均有明显改善，因而改性沥青混合料的低温抗裂能力及疲劳寿命均明显提高。

2. PE 改性沥青

这类改性沥青的高温稳定性与矿料黏附性、感温性、抗老化性能都有不同程度的改善，不过常温（25℃）时的延性有所降低。

3. SBR 改性沥青

总体来说，SBR 改性沥青的热稳定性、延性以及黏附性，均较原沥青有所改善，并且热老化性能也有所提高。

4. EVA 改性沥青

EVA 改性沥青的热稳定性有所提高，但耐久性改变不大。

9.4.4 改性沥青技术标准

改性沥青可单独或复合采用高分子聚合物、天然沥青及其他改性材料制作，各类聚合物改性沥青的质量应符合表 9-15 的要求，其中用针入度指数 *PI* 值作为选择性指标，当使用表列以外的聚合物及复合改性沥青时，可通过试验研究确定相应的技术标准。

表 9-15 聚合物改性沥青技术要求

指标	SBS 类（Ⅰ类）				SBR 类（Ⅱ类）			EVA、PE 类（Ⅲ类）			
	Ⅰ-A	Ⅰ-B	Ⅰ-C	Ⅰ-D	Ⅱ-A	Ⅱ-B	Ⅱ-C	Ⅲ-A	Ⅲ-B	Ⅲ-C	Ⅲ-D
针入度（25℃，100g，5s）（0.1mm）	>100	80~100	60~80	40~60	>100	80~100	60~80	>80	60~80	40~60	30~40
针入度指数 *PI*≥	-1.2	-0.8	-0.4	0	-1.0	-0.8	-0.6	-1.0	-0.8	-0.6	-0.4
延度（5℃，5cm/min）（cm），≥	50	40	30	20	60	50	40	—			
软化点 $T_{R\&B}$（℃），≥	45	50	55	60	45	48	50	48	52	56	60
运动黏度（135℃）（Pa·s），≤	3										
闪点（℃），≥	230				230			230			
溶解度（%），≥	99				99			—			
弹性恢复（25℃）（%），≥	55	60	65	75	—			—			
黏韧性（N·m），≥	—				5			—			
韧性（N·m），≥	—				2.5			—			
贮存稳定性离析，48h 软化点差（℃），≤	—				—			无改性剂明显析出、凝聚			

续表

指标	SBS 类（Ⅰ类）				SBR 类（Ⅱ类）			EVA、PE 类（Ⅲ类）			
	Ⅰ-A	Ⅰ-B	Ⅰ-C	Ⅰ-D	Ⅱ-A	Ⅱ-B	Ⅱ-C	Ⅲ-A	Ⅲ-B	Ⅲ-C	Ⅲ-D
TFOT（或 RTFOT）后残留物											
质量变化（%），≤	±1.0										
针入度比（25℃）（%），≥	50	55	60	65	50	55	60	50	55	58	60
延度（5℃）（cm），≥	30	25	20	15	30	20	10	—			

目前道路改性沥青一般是指聚合物改性沥青，聚合物改性沥青的评价指标，除常规指标外，针对其不同特点，各自有几种重点评价指标。SBS 改性沥青的高温和低温性能都好，且具有良好的弹性恢复性能，因此采用软化点、5℃低温延度、回弹率作为主要指标。SBR 改性沥青的低温性能较好，所以以 5℃低温延度及黏韧性作为主要评价指标。EVA 及 PE 改性沥青高温性能改善明显，以软化点作为评价指标。

9.4.5　改性沥青的应用

目前，改性沥青常用于排水及防水层；为防止反射裂缝，在老路面上做应力吸收膜中间层；用于加铺沥青面层以提高路面的耐久性；在老路面上或新建一般公路上做表面处治等。

实训与创新

深入各实训基地，到市政施工现场，收集市政工程中所采用的石油沥青、煤沥青、乳化沥青和改性沥青等的种类、技术要求以及检测方法和手段。从而优化设计几项简单试验，直观地检验沥青的一些技术性能。

复习思考题与习题

9.1　石油沥青有哪些主要组分？各组分都有哪些特点？对沥青的性质有何影响？

9.2　石油沥青的胶体结构是如何形成的？有几种胶体结构类型？胶体结构与性质有何关系？

9.3　什么是石油沥青的黏滞性、塑性、温度敏感性和大气稳定性？如何改善沥青的稠度、变形、耐热等性质？

9.4　石油沥青的牌号是如何划分的？牌号大小与主要性质的关系如何？

9.5　市政工程中选用石油沥青的原则是什么？在道路路面应选用何种牌号的沥青？

9.6　与石油沥青相比较，煤沥青在技术性质上有何特点？

9.7　何谓乳化沥青？它有哪些特点？

9.8　乳化沥青是如何形成的？乳化沥青的破乳是怎样发生和进行的？

9.9　乳化沥青有哪些技术要求？简述乳化沥青优缺点和具体应用。

9.10　什么是改性沥青？聚合物改性沥青有哪些技术要求？

第10章　沥青混合料

教学目的：沥青混合料是现代高速公路及城市道路的主要路面材料，学习时，主要应了解沥青混合料的技术性质及技术指标和沥青混合料的配合比设计方法等。

教学要求：掌握沥青混合料的主要技术性质及技术指标；重点掌握沥青混合料的设计要点，包括目标配合比设计、生产配合比设计及生产配合比的验证过程。

10.1　概　　述

由于沥青混合料路面平整性好、行车平稳舒适、噪声小，世界上许多国家在建设高速公路时都优先选择采用。半刚性基层具有强度高、稳定性好和刚度大等特点，被广泛用于修建高等级公路沥青路面的基层或底基层。在我国随着国民经济和现代化交通运输事业发展的需要，在建或已建的90%以上的高速公路采用沥青材料作结合料粘接矿料成混合料修筑面层与各类基层和垫层所组成的路面结构，已成为高级路面结构的主要材料。

按照现代沥青路面的施工工艺，用沥青作为胶结材料修建的道路路面，因配料和施工方法的不同而有多种类型。经常采用的有沥青表面处治和沥青贯入式路面，以及沥青碎石和沥青混凝土路面等。表面处治和贯入式只需要按《沥青路面施工及验收规范》(GB 50092—1996)选用材料在现场投料施工即可；沥青碎石和沥青混凝土则需要事先在试验室中进行配合比设计，确定出各项性能指标完全符合《沥青路面施工及验收规范》(GB 50092—1996)要求的配合比后，才能交付施工。

10.1.1　定义

沥青混合料是将粗集料、细集料和填料经人工合理选择级配组成的矿质混合料与沥青拌合而成的混合料的总称，包括沥青混凝土混合料和沥青碎石混合料。

1. 沥青混凝土混合料

沥青混凝土混合料是由适当比例的粗集料、细集料及填料与沥青在严格控制条件下拌合的沥青混合料，以AC表示，采用圆孔筛时用LH表示。其压实后的剩余空隙率小于10%。

2. 沥青碎石混合料

沥青碎石混合料是由适当比例的粗集料、细集料及少量填料(或不加填料)与沥青拌合而成的半开式沥青混合料，以AM表示，采用圆孔筛时用LS表示。其压实后的剩余空隙率大于10%。

10.1.2　沥青混合料的分类

沥青混合料的种类很多，主要有以下六种分类方式。

1. 按沥青混合料路面成型特性分类

根据沥青路面成型时的技术特性可将沥青混合料分为：沥青表面处治、沥青贯入式碎石和热拌沥青混合料。

1）沥青表面处治是指沥青与细粒矿料按层铺法（分层洒布沥青和集料，然后碾压成型）或拌合法（先由机械将沥青与集料拌合，再摊铺碾压成型）铺筑成的厚度不超过3cm的沥青路面。沥青表面处治的厚度一般为1.5～3.0cm，适用于三级、四级公路的面层和旧沥青面层上的罩面或表面功能恢复。

2）沥青贯入式碎石是指在初步碾压的集料层洒布沥青，再分层洒铺嵌挤料，并借行车压实而形成的路面。沥青贯入式碎石路面依靠颗粒间的锁结作用和沥青的粘接作用获得强度，是一种多空隙的结构。其厚度一般为4～8cm，主要适用于二级或二级以下的路面。

3）热拌沥青混合料是指把一定级配的集料烘干并加热到规定的温度，与加热到具有一定黏度的沥青按规定比例，在给定温度下拌合均匀而成的混合料。热拌沥青混合料适用于各等级路面，在道路和机场建设中，热拌热铺的沥青混凝土应用最广。

2. 按沥青胶结料分类

按沥青胶结料的不同，沥青混合料可分为：石油沥青混合料和煤沥青混合料。

1）石油沥青混合料。以石油沥青为结合料的沥青混合料（包括黏稠石油沥青、乳化石油沥青及液体石油沥青）。

2）煤沥青混合料。以煤沥青为结合料的沥青混合料。

3. 按沥青混合料施工温度分类

按沥青混合料拌制和摊铺温度分为：热拌热铺沥青混合料、温拌温铺沥青混合料和冷拌冷铺沥青混合料。

1）热拌热铺沥青混合料（HMA），简称热拌沥青混合料。采用针入度为40～100的黏稠沥青与矿料在热态拌合、热态铺筑（温度约170℃）的混合料。作面层时，混合料的摊铺温度为120～160℃，经压实冷却后面层就基本形成。热拌沥青混合料适用于各种等级公路的沥青路面。其种类可按集料公称最大粒径、矿料级配、空隙率划分，分类见表10-1。

表10-1　热拌沥青混合料种类

混合料的类型	密级配			开级配		半开级配	公称最大粒径（mm）	最大粒径（mm）
	连续级配		间断级配	间断级配				
	沥青混凝土	沥青稳定碎石	沥青玛琋脂碎石	排水式沥青磨耗层	排水式沥青碎石基层	沥青温度碎石		
特粗式	—	ATB-40	—	—	ATPB-40	—	37.5	53.0
粗粒式	—	ATB-30	—	—	ATPB-30	—	31.5	37.5
	AC-25	ATB-25	—	—	ATPB-25	—	26.5	31.5

续表

混合料的类型	密级配			开级配		半开级配	公称最大粒径（mm）	最大粒径（mm）
	连续级配		间断级配	间断级配				
	沥青混凝土	沥青稳定碎石	沥青玛瑞脂碎石	排水式沥青磨耗层	排水式沥青碎石基层	沥青温度碎石		
中粒式	AC-20	—	SMA-20	—	—	AM-20	19.0	26.5
	AC-16	—	SMA-16	OGFC-16	—	AM-16	16.0	19.0
砂粒砂	AC-13	—	SMA-13	OGFC-13	—	AM-13	13.2	16.0
	AC-10	—	SMA-10	OGFC-10	—	AM-10	9.5	13.2
细粒式	AC-5	—	—	—	—	AM-5	4.75	9.5
设计空隙率（%）	3～5	3～6	3～4	>18	>18	6～12	—	—

2）温拌温铺沥青混合料。以乳化沥青或稀释沥青，如针入度130～200、200～300或中凝液体沥青与矿料在摊铺温度为60～100℃状态下拌制、铺筑的混合料。

3）冷拌冷铺沥青混合料。用慢凝或中凝用途沥青或乳化沥青，在常温下拌合，摊铺温度与气温相同，但不低于10℃。混合料摊铺前可储存4～8个月。面层形成很慢，可能需要30～90d。

4. 按矿质集料级配类型分类

沥青混合料按矿质集料级配类型可分为：连续级配沥青混合料和间断级配沥青混合料。

1）连续级配沥青混合料。沥青混合料中的矿料是按级配原则，从大到小各级粒径都有，按比例相互搭配组成的混合料，称为连续级配沥青混合料。

2）间断级配沥青混合料。连续级配沥青混合料矿料中缺少一个或两个档次粒径的沥青混合料称为间断级配沥青混合料。

5. 按集料公称最大粒径分类

根据《沥青路面施工及验收规范》（GB 50092—1996），按沥青混凝土混合料的集料最大粒径可分为下列五类。

1）特粗式沥青混合料。集料最大粒径37.5mm（圆孔筛45mm）以上。

2）粗粒式沥青混合料。集料最大粒径等于或大于26.5mm（圆孔筛30mm）或31.5mm（圆孔筛40mm或35mm）的沥青混合料。

3）中粒式沥青混合料。集料最大粒径为16mm或19mm（圆孔筛20mm或26mm）的沥青混合料。

4）细粒式沥青混合料。集料最大粒径为9.5mm或13.2mm（圆孔筛10mm或15mm）的沥青混合料。

5）砂粒式沥青混合料。集料最大粒径等于或小于4.75mm（圆孔筛5mm）的沥青混合料，也称为沥青石屑或沥青砂。

6. 按混合料密实度分类

沥青混合料按混合料密实度可分为：密级配沥青混凝土混合料、开级配沥青混凝土混合料和半开级配沥青混凝土混合料三种。

1）密级配沥青混凝土混合料。按密实级配原则设计的连续型密级配沥青混合料，但其粒径递减系数较小，剩余空隙率小于10%的密实式沥青混凝土混合料（以AC表示）和密实式沥青稳定碎石混合料（ATB表示）。密级配沥青混凝土混合料按其剩余空隙率又可分为：Ⅰ型沥青混凝土混合料（剩余空隙率2%～6%）和Ⅱ型沥青混凝土混合料（剩余空隙率4%～10%）。

2）开级配沥青混凝土混合料。按级配原则设计的连续型级配混合料，其粒径递减系数较大，剩余空隙率大于18%。

3）半开级配沥青混合料。将剩余空隙率介于密级配和开级配之间的（即剩余空隙率6%～12%）混合料称为半开级配沥青混合料。

10.1.3　沥青混合料的优缺点

1. 沥青混合料的优点

用沥青混合料修筑的沥青类路面与其他类型的路面相比，具有以下优点：

1）优良的力学性能。用沥青混合料修筑的沥青类路面，因矿料间有较强的粘接力，属于黏弹性材料，所以夏季高温时有一定的稳定性，冬季低温时有一定的柔韧性。用它修筑的路面平整无接缝，可以提高行车速度。做到客运快捷、舒适，货运损坏率低。

2）良好的抗滑性。各类沥青路面平整而粗糙，具有一定的纹理，即使在潮湿状态下仍保持有较高的抗滑性，能保证高速行车的安全。

3）噪声小。噪声对人体健康有一定的影响，是重要公害之一。沥青混合料路面具有柔韧性，能吸收部分车辆行驶时产生的噪声。

4）施工方便，断交时间短。采用沥青混合料修筑路面时，操作方便，进度快，施工完成后数小时即可开放交通，断交时间短。若采用工厂集中拌合，机械化施工，则质量更好。

5）提供良好的行车条件。沥青路面晴天无尘，雨天不泞；在夏季烈日照射下不反光耀眼，便于司机瞭望，为行车提供了良好条件。

6）经济耐久。采用现代工艺配制的沥青混合料修筑的路面，可以保证15～20年无大修，使用期可达20余年，而且比水泥混凝土路面的造价低。

7）便于分期建设。沥青混合料路面可随着交通密度的增加分期改建，可在旧路面上加厚，以充分发挥原有路面的作用。

2. 沥青混合料的缺点

当然，事物都并非尽善尽美，沥青混合料也有缺点或不足，主要表现在以下方面：

1）老化现象。沥青混合料中的结合料——沥青是一种有机物，它在大气因素的影响下，其组分和结构会发生一系列变化，导致沥青的老化。沥青的老化使沥青混合料在低温时发脆，引起路面松散剥落，甚至破坏。

2）感温性大。夏季高温时易软化，使路面产生车辙、纵向波浪、横向推移等现象。冬季低温时又易于变硬发脆，在车辆冲击和重复荷载作用下，易于发生裂缝而破坏。

优良的沥青混合料，夏季高温时应有较好的稳定性，冬季低温时应有较好的抗裂性。然而两者又是互相矛盾和互相制约的；要使两者兼顾，还需要做大量工作。

10.2 沥青混合料的组成材料

沥青混合料的性质与质量,与其组成材料的性质和质量有密切关系。为保证沥青混合料具有良好的性质和质量,必须正确选择符合质量要求的组成材料。

10.2.1 沥青

沥青材料是沥青混合料中的结合料,其品种和牌号的选择随交通性质、沥青混合料的类型、施工条件以及当地气候条件而不同。通常气温较高、交通量大时,采用细粒式或微粒式混合料;当矿粉较粗时,宜选用稠度较高的沥青。寒冷地区应选用稠度较小、延度大的沥青。在其他条件相同时,稠度较高的沥青配制的沥青混合料具有较高的力学强度和稳定性。但稠度过高,混合料的低温变形能力较差,沥青路面容易产生裂缝。使用稠度较低的沥青配制的沥青混合料,虽然有较好的低温变形能力,但在夏季高温时往往因稳定性不足而导致路面产生推挤现象。因此,在选用沥青时要考虑以上两个因素的影响,参照表10-2选用。

表10-2 不同气候分区沥青混合料用沥青牌号的选择(GB 50092—1996)

气候分区	沥青种类	沥青路面类型			
		沥青表面处治	沥青贯入式	沥青碎石	沥青混凝土
寒冷地区	石油沥青	A-140 A-180 A-200	A-140 A-180 A-200	AH-90,AH-110,AH-130, A-100,A-140	AH-90,AH-110,AH-130, A-100,A-140
	煤沥青	T-5,T-6	T-6,T-7	T-6,T-7	T-7,T-8
温和地区	石油沥青	A-100 A-140 A-180	A-100 A-140 A-180	AH-90,AH-110, A-100,A-140	AH-70,AH-90, A-60,A-100
	煤沥青	T-6,T-7	T-6,T-7	T-7,T-8	T-7,T-8
较热地区	石油沥青	A-60 A-100 A-140	A-60 A-100 A-140	AH-50,AH-70,AH-90, A-100,A-60	AH-50,AH-70, A-60,A-100
	煤沥青	T-6,T-7	T-7	T-7,T-8	T-8,T-9

注:1. 坚固性试验根据需要进行。

2. 用于高速公路、一级公路、城市快速路、主干路时,多孔玄武岩的表观密度可放宽至2.45g/cm^3,吸水率可放宽至3%,但必须得到主管部门的批准。

3. 石料磨光值是为抗滑表层需要而试验的指标,道路磨耗损失及石料冲击值根据需要进行。

4. 钢渣浸水后的膨胀率应不大于2%。

10.2.2 粗集料

沥青混合料用的粗集料,可以采用碎石、破碎砾石、筛选砾石、钢渣和矿渣等。但在高速公路和一级公路不得使用筛选砾石和矿渣。

沥青混合料用粗集料应该洁净、干燥、无风化、不含杂质。在力学性质方面,压碎值和洛杉矶磨耗率应符合相应道路等级的要求,见表10-3。

表 10-3　沥青混合料用粗集料质量技术要求

指　标	高速公路、一级公路、城市快速路、主干路		其他公路与城市道路	指　标	高速公路、一级公路、城市快速路、主干路		其他公路与城市道路
	表面层	其他层次			表面层	其他层次	
石料压碎值(%),≤	26	28	30	针片状颗粒含量(混合料)(%),≤ 其中粒径大于 9.5mm,≤ 其中粒径小于 9.5mm,≤	15 12 18	18 15 20	20 — —
洛杉矶磨耗损失(%),≤	28	30	35	水洗法(<0.075mm 含量)(%),≤	1	1	1
表观密度(kg/cm^3),≥	2.60	2.50	2.45	软石含量(%),≤	3	5	5
吸水率(%),≤	2.0	3.0	3.0	石料磨光值(PSV)≥	42	42	实测
对沥青的黏附性≥	4 级	4 级	3 级	道瑞磨耗值(AAV)(%),≤	—	14	—
坚固性(%),≤	12	12	—	冲击值(LAV)(%),≤	—	28	实测

对用于抗滑表层沥青混合料用的粗集料,应该选用坚硬、耐磨、韧性好的碎石或碎砾石,而矿渣及软质集料不得用于防滑表层。用于高速公路、一级公路、城市快速道路、主干路沥青路面表面层及各类道路抗滑层用的粗集料,应符合表 10-3 中磨光值、道瑞磨耗值和冲击值的要求。在坚硬石料来源缺乏的情况下,允许掺入一定比例普通集料作为中等或小颗粒的粗集料,但掺入比例不应超过粗集料总质量的 40%。

破碎砾石的技术要求与碎石相同。但破碎砾石用于高速公路、一级公路、城市快速路、主干路沥青混合料时,5mm 以上的颗粒中有一个以上的破碎面的含量按质量计不得少于 50%。

钢渣作为粗集料时,仅限于一般道路,并应经过试验论证取得许可后使用。钢渣应有 6 个月以上的存放期,质量应符合表 10-3 的要求。

经检验属于酸性岩石的石料如花岗岩、石英岩等,用于高速公路、一级公路、城市快速路、主干路时,宜使用针入度较小的沥青,并采用下列抗剥离措施,使其对沥青的黏附性符合表 10-3 的要求。

1)用干燥的生石灰或消石灰粉、水泥作为填料的一部分,其用量宜为矿料总量的 1% ~2%。

2)在沥青中掺加剥离剂。

3)将粗集料用石灰浆处理后使用。

粗集料的粒径规格应按《公路沥青路面施工技术规范》(JTG F40—2004)(见表 10-4)的规定选用。如粗集料不符合表 10-4 规格,但确认与其他材料配合后的级配符合各类沥青混合料矿料级配要求(见表 10-6)时,也可以使用。

表 10-4　沥青混合料用粗集料规格(JTG F40—2004)

规格	公称粒径(mm)	通过下列筛孔(方孔筛,mm)的质量百分率(%)												
		106	75	63	53	37.5	31.5	26.5	19.0	13.2	9.5	4.75	2.36	0.6
S1	40 ~75	100	90 ~100	—	—	0 ~15	—	0 ~5	—	—	—	—	—	—
S2	40 ~60	—	100	90 ~100	—	0 ~15	—	0 ~5	—	—	—	—	—	—

续表

规格	公称粒径(mm)	通过下列筛孔(方孔筛,mm)的质量百分率(%)												
		106	75	63	53	37.5	31.5	26.5	19.0	13.2	9.5	4.75	2.36	0.6
S3	30~60	—	100	90~100	—	—	0~15	—	0~5	—	—	—	—	—
S4	25~50	—	—	100	90~100	—	—	0~15	—	0~5	—	—	—	—
S5	20~40	—	—	—	100	90~100	—	—	0~15	—	0~5	—	—	—
S6	15~30	—	—	—	—	100	90~100	—	—	0~15	—	0~5	—	—
S7	10~30	—	—	—	—	100	90~100	—	—	—	0~15	0~5	—	—
S8	10~25	—	—	—	—	—	100	90~100	—	0~15	—	0~5	—	—
S9	10~20	—	—	—	—	—	—	100	90~100	—	0~15	0~5	—	—
S10	10~15	—	—	—	—	—	—	—	100	90~100	0~15	0~5	—	—
S11	5~15	—	—	—	—	—	—	—	100	90~100	40~70	0~15	0~5	—
S12	5~10	—	—	—	—	—	—	—	—	100	90~100	0~15	0~5	—
S13	3~10	—	—	—	—	—	—	—	—	100	90~100	40~70	0~20	0~5
S14	3~15	—	—	—	—	—	—	—	—	—	100	90~100	0~15	0~3

10.2.3 细集料

沥青混合料所需的细集料,可选用天然砂和轧制碎石时的石屑。砂质应坚硬、洁净、干燥,不含或少含杂质,无风化现象,其质量应符合表10-5的规定。并有适当级配,其级配的适用性,以及与粗集料和矿粉所配制的矿质混合料以能符合表10-6的要求为准。当使用一种细集料不能满足级配要求时,可用两种或两种以上的细集料掺配使用。而且还要求细集料必须应与沥青具有良好的粘接能力。

表10-5　沥青混合料用细集料质量要求(JTG F40—2004)

项　目	高速公路、一级公路、城市快速路、主干路	其他等级公路与城市道路
坚固性[>0.3mm部分(%)],≥	12	—
含泥量[<0.075mm含量(%)],≤	3	5
砂当量(%),≥	60	50
亚甲蓝值(g/kg),≤	25	—
棱角性(流动时间s),≥	30	—
表观密度(kg/m^3),≥	2500	2450

表 10-6 沥青混合料矿料级配及沥青用量范围

级配类型				通过下列筛孔(方孔筛,mm)的质量百分率(%)															供参考的沥青用量(%)
				53.0	37.5	31.5	26.5	19.0	16.0	13.2	9.5	4.75	2.36	1.18	0.6	0.3	0.15	0.075	
沥青混凝土	粗粒	AC-30	Ⅰ	—	100	90~100	79~92	66~82	59~77	52~72	43~63	32~52	25~42	18~32	13~25	8~18	5~13	3~7	4.0~6.0
			Ⅱ	—	100	90~100	65~85	52~70	45~65	38~58	30~50	18~38	12~28	8~20	4~14	3~11	2~7	1~5	3.0~5.0
		AC-25	Ⅰ	—	—	100	95~100	75~90	62~80	53~73	43~63	32~52	25~42	18~32	13~25	8~18	5~13	3~7	4.0~6.0
			Ⅱ	—	—	100	90~100	65~85	52~70	42~62	32~52	20~40	13~30	9~23	6~16	4~12	3~8	2~5	3.0~5.0
	中粒	AC-20	Ⅰ	—	—	—	100	95~100	75~90	62~80	52~72	38~58	28~46	20~34	15~27	10~20	6~14	4~8	4.0~6.0
			Ⅱ	—	—	—	100	90~100	65~85	52~70	40~60	26~45	16~33	11~25	7~18	4~13	3~9	2~5	3.5~5.5
		AC-16	Ⅰ	—	—	—	—	100	95~100	75~90	58~78	42~63	32~50	22~37	16~28	11~21	7~15	4~8	4.0~6.0
			Ⅱ	—	—	—	—	100	90~100	65~85	50~70	30~50	18~35	12~26	7~19	4~14	3~9	2~5	3.5~5.5
	细粒	AC-13	Ⅰ	—	—	—	—	—	100	95~100	70~88	48~68	36~53	24~41	18~30	12~22	8~16	4~8	4.5~6.5
			Ⅱ	—	—	—	—	—	100	90~100	60~80	34~52	22~38	14~28	8~20	5~14	3~10	2~5	4.0~6.0
		AC-10	Ⅰ	—	—	—	—	—	—	100	95~100	55~70	38~58	26~43	17~33	10~24	6~16	4~9	5.0~7.0
			Ⅱ	—	—	—	—	—	—	100	90~100	40~60	24~42	15~30	9~22	6~15	4~10	2~6	4.5~6.5
	砂粒	AC-5	Ⅰ	—	—	—	—	—	—	—	100	95~100	55~75	35~55	20~40	12~28	7~18	5~10	6.0~8.0
沥青碎石	特粗	AM-40		100	90~100	50~80	40~65	30~54	25~30	20~45	13~38	5~25	2~15	0~10	0~8	0~6	0~5	0~4	2.5~3.5
	粗粒	AM-30		—	100	90~100	50~80	38~65	32~57	25~50	17~42	8~30	2~20	0~15	0~10	0~8	0~5	0~4	3.0~4.0
		AM-25		—	—	100	90~100	50~80	43~73	38~65	25~55	10~32	2~20	0~14	0~10	0~8	0~6	0~5	3.0~4.5
	中粒	AM-20		—	—	—	100	90~100	60~85	50~75	40~65	15~40	5~22	2~16	1~12	0~10	0~8	0~5	3.0~4.5
		AM-16		—	—	—	—	100	90~100	60~85	45~68	18~42	6~25	3~18	1~14	0~10	0~8	0~5	3.0~4.5
	细粒	AM-13		—	—	—	—	—	100	90~100	50~80	20~45	8~28	4~20	2~16	0~10	0~8	0~6	3.0~4.5
		AM-10		—	—	—	—	—	—	100	85~100	35~65	10~35	5~22	2~16	0~12	0~9	0~6	3.0~4.5
抗滑表层		AK-13A		—	—	—	—	—	100	90~100	60~80	30~53	20~40	15~30	10~23	7~18	5~12	4~8	3.5~5.5
		AK-13B		—	—	—	—	—	100	85~100	50~70	18~40	10~30	8~22	5~7	3~12	3~9	2~6	3.5~5.5
		AK-16		—	—	—	—	100	90~100	60~82	45~70	25~45	15~35	10~25	8~18	6~13	4~10	3~7	3.5~5.5

天然砂可采用河砂或海砂，通常宜采用粗、中砂，其规格应符合表10-7的规定。热拌密级配沥青混合料中天然砂的用量不宜超过集料总含量的20%，SMA和OGFC混合料不宜使用天然砂。

表10-7　沥青混合料用天然砂规格(JTG F40—2004)

筛孔尺寸(mm)	通过各孔筛的质量百分率(%)		
	粗砂	中砂	细砂
9.50	100	100	100
4.75	90~100	90~100	90~100
2.36	65~95	75~90	85~100
1.18	35~65	50~90	75~100
0.60	15~30	30~60	60~84
0.30	5~20	8~30	15~45
0.15	0~10	0~10	0~10
0.075	0~5	0~5	0~5

石屑是采石场破碎石料时通过4.75mm或2.36mm的筛下部分，其规格应符合表10-8的规定。采石场在生产石屑的过程中应具备抽吸设备，高速公路和一级公路的沥青混合料，宜将S14与S16组合使用，S15可在沥青稳定碎石基层或其他等级公路中使用。

表10-8　沥青混合料用机制砂或石屑规格(JTG F40—2004)

规格	公称粒径(mm)	水洗法通过各筛孔的质量百分率(%)							
		9.50	4.75	2.36	1.18	0.60	0.30	0.15	0.075
S15	0~5	100	90~100	60~90	40~75	20~55	7~40	2~20	0~10
S16	0~3	—	100	80~100	50~80	25~60	8~45	0~25	0~15

10.2.4　填料

沥青混合料的填料宜采用石灰岩或岩浆岩中的强基性岩石(憎水性石料)，经磨细得到的矿粉。原石料中泥土含量应小于3%，并不得含有其他杂质。矿粉要求干燥、洁净，其质量应符合表10-9的技术要求，当采用水泥、石灰、粉煤灰作填料时，其用量不宜超过矿料总量的2%。

表10-9　沥青混合料用矿粉质量技术要求

指　标		高速公路、一级公路、城市快速路、主干路	其他公路与城市道路
表观密度(kg/cm^3)，≥		2.50	2.45
含水量(%)，≤		1	1
粒度范围(%)，<	0.6mm	100	100
	0.15mm	90~100	90~100
	0.075mm	75~100	70~100

续表

指　标	高速公路、一级公路、城市快速路、主干路	其他公路与城市道路
外观	无团粒结块	
亲水系数	<1	
塑性指数	<4	
加热安定性	实测记录	

粉煤灰作为填料使用时，烧失量应小于12%，与矿粉混合后的塑性指数应小于4%，其余质量要求与矿粉相同。粉煤灰的用量不宜超过填料总量的50%，并应经试验确认与沥青有良好的黏附性。高速公路、一级公路的沥青面层不宜采用粉煤灰作填料。

拌合机采用干法除尘，石粉尘可作为矿粉的一部分回收使用，湿法除尘、石粉尘回收使用时应经干燥粉尘处理且不得含有杂质。回收粉尘的用量不得超过填料总量的50%，掺有粉尘石料的塑性指数不得大于4%，其余质量要求与矿粉相同。

10.3　沥青混合料的结构与强度理论

10.3.1　沥青混合料组成结构的现代理论

由沥青、粗细集料和填料所组成的沥青混合料是一种复合材料。由于各组成材料质量和数量的差异，所组成的沥青混合料可形成不同的结构，故也表现出不同的物理力学性能。

通过对沥青混合料的结构和强度深入研究的结果，提出了各种不同的强度理论。目前比较有说服力的理论是“表面理论”和“胶浆理论”。

1. 表面理论

沥青混合料是由粗、细集料和填料组成的矿质混合料，经人工合理级配后形成密实的矿质骨架；热熔状态的沥青与矿料充分拌合的结果，是在矿料表面形成均匀的包裹层，经压实固结后，将松散的矿质颗粒胶结成具有一定强度的整体，从而使沥青混合料获得强度和稳定性。

2. 胶浆理论

沥青混合料是一种多级空间网状结构的分散系统。一级为粗分散系，以粗集料为分散相，分散在沥青砂浆介质中而形成；二级为细分散系，以细集料为分散相，分散在沥青胶浆（矿粉+沥青）介质中而形成；三级为微分散系，以填料为分散相，分散在高稠度的沥青介质中所形成。三级分散系以沥青胶浆为主体，它的组成结构决定着沥青混合料的高温稳定性和低温变形能力。

两种理论的主要差别在于：“表面理论”强调矿质集料的骨架作用，认为强度的关键首先是矿质集料的强度与密实度；“胶浆理论”则重视沥青胶浆在混合料中的作用，突出沥青与填料之间的交互作用和关系。两种理论的侧重面不同，实际上矿料和胶浆在混合料中起着不同的作用而又互为补充。

10.3.2　沥青混合料的结构

沥青混合料因其各组成材料间的比例不同、矿料的级配类型不同，可以形成三种不同类型的结构,如图 10-1 所示。

1. 密实-悬浮结构

当采用连续型密级配矿质混合料时,易形成此种结构。由于矿料颗粒由大到小连续存在,且各占一定比例,同一粒径的较大颗粒被次级较小颗粒拨开,犹如悬浮状态处于较小的颗粒中,这种结构通常按最佳级配原理设计,故密实度及强度较高。但因结构中粗颗粒含量较少,不能形成骨架,所以内摩擦力较小。混合料受沥青材料性质的影响较大,故稳定性较差。

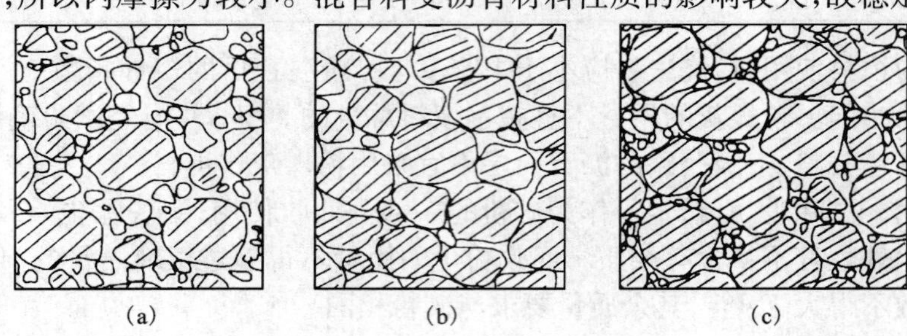

图 10-1　三种典型沥青混合料结构组成示意图
(a)密实-悬浮结构;(b)骨架-空隙结构;(c)密实-骨架结构

2. 骨架-空隙结构

当采用连续型开级配矿质混合料时,粗集料较多,彼此紧密接触,石料能充分形成骨架;但细集料较少,不足以充分填充空隙,混合料的空隙率较大,因而成为一种骨架-空隙结构。在此结构中,粗集料间的嵌挤力和内摩擦力起重要作用,混合料受沥青性质的影响较小,所以热稳定性较好。但沥青与矿料的粘接力小,故表现较低的黏聚力,耐久性差。

3. 密实-骨架结构

当采用间断型密级配设计原则时,易于形成此种结构。此时粗集料较多,可以形成骨架,同时又有一定数量的细集料足以填满空隙,再加入适量沥青即可组成既密实又有较大黏聚力的整体结构。具有密实-骨架结构的沥青混合料综合了以上两种结构的优点:密实度最大,同时具有较高的强度和稳定性较好,是一种理想的结构类型。

10.3.3　沥青混合料的强度理论

沥青混合料强度的产生是矿质集料的骨架作用、沥青的胶结作用以及填料的填充和胶结作用的结果。混合料在路面结构中的强度除与其组成材料和结构类型有关外,还随外部温度条件而变化。温度升高时,沥青混合料逐渐软化,高温时处于塑性状态,其抗剪强度将大大降低,且因塑性变形过剩而产生推挤现象;温度降低时,混合料逐渐变硬,低温时结构物接近板状,此时因抗拉强度不足或变形能力不好而产生裂缝。

现代强度理论认为,沥青混合料的组成结构属于分散体系,主要考虑混合料在高温时必须具有一定的抗剪强度和抵抗变形的能力,称它们为高温时的强度和稳定性。大量的试验研究指出:沥青混合料的抗剪强度(τ)主要取决于沥青与矿料间因物理化学交互作用而产生的黏聚力(c),以及矿料颗粒在沥青混合料中分散程度不同而产生的内摩擦角(φ),即:

$$\tau = f(c\varphi)$$

其中的 c,φ 值可通过三轴试验直接获得，也可以通过无侧限抗压强度和劈裂抗拉强度加以换算。

10.3.4　影响沥青混合料强度的因素

影响沥青混合料抗剪强度（黏聚力和内摩擦角）的因素很多，主要有沥青本身的性质、矿料（主要是填料）的组成和性质、沥青与矿料间的交互作用以及沥青与填料的用量等，现分述如下。

1. 沥青黏度对沥青混合料抗剪强度的影响

沥青混合料作为一个具有多级空间网络结构的分散系，从最细一级网络结构来看，它是各种矿质集料分散在沥青中的分散系，因此它的抗剪强度与分散相的浓度和分散介质的黏度有密切关系。在其他条件相同的情况下，沥青混合料的黏聚力随沥青黏度的提高而增大。因为沥青的黏度表示沥青内部胶团相互位移、分散介质（沥青也是一种胶体分散系统）抵抗剪切作用的能力。沥青的黏度提高，其抗剪能力增大。所以，沥青混合料受到剪切作用时，具有高黏度的沥青能使混合料的黏聚力增大，使其具有较高的抗剪强度。特别是沥青混合料受短暂的瞬时荷载作用时，黏聚力的作用更为显著。另有试验表明，沥青黏度提高时，混合料的内摩擦角也稍有增加。

2. 沥青用量对沥青混合料抗剪强度的影响

沥青用量少时，混合料中的沥青不足以形成结构沥青薄膜来粘接矿料颗粒。随着沥青用量的增加，结构沥青层逐渐形成。当沥青用量足以形成薄膜并充分粘接矿粉颗粒表面时，沥青胶浆将具有最佳黏聚力，此时沥青混合料的抗剪强度最高。当沥青用量继续增加时，将逐渐把矿料颗粒推开，在矿料颗粒间形成未与矿粉交互作用的“自由沥青”。沥青胶浆的黏聚力将随着自由沥青的增加而降低。当沥青用量增加到某一用量后，沥青混合料的粘聚力将主要取决于自由沥青，因而其抗剪强度几乎不变。

沥青用量不仅影响沥青混合料的黏聚力，同时也影响其内摩擦力。随着沥青用量的增加，沥青不仅起胶粘剂的作用，而且起润滑剂的作用，降低了粗集料的相互密排作用，因而降低了沥青混合料的内摩擦力。沥青用量变化时，沥青混合料黏聚力和内摩擦力的变化如图 10-2 所示。

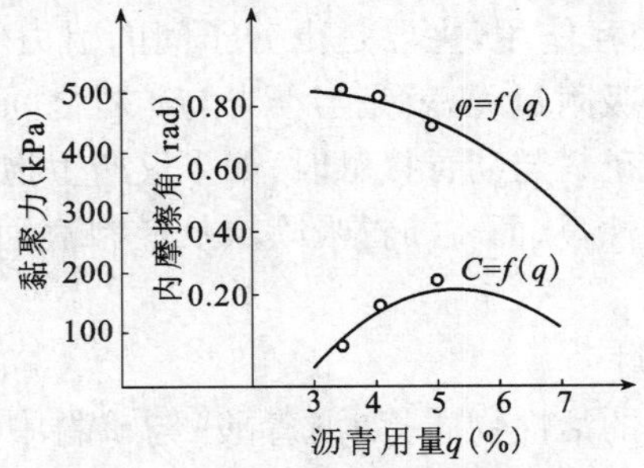

图 10-2　沥青用量对混合料黏聚力和内摩擦角的影响

3. 沥青与矿料间的相互作用对混合料抗剪强度的影响

沥青与矿料拌合均匀后，它们之间不单有包裹和粘接作用，还有较复杂的物理化学变化过程。根据前苏联 л. A. 列宾捷尔的研究:沥青与矿料(主要是矿粉)相互作用后,沥青在矿料表面产生化学组分的重新排列,在矿料表面形成一层厚度为 δ_0 的扩散结构膜层(如图 10-3 所示)。此膜层以内的沥青称为结构沥青;此膜层厚度以外的沥青称为自由沥青。结构沥青与矿料之间发生相互作用,使沥青的性质有所改善。因此,当矿料颗粒处在结构沥青的联系中时,矿料和沥青间有较高的粘附性,沥青混合料将具有较高的黏聚力。自由沥青和矿料的距离较远,未能和矿料发生相互作用,沥青仍保持原有的性质,仅将分散的矿料粘接起来,不能提高混合料的黏聚力。

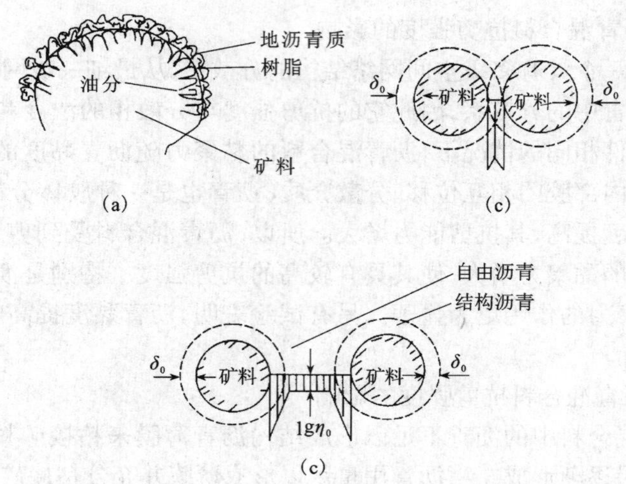

图 10-3　沥青与矿料相互作用示意图

(a)沥青与矿粉交互作用形成结构沥青;(b)矿粉颗粒之间为结构沥青联结;
(c)矿粉颗粒之间为自由沥青联结

用现代物理化学观点对沥青混合料深入研究的结果认为,沥青与矿料间的相互作用过程是一种比较复杂和多样的吸附过程,主要有物理吸附、化学吸附和扩散吸附等。

(1)沥青与矿料的物理吸附

根据物理化学知识,一切固态物质的相界面都具有吸引周围介质的分子或离子到其表面上来的能力。固体与液体的相互作用,主要是由分子间的引力作用而产生的,故称为物理吸附。在沥青混合料中所发生的吸附过程,就是当沥青与矿料之间仅有分子引力作用时,所形成的一种定向多层吸附过程。当矿料与沥青接触时,如果仅产生物理吸附,则在水的作用下可以破坏沥青与矿料间的吸附粘接性,从而将沥青吸附层从矿料表面上排去。所以说物理吸附作用,是一种可逆的作用。

(2)沥青与矿料的化学吸附

化学吸附是指沥青材料中的活性物质(如沥青酸)与矿料中的金属(钙、镁、铁等)离子发生化学反应,在矿料表面形成单分子的化学吸附层。此时沥青与矿料间的粘接力大大提高,沥青混合料将获得较高的黏聚力,而且这种吸附是不可逆的。也就是说,只有当矿料与沥青之间产生化学吸附时,混合料的水稳定性才能得到保证。

(3)沥青与矿料的选择性扩散吸附

所谓选择性扩散吸附,是指一相物质由于扩散作用沿着毛细管渗透到另一相物质内部的吸附。当矿料与沥青相互作用时，产生这种吸附的可能性及其作用的大小取决于矿料的表面性质、孔隙状况以及沥青的组分和活性等。

当使用具有微孔表面的矿料(如石灰岩、泥炭岩、矿渣等)时，矿料对沥青的吸附将比较活跃。此时沥青中较高活性的沥青质，首先吸附矿料表面，树脂次之，吸附作用可达到矿料表层的小孔中。油质则沿着毛细管渗透到矿料内部。结果矿料表面的沥青质相对增多，而树脂和油质则相对减少，从而使沥青的性质发生变化，稠度相对提高，粘接力增大，在一定程度上改善了沥青混合料的热稳定性和水稳定性。但沥青稠度的增加会促使混合料塑性的降低，这是值得注意的。

具有大孔结构的矿料(如砂岩、贝壳等)与沥青作用时，沥青的所有组分都将渗入矿料中，因此在使用时沥青的用量应稍有增加，此时沥青的性质没有改变。结构致密的矿料(如方解石、石英岩等)，沥青仅能渗到缝隙和晶体的分裂面里，所以沥青的性质改变不大。

4. 矿料比表面积对沥青混合料抗剪强度的影响

由上述情况可知，结构沥青的形成是由于矿料与沥青交互作用引起沥青组分在矿料表面重分布的结果。所以，在沥青用量相同的条件下，矿料的表面积越大，则形成的沥青膜越薄，这样结构沥青在沥青中所占的比率就越大，因而沥青混合料的黏聚力就越高。

通常以集料单位质量所具有表面积——比表面积，来表示表面积的大小。例如，1kg 粗集料的表面积为 $0.5\sim3.0m^2$，即它的比表面积为 $0.5\sim3.0m^2/kg$；填料的比表面积则达 $300\sim2000m^2/kg$。由此可见，矿料的比表面积主要取决于填料。在沥青混合料中填料用量虽然只占7%左右，但其表面积却占矿料总表面积的80%以上。因此，填料的性质、细度和用量对沥青混合料的抗剪强度影响很大。为增加沥青与矿料的接触面积，沥青混合料配料时，需要加入适量的填料。提高矿粉的细度也能增大比表面积，所以对矿粉细度应有一定要求。希望小于0.075mm 粒径的含量不宜过少，而小于0.005mm 粒径的含量又不宜过多，否则将使混合料过于干涩或结成团块影响施工。

5. 矿质集料形状、粒度、表面性质以及级配等对混合料抗剪强度的影响

沥青混合料中矿质集料的形状、粒度及表面粗糙度，在一定程度上决定着混合料压实后颗粒间嵌挤的程度、相互位置特性和接触面积的大小。通常各方向尺寸相差不大，近似正立方体、表面粗糙和棱面显著的矿质集料，在碾压后能相互嵌挤连锁紧密而具有很大的内摩擦力。当其他条件相同时，用这种矿料所配制的沥青混合料较比表面平滑的圆形颗粒具有较大的抗剪强度。

矿质集料在沥青混合料中的分布情况与矿料的级配(连续级配与间断级配、密级配与开级配等)类型有密切关系；不同级配类型的矿料可使沥青混合料形成不同的组成结构，因而也表现出不同的抗剪强度和其他物理力学性能。

所以我们说，矿料的形状、粒度、表面粗糙度以及级配类型等，也是影响混合料抗剪强度的因素之一。

6. 环境温度和变形速率对抗剪强度的影响

沥青混合料是一种黏-弹性材料，其抗剪强度和稳定性与环境温度、剪变形速率有密切关系。在其他条件相同时，温度和剪变形速率对沥青混合料的内摩擦角影响较小，而对黏聚力的影响则较显著，如图10-4所示。

综上所述可以认为，高强度的沥青混合料的基本条件是：密实的矿物骨架，这可以通过适当地选择级配和使矿物颗粒最大限度地相互接近来取得；对所用的混合料、拌制和压实条件都适合的最佳沥青用量；能与沥青起化学吸附的活性矿料。

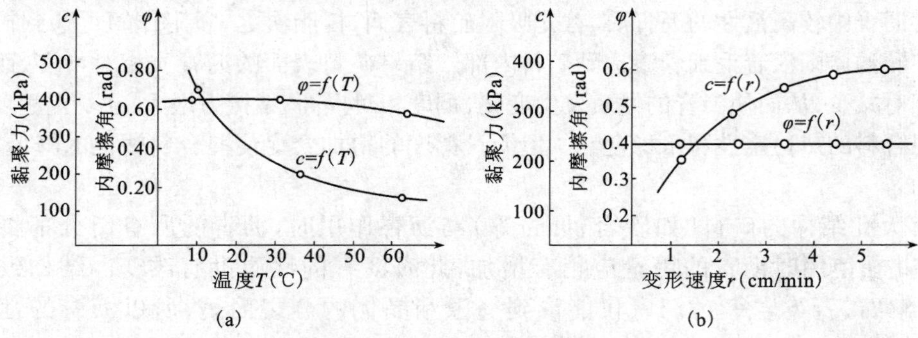

图 10-4　温度和变形速率对混合料黏聚力和内摩擦角的影响
(a)c、φ 值随温度的变化；(b)c、φ 值随变形速率的变化

10.3.5　提高沥青混合料强度的措施

提高沥青混合料的强度包括两方面：一是提高矿质集料之间的嵌挤力；二是提高沥青与矿料之间的黏聚力。

为了提高沥青混合料的嵌挤力和摩阻力，要选用表面粗糙、形状方正、有棱角的矿料，并适当增加颗粒的粗度。此外，合理地选择混合料的结构类型和组成设计，对提高沥青混合料的强度也具有重要的作用。当然，混合料的结构类型和组成设计还必须根据稳定性方面的要求，结合沥青材料的性质和当地自然条件加以权衡确定。

提高沥青混合料的黏聚力可以采取下列措施：改善矿料的级配组成，以提高其压实后的密实度；增加矿粉含量；采取稠度较高的沥青；改善沥青与矿料的物理-化学性质及其相互作用的过程。

改善沥青与矿料的物理-化学性质及其相互作用的过程可以通过以下三个途径：

1）采用调整沥青的组分，往沥青中掺加表面活性物质或其他添加剂等方法。

2）采用表面活性添加剂使矿料表面憎水的方法。

3）对沥青和矿料的物理-化学性质同时作用的方法。

10.4　沥青混合料的技术性质和技术要求

沥青混合料作为一种高级路面材料应用已久，随着交通事业的发展，车辆的载质量越来越大，行车速度越来越快，因此对路面的质量要求也日益提高。沥青混合料必须具有一系列工程技术性质，才能满足上述要求。

10.4.1　沥青混合料的技术性质

1. 沥青混合料的高温稳定性

沥青混合料的高温稳定性是指混合料在高温情况下，承受外力不断作用，抵抗永久变形的能力。沥青混合料路面在长期的行车荷载作用下,会出现车辙现象。车辙致使路表过量地变形,影响了路面的平整度;轮迹处沥青层厚度减薄。削弱了面层及路面结构的整体强度,从而易于诱发其他病害;雨天路表排水不畅,降低了路面的抗滑能力,甚至会由于车辙内积水而导致车辆漂滑,影响了高速行车的安全;车辆在超车或更换车道时方向失控,影响了车辆操纵的稳定性。可见由于车辙的产生,严重影响了路面的使用寿命和服务安全。在经常加速或减速的路段还会出现推移变形。因此要求沥青路面具有良好的高温稳定性。

我国在20世纪70年代的时候,就开始采用马歇尔法来评定沥青混合料的高温稳定性,用马歇尔法所测得的稳定度、流值以及马歇尔模数来反映沥青混合料的稳定性和水稳性情况。但随着近年来高等级公路的兴起,对路面稳定性提出了更高的要求,对一级公路和高速公路根据《公路沥青路面设计规范》(JTG D50—2006)规定"对于高速公路、一级公路的表面层和中间层的沥青混凝土作配合比设计时,应进行车辙试验,以检验沥青混凝土的高温稳定性。"车辙试验方法最初是英国道路研究所(TRRL)开发的,它是在试验温度60℃条件下,用车辙试验机的试验轮对沥青混合料试件进行往返碾压至1h(轮压0.7MPa的条件下)或最大变形达25mm为止,测定其在变形稳定期每增加变形1mm的碾压次数,即为动稳定度,对高速公路应不小于800次/mm,对一级公路应不少于600次/mm。

按《公路沥青路面施工技术规范》(JTG F40—2004),沥青混合料车辙试验动稳定度技术要求见表10-10。

表10-10　沥青混合料车辙试验动稳定度技术要求

气候条件与技术要求	相应于下列气候分区所要求的动稳定性(次/mm)								
七月平均最高气温(℃)及气候分区	>30				20~30				<20
	夏炎热区				夏热区				夏凉区
	1-1	1-2	1-3	1-4	2-1	2-2	2-3	2-4	3-2
普通沥青混合料,不小于	800		1000		600	800			600
改性沥青混合料,不小于	2400		2800		2000	2400			1800
SMA混合料　非改性,不小于	1500								
SMA混合料　改性,不小于	3000								
OGFC混合料	1500(一般交通路段),3000(重交通量路段)								

影响沥青混合料车辙深度的主要因素有沥青的用量,沥青的黏度,矿料的级配,矿料的尺寸、形状等(见表10-11)。沥青过量,不仅降低了沥青混合料的内摩擦力,而且在夏季容易产生泛油现象。因此,适当减少沥青的用量,可以使矿料颗粒更多地以结构沥青的形式相连结,增加混合料黏聚力和内摩擦力,提高沥青的黏度,增加沥青混合料抗剪变形的能力。由合理矿料级配组成的沥青混合料可以形成骨架-密实结构,这种混合料的黏聚力和内摩擦力都比较大。在矿料的选择上,应挑选粒径大的、有棱角的矿料颗粒,以提高混合料的内摩擦角。另外,还可以加入一些外加剂,来改善沥青混合料的性能。所有这些措施,都是为了提高沥青混合料的抗剪强度,减少塑性变形,从而增强沥青混合料的高温稳定性。

表 10-11　影响沥青混合料车辙深度的主要因素

影响车辙深度主要因素	沥青混合料	内摩擦力	矿料的最大粒径，4.75mm 以上的碎石含量
			碎石纹理深度（表面粗糙度）和颗粒形状
			沥青用量
			沥青混合料的级配和密实度
		粘接力	沥青的黏度
			沥青的感温性
			沥青与矿料的粘接力
			沥青矿粉化和矿粉的种类
			沥青用量
			混合料的级配和密实度
	交通和气候条件	行车荷载（轴重、轮胎压力）	
		交通量和渠化程度	
		荷载作用时间和水平力（交叉口）	
		路面温度（气温、日照等）	
	沥青层和结构类型（柔性路面和半刚性路面）		

针对影响车辙的主要因素，可采取下列一些措施来减轻沥青路面的车辙：

1）选用黏度高的沥青，因为同一针入度的沥青会有不同的黏度。

2）选用针入度较小、软化点高和含蜡量低的沥青。

3）用外掺剂改性沥青。常用合成橡胶、聚合物或树脂改性沥青，例如用 SBS 改性的沥青软化点可达 60℃以上。

4）确定沥青混合料的最佳用量时，采用略小于马歇尔试验最佳沥青用量的值。

5）采用粒径较大或碎石含量多的矿料，并控制碎石中的扁平、针状颗粒的含量不超过规定范围。

6）保持沥青混合料成型后具有足够的空隙率，一般认为沥青混合料的设计空隙率在 3% ~5% 范围内是适宜的。

7）采用较高的压实度。

2. 沥青混合料的低温抗裂性

沥青混合料不仅应具备高温的稳定性，同时还要具有低温的抗裂性，所谓的沥青混合料低温抗裂性，就是指沥青混合料在低温下抵抗断裂破坏的能力。

冬季，随着温度的降低，沥青材料的劲度模量变得越来越大，材料变得越来越硬，并开始收缩。由于沥青路面在面层和基层之间存在着很好的约束，因而当温度大幅度降低时，沥青面层中会产生很大的收缩拉应力或者拉应变，一旦其超过材料的极限拉应力或极限拉应变，沥青面层就会开裂。另一种是温度疲劳裂缝。故要求沥青混合料具有低温的抗裂性，以保证在冬天路面低温时不产生裂缝。

对沥青混合料低温抗裂性要求，许多研究者曾提出过不同的指标，但为多数人所采纳的方法是测定混合料在低温时的弯拉劲度模量和温度收缩系数，用上述两参数作为沥青混合料在低温时的特征参数,用收缩应力与抗拉强度对比的方法来预估沥青混合料的断裂温度。

有的研究认为,沥青路面在低温时的裂缝与沥青混合料的抗疲劳性能有关。建议采用沥青混合料在一定变形条件下,达到试件破坏时所需的荷载作用次数来表征沥青混合料的疲劳寿命。破坏时的作用次数称为柔度。根据研究认为,柔度与混合料纯拉试验时的延伸度有明显关系。

3. 沥青混合料的耐久性

沥青混合料在路面中长期受自然因素的作用,为保证路面具有较长的使用年限,必须具备有较好的耐久性。

影响沥青混合料耐久性的因素很多,诸如沥青的化学性质、矿料的矿物成分、混合料的组成结构(残留空隙、沥青填隙率)等。

沥青的化学性质和矿料的矿物成分,对耐久性的影响已如前所述。就沥青混合料的组成结构而言,首先是沥青混合料的空隙率。空隙率的大小与矿质集料的级配、沥青材料的用量以及压实程度等有关。从耐久性角度出发,希望沥青混合料空隙率尽量减少,以防止水的渗入和日光紫外线对沥青的老化作用等,但是一般沥青混合料中均应残留3% ~6%空隙,以备夏季沥青材料膨胀之用。

沥青混合料空隙率与水稳定性有关。空隙率大,且沥青与矿料黏附性差的混合料,在饱水后石料与沥青黏附力降低,易发生剥落,同时颗粒相互推移产生体积膨胀以及出现力学强度显著降低等现象,引起路面早期破坏。

此外,沥青路面的使用寿命还与混合料中的沥青含量有很大的关系。当沥青用量比正常使用的用量减少时,则沥青膜变薄,混合料的延伸能力降低,脆性增加;同时沥青用量偏少,将使混合料的空隙率增大,沥青膜暴露较多,加速了老化作用。同时增加了渗水率,加强了水对沥青的剥落作用。有研究认为,沥青用量比最佳沥青用量少0.5%的混合料能使路面使用寿命减少一半以上。

我国现规范采用空隙率、饱和度(即沥青填隙率)和残留稳定度等指标来评价沥青混合料的耐久性。

4. 沥青混合料的表面抗滑性

随着现代高速公路的发展,对沥青混合料路面的抗滑性提出了更高的要求。沥青混合料路面的抗滑性与矿质集料的微表面性质、混合料的级配组成以及沥青用量等因素有关。

为保证长期高速行车的安全,配料时要特别注意粗集料的耐磨光性,应选择硬质有棱角的集料。硬质集料往往属于酸性集料,与沥青的黏附性差,为此,在沥青混合料施工时,必须在采用当地产的软质集料中掺加外运来的硬质集料组成复合集料或掺加抗剥离剂。沥青用量对抗滑性的影响非常敏感,沥青用量超过最佳用量的0.5%即可使抗滑系数明显降低。含蜡量对沥青混合料抗滑性有明显的影响,国家标准《重交通道路石油沥青》(GB/T 15180—2010)提出,含蜡量应不大于3%,在沥青来源确有困难时对下层路面可放宽至4% ~5%。提高沥青路面抗滑性能的主要措施有:

(1)提高沥青混合料的抗滑性能

混合料中矿质集料的全部或一部分选用硬质粒料。若当地的天然石料达不到耐磨和抗滑要求时,可改用烧铝矾土、陶粒、矿渣等人造石料。矿料的级配组成宜采用开级配,并尽量选用对集料裹覆力较大的沥青，同时适当减少沥青用量，使集料露出路面表面。

（2）使用树脂系高分子材料对路面进行防滑处理

将粘接力强的人造树脂，如环氧树脂、聚氨基甲酸酯等，涂布在沥青路面上，然后铺撒硬质粒料，在树脂完全硬化之后，将未黏着的粒料扫掉，即可开放交通。但这种方法成本较高。

5. 沥青路面的水稳定性

沥青路面的水损害与两个过程有关，首先水能浸入沥青中使沥青黏附力减小，从而导致混合料的强度和劲度减小；其次水能进入沥青薄膜和集料之间，阻断沥青与集料表面的相互粘接，由于集料表面对水的吸附比对沥青强，从而使沥青与集料表面的接触角减小，结果沥青从集料表面剥落。

沥青混合料的水稳定性是通过马歇尔试验和冻融劈裂试验来检验的，要求两项指标同时符合表10-12中的规定。达不到要求时必须采取抗剥落措施，调整最佳沥青用量后再次试验。

表10-12　沥青混合料水稳定性检验技术要求

<table>
<tr><th colspan="2">气候条件与技术指标</th><th colspan="4">相应于下列气候分区的技术要求（%）</th></tr>
<tr><td colspan="2" rowspan="2">年降雨量（mm）
及气候分区</td><td>>1000</td><td>500～1000</td><td>250～500</td><td><250</td></tr>
<tr><td>1. 潮湿区</td><td>2. 湿润区</td><td>3. 半干区</td><td>4. 干旱区</td></tr>
<tr><td colspan="6">浸水马歇尔试验残留稳定度（%），不小于</td></tr>
<tr><td colspan="2">普通沥青混合料</td><td colspan="2">80</td><td colspan="2">75</td></tr>
<tr><td colspan="2">改性沥青混合料</td><td colspan="2">85</td><td colspan="2">80</td></tr>
<tr><td rowspan="2">SMA 混合料</td><td>普通沥青</td><td colspan="4">75</td></tr>
<tr><td>改性沥青</td><td colspan="4">80</td></tr>
<tr><td colspan="6">冻融劈裂试验的残留强度比（%），不小于</td></tr>
<tr><td colspan="2">普通沥青混合料</td><td colspan="2">75</td><td colspan="2">70</td></tr>
<tr><td colspan="2">改性沥青混合料</td><td colspan="2">80</td><td colspan="2">75</td></tr>
<tr><td rowspan="2">SMA 混合料</td><td>普通沥青</td><td colspan="4">75</td></tr>
<tr><td>改性沥青</td><td colspan="4">80</td></tr>
</table>

影响沥青路面水稳定性的主要因素包括以下四个方面：①沥青混合料的性质，包括沥青性质以及混合料类型；②施工期的气候条件；③施工后的环境条件；④路面排水。

提高沥青混合料抗水剥离的性能可以从防止水对沥青混合料的侵蚀及水侵入后减少沥青膜的剥离这两个途径来寻求对策。

6. 沥青混合料的施工和易性

要保证室内配料在现场施工条件下顺利实现，沥青混合料除了应具备前述的技术要求外，还应具备适宜的施工和易性。影响沥青混合料施工和易性的因素很多，诸如当地气温、施工条件及混合料性质等。

单纯从混合料性质而言，影响沥青混合料施工和易性的首先是混合料的级配情况，如粗细集料的颗粒大小，相距过大，缺乏中间尺寸，混合料容易分层层积（粗粒集中表面，细粒骨中底部）；如细集料太少，沥青层就不容易均匀地分布在粗颗粒表面；细集料过多，则使拌合困难。此外，当沥青用量过少或矿粉用量过多时，混合料容易产生疏松而不易压实；反之，如沥青用量过多或矿粉质量不好，则容易使混合料粘接成团块，不易摊铺。

生产上对沥青混合料的工艺性能大都凭目力鉴定。有的研究者曾以流变学理论为基础提出过一些沥青混合料施工和易性的测定方法，但此仍多为试验研究阶段，并未在生产上普遍采纳。

10.4.2　热拌沥青混合料的技术指标

1. 稳定度

马歇尔稳定度是评价沥青混合料稳定性的指标。其测定方法是：先将沥青混合料按一定的比例混合拌匀，采用人工或机械击实的方法制成圆柱形试件［直径(101.6 ± 0.25)mm，高(63.5 ± 1.3)mm］，再将试件置于(60 ± 1)℃的恒温水槽中保温 30 ~ 40mm（对黏稠石油沥青），然后把试件置于马歇尔试验仪上，以(50 ± 5)mm/min 的速度加荷，至试验荷载达到最大值，此时的最大荷载即为稳定度(MS)，以 kN 计。

2. 流值

流值是评价沥青混合料塑性变形能力的指标。在马歇尔稳定度试验时，当试件达到最大荷载时，其压缩变形值，也就是此时流值表上的读数，即为流值(FL)，以 0.1mm 计。

3. 马歇尔模数

马歇尔模数是马歇尔稳定度试验中测得的稳定度与流值的比值，一般认为马歇尔模数与车辙深度有一定的相关性，马歇尔模数越大，车辙深度越小。但是对这一结论也有不同的看法。

4. 空隙率

空隙率是评价沥青混合料密实程度的指标。空隙率的大小直接影响沥青混合料的技术性质。空隙率大的沥青混合料，其抗滑性和高温稳定性都比较好，但其抗渗性和耐久性明显降低，而且对强度也有影响。因此，沥青混合料要有合理的空隙率。通常通过计算来确定空隙率的大小，并且根据所设计路面的等级、层次不同，给予空隙率一定的范围要求。

5. 饱和度

压实沥青混合料中，沥青部分体积占矿料骨架以外的空隙部分体积的百分率称为饱和度，也称沥青填隙率。饱和度过小，沥青难以充分包覆矿料，影响沥青混合料的黏聚性，降低沥青混凝土的耐久性；饱和度过大，减少了沥青混凝土的空隙率，妨碍夏季沥青体积膨胀，引起路面泛油，抗滑性能明显变差，同时降低沥青混凝土的高温稳定性。因此，沥青混合料要有适当的饱和度。

6. 残留稳定度

沥青混合料的残留稳定度定义为浸水 48h 的和按常规处理的两种沥青混合料试件的马歇尔稳定度的比值，即：

$$MS_0 = \frac{MS_1}{MS} \times 100\%$$

式中　MS_0——试件浸水 48h 后的残留稳定度，%；

MS_1——试件浸水 48h 后的稳定度，kN；

MS ——常规处理的稳定度，kN。

残留稳定度是评价沥青混合料耐水性的指标，它在很大程度上反映了混合料的耐久性。矿料与沥青的粘接力以及混合料的其他性质都对残留稳定度有一定影响。

我国的现行标准《沥青路面施工及验收规范》(GB 50092—1996)中对热拌沥青混合料马歇尔试验技术指标的要求，见表10-13。该标准对不同等级的马歇尔试验指标(包括稳定度、流值、空隙率、沥青饱和度和残留稳定度等)提出不同要求，对不同组成结构的混合料按类别也分别提出不同的要求。

表10-13　热拌沥青混合料马歇尔试验技术标准(GB 50092—1996)

项　目		沥青混合料类型	高速公路、一级公路、城市快速路、主干路	其他等级公路及城市道路	行人道路
击实次数(次)		沥青混凝土 沥青碎石、抗滑表层	两面各75 >50	两面各50	两面各35
技术指标	1. 稳定度 MS(kN)	Ⅰ型沥青混凝土 Ⅱ型沥青混凝土、抗滑表层	>8.0 >5.0	>50 >40	>3.0 —
	2. 流值 FL(0.1mm)	Ⅰ型沥青混凝土 Ⅱ型沥青混凝土、抗滑表层	20~40 20~40	20~45 20~45	20~50 —
	3. 空隙率 VV(%)	Ⅰ型沥青混凝土 Ⅱ型沥青混凝土 Ⅲ型沥青混凝土、抗滑表层	3~6 4~10 >10	3~6 4~10 >10	2~5 — —
	4. 沥青饱和度 VFA(%)	Ⅰ型沥青混凝土 Ⅱ型沥青混凝土、抗滑表层	70~85 60~75	70~85 60~75	70~90 —
	5. 残留稳定度 MS_0(%)	Ⅰ型沥青混凝土 Ⅱ型沥青混凝土、抗滑表层	>75 >70	>75 >70	>75 —

注：1. 粗粒式沥青混凝土的稳定度可降低1~1.5kN。
2. Ⅰ型细粒式及砂粒式混凝土的空隙率可放宽至2%~6%。
3. 沥青混凝土混合料的矿料间隙率(VMA)宜符合表10-14要求。

表10-14　沥青混凝土混合料集料最大粒径与矿料间隙率的关系

集料最大粒径(mm)	37.5	31.5	26.5	19.0	16.0	13.2	9.5	4.75
VMA(≥)(%)	12	12.5	13	14	14.5	15	16	18

10.5　沥青混合料的配合比设计

沥青混合料的配合比设计和其他工程材料的设计一样，主要的工作在于选择材料和配合材料。因此，沥青混合料配合比设计的目的在于确定一个良好的集料级配和经济掺配比例以及最佳沥青用量，以保证路面工程竣工后沥青混合料具有沥青路面施工及验收规范所要求的技术性能。

路面中沥青混合料的质量与所用原材料质量、配合比例和施工质量关系密切。在原材料选定、施工条件一定的前提下，沥青混合料的技术性质在很大程度上取决于混合料的配合比例。如前所述，混合料组成材料的比例不同，可以形成不同的结构，而具有不同结构的沥青混合料则又表现出不同的技术性质。因此，正确设计沥青混合料的组成比例，是保证沥青混合料技术质量的重要环节。

沥青混合料配合比设计分三个阶段进行：目标配合比设计阶段、生产配合比设计阶段和生产配合比验证阶段。通过配合比设计决定沥青混合料的材料品种、矿料级配和沥青用量。

目标配合比设计包括两大部分：首先设计矿料的组成比例，即确定粗、细集料及矿粉的用量比例；然后设计矿料与沥青的用量比例，即确定沥青最佳用量。

10.5.1　目标配合比设计阶段

1. 矿质混合料配合比设计方法

矿质混合料配合比设计方法很多，归纳起来主要有数解法和图解法两大类。

(1)数解法

数解法是指用数学方法求解矿质混合料组成的方法，常用的有“试算法”和“正规方程法”(也称“线性规划法”)。前者用于 3 ~ 4 种矿料的组成计算；后者可用于多种矿料的组成计算，所得的计算结果准确，但计算较繁杂。

试算法是数解法中较简单的方法，其基本原理是：设有几种矿质集料，欲将其配制成符合一定级配要求的矿质混合料。在决定各组成材料在混合料中所占的比例时，先假定混合料中某种粒径的颗粒，是由某一种对这一粒径占优势的集料所组成，其他各种集料不含这种粒径。用这种方法根据各个主要粒径去试探各种集料在混合料中的大致比例。如果比例不当，可加以调整，逐步渐近，最终可求得符合混合料级配要求的各种集料的配合比例。现将其具体设计计算方法介绍如下：

现有 A、B、C 三种矿质集料，欲配合成符合 M 级配的矿质混合料。

设 X、Y、Z 为 A、B、C 三种集料在矿质混合料中的比例，则有：

$$X + Y + Z = 100\%$$

又设：混合料 M 中某一级粒径要求的含量为 $M_{(i)}$，A、B、C 三种集料在此粒径上的含量分别为 $M_{\mathrm{A}(i)}$、$M_{\mathrm{B}(i)}$ 和 $M_{\mathrm{C}(i)}$，有：

$$M_{\mathrm{A}(i)} \cdot X + M_{\mathrm{B}(i)} \cdot Y + M_{\mathrm{C}(i)} \cdot Z = M_{(i)}$$

① 计算 A 料在矿质混合料中的用量。在计算 A 料在混合料中的用量时，根据基本原理的假定，按 A 料中含量较多的某一粒径计算，而忽略其他集料在此粒径的含量。

现按粒径尺寸为 i(mm)时进行计算，由基本原理可知，此时 $M_{\mathrm{B}(i)}$ 和 $M_{\mathrm{C}(i)}$ 均等于零，于是：

$$M_{\mathrm{A}(i)} \cdot X = M_{(i)}$$

所以：

$$X = \frac{M_{(i)}}{M_{\mathrm{A}(i)}}$$

② 计算 C 料在矿质混合料中的用量。同理，计算 C 料在混合料中的用量时，按 C 料占优势的某一粒径计算，而忽略其他集料在此粒径的含量。设按粒径尺寸 j(mm)计算，令 $M_{\mathrm{A}(i)}$、$M_{\mathrm{B}(i)}$ 均为零，则有：

$$M_{C(i)} \cdot Z = M_{(i)}$$

所以：

$$Z = \frac{M_{(j)}}{M_{C(j)}}$$

③ 计算 B 料在矿质混合料中的用量。由于 X 和 Z 均已求出，则 Y 值也已确定：

$$Y = 100\% - (X + Z)$$

【例】 试计算某大桥桥面铺装用细粒式沥青混凝土的矿质混合料配合比。已知现有碎石、石屑和矿粉三种矿质材料，筛分结果按分计筛余列于表 10-15 中，并把细粒式混凝土 AC-13 的要求级配范围按通过量列于表 10-15 中。

表 10-15　原有集料的分计筛余和混合料要求级配范围

筛孔尺寸 d_i(mm)	碎石分计筛余 $M_{A(i)}$(%)	石屑分计筛余 $M_{B(i)}$(%)	矿粉分计筛余 $M_{C(i)}$(%)	矿质混合料要求级配范围 通过百分率 $p(n_1 \sim n_2)$
16.0	—	—	—	100
13.2	5.2	—	—	95 ~ 100
9.5	41.7	—	—	70 ~ 88
4.75	50.5	1.6	—	48 ~ 68
2.36	2.6	24.0	—	36 ~ 53
1.18	—	22.5	—	24 ~ 41
0.6	—	16.0	—	18 ~ 30
0.3	—	12.4	—	12 ~ 22
0.15	—	11.5	—	8 ~ 16
0.075	—	10.8	13.2	4 ~ 8

请按试算法确定碎石、石屑和矿粉在混合料中所占的比例，并校核矿质混合料计算结果，确定其是否符合级配范围。

【解】 矿质混合料中各种集料用量配合组成可按下述步骤计算：

(1)计算各筛孔分计筛余。先将表 10-15 中矿质混合料的要求级配范围的通过百分率换算为累计筛余百分率，然后再计算为各筛号的分计筛余百分率。计算结果列于表 10-16 中。

(2)计算碎石在矿质混合料中的用量。由表 10-16 可知，碎石中占优势的粒径为 4.75mm 的含量，故计算碎石的配合组成时，假设混合料中 4.75mm 的粒径全部是由碎石组成的。$m_{B(4.75)}$ 和 $m_{C(4.75)}$ 均等于零。

由式

$$m_{A(i)} \cdot X = M_{(i)}$$

得

$$m_{A(4.75)} \cdot X = M_{(4.75)}$$

$$X = \frac{M_{(4.75)}}{M_{A(4.75)}} \times 100\%$$

由表 10-16 知 $M_{(4.75)} = 21.0\%$，$m_{A(4.75)} = 50.5\%$，代入上式，得：

$$X = \frac{21.0}{50.5} \times 100\% = 41.6\%$$

表 10-16　原有集料的分计筛余和混合料通过量要求级配范围

筛孔尺寸 d_i (mm)	碎石分计筛余 $M_{A(i)}$(%)	石屑分计筛余 $M_{B(i)}$(%)	矿粉分计筛余 $M_{C(i)}$(%)	按累计筛余计级配范围 $A(n_1 \sim n_2)$(%)	按累计分计筛余计级配范围中值 $A_{M(i)}$(%)	按分计筛余计级配范围中值 $M_{(i)}$(%)
16.0	—	—	—	0	0	0
13.2	5.2	—	—	0~5	2.5	2.5
9.5	41.7	—	—	12~30	21.0	18.5
4.75	50.5	1.6	—	32~52	42.0	21.0
2.36	2.6	24.0	—	47~64	55.5	13.5
1.18	—	22.5	—	59~76	67.5	12.0
0.6	—	16.0	—	70~82	76.0	8.5
0.3	—	12.4	—	78~88	83.0	7.0
0.15	—	11.5	—	84~92	88.0	5.0
0.075	—	10.8	13.2	92~96	94.0	6.0
<0.075	—	1.2	86.8	—	100	6.0
合计	$\sum = 100$	$\sum = 100$	$\sum = 100$	—	—	$\sum = 100$

(3)计算矿粉在矿质混合料中的用量。同理,计算矿粉在混合料中的配合比时,按矿粉占优势的<0.075mm 粒径计算,即假设 $m_{A(<0.075)}$ 和 $m_{B(<0.075)}$ 均为零,则得:

$$m_{C(<0.075)} \cdot Z = M_{(<0.075)}$$

$$Z = \frac{M_{(<0.075)}}{m_{C(<0.075)}} \times 100\%$$

由表 10-16 可知 $M_{(<0.075)} = 6.0\%$, $m_{C(<0.075)} = 86.8\%$,代入上式,得:

$$Z = \frac{6.0}{86.8} \times 100\% = 6.9\%$$

(4)计算石屑在混合料中用量,即:

$$Y = 100\% - (X + Z)$$

已求得 $X = 41.6\%$, $Z = 6.9\%$,故:

$$Y = 100\% - (41.6\% + 6.9\%) = 51.5\%$$

(5)校核。根据以上计算得到矿质混合料的组成配合比为:

碎石:$X = 41.6\%$

石屑:$Y = 51.5\%$

矿粉:$Z = 6.9\%$

按表 10-17 进行计算并校核。按上列配合比校核结果,符合表 10-16 的级配范围。如不符合级配范围应调整配合比再进行试算,经过几次调整,逐步渐近,直到达到要求。如经计算确不能符合级配要求,应调整或增加集料品种。

表 10-17　矿质混合料组成计算和校核表

筛孔尺寸 d_i(mm)	粗集料(碎石)			细集料(石屑)			填料(矿粉)			矿质混合料			规范要求级配范围通过量 p ($n_1 \sim n_2$)
	原来级配分计筛余 $m_{A(i)}$ (%)	采用百分率 X(%)	占混合料百分率 $M_{A(i)}$ (%)	原来级配分计筛余 $m_{B(i)}$ (%)	采用百分率 Y(%)	占混合料百分率 $M_{B(i)}$ (%)	原来级配分计筛余 $m_{C(i)}$ (%)	采用百分率 Z(%)	占混合料百分率 $M_{C(i)}$ (%)	分计筛余 $M_{(i)}$ (%)	累计筛余 $A_{M(i)}$ (%)	通过百分率 $P_{M(i)}$ (%)	
(1)	(2)	(3)	(4)=(2)×(3)	(5)	(6)	(7)=(5)×(6)	(8)	(9)	(10)=(8)×(9)	(11)	(12)	(13)	(14)
16.8	—		—	—		—	—		—	—	—	100	100
3.2	5.2		2.2	—		—	—		—	2.2	2.2	97.8	95~100
9.5	41.7		17.4	—		—	—		—	17.4	19.6	80.4	70~88
4.75	50.5	×41.6 =	21.0	1.6		0.8	—		—	21.8	41.4	58.6	48~68
2.30	2.6		1.0	24.0		12.4	—		—	13.4	54.0	46.0	36~53
1.18	—		—	22.5	×51.5 =	11.6	—		—	11.6	66.4	33.6	24~41
0.6	—		—	16.0		8.2	—		—	8.2	74.6	25.4	18~30
0.3	—		—	12.4		6.4	—	×6.9 =	—	6.4	81.0	19.0	12~22
0.15	—		—	11.5		5.9	—		—	5.9	86.9	13.1	8~16
0.075	—		—	10.8		5.6	13.2		0.9	6.5	93.4	6.6	4~8
<0.075	—		—	1.2		0.6	66.8		6.0	6.6	100	—	—
校核	$\sum = 100$	—	$\sum = 41.6$	$\sum = 100$	—	$\sum = 51.5$	$\sum = 100$	—	$\sum = 6.9$	$\sum = 100$	—	—	—

(2)图解法

用图解法来确定矿质混合料组成的方法很多,本节仅介绍常用的"修正平衡面积法"(以下简称图解法)。

计算步骤如下:

① 绘制级配曲线坐标图。在设计说明书上按规定尺寸绘一方形图框,通常纵坐标通过量取 10cm,横坐标筛孔尺寸(或粒径)取 15cm。连对角线 OO' 如图 10-5 所示,作为要求级配曲线中值。纵坐标按算术标尺,标出通过量百分率(0% ~100%)。根据要求级配中值(举例见表 10-18)的各筛孔通过百分率标于纵坐标上,则纵坐标引水平线与对角线相交,再从交点作垂线与横坐标相交,其交点即为各相应筛孔尺寸的位置。

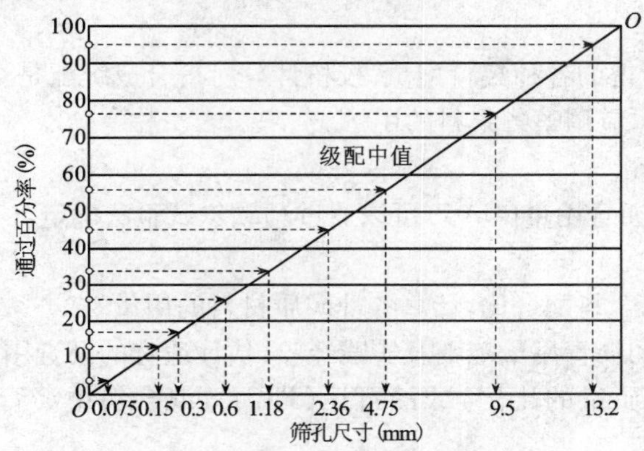

图 10-5　图解法用级配曲线坐标图

表 10-18　细粒式沥青混合料用矿料级配范围

筛孔尺寸(mm)	16.0	13.2	9.5	4.75	2.36	1.18	0.6	0.3	0.15	0.075
级配范围(%)	100	95 ~ 100	70 ~ 88	48 ~ 68	36 ~ 53	24 ~ 41	18 ~ 30	12 ~ 22	8 ~ 16	4 ~ 8
级配中值(%)	100	98	79	57	45	33	24	17	12	6

② 确定各种集料用量。将各种集料的通过量绘于曲线坐标图上,如图 10-6 所示,实际集料的相邻级配曲线可能有下列三种情况,根据各集料之间的关系,按下述方法即可确定各种集料用量。

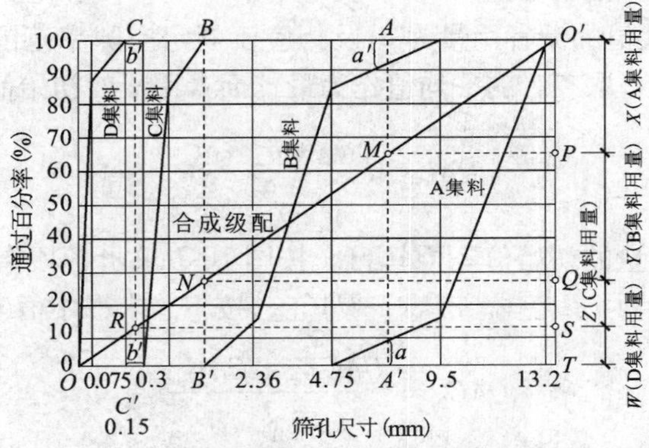

图 10-6　组成集料级配曲线和要求合成级配曲线图

A. 两相邻曲线重叠(如集料 A 级配曲线的下部与集料 B 级配曲线上部搭接时),在两级配曲线之间引一根垂直于横坐标的垂线 AA' 使($a = a'$),与对角线 OO' 交于点 M,通过 M 作一水平线与右纵坐标交于 P 点。$O'P$ 长度即为集料 A 的用量。

B. 两相邻级配曲线相接(如集料 B 的级配曲线末端与集料 C 的级配曲线首端正好在一垂直线上时),将前一集料曲线末端与后一集料曲线首端作垂线相连,垂线 BB' 与对角线 OO' 相交于点 N,通过 N 作一水平线与右纵坐标交于 Q 点。PQ 长度即为集料 B 的用量。

C. 两相邻级配曲线相离(如集料 C 的级配曲线末端与集料 D 的级配曲线首端在水平方向彼此离开一段距离时),作一垂直平分相离开距离(即 $b = b'$)的垂线 CC',与对角线 OO' 相交于点 R,通过 R 作一水平线与纵坐标交于 S 点,QS 长度即为集料 C 的用量。剩余 ST 即为集料 D 的用量。

③ 校核。按图解所得的各种集料用量,校核计算所得合成级配是否符合要求。如不能符合要求(超出级配范围),应调整各集料的用量。

2. 确定沥青最佳用量

沥青混合料的最佳沥青用量(OAC)可以通过马歇尔试验法确定。

(1)制备试件

① 按确定的矿质混合料配合比,计算各种矿质材料的用量。

② 按表 10-6 推荐的沥青用量范围及实践经验,估计适宜的沥青用量(即沥青混合料中沥青质量与沥青混合料总质量的比例)或油石比(即沥青混合料中沥青质量与矿料质量的比例)。

③ 以估计沥青用量为中值,按 0.5% 间隔变化,取 5 个不同的沥青用量,用小型拌合机与矿料拌合,按表 10-13 规定的击实次数“成型”马歇尔试件,要求试件直径为 101.6mm、高为 63.5mm 的圆柱体试件。

(2)测定物理力学指标

为确定沥青混合料的沥青最佳用量,需要测定沥青混合料的马歇尔稳定度、流值、密度、空隙率、沥青饱和度等物理力学指标。

(3)马歇尔试验结果分析

① 绘制沥青用量与物理-力学指标关系图,如图 10-7 所示。

② 确定最佳沥青用量的初始值 1(OAC_1)。从图 10-7 中取相应于稳定度最大值的沥青用量为 a_1,相应于密度最大值的沥青用量为 a_2 及相应于规定空隙率范围的中值(或要求的目标空隙率)的沥青用量为 a_3,取三者的平均值作为最佳沥青用量的初始值 OAC_1,即:

$$OAC_1 = \frac{a_1 + a_2 + a_3}{3}$$

③ 确定最佳沥青用量的初始值 2(OAC_2)。按图 10-7 求出各项指标均符合表 10-13 中沥青混合料技术标准的沥青用量范围 $OAC_{min} \sim OAC_{max}$,按下式求取中值 OAC_2:

$$OAC_2 = \frac{OAC_{min} + OAC_{max}}{2}$$

④ 根据 OAC_1 和 OAC_2 综合确定最佳沥青用量(OAC),并检查其是否符合热拌沥青混合料

马歇尔试验技术标准，由 OAC_1 及 OAC_2 综合决定最佳沥青用量 OAC。当不符合时，应调整级配，重新进行配合比设计，直至各项指标均能符合要求为止。

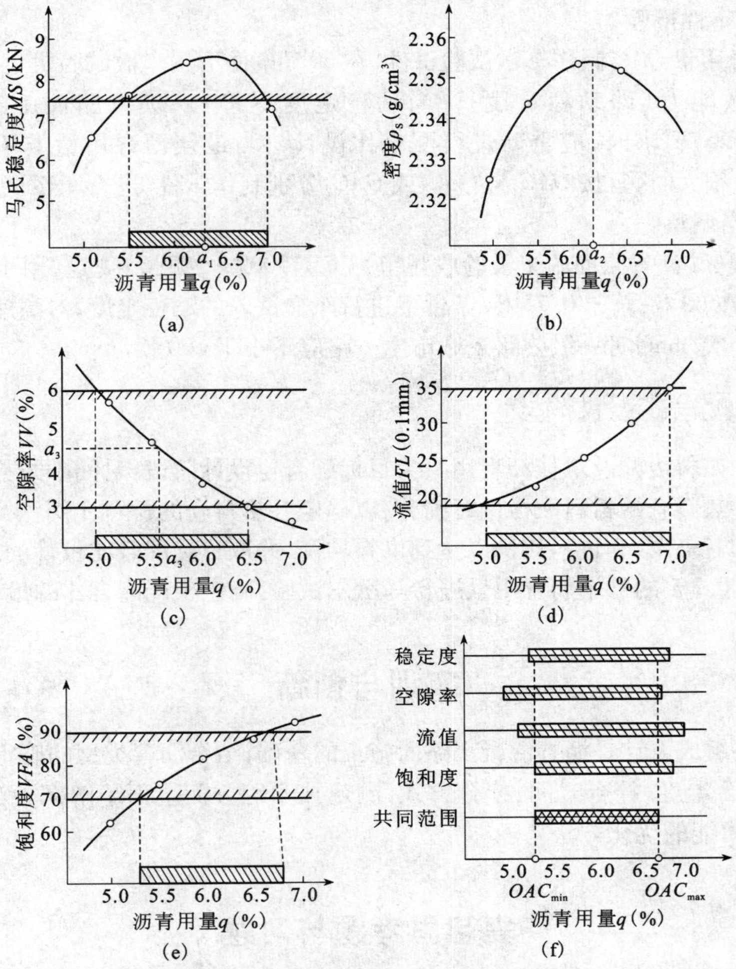

图 10-7　沥青用量与马歇尔稳定度试验物理-力学指标关系图

⑤ 根据气候条件和交通量特性调整最佳沥青用量。由 OAC_1 及 OAC_2 综合决定最佳沥青用量 OAC 时，宜根据实践经验和道路等级、气候条件按下列步骤进行。

A. 一般情况下，取 OAC_1 和 OAC_2 的中值作为最佳沥青用量。

B. 对热区道路以及车辆渠化交通的高速公路、一级公路、城市快速路、主干路，预计有可能造成较大车辙的情况时，可在 OAC_2 与下限 OAC_{min} 范围内决定，但不宜小于 OAC_2 的 0.5%。

C. 对寒区道路以及一般道路，最佳沥青用量可以在 OAC_2 与上限值 OAC_{max} 范围内决定，但不宜大于 OAC_2 的 0.3%。

(4) 水稳定性检验

按最佳沥青用量 OAC 制作马歇尔试件，进行浸水马歇尔试验或真空饱水后的浸水马歇尔试验。当残留稳定度不符合《沥青路面施工及验收规范》(GB 50092—1996) 规定时，应重新进行配合比设计或采用抗剥离措施，重新试验。

当 OAC 与两个初始值 OAC_1、OAC_2相差很大时，宜按 OAC 与 OAC_1或 OAC_2分别制作试件，进行残留稳定度试验，根据试验结果对 OAC 做适当调整。

(5)高温稳定性检验

按最佳沥青用量 OAC 制作车辙试验试件，在 60℃条件下用车辙试验机对设计的沥青用量检验高温抗车辙能力（即动稳定度）。当动稳定度不符合《沥青路面施工及验收规范》(GB 50092—1996)要求时，应重新进行配合比设计。当最佳沥青用量 OAC 与两个初始值 OAC_1、OAC_2相差很大时，宜按 OAC 与 OAC_1或 OAC_2分别制作试件，进行车辙试验。根据试验结果对 OAC 作适当调整。

我国现行国标《沥青路面施工及验收规范》(GB 50092—1996)规定，用于上面层、中面层的沥青混凝土，在 60℃、轮压 0.7MPa 条件下进行车辙试验的动稳定度，对高速公路、城市快速路应不小于 800 次/mm，对一级公路及城市主干路应不小于 600 次/mm。

10.5.2 生产配合比设计阶段

以上决定的矿料级配及最佳沥青用量为目标配合比设计阶段，对间歇式拌合机，必须从二次筛分后进入各热料仓的材料取样进行筛分，以确定各热料仓的材料比例，供拌合机控制室使用。同时，反复调整冷料仓进料比例以达到供料均衡，并取目标配合比设计的最佳沥青用量及最佳沥青用量 ±0.3% 的三个沥青用量进行马歇尔试验，确定生产配合比的最佳沥青用量。

实训与创新

沥青混合料组成设计是沥青混凝土路面施工的基础，结合沥青类型的确定，集料最大粒径的选择，沥青拌合温度、拌合时间、拌合方式，测定技术等方面全面了解沥青混合料的工程应用、存在问题及可能的优化方法。

复习思考题与习题

10.1 何谓沥青混合料？它是怎样分类的？沥青混合料路面具有哪些特点？

10.2 沥青混合料对其组成材料有哪些技术要求？

10.3 沥青混合料的强度是怎样形成的？影响沥青混合料强度的主要因素有哪些？

10.4 矿粉在沥青混合料中起什么作用？对矿粉性质有哪些要求？

10.5 沥青的性质和用量对沥青混合料的性质有何影响？为什么？

10.6 现行规范对沥青混合料的技术性质有哪些要求？

10.7 马歇尔试验要求测定哪些指标？这些指标表征沥青混合料的什么性质？

10.8 空隙率、饱和度、残留稳定度的含义是什么？它们都表征沥青混合料的哪些性质？

10.9 矿质混合料配合比设计常用哪些方法？数解法中的试算法的基本原理是什么？

10.10 了解并掌握修正平衡面积法（图解法）求解矿料组成配比的基本原理，作图方法和求解过程等。

10.11 怎样确定沥青混合料中的沥青最佳用量？

10.12　已知四种材料的筛分结果见下表：

材　料	通过量(%)								
	13.2	9.5	4.75	2.36	1.18	0.6	0.3	0.15	0.075
碎石	63	45	20	8	3	0	—	—	—
石屑	—	100	80	62	30	20	5	0	—
砂	—	—	100	92	70	50	28	12	6
矿粉	—	—	—	—	—	—	—	100	94
规范要求级配范围	75~95	62~86	46~64	35~55	26~40	16~30	10~22	7~15	2~8
规范要求级配中值	85	74	55	45	33	23	16	11	5

根据要求用图解法设计矿质混合料的配合比。

10.13　符合AC-16、AM-20、SMA-16、OGFC-16分别表示哪种类型的沥青混合料？

10.14　采用马歇尔法设计沥青混凝土配合比时，为什么由马歇尔试验确定后还要进行浸水稳定性和车辙试验？

第11章　合成高分子材料

教学目的：了解高分子化合物的基本知识，熟悉合成高分子材料制品特性。

教学要求：熟悉合成高分子材料的性能特点及主要高分子材料的品种，土木工程中合成高分子材料的主要制品及应用；了解高分子化合物的基本知识，建筑塑料、建筑涂料和建筑胶的组成与特性。

合成高分子材料是由人工合成的高分子化合物组成的材料。在土木工程中所涉及的主要有塑料、橡胶、化学纤维、建筑胶和涂料。这些高分子材料的基本成分是人工合成的，简称高聚物。由高聚物加工或用高聚物对传统材料进行改性所制得的土木工程材料，习惯上称为化学建材。化学建材在土木工程中的应用日益广泛，在装饰、防水、胶黏、防腐等各个方面所起的重要作用是其他土木工程材料所不可替代的。

11.1　高分子材料的基本知识

以石油、煤、天然气、水、空气及食盐等为原料，制得的低分子材料单体（如乙烯、氯乙烯、甲醛等），经合成反应即得到合成高分子材料，这些材料的相对分子质量一般都在几千以上，甚至可达到数万、数十万或更大。从结构上看，高分子材料是由许多结构相同的小单元（称为链节）重复构成的长链材料。例如，乙烯（$CH_2—CH_2$）的相对分子质量为28，而由乙烯为单体聚合而成的高分子材料聚乙烯（$—CH_2—CH_2—$）。相对分子质量则在1000～35000之间或更大。其中每一个“$—CH_2—CH_2—$”为一个链节，n 称为聚合度，表示一个高分子中的链节数目。

一种高分子材料是由许多结构和性质相类似而聚合度不完全相等，即相对分子质量不同的有机物形成的混合物，称为同系聚合物，故高分子材料的相对分子质量只能用平均相对分子质量表示。

11.1.1　高分子材料的分类

1. 按分子琏的形状分类

根据分子链的形状不同，可将高分子材料分为线型的、支链型的和体型的三种。

1）线型高分子材料的主链原子排列成长链状，如聚乙烯、聚氯乙烯等属于这种结构。

2）支链型高分子材料的主链也是长链状，但带有大量的支链，如ABS树脂、聚苯乙烯树脂等属于支链型结构。

3）体型高分子材料的长链被许多横跨链交联成网状，或者在单体聚合过程中在二维空间或三维空间交联形成空间网络，分子彼此固定。如环氧、聚酯等树脂的最终产物属于体型结构。

2. 按受热时状态不同分类

按受热时状态不同，可分为热塑性树脂和热固性树脂两类。

1）热塑性树脂在加热时呈现出可塑性，甚至熔化，冷却后又凝固硬化。这种变化是可逆的，可以重复多次。这类的高分子材料其分子间的作用力较弱，为线型及带支链的树脂。

2）热固性树脂是一些支链型高分子材料，加热时转变成黏稠状态，发生化学变化，相邻的分子相互连接，转变成体型结构而逐渐固化，其相对分子质量也随之增大，最终成为不能熔化、不能溶解的物质。这种变化是不可逆的，大部分缩合树脂属于此类。

3. 按高分子材料的结晶分类

高分子材料按它们的结晶性能，分为晶态高分子材料和非晶态高分子材料，由于线型高分子难免没有弯曲，故高分子材料的结晶为部分结晶。结晶所占的百分比称为结晶度。一般来说，结晶度越高，高分子材料的密度、弹性模量、强度、硬度、耐热性、折光系数等越大，而冲击韧性、黏附力、断裂伸长率、溶解度等越小。晶态高分子材料一般为不透明或半透明的，非晶态高分子材料则一般为透明的。

体型高分子材料只有非晶态一种。

4. 按高分子材料的变形与温度分类

非晶态高分子材料的变形与温度的关系如图 11-1 所示。非晶态线型高分子材料在低于某一温度时，由于所有的分子链和大分子链均不能自由转动而成为硬脆的玻璃体，即处于玻璃态，高分子材料转变为玻璃态的温度称为玻璃化温度 T_g。当温度超过玻璃化温度 T_g时，由于分子链可以发生运动（大分子不运动），使高分子材料产生大的变形，具有高弹性，即进入高弹态。温度继续升高至某一数值时，由于分子链和大分子链均可发生运动，使高分子材料产生塑性变形，即进入黏流态，将此温度称为高分子材料的黏流态温度 T_f。

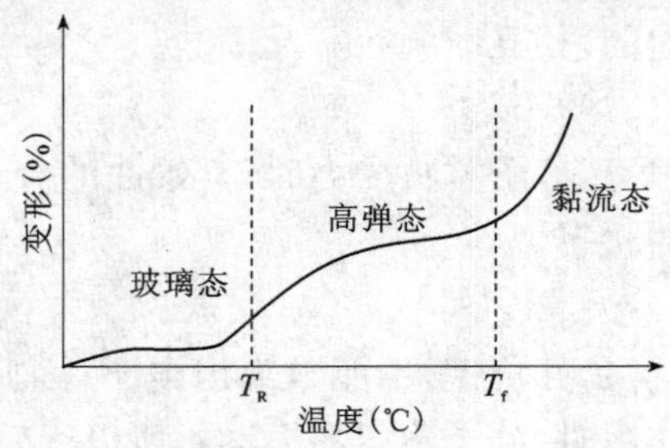

图 11-1　非晶态线型高分子材料的变形与温度的关系

热塑性树脂与热固性树脂在成型时均处于黏流态。

玻璃化温度 T_g 低于室温的称为橡胶，高于室温的称为塑料。玻璃化温度是塑料的最高使用温度，但却是橡胶的最低使用温度。

11.1.2　高分子材料的合成方法及命名

将低分子单体经化学方法聚合成为高分子材料，常用的合成方法有加成聚合和缩合聚合两种。

1. 加成聚合

加成聚合又叫加聚反应。它是由许多相同或不相同的不饱和(具有双键或三键的碳原子)单体(通常为烯类)在加热或催化剂的作用下,不饱和键被打开,各单体分子相互连接起来而成为高聚物,如乙烯、聚氯乙烯、聚乙烯。

加聚反应得到的高聚物一般为线型分子,其组成与单体的组成基本相同,反应过程中不产生副产物。

由加聚反应生成的树脂称为加聚树脂,其命名一般是在其原料名称前面冠以“聚”字,如聚乙烯、聚苯乙烯、聚氯乙烯等。

2. 缩合聚合

缩合聚合又叫缩聚反应,它是由一种或数种带有官能团(H—、—OH、Cl—、—NH_2、—COOH等)的单体在加热或催化剂的作用下,逐步相互结合而成为高聚物。同时,单体中的官能团脱落并化合生成副产物(水、醇、氨等)。

缩聚反应生成物的组成与原始单体完全不同,得到的高聚物可以是线型的或体型的。

缩聚反应生成的树脂称为缩聚树脂。其命名一般是在原料名称后加上“树脂”两字,如酚醛树脂、环氧树脂、聚酯树脂等。

11.1.3 高分子材料的基本性质

1. 质轻

高分子材料的密度一般在0.90～2.20kg/cm^3之间,平均约为铝的1/2,钢的1/5,混凝土的1/3,与木材相近。

2. 比强度高

高分子材料的比强度高是由于长链型的高分子材料分子与分子之间的接触点很多,相互作用很强,而且其分子链是蜷曲的,相互纠缠在一起。

3. 弹性好

高分子材料的弹性好是因为高分子材料受力时,其蜷曲的分子可以被拉直而伸长,当外力除去后,又能恢复到原来的蜷曲状态。

4. 电绝缘性好

由于高分子材料中的化学键是共价键,不能电离出电子,因此不能传递电流;又因为其分子细长而蜷曲,在受热或声波作用时,分子不容易振动。所以,高分子材料对于热、声也具有良好的隔绝性能。

5. 耐磨性好

许多高分子材料不仅耐磨,而且有优良的润滑性,如尼龙、聚四氯乙烯等。

6. 耐腐蚀性优良

高分子材料的耐腐蚀性优良是因为许多分子链上的基团被包在里面,当接触到能与分子中某一基团起反应的腐蚀性介质时,被包在里面的基团不容易发生变化。因此,高分子材料具有耐酸、耐腐蚀的特性。

7. 耐水性、耐湿性好

多数高分子材料憎水性很强,有很好的防水和防潮性。

高分子材料的主要缺点是:耐热性与抗火性差、易老化、弹性模量低、价格较高。在土木工程中应用时,应尽量扬长避短,发挥其优良的基本性质。

11.2 常用建筑高分子材料

11.2.1 树脂和塑料

树脂在受热时通常有软化或熔融范围。软化时,在外力作用下有流动倾向,常温下有时是固态或半固态的聚合物,有时也可以是液态的聚合物。广义地讲,作为塑料基材的任何高分子材料都可称为树脂。

塑料是指以树脂为主要成分,含有各种添加剂(如增塑剂、填充剂、润滑剂、颜料等),而且在加工过程中能流动成型的高分子材料。

塑料按其用途可分为通用塑料和工程塑料两种。通用塑料产量大、用途广、成型性能好、价廉,如聚乙烯、聚丙烯、酚醛等。工程塑料能承受外力作用、有良好力学性能、尺寸稳定、在高温和低温下具有良好性能,可作为工程构件,如 ABS 塑料。作为水泥混凝土或沥青混合料改性的塑料属于通用塑料,直接作为桥梁或道路结构构件的塑料属于工程塑料。

1. 聚乙烯(PE)

聚乙烯是由乙烯加聚得到的高分子材料。聚乙烯塑料是以聚乙烯树脂为基材的塑料。

聚乙烯按其密度分为:高密度聚乙烯(简称 HDPE,白色粉末状,或柱状,或半圆状颗粒,密度为 $0.941 \sim 0.970 g/cm^3$)和低密度聚乙烯(简称 LDPE,白色或乳白色蜡状物,呈球形或圆柱形颗粒,密度为 $0.910 \sim 0.940 g/cm^3$。其中 $0.926 \sim 0.94 g/cm^3$ 又称为中密度聚乙烯)。

低密度聚乙烯比高密度聚乙烯强度低,但具有较大的伸长率和较好的耐寒性,故用于改性沥青的多选用低密度聚乙烯。

聚乙烯的特点是:具有良好的活性稳定性和耐寒性(玻璃化温度可达 -120 ~ -125℃)。拉伸强度较高、延伸率较大、吸水性和透水性很低、无毒、密度小、易加工;但耐热性较差,且易燃烧。聚乙烯树脂是较好的沥青改性剂,由于它具有较高的强度和较好的耐寒性,并且与沥青的相容性较好,在其他助剂的协同作用下,可制得优良的改性沥青。

聚乙烯塑料可制成半透明、柔韧、不透气的薄膜,也可加工成建筑用的板材或管材。

近几年生产的“超高相对分子质量聚乙烯”(UHMWPE),聚合度 n 为 $100 \times 10^4 \sim 600 \times 10^4$,密度 $0.936 \sim 0.964 g/cm^3$,抗冲击强度、抗拉强度、耐磨性和耐热性均大大提高。

2. 聚丙烯(PP)

聚丙烯是以丙烯为单体聚合制成的高分子材料。以聚丙烯树脂为基材的塑料称为聚丙烯塑料。

聚丙烯按其分子结构可分为:无规聚丙烯(APP)、等规聚丙烯(IPP)和间规聚丙烯三种。产量和用量最大的是等规聚丙烯,习惯上简称为聚丙烯。聚丙烯为白色蜡状物,耐热性好(使用温度可达 110 ~ 120℃)、抗拉强度与刚度较好,硬度大、耐磨性好,但耐低温性和耐候性差、易燃烧、离火后不能自熄。聚丙烯主要用于装饰板、管材、包装袋等。

用作沥青改性的主要为无规聚丙烯。

无规聚丙烯是生产等规聚丙烯的副产品，在常温下呈乳白色至浅棕色橡胶状物质。密度为0.850g/cm^3，抗拉强度较低，但延伸率高，耐寒性尚好（玻璃化温度－20～－18℃）。无规聚丙烯常用作道路和防水沥青的改性剂。

聚丙烯树脂经塑化加工后，常用于制成塑料薄膜或建筑板材或管材，性能与聚乙烯塑料相近。

3. 聚氯乙烯（PVC）

聚氯乙烯是由氯乙烯单体加成聚合而得的热塑性线型树脂。在加入适宜的增塑剂及其他添加剂后，可以获得性质优良的硬质和软质聚氯乙烯塑料。其中硬质聚氯乙烯塑料是土木工程中应用最广的一种，主要用于天沟、水落管、外墙覆面板、天窗以及给排水管。

经塑化加工后制成聚氯乙烯塑料，具有较高的力学性能、良好的化学稳定性、耐风化性极高，主要缺点是变形能力低和耐热性差，使用温度一般不超过－15～55℃。聚氯乙烯中含有大量的氯，因而具有良好的阻燃性。

聚氯乙烯树脂与焦油沥青具有较好的相容性，常用作煤沥青的改性剂，对煤沥青的热稳定性有明显改善，但变形能力和耐寒性改善较少。

聚氯乙烯树脂经塑化加工后，可制成聚氯乙烯塑料薄膜、建筑用硬塑料管材和板材以及各种日用制品。

4. 聚苯乙烯（PS）

聚苯乙烯是以苯乙烯为单体制得的聚合物，聚苯乙烯塑料是以聚苯乙烯树脂为基材的塑料。PS是无色透明具有玻璃光泽的材料。由于不耐冲击、性脆、易裂，故目前是通过共聚、共混、添加助剂等方法生产改性聚苯乙烯，如HIPS等。

聚苯乙烯在建筑上的主要应用是泡沫塑料，其具有优良的隔热保温性。此外也用于透明装饰部件、灯罩、发光平顶板等。

5. 乙烯-乙酸乙烯酯共聚物（简称EVA）

EVA是由乙烯（E）和乙酸乙烯酯（VA）共聚而得的高分子材料，化学名为乙烯-乙酸乙烯酯共聚物。

EVA为半透明粒状物，具有优良的韧性、弹性和柔软性；同时又具有一定的刚性、耐磨性和抗冲击性等力学性能。EVA的力学性能，随乙酸乙烯酯（VA）的含量而变化，VA含量越低，其性能则接近低密度聚乙烯；VA含量越高，则越类似于橡胶。

EVA为较常采用的沥青改性剂。改性后沥青的性能与共聚物中VA含量有密切关系，在选用时应注意其品种与牌号。

6. 环氧树脂（EP）

环氧树脂是指在聚合物分子链中含有醚键，同时在分子两端仅有反应性环氧基的聚合物。习惯上把含有两个或两个以上环氧基团的能交联的聚合物统称为环氧树脂。

环氧树脂是线型的高分子材料，由于在它分子结构中含有活泼的环氧基、羟基、醚键等，可与多种类型的固化剂发生交联固化反应，而变为体型结构的材料，其性能也由热塑性变为热固性。以环氧树脂为主要成膜物质，添加固化剂、稀释剂、增韧剂、增强材料及其他助剂所制得的塑料称为环氧塑料。

环氧树脂常用于制备树脂混凝土和改性沥青混合料，也常用于桥面铺装防水层和桥梁混凝土的修补。

11.2.2　橡胶

橡胶是在外力作用下可发生较大形变,外力撤销后又迅速复原,在使用条件下具有高弹性的高分子材料。随着目前高分子材料合金的发展,实际上橡胶与塑料(树脂)越来越重叠交叉。

1. 橡胶的硫化

橡胶的硫化又称交联。橡胶硫化的目的是为了提高其强度、变形性、耐久性、抗剪切能力,减少其塑性。硫化的实质是利用硫化剂(又称交联剂)使橡胶由线型分子结构交联成为网型分子结构弹性体的过程。硫化后的橡胶又称硫化橡胶,简称橡胶。常用的橡胶制品均为硫化橡胶。

2. 橡胶的再生处理

橡胶的再生处理主要是脱硫。脱硫是指将废旧橡胶经机械粉碎和加热处理等,使橡胶氧化解聚,即由大网型结构转变为小网型结构和少量的线型结构的过程。脱硫后的橡胶除具有一定的弹性外,还具有一定的塑性和黏性。

经再生处理的橡胶称为再生橡胶或再生胶。再生橡胶主要用于沥青的改性。

3. 常用橡胶

(1)丁苯橡胶(简称SBR)

丁苯橡胶是丁二烯与苯乙烯的共聚物,是合成橡胶中应用最广的一种通用橡胶。按苯乙烯占总量中的比例,分为丁苯-10、丁苯-30、丁苯-50等牌号。随着苯乙烯含量增大,硬度、抗磨性增大,但弹性降低。丁苯橡胶综合性能较好,强度较高,延伸率大,抗磨性和耐寒性也较好。

丁苯橡胶是水泥混凝土和沥青混合料常用的改性剂。丁苯胶乳可直接用于拌制聚合物水泥混凝土;也可与乳化沥青共混制成改性沥青乳液,用于道路路面和桥面防水层。丁苯橡胶需要用溶剂法将其掺入沥青中。丁苯橡胶对水泥混凝土的强度、抗冲击和耐磨等性能均有改善;对沥青混合料的低温抗裂性有明显提高,对高温稳定性也有适当改善。

(2)丁基橡胶(IIR)

丁基橡胶又称异丁橡胶,是由异丁烯与少量异戊二烯共聚而得的共聚物,是一种无色的弹性体,相对密度为0.92g/cm^{3}左右,相对分子质量介于30000~85000之间,能溶于C_5以上直链烷烃或芳香烃的溶剂中。丁基橡胶的生胶具有较好的抗拉强度和大的延伸率,耐老化性能好,玻璃化温度低且耐热性好。丁基橡胶作为沥青改性剂,可用溶剂法加入,掺量为2.00%左右。

(3)氯丁橡胶(CR)

氯丁橡胶是以2氯-1,3-丁二烯为主要原料通过均聚或共聚制得的一种弹性体。

氯丁橡胶呈米黄色或浅棕色,密度1.23g/cm^3。具有较高的抗拉强度和相对伸长率,耐磨性好,耐酸碱腐蚀能力强,粘接力较高。且耐热、耐寒,硫化后不易老化。由于它的性能较全面,是一种常用胶种。

氯丁橡胶在土木工程中主要用于防水卷材和防水密封材料。它用溶剂法可掺入沥青,或者氯丁胶乳与乳化沥青共混均可用于制备路面用沥青混合料。也可作为桥面或高架路面防水层涂料。

(4)聚丁二烯橡胶(简称 PBR)

聚丁二烯橡胶是1,3-丁二烯聚合制得的系列产品。按其结构有顺式或反式两种,聚丁二烯橡胶,简称顺丁橡胶。顺式中只有高顺式1,4-聚丁二烯橡胶具有高弹性。

高顺丁橡胶呈白色直至黄色透明体,其性能除了具有高弹性外,耐磨性也较好,特别是具有优良的耐寒性。但抗拉强度较低,相对伸长率稍低。

顺丁橡胶与其他聚合物组成的混合物,可用于沥青改性,特别是对改善沥青的低温性能有明显的效果。

(5)乙丙橡胶(简称 EPM)

乙丙橡胶是以乙烯和丙烯为基础单体合成的弹性体共聚物。

乙丙橡胶低分子链中单体单元组成不同,有二元乙丙橡胶(EPM)和三元乙丙橡胶(EPDM)。三元乙丙橡胶是乙烯、丙烯和二烯烃的三元共聚物。由于它具有较好的综合力学性能、耐热性能和耐老化性能,所以目前普遍用乙丙橡胶改性沥青。

11.2.3 高聚物合金

聚合物合金是指多组分和多相同时并存于某一共混体系中的高分子材料。

1. 丙烯腈-丁二烯-苯乙烯共聚物(ABS)

ABS 树脂是丙烯腈(A)、丁二烯(B)和苯乙烯(S)的三元共聚物。

ABS 塑料的性能特点是:具有优良的抗冲击性,特别是在低温下仍然较优;优良的抗蠕变性能,能在较高应力下使用;在有冲击荷载的情况下,能保持良好的抗拉强度、弯曲强度和硬度。

主要缺点是耐热性较差。为克服这一缺点,用氯乙烯与苯乙烯和丙烯腈接枝得 ACS 树脂。此外,为改善其透明度,还开发有 MBS、XABS 等合金产品。

ABS 塑料具有综合机械性能,优级 ABS 抗拉强度可达 40.00MPa,弯曲强度可达 66.00MPa,可用于桥梁结构中替代钢材、木材等结构材料。

2. 高冲击聚苯乙烯(简称 HIPS)

高冲击聚苯乙烯树脂是由顺丁橡胶(或丁苯橡胶)与苯乙烯接枝聚合而成,故也称接枝型抗冲击聚苯乙烯。呈乳白色半透明或不透明颗粒,密度约 1.05g/cm^3。具有高的韧性,其冲击强度比普通聚苯乙烯高 7 倍以上。HIPS 树脂再与其他高分子材料组成合金,用于改性沥青可得综合性能优良的沥青。

3. 苯乙烯-丁二烯-苯乙烯嵌段共聚物(SBS)

SBS 是苯乙烯(S)和丁二烯(B)的嵌段共聚物。

SBS 产品外观为白色(或微黄色),呈多孔小颗粒。它的性能兼有橡胶和塑料的特性。具有弹性好、抗拉强度高、低温变性性能好等优点。SBS 是沥青优良的改性剂,可提高沥青的高温稳定性和低温抗裂性,被广泛应用于高级路面和屋面防水材料。

苯乙烯类嵌段共聚物仍在不断开发出具有更优性能的新品种。为提高粘接力,开发出苯乙烯-异戊丁烯-苯乙烯三嵌段共聚物(SBS);为改善 SBS 的耐候性和耐老化性,开发了饱和型 SBS(即 SEBS)。

11.3　高分子材料在土木工程中的应用

在土木工程中,高分子材料不仅可以直接用作防水材料;还可以作为水泥混凝土或沥青混合料的一个组分,用以改善水泥混凝土或沥青混合料的性能。

11.3.1　合成高分子防水材料

合成高分子防水材料具有优良的技术性质、使用寿命长、施工方便、污染性低,在土木工程中已得到较为广泛的应用。合成高分子防水材料主要分为防水卷材、防水涂料和防水密封材料。

1. 合成高分子防水卷材

以合成橡胶、合成树脂或者两者的共混体为基料,加入适量的化学助剂和填充料等,经过橡胶和塑料加工工艺加工制成的无胎加筋或不加筋的弹性或塑性的卷材(或片材),统称为高分子防水卷材。合成高分子防水卷材主要分为塑料系列(聚乙烯、氯化聚乙烯、聚氯乙烯等)、橡胶系列(三元乙丙橡胶、丁基橡胶、聚氨酯等)和橡胶塑料共混系列三类。

(1)塑料系列防水卷材

热塑性树脂基防水卷材主要有以下三种:

① 聚氯乙烯防水卷材。聚氯乙烯防水卷材是由聚氯乙烯、软化剂、填料、抗氧化剂和紫外线吸收剂等经混炼、压延等工序加工而成的弹塑性卷材。软化剂的掺入增大了聚氯乙烯分子间距,提高了卷材的变形能力;同时也起到了稀释作用,有利于卷材的生产。常用的软化剂是煤焦油。适量的增塑剂能降低聚氯乙烯的分子间力,使分子链的柔顺性提高。由于软化剂和增塑剂的掺入,使聚氯乙烯防水卷材的变形能力和低温柔性大大提高。卷材按有无复合层分为无复合层(N 类)、纤维单面复合(L 类)和织物内增强(W 类)三类。厚度分为 1.2mm、1.5mm、2.0mm。聚氯乙烯防水卷材的技术性能应满足表 11-1 的要求。

表 11-1　聚氯乙烯防水卷材(GB 12952—2003)与氯化聚乙烯防水卷材(GB 12953—2003)的主要技术指标

项　目	聚氯乙烯防水卷材(PVC)				氯化聚乙烯防水卷材(CPE)			
	N 类		L 类、W 类		N 类		L 类、W 类	
	Ⅰ型	Ⅱ型	Ⅲ型	Ⅳ型	Ⅰ型	Ⅱ型	Ⅲ型	Ⅳ型
拉力(N/cm),≥	8.0	12.0	100	160	5.0	8.0	70	120
断裂伸长率(%),≥	200	250	150	200	200	300	125	250
热处理尺寸变化率(%),≤	3.0	2.0	1.5	1.0	3.0	纵向 2.5 横向 1.5	1.0	
低温弯折性	-20℃ 无裂纹	-25℃ 无裂纹	-20℃ 无裂纹	-25℃ 无裂纹	-20℃ 无裂纹	-25℃ 无裂纹	-20℃ 无裂纹	-25℃ 无裂纹
抗穿孔性	不渗水				不渗水			
不透水性(0.3MPa)	不透水				不透水			
剪切状态下的粘接性(N/mm),≥	3.0 或卷材破坏			6.0 或卷材破坏	3.0 或卷材破坏			6.0 或卷材破坏

续表

项目		聚氯乙烯防水卷材(PVC)				氯化聚乙烯防水卷材(CPE)			
		N类		L类、W类		N类		L类、W类	
		Ⅰ型	Ⅱ型	Ⅲ型	Ⅳ型	Ⅰ型	Ⅱ型	Ⅲ型	Ⅳ型
热老化处理	外观	无气泡、裂纹、粘接和孔洞				无气泡、裂纹、粘接和孔洞			
	拉伸强度变化率(%)	±25	±20	±25	±20	+50 −20	±20	—	
	拉力(N/cm),≥	—				—		55	100
	断裂拉伸率变化率(%)	±25	±20	±25	±20	+50 −30	±20	—	
	断裂伸长率(%),≥	—				—		100	200
	低温弯折性	−15℃	−20℃	−15℃	−20℃	−15℃	−20℃	−15℃	−20℃
耐化性侵蚀	拉伸强度变化率(%)	±25	±20	±25	±20	±30	±20	—	
	拉力(N/cm),≥	—				—		55	100
	断裂拉伸率变化率(%)	±25	±20	±25	±20	±30	±20	—	
	断裂伸长率(%),≥	—				—		100	200
	低温弯折性	−15℃	−20℃	−15℃	−20℃	−15℃	−20℃	−15℃	−20℃
人工气候加速老化	拉伸强度变化率(%)	±25	±20	±25	±20	+50 −20	±20	—	
	拉力(N/cm),≥	—				—		55	100
	断裂拉伸率变化率(%)	±25	±20	±25	±20	+50 −30	±20	—	
	断裂伸长率(%),≥	—				—		100	200
	低温弯折性	−15℃	−20℃	−15℃	−20℃	−15℃	−20℃	−15℃	−20℃

聚氯乙烯防水卷材的性能大大优于沥青防水卷材,其抗拉强度、断裂伸长率、撕裂强度高,低温柔性好、吸水率小、卷材的尺寸稳定、耐腐蚀性好,使用寿命为10~15年,属于中档防水卷材。聚氯乙烯防水卷材主要用于屋面防水以及其他防水要求高的工程。施工时一般采用全贴法,也可采用局部粘贴法。

② 氯化聚乙烯防水卷材。氯化聚乙烯防水卷材是以含氯量为30%~40%的氯化聚乙烯为主,加入适量的填料和其他活性添加剂经混炼、压延等工序加工而成。含氯量为30%~40%的氯化聚乙烯除具有热塑性树脂的性质外,还具有橡胶的弹性。卷材按有无复合层分为无复合层(N类)、纤维单面复合(L类)和织物内增强(W类)三类。厚度分为1.2mm、1.5mm、2.0mm。氯化聚乙烯防水卷材的技术指标见表11-1。

氯化聚乙烯防水卷材的拉伸强度和不透水性好,耐老化、耐酸碱、断裂伸长率高,低温柔性好,使用寿命为15年以上,属于中档防水卷材。

③ 聚乙烯防水卷材。聚乙烯防水卷材又称丙纶无纺布覆面聚乙烯防水卷材,是由聚乙烯树脂、填料、增塑剂、抗氧化剂等经混炼、压延,并单面或双面覆丙纶无纺布而成的。

聚乙烯防水卷材的拉伸强度和不透水性好,耐老化、断裂伸长率较高(40%~150%),低温柔性好,与基层材料的粘接力强,使用寿命为10~15年,属于中档防水卷材。可用于屋面、地下等防水工程,特别适合于严寒地区的防水工程。

(2)橡胶系列防水卷材

橡胶系列防水卷材主要有以下三种:

① 三元乙丙橡胶防水卷材。三元乙丙橡胶防水卷材是以三元乙丙橡胶为主,掺入适量的交联剂、硫化剂、促硬剂、软化剂和补强剂等,经过密炼、拉片、过滤、挤出(或压延)成型、硫化、检验和分卷等工序加工制成的高弹性防水卷材,根据《高分子防水材料 第1部分:片材》(GB 18173.1—2006)的规定,其技术指标应符合表11-2~表11-4的要求。

三元乙丙橡胶防水卷材的拉伸强度高、耐高低温性好,断裂伸长率很高,能适应防水基层伸缩与开裂变形得需要,耐老化性很好,使用寿命长(20年以上),属于高档防水卷材。三元乙丙橡胶防水卷材最适合于屋面防水工程作单层外露防水、严寒地区及有大变形得部位,也可用于其他防水工程。

② 氯磺化聚乙烯橡胶防水卷材。氯磺化聚乙烯橡胶防水卷材是以氯磺化聚乙烯橡胶为主,加入适量的软化剂、交联剂、填料、着色剂后,经过混炼、挤出(或压延)成型、硫化等工序加工制成的弹性防水卷材,根据《高分子防水材料 第1部分:片材》(GB 18173.1—2006)的规定,其技术指标应符合表11-2~表11-4的要求。

氯磺化聚乙烯橡胶防水卷材的耐臭氧、耐老化、耐酸碱等性能突出,且拉伸强度高、耐高低温性好,断裂伸长率很高,对防水基层伸缩和开裂变形的适应性强,使用寿命长(15年以上),属于中高档防水卷材。氯磺化聚乙烯橡胶防水卷材可制成多种颜色,用这种彩色防水卷材做屋面外露防水层可起到美化环境的作用。氯磺化聚乙烯橡胶防水卷材特别适合于有腐蚀介质影响的部位做防水与防腐处理,也可用于其他防水工程。

③ 氯丁橡胶防水卷材。氯丁橡胶防水卷材是以氯丁橡胶为主,加入适量交联剂、填料后,经过混炼、挤出(或压延)成型、硫化等工序加工制成的弹性防水卷材,根据《高分子防水材料第1部分:片材》(GB 18173.1—2006)的规定,其技术指标应符合表11-2~表11-4的要求。

氯丁橡胶防水卷材拉伸强度高、断裂伸长率很高,耐油、耐臭氧及耐候性很好,耐高低温性好。与三元乙丙橡胶防水卷材相比,除其耐低温性能稍差外,其他性能基本相同。使用寿命长(15年以上),属于中档防水卷材。

表11-2　均质片的物理性能(GB 18173.1—2006)

项目		指标									
		硫化橡胶类				非硫化橡胶类			树脂类		
		JL1	JL2	JL3	JL4	JF1	JF2	JF3	JS1	JS2	JS3
断裂拉伸强度(MPa)	常温,≥	7.5	6.0	6.0	2.2	4.0	3.0	5.0	10	16	14
	60℃,≥	2.3	2.1	1.8	0.7	0.8	0.4	1.0	4	6	5
扯断伸长率(%)	常温,≥	450	400	300	200	400	200	200	200	550	500
	-20℃,≥	200	200	170	100	200	100	100	15	350	300
撕裂强度(kN/m),≥		25	24	23	15	18	10	10	40	60	60
低温弯折温度(℃),≤		-40	-30	-30	-20	-30	-20	-20	-20	-35	-35
不透水性(30min)		0.3MPa 不渗漏		0.2MPa 不渗漏		0.3MPa 不渗漏	0.2MPa 不渗漏		0.3MPa 不渗漏		

续表

项目		指标									
		硫化橡胶类				非硫化橡胶类			树脂类		
		JL1	JL2	JL3	JL4	JF1	JF2	JF3	JS1	JS2	JS3
加热伸缩量（mm）	延伸，≤	2	2	2	2	2	4	4	2	2	2
	收缩，≤	4	4	4	4	4	6	10	6	6	6
热空气老化（80℃×168h）	断裂拉伸强度保持率（%），≥	80	80	80	80	90	60	80	80	80	80
	扯断伸长率保持率（%），≥	70	70	70	70	70	70	70	70	70	70
耐碱性［饱和 $Ca(OH)_2$ 溶液，常温×168h］	断裂拉伸强度保持率（%），≥	80	80	80	80	80	70	70	80	80	80
	扯断伸长率保持率（%），≥	80	80	80	80	90	80	70	80	90	90
臭氧老化（40℃×168h）	伸长率保持率40%，500×10^{-8}	无裂纹	—	—	—	无裂纹	—	—	—	—	—
	伸长率保持率20%，500×10^{-8}	—	无裂纹	—	—	—	—	—	—	—	—
	伸长率保持率20%，100×10^{-8}	—	—	无裂纹	无裂纹	—	无裂纹	无裂纹	—	—	—
人工气候老化	断裂拉伸强度保持率（%），≥	80	80	80	80	80	70	80	80	80	80
	扯断伸长率保持率（%），≥	70	70	70	70	70	70	70	70	70	70
粘接剥离强度（片材与片材）	N/mm（标准试验条件），≥	1.5									
	浸水保持率（常温×168h）（%），≥	70									

表 11-3　复合片的物理性能（GB 18173.1—2006）

项目		指标			
		硫化橡胶类	非硫化橡胶类	树脂类	
		FL	FF	FS1	FS2
断裂拉伸强度（MPa）	常温，≥	80	60	100	60
	60℃，≥	30	20	40	30
扯断伸长率（%）	常温，≥	300	250	150	400
	−20℃，≥	150	50	10	10
撕裂强度（kN/m），≥		40	20	20	20
低温弯折温度（℃），≤		−35	−20	−30	−20
不透水性（30min）		0.3MPa 不渗漏	0.3MPa 不渗漏	0.3MPa 不渗漏	0.3MPa 不渗漏
加热伸缩量（mm）	延伸，≤	2	2	2	2
	收缩，≤	4	4	2	4

续表

项目		指标			
		硫化橡胶类 FL	非硫化橡胶类 FF	树脂类	
				FS1	FS2
热空气老化（80℃×168h）	断裂拉伸强度保持率（%），≥	80	80	80	80
	扯断伸长率保持率（%），≥	70	70	70	70
耐碱性[质量分数为10%的$Ca(OH)_2$溶液，常温×168h]	断裂拉伸强度保持率（%），≥	80	60	80	80
	扯断伸长率保持率（%），≥	80	60	80	80
臭氧老化（40℃×168h）	伸长率保持率 40%，200×10^{-8}	无裂纹	无裂纹	—	—
人工气候老化	断裂拉伸强度保持率（%），≥	80	70	80	80
	扯断伸长率保持率（%），≥	70	70	70	70
粘接剥离强度（片材与片材）	N/mm（标准试验条件），≥	1.5	1.5	1.5	1.5
	浸水保持率（常温×168h）（%），≥	70	70	70	70
复合强度（FS2 型表层与芯层）（N/mm），≥		—	—	—	1.2

表 11-4 点粘片的物理性能（GB 18173.1—2006）

项目		指标		
		DS1	DS2	DS3
断裂拉伸强度（MPa）	常温，≥	10	16	14
	60℃，≥	4	6	5
扯断伸长率（%）	常温，≥	200	550	500
	-20℃，≥	15	350	300
撕裂强度（kN/m），≥		40	60	60
低温弯折温度（℃），≤		-20	-35	-35
不透水性（30min）		0.3MPa 不渗漏		
加热伸缩量（mm）	延伸，≤	2	2	2
	收缩，≤	6	6	6
热空气老化（80℃×168h）	断裂拉伸强度保持率（%），≥	80	80	80
	扯断伸长率保持率（%），≥	70	70	70
耐碱性[质量分数为10%的$Ca(OH)_2$溶液，常温×168h]	断裂拉伸强度保持率（%），≥	80	80	80
	扯断伸长率保持率（%），≥	80	90	90
人工气候老化	断裂拉伸强度保持率（%），≥	80	80	80
	扯断伸长率保持率（%），≥	70	70	70
粘接点	剥离强度（kN/m），≥	1		
	常温下断裂拉伸强度（N/cm），≥	100	60	
	常温下扯断伸长率（%），≥	150	400	
粘接剥离强度（片材与片材）	N/mm（标准试验条件），≥	1.5		
	浸水保持率（常温×168h）（%），≥	70		

(3)橡胶塑料共混系列防水卷材

为进一步改善防水卷材的性能,生产时将热塑性树脂与橡胶共混作为主要原料,由此生产出的卷材称为树脂-橡胶共混防水卷材。此类卷材既具有热塑性树脂的高强度和耐候性,又具有橡胶的良好的低温弹性、低温柔韧性和伸长率,属于中高档防水卷材。主要有:

① 氯化聚乙烯-橡胶共混防水卷材。是以含氯量为30%~40%的热塑性弹性体氯化聚乙烯和合成橡胶为主体,加入适量交联剂、稳定剂,填充料后,经过混炼、挤出(或压延)成型、硫化等工序加工制成的高弹性防水卷材。

表11-5为无织物增强的硫化型氯化聚乙烯-橡胶共混防水卷材的主要技术要求。产品厚度分为1.0mm、1.2mm、1.5mm和2.0mm。按物理力学性能分为S型和N型两类。

表11-5　氯化聚乙烯-橡胶共混防水沥青(JC/T 684—1997)

项　目		S型	N型
拉伸强度(MPa),≥		7.0	5.0
断裂伸长率(%),≥		400	250
直角形撕裂强度(kN/m),≥		24.5	20.0
不透水性,30min		0.3MPa不透水	0.2MPa不透水
热老化保持率(80℃×168h)(%),≥	拉伸强度	80	
	断裂伸长率	70	
脆性温度(℃),≤		-40	-20
臭氧老化(500μg/m³,40℃×168h,静态)		伸长率40%无裂纹	伸长率20%无裂纹
粘接剥离强度(卷材与卷材),≥	kN/m	2.0	
	浸水168h保持率(%)	70	
热处理尺寸变化率(%),≤		+1,-2	+2,-4

氯化聚乙烯-橡胶共混防水卷材具有断裂伸长率高、耐候性及低温柔性好,使用寿命长(20年以上),特别适合于屋面作单层外露防水、严寒地区及有大变形得部位,也适用于有保护层的屋面或地下室、贮水池等防水工程。

② 聚乙烯-三元乙丙橡胶共混防水卷材。以聚乙烯和三元乙丙橡胶为主,加入适量的稳定剂、填充料后,经过混炼、挤出(或压延)成型、硫化等工序加工制成的热塑性弹性防水卷材,具有优异的综合性能,而且价格适中。聚乙烯-三元乙丙橡胶共混防水卷材适合于屋面作单层外露防水,也适用于有保护层的屋面或地下室、贮水池等防水工程。

2. 高聚物改性沥青防水卷材

沥青防水卷材是由原纸、纤维织物、纤维毡等胎体浸涂沥青,表面撒布粉状、粒状或片状材料制成可卷曲的片状防水材料。由于其温度稳定性差、延伸率小,很难适应基层开裂及伸缩变形的要求,而高聚物改性沥青防水卷材则克服了传统沥青防水卷材的不足,具有高温不流淌、低温不脆裂、拉伸强度较高、延伸率较大等优异性能。高聚物改性沥青防水卷材是以合成高分子聚合物改性沥青为涂盖层,纤维织物或纤维毡为胎体,粉状、粒状、片状或薄膜材料为覆面材料制成可卷曲的片状防水材料。高聚物改性沥青防水卷材的品种主要有:SBS(苯乙烯-丁二烯-苯乙烯)改性沥青防水卷材;APP改性沥青防水卷材;PVC改性焦油沥青防水卷材;再生胶改性沥青防水卷材。常用的该类防水卷材有 SBS 改性沥青防水卷材和 APP 改性沥青防水卷材。

(1)弹性体改性沥青防水卷材(简称 SBS 防水卷材)

SBS 防水卷材,属弹性体改性沥青防水卷材中有代表性的品种,系采用聚酯毡、玻纤毡、玻纤增强聚酯毡为胎基,浸涂 SBS 改性沥青,上表面撒布矿物粒料、细砂或覆盖聚乙烯膜,下表面撒布细砂或覆盖聚乙烯膜所制成可卷曲的片状防水材料。SBS 改性沥青防水卷材按胎基分为聚酯毡(PY)、玻纤毡(G)、玻纤增强聚酯毡(PYG)三类;按上表面撒布材料分为聚乙烯膜(PE)、细砂(S)与矿物粒(片)料(M)三种;按材料性能分为Ⅰ型和Ⅱ型。弹性体改性沥青防水卷材幅宽 1000mm,每卷公称面积分为 7.5m^2、10m^2 和 15m^2。聚酯毡卷材厚度有 3mm、4mm 和 5mm 三种;玻纤毡卷材厚度有 3mm 和 4mm 两种;玻纤增强聚酯毡卷材厚度为 5mm。弹性体改性沥青防水卷材的物理力学性能,见表 11-6。

表 11-6　弹性体改性沥青防水卷材物理力学性能(GB 18242—2008)

项　目		指　标				
		Ⅰ		Ⅱ		
		PY	G	PY	G	PYG
可溶性含量(g/m^2),≥	3mm	2100				—
	4mm	2900				
	5mm	3500				
	试验现象	—	胎基不燃	—	胎基不燃	
耐热性	℃	90		105		
	≤　mm	2				
	试验现象	不流淌、滴漏				
低温柔性(℃)		−20		−25		
		无裂缝				
不透水性(30min)		0.3MPa	0.2MPa	0.3MPa		
拉力	最大峰拉力(N/50mm),≥	500	350	800	500	900
	次高峰拉力(N/50mm),≥	—	—	—	—	800
	试验现象	拉伸过程中,试件中部无沥青涂盖层开裂或胎基分离现象				
延伸率	最大峰时延伸率(%),≥	30	—	40	—	—
	最二峰时延伸率(%),≥	—		—		15
浸水后质量增加(%),≤	PE,S	1.0				
	M	2.0				
热老化	拉力保持率(%),≥	90				
	延伸率保持率(%),≥	80				
	低温柔性(℃)	−15		−20		
		无裂缝				
	尺寸变化率(%),≤	0.7	—	0.7	—	0.3
	质量损失(%),≤	1.0				
渗油性	张数,≤	2.0				
接缝剥离强度(N/mm),≥		1.5				

续表

项目		指标				
		Ⅰ		Ⅱ		
		PY	G	PY	G	PYG
钉杆撕裂强度(N),≥		—				300
矿物粒料黏附性(g),≤		2.0				
卷材下表面沥青涂盖层厚度(mm),≥		1.0				
人工气候加速老化	外观,≥	无滑动、流淌、滴落				
	拉力保持率,≥	80				
	低温柔性	−15				−20
		无裂缝				

弹性体改性沥青防水卷材具有纵横向拉力大、延伸率好、韧性强、耐低温、耐紫外线、耐温差变化大、自愈力粘合性好等优良性能,耐用年限可达25年以上。它价格低、施工方便,可热熔铺贴或冷作粘贴,具有较好的温度适应性和耐老化性能,技术经济效果较好。特别适用于我国北方寒冷地区及结构易变性的屋面、地下室防水工程、防潮、冷库、游泳池、地铁、隧道、饮水池、污水池等构筑物的防水防腐。

(2)塑性体改性沥青防水卷材(简称APP防水卷材)

APP防水卷材是以聚酯毡、玻纤毡、玻纤增强聚酯毡为胎基,以无规聚丙烯(APP)或聚烯烃类聚合物(APAO、APO等)做石油沥青改性剂,两面覆以隔离材料所制成的防水卷材。APP卷材在胎基及隔离材料分类、力学性能分类、卷材厚度等方面的要求与SBS卷材相同,如表11-7所示。

表11-7　塑性体改性沥青防水卷材物理力学性能(GB 18243—2008)

项目		指标				
		Ⅰ		Ⅱ		
		PY	G	PY	G	PYG
可溶性含量(g/m²),≥	3mm	2100				—
	4mm	2900				—
	5mm	3500				
	试验现象	—	胎基不燃	—	胎基不燃	
耐热性	℃	110		130		
	≤ mm	2				
	试验现象	不流淌、滴漏				
低温柔性(℃)		−7		−15		
		无裂缝				
不透水性(30min)		0.3MPa	0.2MPa	0.3MPa		
拉力	最大峰拉力(N/50mm),≥	500	350	800	500	900
	次高峰拉力(N/50mm),≥	—	—	—	—	800
	试验现象	拉伸过程中,试件中部无沥青涂盖层开裂或胎基分离现象				

续表

项目		指标				
		Ⅰ		Ⅱ		
		PY	G	PY	G	PYG
延伸率	最大峰时延伸率(%),≥	25	—	40	—	—
	最二峰时延伸率(%),≥	—		—		15
浸水后质量增加(%),≤	PE,S	1.0				
	M	2.0				
热老化	拉力保持率(%),≥	90				
	延伸率保持率(%),≥	80				
	低温柔性(℃)	-2		-10		
		无裂缝				
	尺寸变化率(%),≤	0.7	—	0.7	—	0.3
	质量损失(%),≤	1.0				
接缝剥离强度(N/mm),≥		1.0				
钉杆撕裂强度(N),≥		—				300
矿物粒料黏附性(g),≤		2.0				
卷材下表面沥青涂盖层厚度(mm),≥		1.0				
人工气候加速老化	外观,≥	无滑动、流淌、滴落				
	拉力保持率,≥	80				
	低温柔性	-2				-10
		无裂缝				

APP改性沥青防水卷材的性能接近SBS改性沥青防水卷材。其最突出的特点是耐高温性能好,130℃高温下不流淌,特别是和高温地区或太阳辐射强烈地区使用。另外,APP改性沥青防水卷材热熔性非常好,特别适合热熔法施工,也可用冷粘法施工。

(3)铝箔塑胶油毡

铝箔塑胶油毡是以聚酯纤维无纺布为胎体,以高分子聚合物(合成橡胶及合成树脂)改性沥青类材料为浸渍涂盖层,以树脂薄膜为底面防粘隔离层,以银白色软质铝箔为表面反光保护层而加工制成的新型防水材料。

铝箔塑胶油毡对阳光的反射率高,具有一定的抗拉强度和延伸率,弹性好,低温柔性好,在-20~80℃温度范围内适应性较强,并且价格较低,适用于工业与民用建筑工程的屋面防水。

3. 防水涂料

防水涂料大多是以液态高分子材料为主体的防水材料,有溶剂性和水乳性两种。通常用涂布的方法将防水涂料涂刮在防水基层上,在常温下固化,形成具有一定弹性的涂膜防水层。

防水层可以由几层防水涂层的涂膜组成,也可以在几层防水涂层之间放置玻璃纤维网格布或聚酯纤维无纺布,形成增强的涂膜防水层。涂膜防水层的特点是施工操作简便、无污染、冷操作、无接缝,能适应复杂基层,防水性能好,因此其发展较快。这种新型防水涂料一般具有这样的特点:第一,防水性能好。防水涂料在施工固化前多为无定形黏稠状液态物质,适合任何形状复杂的基层施工,尤其在管根、阴阳角处更便于封闭严密,能保证工程的防水防渗质量;

第二，温度适应性强。防水涂层在－30℃低温下无裂缝，在30℃高温下不流淌。水乳性涂料在0℃以上，溶剂型涂料在－10℃以上均可进行施工；第三，操作简便，施工速度快。防水涂料既可刷涂，也可以喷涂，基层不必十分干燥。节点做法简单，操作人员易于掌握；第四，安全性好。防水涂料均采用冷施工方法，不必加热熬制，不会发生火灾、烫伤等事故，并能减少对环境的污染。

（1）聚氨酯防水涂料

聚氨酯防水涂料属单组分和双组分反应型涂料。甲组分是含有异氰酸基的预聚体，乙组分含有多羟基的固化剂与增塑剂、稀释剂等，甲、乙两组分混合后，经固化反应，形成均匀富有弹性的防水涂膜。聚氨酯防水涂料是反应型防水涂料，固化的体积收缩很小，可形成较厚的防水涂膜，并具有弹性高、延伸率大、耐高低温性好、耐油、耐化学药品腐蚀等优异性能。其主要技术性能应满足表11-8的要求。

表11-8　聚氨酯防水涂料的主要技术性能（GB/T 19250—2003）

项　目		单组分		双组分	
		Ⅰ	Ⅱ	Ⅰ	Ⅱ
拉伸强度（MPa），≥		1.90	2.45	1.90	2.45
断裂伸长率（%），≥		550	450		
撕裂强度（N/mm），≥		12	14	12	14
低温弯折性（℃）		－40		－35	
不透水性（0.3MPa，30min）		不透水		不透水	
固体含量（%），≥		80		92	
表干时间（h），≤		12		8	
实干时间（h），≤		24			
加热伸缩率（%）	≤	+1.0			
	≥	－4.0			
潮湿基面粘接强度（MPa），≥		0.5		0.5	
定伸时老化	加热老化	无裂纹及变形			
	人工气候老化				
热处理	拉伸强度保持率（%），≥	80～150			
	断裂伸长率（%），≥	500	400		
	低温弯折性（℃），≤	－35		－30	
碱处理	拉伸强度保持率（%），≥	60～150			
	断裂伸长率（%），≥	500	400		
	低温弯折性（℃），≤	－35		－30	
酸处理	拉伸强度保持率（%），≥	80～150			
	断裂伸长率（%），≥	500	400		
	低温弯折性（℃），≤	－35		－30	
人工气候老化	拉伸强度保持率（%），≥				
	断裂伸长率（%），≥	500	400		
	低温弯折性（℃），≤	－35		－30	

聚氨酯涂料具有较大的弹性和延伸能力，耐高低温性能好，耐油及耐腐蚀性强，涂膜没有

接缝，能适应任何复杂形状的基层，使用寿命 10 ~ 15 年。对在一定范围内的基层裂缝有较强的适应性，并且采用冷施工法作业。它用于一般工业与民用建筑中的屋面、地下室、浴室、卫生间地面等防水工程，也可以用于水池的防水等。

(2)聚合物水泥防水涂料

聚合物水泥防水涂料，又称 JS 复合防水涂料，是建筑防水涂料中近年来发展起来的一大类别。是以丙烯酸酯、乙烯-乙酸乙酯等聚合物乳液和水泥为主要原料，加入填料及其他助剂配制而成，经水分挥发和水泥水化反应固化成膜的双组分水性防水涂料。其性质属有机与无机复合型防水涂料。按力学性能分为Ⅰ型、Ⅱ型和Ⅲ型。Ⅰ型适用于活动量较大的基层，Ⅱ型和Ⅲ型适用于活动量较小的基层。

根据《聚合物水泥防水涂料》(GB/T 23445—2009)的规定，聚合物水泥防水涂料主要技术性能应满足表 11-9 的要求。

表 11-9　聚合物水泥防水涂料物理力学性能(GB/T 23445—2009)

项　目		Ⅰ型	Ⅱ型	Ⅲ型
固体含量(%)，≥		70	70	70
拉伸强度保持率，≥	无处理(MPa)	1.2	1.8	1.8
	热处理后保持率(%)，	80	80	80
	碱处理后保持率(%)	60	70	70
	浸水处理后保持率(%)	60	70	70
	紫外线处理后保持率(%)	80	—	—
断裂伸长率，≥	无处理(%)	200	80	30
	加热处理(%)，	150	65	20
	碱处理(%)	150	65	20
	浸水处理(%)	150	65	20
	紫外线处理(%)	150	—	—
低温柔性(φ10mm 棒)(℃)		-10 无裂纹	—	—
粘接强度，≤	无处理(MPa)	0.5	0.7	1.0
	潮湿处理(MPa)	0.5	0.7	1.0
	碱处理(MPa)	0.5	0.7	1.0
	浸水处理(MPa)	0.5	0.7	1.0
不透水性(0.3MPa，30min)		不透水	不透水	不透水
抗渗性(砂浆背水面)(MPa)，≥		—	0.6	0.8

聚合物水泥防水涂料对基面有更好的适应能力。它可以在潮湿基面施工，利用水泥与水的水化反应来消除基面含水率较高的不利影响，干燥速度快，异形部位操作简便，挥发分较低，施工过程较为安全。

(3)有机硅憎水剂

有机硅憎水剂是由甲基硅醇钠或乙基硅醇钠等为主要原料而制成的防水涂料。产品分为水溶性和溶剂型两种，其质量应满足《建筑表面用有机硅防水剂》(JC/T 902—2002)的要求。

有机硅憎水剂在固化后形成一层肉眼觉察不到的透明薄膜层，该薄膜层具有优良的憎水性和透水性，并对土木工程材料的表面起到防污染、防风化等作用。有机硅憎水剂主要用于混凝土、砖、石材等多孔无机材料的表面,常用于外墙或外墙装饰材料的罩面涂层,起到防水、防止沾污作用。使用年限3~7年。

4. 建筑密封材料

密封对于建筑物来说就是防水、防尘和隔气。建筑密封技术包括三个方面:合理的密封设计、优质的密封材料和正确的密封施工方法。密封材料是密封技术的基础。

随着建筑工程结构的多样化,特别是房屋建筑的大板、条板的装配化施工及框架轻板结构的进一步发展,将对嵌缝密封材料提出更高的要求。今后密封材料发展的主要方向是:逐步用人工合成高分子材料代替沥青类材料;以中、高档次密封材料作为开发对象;同时组织有关部门制定并完善各类密封材料的标准及试验方法。

(1)塑料系列建筑密封材料

目前生产的塑料系列建筑密封材料主要为丙烯酸酯建筑密封胶,简称丙烯酸酯密封胶。丙烯酸酯建筑密封胶分为溶剂型和乳液型(又称为水性)。乳液型丙烯酸酯建筑密封胶是以丙烯酸酯乳液为主,再加入适量增塑剂、填充剂、颜料等制成的单组分密封材料,属于弹塑性体。丙烯酸酯建筑密封胶按变形能力分为25级、20级、12.5级和7.5级,见表11-10。按弹性恢复率分为弹性类(E)和塑性类(P)。丙烯酸酯建筑密封胶的技术要求,见表11-11。

表11-10 建筑密封胶变形级别

级　别	25	20	12.5	7.5
试验抗拉幅度(%)	±25	±20	±12.5	±7.5
位移能力(%)	25	20	12.5	7.5

表11-11 丙烯酸酯建筑密封胶的技术要求(JC/T 484—2006)

指　标	丙烯酸酯建筑密封胶(JC/T 484—2006)		
	12.5E	12.5P	7.5P
下垂度(mm),≤	3		
表干时间(h),≤	1		
挤出性(mL/min),≥	100		
弹性恢复率(%),≥	40	实测值	
定伸粘接性	无破坏	—	
浸水后定伸粘接性	无破坏	—	
冷拉-热压后粘接性	无破坏	—	
断裂伸长率(%),≥	—	100	
浸水后断裂伸长率(%),≥	—	100	
同一温度下拉伸-压缩循环后的定伸粘接性	—	无破坏	
低温柔性(℃)	-20	-5	
体积变化率(%),≤	30		

丙烯酸酯建筑密封胶具有较好的粘接性和耐高温性,可在-20~80℃范围内使用。丙烯酸酯建筑密封胶的延伸率高,固化初期达200%~400%,经热老化试验后仍可达100%~350%。丙烯酸酯建筑密封胶还具有良好的施工性和耐候性,且不污染材料的表面。使用寿命为15年以上,属于中档密封材料。

丙烯酸酯建筑密封胶主要适合于屋面、墙板、门窗等的嵌缝。水乳液型丙烯酸酯建筑密封胶可在潮湿的基层表面上施工。由于丙烯酸酯建筑密封胶的耐水性不是很好，故不宜用于长期浸泡在水中的工程，如水池等。此外丙烯酸酯建筑密封胶的抗疲劳性较差，不宜用于频繁振动的工程，如广场、桥梁等。水乳液型丙烯酸酯建筑密封胶不宜在 -5℃以下施工，且存放时需注意防冻。

(2)橡胶系列建筑密封材料

① 聚氨酯建筑密封胶(PUR)分为单组分和双组分两种。双组分的聚氨酯建筑密封胶由聚氨酯、增塑剂、填充料组成主体(甲组分)，在现场与交联剂(乙组分)混合后使用。交联后成为弹性体。按变形能力分为25级和20级，按拉伸模量分为高模量(HM)和低模量(LM)，按流变性分为下垂型(N)和自流平型(L)。聚氨酯建筑密封胶的技术要求应满足表11-12的要求。

表11-12 聚氨酯建筑密封胶(JC/T 482—2003)与聚硫建筑密封胶(JC/T 483—2006)的主要技术要求

指标		聚氨酯建筑密封胶			聚硫建筑密封胶		
		20HM	25LM	20LM	20HM	25LM	20LM
流变性	下垂度(N)(mm)，≤	3			3		
	流平性(L)(mm)	光滑平整			光滑平整		
表干时间(h)，≤		24			24		
适用期(h)，≥		1			2		
挤出性(mL/min)，≥		80			—		
弹性恢复率(%)，≥		70			70		
拉伸模量(MPa)	23℃ -20℃	0.4 或0.6	0.4或0.6		0.4 或0.6	0.4或0.6	
定伸粘接性		无破坏			无破坏		
浸水后定伸粘接性		无破坏			无破坏		
冷拉-热压后粘接性		无破坏			无破坏		
质量损失(%)，≤		7			5		

聚氨酯建筑密封胶具有弹性高、延伸率大、粘接强度高，并具有优良的耐低温性、耐水性、耐酸碱性、耐油性及耐疲劳性，使用寿命25~30年以上等优点，属于高档弹性密封材料。

聚氨酯建筑密封胶适合于屋面、墙板、卫生间、楼板、阳台、水池、桥梁、公路与机场跑道等的各种水平缝与垂直缝的密封防水，液适合于玻璃、金属材料等的防水密封等。

② 聚硫橡胶建筑密封胶简称聚硫橡胶密封胶(PS)，分为单组分和双组分两种。双组分的聚硫橡胶密封胶的主剂(甲组分)由液态聚硫橡胶和填充料等组成的.交联剂(乙组分)主要为金属氧化物。使用时在现场按比例混合均匀，交联后成为弹性体。聚硫橡胶密封胶按拉伸模量分为高模量低伸长率(A类)和低模量高伸长率(B类)，按流变性分为下垂型(N)和自流平型(L)。聚氨酯建筑密封胶的技术要求应满足表11-12的规定。

聚硫橡胶密封胶具有优良的耐候性、耐油性、耐湿热性、耐水性、耐低温性，使用温度为 -40~90℃，并且抗裂性强，对各种土木工程材料具有良好的粘接性。此外，工艺性能好，无溶剂、无毒，使用安全可靠，使用寿命30年以上等优点，属于高档弹性密封材料。

聚硫橡胶密封胶适合于各种土木工程材料的防水密封,特别适合于长期浸泡在水中的工程、严寒地区的工程或冷库、受疲劳荷载作用的工程(如桥梁、公路与机场跑道等)。

③ 硅酮密封胶又称有机硅密封胶(SR),分为单组分和双组分两种。

硅酮密封胶具有优良的耐热性、耐寒性、憎水性,使用温度为 -50~250℃,并具有优良的抗伸缩疲劳性能和耐候性,使用寿命30年以上,属于高档弹性密封材料。

A. 硅酮建筑密封胶。单组分的硅酮建筑密封胶属于通用密封胶,由有机硅氧烷聚合物、交联剂、填充剂等组成。密封膏在施工后,吸收空气中的水分而产生交联成为弹性体。硅酮建筑密封胶按位移能力分为25、20两个级别,按固化机理分为脱酸型(A型,也称醋酸型)、脱醇型(B型,也称醇型),按用途分为接缝用(F类)和镶装玻璃用(G类)两类,按拉伸模量分为高模量(HM类)和低模量(LM类),其技术要求应满足表11-13的规定。

表11-13　硅酮建筑密封胶(GB/T 14683—2003)与混凝土建筑接缝用密封胶(JC/T 881—2001)技术要求

<table>
<tr><td colspan="3" rowspan="2">指　标</td><td colspan="4">硅酮建筑密封胶</td><td colspan="7">混凝土建筑接缝用密封胶</td></tr>
<tr><td>25 HM</td><td>20 HM</td><td>25 LM</td><td>20 LM</td><td>25 LM</td><td>25 HM</td><td>20 LM</td><td>20 HM</td><td>12.5E</td><td>12.5P</td><td>7.5P</td></tr>
<tr><td colspan="3">表干时间(h),≤</td><td colspan="4">3</td><td colspan="7">—</td></tr>
<tr><td rowspan="3">流变性</td><td rowspan="2">下垂度(mm),≤</td><td>垂直</td><td colspan="4">3</td><td colspan="7">N型:3</td></tr>
<tr><td>水平</td><td colspan="4">无变形</td><td colspan="7">N型:3</td></tr>
<tr><td colspan="2">流平性(L)(mm),</td><td colspan="4">—</td><td colspan="7">光滑平整</td></tr>
<tr><td colspan="3">挤出性(mL/min),≥</td><td colspan="4">80</td><td colspan="7">80</td></tr>
<tr><td rowspan="3">拉伸粘接性</td><td rowspan="2">拉伸模量(MPa)</td><td>23℃</td><td colspan="2" rowspan="2">>0.4或>0.6</td><td colspan="2" rowspan="2">≤0.4或≤0.6</td><td rowspan="2">≤0.4或≤0.6</td><td rowspan="2">>0.4或>0.6</td><td rowspan="2">≤0.4或≤0.6</td><td rowspan="2">>0.4或>0.6</td><td colspan="3" rowspan="2">—</td></tr>
<tr><td>-20℃</td></tr>
<tr><td colspan="2">断裂伸长率(%),≥</td><td colspan="4">—</td><td colspan="5">—</td><td>100</td><td>20</td></tr>
<tr><td colspan="3">弹性恢复率(%)</td><td colspan="4">80</td><td colspan="2">≥80</td><td colspan="2">≥60</td><td>≥40</td><td colspan="2"><40</td></tr>
<tr><td colspan="3">定伸粘接性</td><td colspan="4">无破坏</td><td colspan="5">无破坏</td><td colspan="2" rowspan="4">—</td></tr>
<tr><td colspan="3">紫外线照射后粘接性</td><td colspan="4">无破坏</td><td colspan="5">—</td></tr>
<tr><td colspan="3">冷拉-热压后粘接性</td><td colspan="4">无破坏</td><td colspan="5">无破坏</td></tr>
<tr><td colspan="3">浸水后定伸粘接性</td><td colspan="4">无破坏</td><td colspan="5">无破坏</td></tr>
<tr><td colspan="3">浸水后断裂伸长率(%),≥</td><td colspan="4">—</td><td colspan="5">—</td><td>100</td><td>20</td></tr>
<tr><td colspan="3">质量损失(%),≤</td><td colspan="4">10</td><td colspan="5">10</td><td colspan="2">—</td></tr>
<tr><td colspan="3">体积收缩率(%),≤</td><td colspan="4">—</td><td colspan="5">25</td><td colspan="2">25</td></tr>
</table>

硅酮建筑密封胶除对玻璃、陶瓷等少数材料有较高的粘接性外,对大多数材料的粘接性较差,使用时需先用特定的涂底材料对材料的表面进行处理。硅酮建筑密封胶一次封灌不可超过10mm,不然内部交联速度很慢,当封灌大于10mm时需分层进行或添加适量氧化镁来解决。

高模量的硅酮建筑密封胶主要用于建筑物的结构型防水密封部位,如玻璃幕墙、门窗的密封等;低模量的硅酮建筑密封胶主要用于建筑物的非结构型密封部位,特别适合伸缩较大的部位,如混凝土墙板、大理石板、花岗石板、公路与机场跑道等。脱酸型硅酮建筑密封胶在交联时会放出醋酸,故不宜用于铜、铝、铁等金属材料,也不宜用于水泥混凝土、硅酸盐混凝土等碱性材料的防水密封。

B. 混凝土建筑接缝用密封胶

混凝土建筑接缝用密封胶按位移能力分为 25、20、12.5、7.5 四个级别,25 级和 20 级又分为高模量(HM 类)和低模量(LM 类)两个次级别,12.5 级按弹性恢复率是否大于 40% 又分为弹性类(E)和塑性类(P)两个次级别。25 级、20 级、12.5E 级属于弹性密封胶,12.5P、7.5P 属于塑性密封胶。混凝土建筑接缝用密封胶的技术性能应满足表 11-13 的规定。

混凝土建筑接缝用密封胶可用于各类混凝土建筑的接缝密封。25 级、20 级、12.5E 级适合大变形接缝部位。

上述密封材料属于不定型密封材料。此外,还有定型密封材料又称止水带,是采用热塑性树脂或橡胶制成的定型产品,主要用于地下工程、隧道、水池、管道接头等土木工程的各种接缝、沉降缝、伸缩缝等。定型密封材料具有良好的弹塑性和强度,并具有优良的压缩变形性能和变形恢复性能,能适应构件的变形和振动,防水效果好、耐老化。

11.3.2　涂料

涂料是指涂敷于物体表面,并能形成牢固附着、完整保护膜的材料。早期的涂料是以天然的油脂(如桐油、亚麻油)和天然树脂(如松香、柯巴树脂)为主要原料制成的,通称为油漆。

随着科学技术的发展,各种高分子合成树脂广泛用作涂料原料,使油漆产品的面貌发生根本的变化。现在通常将以合成树脂(包括无机高分子材料)为主要成膜物质的称为涂料,而将以天然油脂、树脂为主要成膜物质或经合成树脂改性的称为油漆。建筑涂料则是指使用于建筑物,起装饰作用、保护作用及其他特殊功能作用的一类涂料。

涂料的品种虽然很多,但就其组成而言,大体上可分为三个部分,即主要成膜物质、次要成膜物质和辅助成膜物质,见表 11-14。

表 11-14　涂料的基本组成

<table>
<tr><td rowspan="14">涂料</td><td rowspan="5">主要成膜物质</td><td rowspan="3">油基漆</td><td>干性油</td></tr>
<tr><td>不干性油</td></tr>
<tr><td>半干性油</td></tr>
<tr><td rowspan="2">树脂基漆</td><td>天然树脂</td></tr>
<tr><td>合成树脂</td></tr>
<tr><td rowspan="3">次要成膜物质</td><td colspan="2">着色颜料</td></tr>
<tr><td colspan="2">防锈颜料</td></tr>
<tr><td colspan="2">体质颜料</td></tr>
<tr><td rowspan="4">辅助成膜物质</td><td rowspan="2">稀料</td><td>溶剂</td></tr>
<tr><td>稀释剂</td></tr>
<tr><td rowspan="2">辅助材料</td><td>催干剂,固化剂</td></tr>
<tr><td>增塑剂,触变剂</td></tr>
</table>

1. 主要成膜物质

(1)油料

油料是自然界的产物,来自于植物种子和动物的脂肪。油料的干燥固化反应主要是空气中的氧和油料中不饱和双键的聚合作用。

天然油料(油漆)的各方面性能,特别是耐腐蚀、耐老化性能不如许多合成树脂,目前很少用它单独作防腐蚀涂料,但它能与一些金属氧化物或金属皂化物在一起对金属起防锈作用,所以油料可用来改性各种合成树脂以制取配套防锈底漆。常用的油漆见表 10-15。

表 11-15　常用油漆表

名　称		组成配制	主要特性	适用范围
天然漆	生漆	由漆树取得的液汁,经部分脱水、过滤而得	漆膜坚硬、富有光泽、贴合力强、耐磨、耐久、耐油、耐水、耐腐蚀、绝缘、耐热(≤250℃)。可自行干燥结膜 黏度大、不易施工、色深、性脆、不耐阳光直射、抗碱性较差、漆粉有毒对人体皮肤有刺激性	适用于高级木器家具、工艺美术品及古建筑零件等的涂饰
	熟漆	由生漆熬炼而得或经改性制成各种精制漆	漆膜坚韧、光泽动人、装饰性好、耐水、耐热、耐候、耐腐蚀	
调和漆		在熟干油中加入颜料、溶剂、催干剂等调和而成	漆膜遮盖力强、耐晒、耐蚀、经久不裂。油漆质地均匀、稀稠适度、施工方便	适用于室内外钢材、木材等表面涂饰
清漆	油质清漆(凡立水)	由合成树脂、干性油、溶剂、催干剂等配制而成,一般不掺颜料	漆膜具有琥珀色彩,装饰效果极佳。油料用量多时,漆膜柔韧、富有弹性、干燥慢;油料用量少时,漆膜坚硬、光亮、干燥快、易脆裂	多用于木制家具、室内门窗的表面涂饰,不宜用于室外
	醇质清漆(泡立水)	由天然树脂虫胶溶于乙醇而成	漆膜光亮透明,能显示出材料表面原有的纹理、易干、耐酸、耐油;施工时可刷、可喷、可烤。耐候性差,不耐烫	
光漆(硝基清漆)		硝化纤维素加入天然树脂及溶剂等配制而成	漆膜干燥迅速、无色透明、坚硬耐磨、光泽度高,可以擦蜡打光,耐烫、耐水、耐候性及耐久性好,属高级油漆	适用于涂饰高级木器及家具等
磁漆		由油质清漆加入无机颜料配制而成	漆膜坚硬、平滑、光亮,酷似瓷质,色泽丰富、附着力强、干燥快	适用于室内外木材及金属材料表面涂饰
喷漆		由硝化纤维、合成树脂、颜料、溶剂、增塑剂等配制而成	漆膜干燥快、光亮平滑、坚硬耐久、色泽鲜艳	适用于室内外木材及金属表面喷饰
防锈漆		采用精炼的桐油、亚麻仁油等加入颜料(红丹、黄丹等)配制而成	红丹漆对钢铁的防锈效果最好,是工程中使用最广泛的防锈底漆;黄丹漆能抵抗海水的侵蚀	适用于室内外金属材料表面涂饰

(2)树脂

既可以是天然树脂,也可以是合成树脂。

天然树脂是指沥青、生漆、天然橡胶等。合成树脂是指环氧树脂、酚醛树脂、呋喃树脂、聚酯树脂、聚氨酯树脂、乙烯类树脂、过氯乙烯树脂和含氟树脂等,它们都是常用的耐蚀涂料中的主要成膜物质。

2. 次要成膜物质（颜料）

颜料是涂料的主要成分之一，在涂料中加入颜料不仅使涂料具有装饰性，更重要的是能改善涂料的物理和化学性能，提高涂层的机械强度、附着力、抗渗性和防腐蚀性能等，还有滤除有害光波的作用，从而增进涂层的耐候性和保护性。

1）防锈颜料主要用在底漆中起防锈作用。按照防锈机理的不同，可分化学防锈颜料，如红丹、锌铬黄、锌粉、磷酸锌和有机铬酸盐等，这类颜料在涂层中是借助化学或电化学的作用起防锈作用的；另一类为物理性防锈颜料，如铝粉、云母、氧化铁、氧化锌和石墨粉等，其主要功能是提高漆膜的致密度，降低漆膜的渗透性，阻止阳光和水分的透入，以增强涂层的防锈效果。

2）体质颜料和着色颜料可以在不同程度上提高涂层的耐候性、抗渗性、耐磨性和物理机械强度等。常用的有滑石粉、碳酸钙、硫酸钡、云母粉和硅藻土等。着色颜料在涂料中主要起着色和遮盖膜面的作用。

3. 辅助成膜物质

（1）溶剂

溶剂在涂料中主要起溶解成膜物质、调整涂料黏度、控制涂料干燥速度等方面的作用。溶剂对涂料的一些特性，如涂刷阻力、流平性、成膜速度、流淌性、干燥性、胶凝性、浸润性和低温使用性能等，都会产生影响。因此，要想得到一个好涂料，正确选择和使用溶剂同样重要。

（2）其他辅助材料

为了提高涂层的性能和满足施工要求，在涂料中还常常添加增塑剂（用来提高漆膜的柔韧性、抗冲击性和克服漆膜硬脆性，易裂的缺点）、触变剂（使涂料在刷涂过程中有较低的黏度，以易于施工）。另外，还有催干剂（加速漆膜的干燥）、表面活性剂、防霉剂、紫外线吸收剂和防污剂等辅助材料。

（3）水和溶剂

水和溶剂是分散介质，溶剂又称稀释剂，主要作用在于使各种原材料分散而形成均匀的黏稠液体，同时可调整涂料的黏度，使其便于涂布施工，有利于改善涂膜的某些性能。另外，涂料在成膜过程中，依靠水或溶剂的蒸发，使涂料逐渐干燥硬化，最后形成连续均匀的涂膜。常用的溶剂有松香水、乙醇、苯、二甲苯、丙酮等。

除了常用的建筑涂料外，还有一些具有特种功能的建筑涂料，如可以使墙面具有防止霉菌生长、能使被涂覆的建筑物具有防火特性、能够降低建筑物的能耗、防静电功能等的涂料。

11.3.3　建筑胶

建筑胶是一种能在两个物体的表面间形成薄膜，并能把它们紧密地粘接起来的材料，又称为粘接剂或粘合剂。建筑胶在土木工程中主要用于室内装修、预制构件组装、室内设备安装等。此外，混凝土裂缝和破损也常采用建筑胶进行修补。目前，建筑胶的用途越来越广，品种和用量日益增加，已成为土木工程材料中的一个不可缺少的组成部分。

1. 建筑胶的组成、要求及分类

建筑胶一般都是多组分材料，除基本成分为合成高分子材料（俗称粘料）外，为了满足使用要求，还需要加入各种助剂，如填料、稀释剂、固化剂、增塑剂、防老化剂等。

对建筑胶的基本要求是：具有足够的流动性，能充分浸润被粘物表面，粘接强度高，胀缩变形小,易于调节其粘接性和硬化速度,不易老化失效。

按所用粘料的不同,可将建筑胶分为热固型、热塑性、橡胶型和混合型四种。

人们从不同角度对建筑胶的粘接原理进行了研究,得出以下几种理论:

(1)机械连接理论

机械连接理论认为,被黏物表面是粗糙、多孔的,建筑胶能够渗透到孔隙中,硬化后形成了许多微小的机械连接,粘接力来自机械力。

(2)物理吸附理论

物理吸附理论认为,建筑胶与被黏物分子间的距离小于0.5mm时,分子间的范德华力发生作用而相吸附,粘接力来自分子间的引力。分子间的作用力虽然远小于化学键力,但由于分子(或原子)数目巨大,故吸附能力很强。

(3)化学粘接理论

化学粘接理论认为,某些建筑胶与被黏物表面之间能形成化学键,这种化学键对粘接力及粘接界面抵抗老化的能力有较大的贡献。

(4)扩散理论

扩散理论认为,建筑胶与被黏物之间存在分子(或原子)间的相互扩散作用,这种扩散作用是两种高分子材料的相互溶解,其结果使建筑胶与被黏物分子之间更加接近,物理吸附作用得到加强。

以上理论反映了粘接现象本质的各个方面,实际上建筑胶与被黏物之间的牢固粘接往往是多种作用的综合效果。在实际应用中,为了获得较高的粘接强度,应根据被黏物的种类、环境温度、耐水及耐腐蚀性等要求,采取相应的措施。如合理选用建筑胶品种,对被黏物表面进行处理,如加热、加压(加热可改善润湿程度,加压可增大吸附作用)等。

2. 土木工程中常用的建筑胶

建筑胶品种很多,常用建筑胶的性能及用途如下:

(1)聚乙酸乙烯建筑胶(乳白胶)

聚乙酸乙烯建筑胶的粘接性好、无毒、无味、快干、耐油、施工简易、安全。但价格较贵、耐水性和耐热性较差、易蠕变。主要用于粘接墙纸、木质或塑料地板、陶瓷饰面材料、玻璃和混凝土等。

(2)聚乙烯醇缩甲醛建筑胶(改性107胶,又称801胶)

聚乙烯醇缩甲醛建筑胶的粘接强度高、无毒、无味、耐油、耐水、耐磨、耐老化、价廉。主要用于粘贴墙纸、墙布、瓷砖、马赛克;加入水泥砂浆中可减少地板起尘,在装饰装修工程中用途最广。

(3)丙烯酸酯类建筑胶(502)

丙烯酸酯类建筑胶的粘接强度高、固化速度快、用量少。用于金属和非金属材料的粘接。

(4)环氧树脂建筑胶

环氧树脂建筑胶的粘接强度高、耐热、电绝缘性好、柔韧、耐化学腐蚀,适用水中作业和耐酸碱场合。广泛用于粘接金属、非金属材料及建筑物的修补,有万能胶之称。

(5)不饱和聚酯树脂建筑胶

不饱和聚酯树脂建筑胶的粘接强度高、耐水性和耐热性较好,可在室温或低压下固化,无挥发物产生,但固化时收缩率较大。主要用于制作玻璃钢,粘接陶瓷、玻璃、金属、木材和混凝土等。

(6)聚氨酯建筑胶

聚氨酯建筑胶的粘接力强、胶膜柔软、耐溶剂、耐油、耐水、耐酸、耐震,能在室温下固化。粘接塑料、木材、皮革、玻璃、金属等,特别适合防水、耐酸、耐碱工程。

(7)氯丁橡胶建筑胶

氯丁橡胶建筑胶的粘接力较强,对水、油、弱酸、弱碱及有机溶剂有良好的抵抗性,可在室温下固化。易蠕变,易老化。粘接多种金属和非金属材料,常用于水泥砂浆墙面或地面上粘贴橡胶和塑料制品。

11.3.4　高分子改性水泥混凝土

水泥混凝土具有许多优良的技术品质,所以广泛应用于高等级路面和大型桥梁以及建筑工程。但是它最主要的缺点是抗拉(或抗弯)强度与抗压强度比值较低,相对延伸率小,是一种典型的强而脆的材料。如能借助高分子材料的特性,采用高分子材料改性水泥混凝土,则可弥补上述缺点,使水泥混凝土成为强而韧的材料。

目前采用高分子材料改性水泥混凝土主要有以下三种方法:

1. 聚合物浸渍混凝土

聚合物浸渍混凝土是高分子材料浸渍已硬化的混凝土(基材)经干燥后,用加热或辐射等方法使混凝土孔隙内的单体聚合而成的一种混凝土。

(1)基本工艺

高分子材料浸渍混凝土的主要工艺是:浸渍、干燥和聚合等流程。

① 浸渍。是使配制好的浸渍液渗入混凝土孔隙中。浸渍的方法分为自然浸渍、真空浸渍和真空加压浸渍等,路面混凝土宜采用自然浸渍法。

浸渍常用的单体有甲基丙烯酸甲酯(MMA)、苯乙烯(S)、乙酸乙烯(VA)、乙烯(E)、丙烯腈(AN)、聚酯-苯乙烯等。目前最常采用的是前两种。此外,还应加入其他助剂,如引发剂、催化剂和交联剂等。

② 干燥。是使聚合物能渗入混凝土的孔隙,必须使混凝土充分干燥,通常干燥温度为100 ~ 150℃。

③ 聚合。是使浸渍在混凝土孔隙中的单体聚合固化的过程。聚合的方法有:热聚合、辐射聚合和催化聚合等。目前采用较多的是掺加引发剂的热聚合法。常用的引发剂为过氧化苯酰、特丁基过苯甲酸盐、偶氮双异丁腈等。引发剂是事先溶解在单体中,当加热时即能使单体聚合。加热的方法有电热器、热水、蒸汽、红外线等。

(2)技术性能

聚合物浸渍混凝土由于聚合物充盈了混凝土的毛细管孔和微裂缝所组成孔隙系统,改变了混凝土的孔结构,因而使其物理、力学性能得到明显改善。一般情况下,聚合物浸渍混凝土的抗压强度为水泥混凝土的 3 ~ 4 倍;抗拉强度约提高 3 倍;抗弯强度提高 2 ~ 3 倍;弹性模量约提高 1 倍;抗冲击强度约提高 0.7 倍。此外,徐变大大减小,抗冻性、耐硫酸盐、耐酸和耐碱等性能也都有很大改善。主要缺点是耐热性较差,高温时聚合物易分解。

2. 聚合物水泥混凝土

聚合物水泥混凝土是以聚合物(或单体)和水泥共同起胶结作用的一种混凝土。生产工艺与聚合物浸渍混凝土不同,它是在拌合混凝土混合料时将聚合物(或单体)掺进去的。因此,生产工艺简单,与水泥混凝土相似,便于施工现场使用。

(1)材料组成

聚合物水泥混凝土的材料组成基本上与普通混凝土相同,只是增加了聚合物组分。常用的聚合物有以下三类:

① 橡胶乳液类,如天然胶乳(NR)、丁苯胶乳(SBR)和氯丁胶乳(CR)等。

② 热塑性树脂类,如聚丙烯酸酯(PAE)、聚乙酸乙烯酯(PVAC)等。

③ 热固性树脂类,如环氧树脂(EP)等。

此外,还要加入某些辅助稳定剂、抗水剂、促凝剂和消泡剂等外加剂。

(2)配合比设计

聚合物水泥混凝土配合比设计与普通混凝土基本相同,但是设计目标除了抗压强度的要求外,更重要的是抗弯强度和耐磨性这两项指标。在设计参数中,除了水灰比、用水量和砂率三项参数外,由于聚合物混凝土的力学性能还与聚合物的掺量有关,所以还要增加一项“聚灰比”的参数。通常聚灰比是按固态聚合物占水泥的百分率计算,使用胶乳时应按其含胶量计算,并在单位用水量中扣除胶乳中的含水量。聚合物混凝土目前尚无成熟的配合比设计,主要是在普通混凝土设计方法的基础上,参照已有的实践经验,在推荐范围(如聚灰比 0.05 ~ 0.20;水灰比 0.35 ~ 0.50)中,通过试拌来确定其配合比。

(3)技术性能

硬化后的聚合物混凝土与水泥混凝土相比,在技术性能上有下列特点:

① 抗弯、抗拉强度高。掺加聚合物后,混凝土的抗压、抗拉和抗弯强度均有提高,特别是作为路面混凝土强度指标的抗弯、抗拉强度,提高更为明显。

② 抗冲击性好。由于掺加聚合物,混凝土的脆性降低,柔韧性增加,因而抗冲击能力也有明显的提高。这对作为承受动荷载的路面和桥梁用的混凝土是非常有利的。

③ 耐磨性好。聚合物对矿物集料具有优良的黏附性,因而可以采用硬质耐磨的岩石作为集料,这样可以提高路面混凝土的耐磨性和抗滑性。

④ 耐久性好。聚合物在混凝土中能起到阻水和填隙的作用,因而可以提高混凝土的抗水性、耐冻性和耐久性。

以上各项性能的改善程度与聚合物的性能、用量和制备工艺有关。

3. 聚合物胶结混凝土

聚合物胶结混凝土是完全以聚合物为胶结材料的混凝土,常用的聚合物为各种树脂或单体,所以也称“树脂混凝土”。

(1)组成材料

聚合物混凝土是由胶结材料、集料和填料所组成。

① 胶结材料。它是用于拌制聚合物混凝土的树脂或单体。在选择时,除考虑与集料的黏附性外,同时还能满足施工和易性的要求,以及硬化后能达到预期的强度和耐磨性

能等。

最常用的聚合物有环氧树脂(PE)、呋喃树脂(ER)、酚醛树脂(PF)、不饱和聚酯树脂(UP)等;单体有甲基丙烯酸甲酯(MMA)、苯乙烯(S)等。

另外,为满足树脂或单体能固化、聚合以及混凝土拌合物施工的和易性,还需要掺加固化剂、引发剂和稀释剂等。

② 集料。首先要选择高强度和耐磨的岩石,同时要考虑岩石的矿物成分与聚合物的黏附性。破碎成的集料要有良好的级配,经组配后的集料应能达到最大的密实度,以减少填料和聚合物的用量。集料最大粒径通常不大于 20mm。

③ 填料。在聚合物混凝土中,除了填充集料的空隙以减少聚合物的用量外,更重要的是集料有较大的表面积与聚合物发生表面化学反应。因此,填料的细度、粒径级配和矿物成分等在很大程度上影响聚合物混凝土的物理-力学性能。一般填料粒径宜为 1 ~ 30μm。常用的填料有碱性的碳酸钙($CaCO_3$)系和酸性的二氧化硅(SiO_2)系,用时需要根据聚合物特性确定。

(2)配合比设计

聚合物混凝土配合比设计的目标是:达到设计要求的混凝土强度(特别是抗折强度的要求);满足施工和易性以及聚合物的最佳用量。其主要设计步骤如下:

① 确定树脂与助剂的最佳比例。为保证在施工过程中混凝土拌合物的和易性和硬化后聚合物混凝土的强度,必须确定树脂(或单体)与固化剂(或引发剂)及稀释剂等的最佳比例。

② 选择矿物集料的最优配比。由粗细集料和填料组成的矿物集料,应以最大密实度(最小空隙率)为目标进行矿物集料配合比设计。

③ 确定树脂(或单体)最佳用量。根据试拌,初步确定满足施工和易性要求的树脂用量,然后根据强度试验,确定既满足施工和易性又达到预期强度的最佳树脂用量。

(3)技术性能

聚合物混凝土是以聚合物为粘接料的混凝土,由于聚合物的特征,使混凝土具有以下技术性能:

① 体积密度小。由于聚合物的密度比水泥密度小,所以聚合物混凝土的体积密度也较小,通常为 2000 ~ 3000kg/m^3,如采用轻集料配制混凝土,则能减少结构断面和增大跨度,达到轻质高强的要求。

② 强度高。聚合物混凝土与普通混凝土相比较,不论抗压、抗拉或抗折强度都有显著的提高,特别是抗拉和抗折强度尤为突出。这对减薄路面厚度或减少桥梁结构断面都有显著的效果。

③ 与集料的黏附性强。由于聚合物与集料的黏附性强,可以采用硬质石料作混凝土路面的抗滑层,以提高路面抗滑性。此外,还可以做成空隙式路以防滑层,以防止高速公路路面的漂滑及噪声现象。

④ 结构密实。聚合物不仅可以填充集料间的空隙,而且可以浸入集料的孔隙,使混凝土结构密实,从而提高了混凝土的抗渗性、抗冻性和耐久性。

聚合物混凝土具有许多优良的技术性能,除了应用于特殊要求的道路与桥梁工程结构外,也经常用于路面和桥梁的修补工程。

实训与创新

1. 深入各实训基地,到建筑施工现场,收集土木工程中所采用的各种建筑塑料制品、合成高分子防水卷材、合成高分子防水涂料和合成高分子密封材料等合成高分子材料的种类、技术要求以及检测方法和手段,并撰写一篇关于合成高分子材料在今后土木工程中的应用前景的科技小论文。

2. 试检测 SBS 防水卷材的耐热性、低温柔性、不透水性、拉力和延伸率。

要求:(1)检测 SBS 防水卷材的耐热性、低温柔性、不透水性、拉力和延伸率。

(2)填写 SBS 防水卷材检测的原始记录和结果报告单。

复习思考题与习题

11.1 何谓高分子材料?怎样分类?

11.2 高分子材料有哪些特征?应用前景如何?

11.3 常用高分子材料有哪些?有什么特点?应用范围如何?

11.4 试述线型非晶态高分子材料的玻璃态、高弹态和黏流态的物理含义及其力学特征。

11.5 试述涂料的组成成分及它们所起的作用。

11.6 聚合物浸渍混凝土、聚合物水泥混凝土和聚合物胶结混凝土在组成和工艺上有什么不同?简述它们在工程中的用途。

11.7 防水涂料应具有哪些功能?

11.8 合成高分子防水卷材有哪些优点?常用的合成高分子防水卷材有哪些?

11.9 合成高分子防水涂料有哪些优点?常用的合成高分子防水涂料有哪些?

11.10 合成高分子密封材料有哪些优点?常用的合成高分子密封材料有哪些?

11.11 在粘接结构材料或修补建筑结构(如混凝土、混凝土结构)时,一般宜选用哪类合成树脂建筑胶?为什么?

11.12 塑料的主要组成有哪些?其作用如何?常用建筑塑料制品有哪些?

第12章 功能材料

教学目的：了解建筑装饰材料基本知识，知道其品种繁多，性能各异；掌握绝热材料和吸声材料的作用原理，这是正确选用这类材料的基础。

教学要求：了解建筑装饰材料的基本要求，装饰材料的主要类型及性能特点；掌握绝热材料和吸声材料的作用原理；了解绝热材料和吸声材料的主要类型及性能特点。

12.1 建筑装饰材料

建筑装饰材料是指用于建筑物表面（如墙面、柱面、地面及顶棚等）起装饰作用的材料，也称装饰材料或饰面材料。一般是在建筑主体工程（结构工程和管线安装等）完成后，最后铺设、黏贴或涂刷在建筑物表面。

装饰材料除了起装饰作用，满足人们的美感需求外，通常还起着保护建筑物主体结构和改善建筑物使用功能的作用，是房屋建筑中不可缺少的一类材料。

12.1.1 装饰材料的基本要求及选用

1. 装饰材料的基本要求

（1）颜色

材料的颜色实质上是材料对光谱的反射，并非是材料本身固有的。它主要与光线的光谱组成有关，还与观看者的眼睛对光谱的敏感性有关。颜色选择合适、组合协调能创造出更加美好的工作、居住环境，因此，颜色对于建筑物的装饰效果就显得极为重要。

材料的颜色应按《彩色建筑材料色度测量方法》（GB 11942—1989）进行测定。

（2）光泽

光泽是材料表面的一种特性，是有方向性的光线反射性质，它对于物体形象的清晰度起着决定性的作用。在评定材料的外观时，其重要性仅次于颜色。镜面反射则是产生光泽的主要因素。

材料表面的光泽按《建筑饰面材料镜面光泽度测定方法》（GB/T 13891—2008）来评定。

（3）透明性

材料的透明性是与光线有关的一种性质。既能透光又能透视的物体，称为透明体；只能透光而不能透视的物体，称为半透明体；既不能透光又不能透视的物体，称为不透明体。如普通门窗玻璃大多是透明的；磨砂玻璃和压花玻璃是半透明的；釉面砖则是不透明的。

(4)质感

质感是材料质地的感觉,主要是通过线条的粗细、凹凸不平程度等对光线吸收、反射强弱不同产生感观上的区别。质感不仅取决于饰面材料的性质,而且取决于施工方法,同种材料不同的施工方法,也会产生不同的质地感觉。

(5)形状与尺寸

对于块材、板材和卷材等装饰材料的形状和尺寸,以及表面的天然花纹(如天然石材)、纹理(如木材)及人造花纹或图案(如壁纸)等都有特定的要求,除卷材的尺寸和形状可在使用时按需要裁剪外,大多数装饰板材和块材都有一定的形状和规格(如长方、正方、多角等几何形状),以便拼装成各种图案或花纹。

2. 装饰材料的选用

不同环境、不同部位,对装饰材料的要求也不同,选用装饰材料时,主要考虑的是装饰效果,颜色、光泽、透明性等应与环境相协调。除此以外,材料还应具有某些物理、化学和力学方面的基本性能,如一定的强度、耐水性和耐腐蚀性等,以提高建筑物的耐久性,降低维修费用。

对于室外装饰材料,也即外墙装饰材料,应兼顾建筑物的美观和对建筑物的保护作用。外墙除需要时承担荷载外,主要是根据生产、生活需要作为围护结构,达到遮挡风雨、保温隔热、隔声防水等目的。因所处环境较复杂,直接受到风吹、日晒、雨淋、冻害的袭击,以及空气中腐蚀气体和微生物的作用,应选用能耐大气侵蚀、不易褪色、不易沾污、不泛霜的材料。

对于室内装饰材料,要妥善处理装饰效果和使用安全的矛盾。优先选用环保型材料和不燃烧或难燃烧等消防安全型材料,尽量避免选用在使用过程中会挥发有毒成分和在燃烧时会产生大量浓烟或有毒气体的材料,努力创造一个美观、整洁、安全、适用的生活和工作环境。

12.1.2 常用装饰材料

1. 石材

(1)天然石材

天然石材是指从天然岩体中开采出来的毛料经加工而成的板状或块状的饰面材料。用于建筑装饰的主要有大理石板和花岗岩板两大类。通常以其磨光加工后所显示的花色、特征及石材产地来命名。饰面板材一般有正方形及矩形两种,常用规格为厚度 20mm,宽 150 ~ 915mm,长 300 ~ 1220mm,也可加工成 8 ~ 12mm 厚的薄板及异型板材。

① 大理石板。大理石板材是用大理石荒料(即由矿山开采出来的具有规则形状的天然大理石块)经锯切、研磨、抛光等加工而成的板材。

大理石一般均含有多种矿物,如氧化铁、二氧化硅、云母、石墨蛇纹石等杂质,使大理石呈现出红、黄、黑、绿、灰、褐等多种色彩组成的花纹,色彩斑斓,磨光后极为美丽典雅。纯净的大理石为白色,洁白如玉,晶莹生辉,故称汉白玉。纯白和纯黑的大理石属名贵品种,是重要建筑物的高级装饰材料。

天然大理石板材为高级饰面材料,主要用于装饰等级要求高的建筑物,用作室内高级饰面材料,也可用作室内地面或踏步(耐磨性次于花岗岩),但因其主要化学成分为 $CaCO_3$,易被酸性介质侵蚀,生成易溶于水的石膏,使表面很快失去光泽,变得粗糙多孔,从而降低装饰效果。因此,除少数质地纯正、杂质少、比较稳定耐久的品种如汉白玉、艾叶青等大理石可用于外墙饰面，一般大理石不宜用于室外装饰。

大理石板材的质量应符合《天然大理石建筑板材》（GB/T 19766—2005）的规定。

② 花岗岩板。花岗岩板材是以火成岩中的花岗岩、安山岩、辉长岩、片麻岩等荒料经锯片、磨光、修边等加工而成的板材。常根据其在建筑物中使用部位的不同，加工成剁斧板、机刨板、粗磨板、磨光板。

花岗岩板材的颜色取决于所含长石、云母及暗色矿物的种类和数量，常呈灰色、黄色、蔷薇色、淡红色及黑色等，质感丰富，磨光后色彩斑斓、华丽庄重，且材质坚硬、化学稳定性好、抗压强度高和耐久性很好，使用年限可达500～1000年之久。但因花岗岩中含大量石英，石英在573℃和870℃的高温下均会发生晶态转变，产生体积膨胀，故火灾时花岗岩会产生严重开裂破坏。

花岗岩是公认的高级建筑装饰材料，但由于其开采运输困难、修琢加工及铺贴施工耗工费时，因此造价较高，一般只用在重要的大型建筑中。花岗岩剁斧板多用于室外地面、台阶、基座等处；机刨板材一般用于地面、台阶、基座、踏步、檐口等处；粗磨板材常用于墙面、柱面、台阶、基座、纪念碑、墓碑等处；磨光板材因其具有色彩绚丽的花纹和光泽，故多用于室内外墙面、地面、柱面等的装饰，以及用作旱冰场地面、纪念碑、奠碑等。

花岗岩板材的质量应符合《天然花岗岩建筑板材》（GB/T 18601—2009）的规定。

（2）人造石材

由于天然石材加工较困难，花色品种较少。因此，20世纪70年代以后，人造石材发展较快。人造石材是以天然石材碎料、石英砂、石渣等为集料，树脂、聚酯树脂或水泥等为胶结料，经拌合、成型、聚合或养护后，打磨抛光切割而成。

人造石材具有天然石材的质感，但质量轻、强度高、耐腐蚀、耐污染、可锯切、钻孔、施工方便。适用于墙面、门套或柱面装饰，也可用作工厂、学校等的工作台面及各种卫生洁具，还可以加工成浮雕、工艺品等。与天然石材相比，人造石材是一种比较经济的饰面材料。

根据人造石材使用的胶结材料可将其分为以下四类：

① 树脂型人造石材。这种人造石材一般以不饱和树脂为胶结料，石英砂、大理石碎粒或粉末等无机材料为集料，经搅拌混合、浇注、固化、脱模、烘干、抛光等工序制成。不饱和树脂的黏度低，易于成型，且可以在常温下固化。产品光泽好、基色浅，可调制成各种鲜明的颜色。

② 水泥型人造石材。以各种水泥为胶结料，与砂和大理石或花岗岩碎粒等集料经配料、搅拌、成型、养护、磨光、抛光等工序制成。水泥胶结剂除硅酸盐水泥外，也有用铝酸盐水泥，如果采用铝酸盐水泥和表面光洁的模板，则制成的人造石材表面无需抛光即可有较高的光泽度，这是由于铝酸盐水泥的主要矿物CA（$CaO \cdot Al_2O_3$）水化后生成大量的氢氧化铝凝胶，这些水化产物与光滑的模板相接触，形成致密结构而具有光泽。

这类人造石材的耐腐蚀性较差，且表面容易出现微小龟裂和泛霜，不宜用作卫生洁具，也不宜用于外墙装饰。

③ 复合型人造石材。这类人造石材所用的胶结料中，既有有机聚合物树脂，又有无机水泥，其制作工艺可以采用浸渍法，即将无机材料（如水泥砂浆）成型的坯体浸渍在有机单体中，然后使单体聚合。对于板材，基层一般用性能稳定的水泥砂浆，面层用树脂和大理石碎粒或粉末调制的浆体制成。

④ 烧结型人造石材。烧结型人造石材的生产工艺类似于陶瓷，是把高岭土、石英、斜长石等混合配料，制成泥浆，成型后经1000℃左右的高温焙烧而成。

以上种类的人造石材中，目前使用最广泛的是以不饱和聚酯树脂为胶结料而生产的树脂型人造石材。根据生产时所加颜料不同，采用的天然石料的种类、粒度和纯度不同，以及制作的工艺方法不同，则所制成的人造石材的花纹、图案、颜色和质感也就不同，通常制成仿天然大理石、天然花岗岩和天然玛瑙石的花纹和图案，分别称为人造大理石、人造花岗岩和人造玛瑙。

2. 建筑陶瓷

凡以黏土、长石、石英为基本原料，经配料、制坯、干燥、焙烧而制成的成品，称为陶瓷制品。用于建筑工程中的陶瓷制品，则称为建筑陶瓷。

陶瓷制品按其致密程度分为陶质、瓷质和炻质三大类。

陶质制品为多孔结构，通常吸水率较大，断面粗糙无光，敲击时声粗哑，有无釉和施釉两种制品。根据其原料土杂质含量的不同，又可分为粗陶和精陶两种。粗陶不施釉，建筑上常用的烧结黏土砖、瓦就是最普通的粗陶制品，精陶一般施有釉，建筑饰面用的釉面砖，以及卫生陶瓷和彩陶等均属此类。

瓷质制品结构致密，吸水率小，有一定透明性，表面通常均施有釉。根据其原料土的化学成分与制作工艺的不同，又分为粗瓷和细瓷两种。瓷质制品多为日用餐具、陈设瓷、电瓷及美术用品等。

炻质制品是介于陶质和瓷质之间的一类陶瓷制品，也称半瓷。其构造比陶质致密，一般吸水率较小，但又不如瓷质制品那么洁白，其坯体多带有颜色，且无半透明性。按其坯体的细密程度不同，又分为粗炻器和细炻器两种。建筑饰面用的外墙面砖、地砖和陶瓷锦砖等均属炻器。

建筑装饰工程所用的陶瓷制品，一般都为精陶至粗炻器范畴的产品。

(1)建筑陶瓷制品的技术性质

① 外观质量。外观质量是建筑陶瓷制品最主要的质量指标，往往根据外观质量对产品进行分类。

② 吸水率。吸水率是控制产品质量的重要指标，吸水率大的陶瓷制品不宜用于室外。

③ 耐急冷、急热性。陶瓷制品的内部和表面釉层热膨胀系数不同，温度急剧变化可能会使釉层开裂。

④ 弯曲强度。陶瓷材料质脆易碎，因此对弯曲强度有一定的要求。

⑤ 耐磨性。用于铺地的彩釉砖应有较好的耐磨性。

⑥ 抗冻性。用于室外的陶瓷制品应有较好的抗冻性。

⑦ 抗化学腐蚀性。用于室外的陶瓷制品和化工陶瓷应有较好的抗化学腐蚀性。

(2)常用建筑陶瓷制品

建筑陶瓷包括釉面砖、墙地砖、锦砖、建筑琉璃制品等。广泛用作建筑物内外墙、地面和屋面的装饰和保护，已成为极为重要的装饰材料。

① 釉面砖。釉面砖又称内墙砖，属于精陶类制品。它是以黏土、石英、长石、助熔剂、颜料以及其他矿物原料，经破碎、研磨、筛分、配料等工序加工成含一定水分的生料，再经模具压制成型、烘干、素烧、施釉和釉烧而成，或坯体施釉一次烧成。这里所谓的釉，是指附着于陶瓷坯

体表面的连续玻璃质层，具有与玻璃相类似的某些物理化学性质。

釉面砖具有色泽柔和而典雅、美观耐用、朴实大方、防火耐酸、易清洁等特点。主要用作建筑物内部墙面，如厨房、卫生间、浴室、墙裙等的装饰和保护。其性能应符合《陶瓷砖》（GB/T 4100—2006）的规定。

② 墙地砖。其生产工艺类似于釉面砖，或不施釉一次烧成无釉墙地砖。产品包括内墙砖、外墙砖和地砖三类。

墙地砖具有强度高、耐磨、化学性能稳定、不燃、吸水率低、易清洁、经久不裂等优点。其性能应符合《陶瓷砖》（GB/T 4100—2006）的规定。对于铺地砖还有耐磨性要求，并根据耐化学腐蚀性分为AA、A、B、C、D五个等级。

③ 陶瓷锦砖。俗称马赛克，是以优质瓷土为主要原料，经压制烧成的片状小瓷砖，表面一般不上釉。通常将不同颜色和形状的小块瓷片铺贴在牛皮纸上形成色彩丰富、图案繁多的装饰砖成联使用。

陶瓷锦砖具有耐磨、耐火、吸水率小、抗压强度高、易清洗以及色泽稳定等特点。广泛适用于建筑物门厅、走廊、卫生间、厨房、化验室等内墙和地面，并可作建筑物的外墙饰面与保护。

④ 陶瓷劈离砖。陶瓷劈离砖又称劈裂砖、劈开砖和双层砖，是以黏土为主要原料，经配料、真空挤压成型、烘干、焙烧、劈离（将一块双联砖分为两块砖）等工序制成。产品具有均匀的粗糙表面、古朴高雅的风格、良好的耐久性。广泛用于地面和外墙装饰。其性能应符合《陶瓷砖》（GB/T 4100—2006）的规定。

⑤ 卫生陶瓷。卫生陶瓷是用于浴室、盥洗室、厕所等处的卫生洁具，如洗面器、坐便器、水槽等。卫生陶瓷多用耐火黏土或难熔黏土经配料制浆、灌浆成型、上釉焙烧而成。卫生陶瓷结构形式多样，颜色分为白色和彩色，表面光洁、不透水、易于清洗，并耐化学腐蚀。其性能应符合《卫生陶瓷》（GB 6952—2005）的规定。

⑥ 建筑琉璃制品。建筑琉璃制品是我国陶瓷宝库中的古老珍品之一，是用难熔黏土制坯，经干燥、上釉后焙烧而成。颜色有绿、黄、蓝、青等。品种可分为三类：瓦类（板瓦、滴水瓦、筒瓦、沟头）、脊类和饰件类（吻、博古、兽）。

琉璃制品色彩绚丽、造型古朴、质坚耐久，所装饰的建筑物富有我国传统的民族特色。主要用于具有民族色彩的宫殿式房屋和园林中的亭、台、楼阁等。其性能应符合《建筑琉璃制品》（JC/T 765—2006）的规定。

3. 装饰涂料

建筑涂料品种很多，按其使用部位和作用可分为内墙涂料、外墙涂料、地面涂料及屋面防水涂料等。现将常用的内墙涂料、外墙涂料、地面涂料分别列于表12-1、表12-2和表12-3中。

表12-1　常用内墙涂料

名　称	主要特征	适用范围
聚乙烯醇水玻璃涂料（106涂料）	干燥快、涂膜光滑、无毒、无味、不燃、施工方便、价廉，可配成多种色彩，有一定的装饰效果。不耐擦洗，属低档涂料	广泛应用于住宅和一般公共建筑的内墙饰面
聚乙烯醇缩甲醛涂料（107涂料、803涂料）	是106涂料的改进产品，耐水性和耐擦洗性略优。其他性能同上	广泛应用于住宅和一般公共建筑的内墙饰面

续表

名　称	主要特征	适用范围
聚乙酸乙烯乳液内墙涂料（乳胶漆）	无毒、无味、不燃、易于施工、干燥快、透气性好、附着力强、无结露现象、耐水性好、耐碱性好、耐候性良好、色彩鲜艳、装饰效果好，属中档涂料	适用于装饰要求较高的内墙饰面
乙-丙有光乳胶漆	涂膜外观细腻、耐水、耐碱、耐久性好，保色性优，并具有光泽，属中高档涂料	适用于高级建筑的内墙饰面
苯-丙乳胶漆	耐碱、耐水、耐擦洗、耐久性等各方面性能均优于上述各种涂料。加入云母粉等填料可配制乳胶涂料；加入彩砂可制成彩砂涂料，质感强，不褪色，属高档涂料	同上，厚涂料可用于室内外新旧墙面、天棚的装饰涂层。彩砂涂料内外墙饰面均可用
多彩内墙涂料	涂层色泽丰富，有立体感，装饰效果好。涂膜质地较厚，有弹性，类似壁纸，耐油、耐水、耐腐蚀、耐洗刷、透气性较好	适用于办公室、住宅、宾馆、商店、会议室等内墙和顶棚水泥混凝土、砂浆、石膏板、木材、钢、铝等多种基面的装饰
幻彩涂料	涂膜光彩夺目，色泽高雅，意境朦胧，具有梦幻般、写意般的装饰效果，耐水性、耐碱性、耐洗刷性优良	适用范围同上

表 12-2　常用外墙涂料

名　称	主要特征	适用范围
过氧乙烯外墙涂料	色彩丰富、干燥快、涂膜平滑、柔韧而富有弹性、不透水，能适应建筑物因温度变化而引起的伸缩变形，耐腐蚀性、耐水性及耐候性良好	适用于抹灰墙面、石膏板、纤维板、水泥混凝土及砖墙饰面
氯化橡胶外墙涂料	耐水、耐碱、耐酸及耐候性好，涂料的维修重涂性好。对水泥混凝土和钢铁表面有较好的附着力	适用于水泥混凝土外墙及抹灰墙面
聚氨酯系外墙涂料	涂膜柔软，弹性变形能力强，与基层粘接牢固，可以随基层变形而延伸，耐候性优良，表面光洁，呈瓷釉状，耐污性好，价格较贵	适用于水泥混凝土外墙，金属、木材等表面
丙烯酸酯外墙涂料	装饰效果好，施工方便，耐碱性好，耐候性优良，特别耐久，使用寿命可达 10 年以上，0℃ 以下的严寒季节也能干燥成膜	适用于各种外墙饰面
丙烯酸酯乳胶漆	涂膜主要性能较丙烯酸酯外墙涂料更好，但成本较高	适用于各种外墙饰面
JH80-2 无机外墙涂料	涂膜细腻、致密、坚硬，颜色均匀明快，装饰效果好，耐水，耐酸、碱，耐老化，耐擦洗，对基层附着力强	适用于水泥砂浆墙面、水泥石棉板、砖墙石膏板等多种基层饰面
坚固丽外墙涂料	装饰性能优良，耐水性、耐碱性、耐候性均好，耐沾污性强，施工性能优异，耐洗刷性可达 1 万次以上。可在稍潮湿的基层上施工	适用于高层、多层住宅、工业厂房及其他各类建筑物外墙面装饰

表 12-3　常用地面涂料

名　称	主要特征	适用范围
过氯乙烯地面涂料	干燥快，与水泥地面结合好。耐水、耐磨、耐化学腐蚀，重涂性好，施工方便。室内施工时注意通风、防火、防毒。要求基层含水不大于 8%	适用于室内地面
聚氨酯弹性地面涂料	涂层有弹性，步感舒适，与地面粘接力强，耐磨、耐油、耐水、耐酸、耐碱。色彩丰富，重涂性好。施工较复杂，施工中注意通风、防毒，价格较贵	适用于高级住宅室内地面，化工车间地面

续表

名　称	主要特征	适用范围
环氧树脂厚质地面涂料	涂层坚硬、耐磨，有韧性，有良好的耐化学腐蚀性，耐油、耐水。粘接力强，耐久性好。可涂刷成各种图案。施工较复杂，注意通风，防火，要求地面含水率不大于8%	适用于室内地面
聚合物-水泥地面涂料	由水溶性树脂或聚合物乳液与水泥组成的有机-无机复合涂料。涂层坚硬、耐磨、耐腐蚀、耐水	适用于室内地面

4. 建筑玻璃

玻璃是用石英砂、纯碱、长石和石灰石等原料于1550～1600℃高温下烧至熔融，成型后急冷而制成的固体材料。

其成型方法有引上法和浮法。引上法成型是通过引上设备使熔融的玻璃液被垂直向上提拉，经急冷后切割而成。它的优点是工艺比较简单，缺点是玻璃厚度不易控制，并易产生玻筋、玻纹等，使透过的影像产生歪曲变形。浮法成型是将熔融的玻璃液流入盛有熔锡的锡槽炉，使其在干净的锡液表面自由摊平，逐渐降温、退火而成。该法生产的玻璃表面十分平整、光洁，且无玻筋、玻纹，光学性能优良。现在国内外普遍流行浮法生产玻璃。

(1)普通玻璃的技术性质

① 透明性好。普通清洁玻璃的透光率达82%以上。

② 热稳定性差。玻璃受急冷、急热时易破裂。

③ 脆性大。玻璃为典型的脆性材料，在冲击力作用下易破碎。

④ 化学稳定性好。其抗盐和酸侵蚀的能力强。

⑤ 密度较大，为2450～2550kg/m^3。

⑥ 导热系数较大，为0.75W/(m·K)。

(2)建筑玻璃制品

① 普通平板玻璃。普通平板玻璃是指由浮法或引上法熔制的，经热处理消除或减小其内部应力至允许值的平板玻璃。平板玻璃是建筑玻璃中用量最大的一种，厚度2～12mm，其中以3mm厚的使用量最大。无论是浮法生产的平板玻璃，还是引上法生产的平板玻璃，其质量均应符合《平板玻璃》(GB 11614—2009)的规定。

平板玻璃的产量以标准箱计。以厚度为2mm的平板玻璃，每10m^{2}为一标准箱。对于其他厚度规格的平板玻璃，均需要进行标准箱换算。

普通平板玻璃大部分直接用于房屋建筑和维修，作为窗玻璃，一部分加工成钢化、夹层、镀膜、中空等玻璃，少量用作工艺玻璃。

② 安全玻璃。安全玻璃是指具有良好安全性能的玻璃。主要特性是力学强度较高，抗冲击能力较好。被击碎时，碎块不会飞溅伤人，并兼有防火的功能。我国《建筑玻璃应用技术规程》(JGJ 113—2009)规定，钢化玻璃和夹层玻璃为安全玻璃。另外，夹丝玻璃也具有一定的安全性。

A. 钢化玻璃。钢化玻璃是平板玻璃经物理强化方法或化学强化方法处理后所得的玻璃制品，它具有比普通玻璃好得多的机械强度和耐热、抗震性能，也称强化玻璃。

物理强化方法也称淬火法，它是将玻璃加热到接近玻璃软化温度(600～650℃)后迅速冷却的方法;化学法也称离子交换法,它是将待处理的玻璃浸入钾盐溶液中,使玻璃表面的钠离子扩散到溶液中,而溶液中的钾离子则填充进玻璃表面钠离子的位置。上述两种强化处理方法都可以使玻璃表面产生一个预压的应力,这个表面预压应力使玻璃的机械强度和抗冲击性能大大提高。一旦受损,整块玻璃呈现网状裂纹,破碎后,碎片小且无尖锐棱角,不易伤人。钢化玻璃在建筑上主要用作高层建筑的门窗、隔墙与幕墙。钢化玻璃的质量应符合《建筑用安全玻璃　第2部分:钢化玻璃》(GB 15763.2—2005)的规定。

B. 夹层玻璃。夹层玻璃是两片或多片平板玻璃之间嵌夹透明塑料薄片,经加热、加压、黏合而成的复合玻璃制品。

夹层玻璃的原片可以采用普通平板玻璃、钢化玻璃、吸热玻璃或热反射玻璃等,常用的塑料胶片为聚乙烯酸缩丁醛。

夹层玻璃抗冲击性和抗穿透性好,玻璃破碎时,不裂成分离的碎片,只有辐射状的裂纹和少量玻璃碎屑,碎片仍黏贴在膜片上,不致伤人。

夹层玻璃在建筑上主要用于有特殊安全要求的门窗、隔墙、工业厂房的天窗和某些水下工程。夹层玻璃的质量应符合《建筑用安全玻璃　第3部分:夹层玻璃》(GB 15763.3—2009)的要求。

C. 夹丝玻璃。夹丝玻璃是将预先编织好的钢丝网压入已软化的红热玻璃中而制成。其抗折强度高、防火性能好,破碎时即使有许多裂缝,其碎片仍能附着在钢丝上,不致四处飞溅而伤人。

夹丝玻璃主要用于厂房天窗,各种采光屋顶和防火门窗等。夹丝玻璃的质量应符合《夹丝玻璃》[JC 433—1991(1996)]的规定。

③ 保温绝热玻璃。保温绝热玻璃既具有特殊的保温绝热功能,又具有良好的装饰效果,包括吸热玻璃、热反射玻璃、中空玻璃等。除用于一般门窗外,常作为幕墙玻璃。普通平板玻璃对太阳光中红外线的透过率高,易引起温室效应,使室内空调能耗增大,一般不宜用于幕墙玻璃。

A. 吸热玻璃。吸热玻璃是既能吸收大量红外线辐射能,又能保持良好的透光率的平板玻璃。吸热玻璃是在玻璃中引入有着色作用的氧化物,或在玻璃表面喷涂着色氧化物薄膜而成。吸热玻璃可呈灰色、茶色、蓝色、绿色等颜色。

吸热玻璃广泛应用于建筑工程的门窗或幕墙。它还可以作为原片加工成钢化玻璃、夹层玻璃或中空玻璃。吸热玻璃的质量应符合《平板玻璃》(GB 11614—2009)的规定。

B. 热反射玻璃。热反射玻璃是既具有较高的热反射能力,又能保持良好透光性的玻璃,又称镀膜玻璃或镜面玻璃。热反射玻璃是在玻璃表面用热、蒸发、化学等方法喷涂金、银、铜、镍、铬、铁等金属或金属氧化物薄膜而成。

热反射玻璃反射率高(达30%以上),装饰性强,具有单向透视作用,越来越多地用作高层建筑的幕墙。应当注意的是,热反射玻璃使用不适当时,会给环境带来光污染。

C. 中空玻璃。中空玻璃由两片或多片平板玻璃构成,用边框隔开,四周边缘部分用密封胶密封,玻璃层间充有干燥气体。构成中空玻璃的原片玻璃除普通退火玻璃外,还可以用钢化玻璃、吸热玻璃、热反射玻璃等。

中空玻璃的特性是保温、绝热,节能性好,隔声性能优良,并能有效地防止结露,非常适合在住宅建筑中使用。

中空玻璃的质量应符合《中空玻璃》(GB 11944—2002)的规定。

④ 压花玻璃。压花玻璃是将熔融的玻璃液在快冷时通过带图案花纹的辊轴滚压而成的制品,又称花纹玻璃或滚花玻璃。

压花玻璃具有透光不透视的特点,这是由于其表面凹凸不平,当光线通过时即产生漫反射,使物像模糊不清。另外,压花玻璃因其表面有各种图案花纹,所以具有一定的艺术装饰效果。压花玻璃多用于办公室、会议室、浴室、卫生间以及公共场所分离的门窗和隔断处。使用时应注意的是:如果花纹面安装在外侧,不仅很容易积灰弄脏,而且沾上水后,就能透视。因此,安装时应将花纹安装在内侧。

压花玻璃的质量应符合《压花玻璃》(JC/T 511—2002)的要求。

⑤ 磨砂玻璃。磨砂玻璃又称毛玻璃,它是将平板玻璃的表面经机械喷砂、手工研磨或氢氟酸溶蚀等方法处理成均匀毛面。其特点是透光不透视,且光线不刺眼,用于需透光而不透视的卫生间、浴室等处。安装磨砂玻璃时,应注意将毛面向室内。

⑥ 玻璃空心砖。玻璃空心砖一般是由两块压铸成的凹形玻璃,经熔接或胶接成整块的空心砖。砖面可为平光,也可在内、外压铸各种花纹。砖内腔可为空气,也可填充玻璃棉等。砖形有方形、圆形等。玻璃砖具有一系列优良的性质,绝热、隔声,光线柔和。砌筑方法基本与普通砖相同。

⑦ 玻璃马赛克。玻璃马赛克也叫玻璃锦砖,它与陶瓷锦砖在外形和使用方法上有相似之处,但它是半透明的玻璃质材料,呈乳浊或半乳浊状,内含少量气泡和未熔颗粒。

玻璃马赛克具有色调柔和、朴实、典雅、美观大方、化学性能稳定、冷热稳定性好等优点。此外,还具有不变色、不积灰、历久常新、质量轻、与水泥粘接性能好等特点,常用于外墙装饰。

玻璃马赛克的质量应符合《玻璃马赛克》(GB/T 7697—1996)的要求。

5. 建筑塑料装饰制品

建筑塑料装饰制品包括塑料壁纸、塑料地板、塑料装饰板及塑料地毯等。塑料装饰制品具有质轻、耐腐蚀、隔声、色彩丰富、外形美观等特点。

(1)塑料壁纸

塑料壁纸是以一定材料为基材,表面进行涂塑后,再经过印花、压花或发泡处理等多种工艺而制成的一种墙面装饰材料。

塑料壁纸的装饰效果好,由于塑料表面加工技术的发展,通过印花、压花等工艺,模仿大理石、木材、砖墙、织物等天然材料,花纹图案非常逼真。此外,塑料壁纸防污染性较好,脏了可以清洗,对水和洗涤剂有较强的抵抗力。广泛用于室内墙面、顶棚和柱面的裱糊装饰。

(2)塑料地板

塑料地板是指用于地面装饰的各种块板和铺地卷材。塑料地板的装饰性好,色彩及图案不受限制,耐磨性好,使用寿命长,便于清扫,脚感舒适且有多种功能,如隔声、隔热和隔潮等,能满足各种用途的需要,还可以仿制天然材料,十分逼真。地板施工铺设方便,可以黏贴在如水泥混凝土或木材等基层上,构成饰面层。

地板品种较多,有聚氯乙烯塑料地板、氯乙烯-乙酸乙烯塑料地板、聚乙烯塑料地板、聚丙烯塑料地板等。其中聚氯乙烯塑料地板产量最大。塑料地板按材质不同,有硬质、半硬质和弹性地板;按外形有块状地板和卷材地板。

(3)塑料地毯

地毯作为地面装饰材料,给人以温暖、舒适及华丽的感觉。具有绝热、保温作用,可降低空调费用;具有吸声性能,可使住所更加宁静;还具有缓冲作用,可防止滑倒,使步履平安。塑料地毯是从传统羊毛地毯发展而来的。由于羊毛地毯资源有限,价格高,而且易被虫蛀,易霉变,使其应用受到限制。塑料地毯以其原料来源丰富,成本较低,各项使用性能与羊毛地毯相近而成为普遍采用的地面装饰材料。地毯按其加工方法的不同,可分为簇绒地毯、针扎地毯、印染地毯和人造革皮等四种。其中簇绒地毯是目前使用最为普遍的一种塑料地毯。

(4)塑料装饰板

塑料装饰板主要用作护墙板和屋面板。其质量轻,能降低建筑物的自重。如塑料贴面装饰板,是以印有各种色彩、图案的纸为胎,浸渍三聚氰胺树脂和酚醛树脂,再经热压制成的可覆盖于各种基材上的一种装饰贴面材料,有镜面型和柔光型两种。产品具有图案和色调丰富多彩、耐湿、耐磨、耐烫、耐燃烧,耐一般酸、碱、油脂及乙醇等溶剂的侵蚀,表面平整,极易清洗的特点。适用于装饰室内和家具。此外,还有聚氯乙烯塑料装饰板、硬质聚氯乙烯透明板、覆塑装饰板、玻璃钢装饰板、钙塑泡沫装饰吸声板等。

12.2 保温隔热材料

建筑物在使用中常有保温、绝热等方面的要求,可采用绝热材料来满足这些建筑功能的要求。在土木工程中,习惯上把用于控制室内热量外流的材料叫做保温材料,把防止热量进入室内的材料叫作隔热材料。保温、隔热材料统称为绝热材料。

12.2.1 绝热材料的热工性质

表征绝热材料热工性质的两个主要的物理量是导热系数 λ 和比热容 c。材料的导热系数和比热容是设计建筑物围护结构(墙体、屋盖、地面)进行热工计算的重要参数。选用导热系数小而比热容大的材料,可提高围护结构的绝热性能并保持室内温度的稳定。

12.2.2 土木工程中常用绝热材料的技术性能

土木工程上常用的绝热材料的主要技术性能见表12-4。

表12-4 常用绝热材料的技术性能

材料名称	形状	体积密度(kg/m^3)	抗压强度(MPa)	热导率[W/(m·K)]	特性最高使用温度(℃)	用途
超细玻璃棉毡	纤维状材料	30~60	—	0.035	300~400	墙体、屋面、冷藏库
沥青纤维制品		100~150	—	0.041	250~300	
矿渣棉纤维		110~130	—	0.044	≤600	填充材料
岩棉纤维		80~150	>0.012	0.044	250~600	填充墙、屋面、管道
岩棉制品		80~160	—	0.04~0.052	≤600	

续表

材料名称	形状	体积密度（kg/m^3）	抗压强度（MPa）	热导率[W/(m·K)]	特性最高使用温度(℃)	用　途
膨胀珍珠岩	粒状材料	40～300	—	0.025～0.048	≤800 -200	高效保温保冷填充材料
水泥膨胀珍珠岩		300～400	0.5～1.0	常温 0.05～0.081 低温 0.081～0.12	≤600	保温绝热用
水玻璃膨胀珍珠岩		200～300	0.6～1.7	0.056～0.093	≤650	保温绝热用
沥青膨胀珍珠岩		400～500	0.2～1.2	0.093～0.12	—	用于常温或负温
膨胀蛭石		80～200	—	0.046～0.070	1000～1100	填充材料
水泥膨胀膨胀蛭石		300～500	0.2～1.0	0.076～0.105	≤600	保温绝热用
微孔硅酸钙	多孔材料	250	>0.5	0.041	≤650	围护结构管道保温
轻质钙塑板		100～150	0.1～0.3	0.047	≤650	保温绝热兼防水性能，并具有装饰性能
泡沫玻璃		150～600	0.55～15	0.060～0.130	300～400	砌筑墙体及冷藏库绝热
泡沫混凝土		300～500	≥0.4	0.082～0.186	—	围护结构
加气混凝土		400～900	≥0.4	0.093～0.164	—	
木丝板	多孔板	300～600	0.4～0.5	0.11～0.26	—	顶棚及隔、护墙板
软质纤维板		150～400	—	0.047～0.093	—	
软木板		105～437	0.15～2.5	0.044～0.079	≤120	绝热结构
芦苇板		250～400	—	0.093～0.13	—	顶棚、隔墙板
聚苯乙烯泡沫塑料	泡沫塑料	21～51	0.15	0.031～0.047	75	屋面、墙体保温绝热
硬质聚氨泡沫塑料		30～40	≥0.2	0.037～0.055	≤120(-60)	
聚氯乙烯泡沫塑料		12～72	—	0.45～0.031	≤80	

12.2.3　绝热材料的类型及基本要求

1. 多孔型

多孔型绝热材料的作用机理包括：当热量 Q 从高温面向低温面传递时，热量在固相中的传导，孔隙中高温固体表面对气体的辐射与对流，孔隙中气体自身的对流与传导，热气体对低温固体表面的辐射与对流，热固体表面与冷固体表面之间的辐射等。在常温下，以导热为主。密闭空气的导热系数仅为0.025W/(m·K)，故热量通过密闭孔隙传递的阻力较大，而且密闭孔隙的存在使热量在固相中的传热进程大大降低，从而传热速度大为减缓。这就是含有大量密闭孔隙的材料能起绝热作用的原因。

2. 纤维型

纤维型绝热材料的绝热机理基本上和多孔材料的情况相似。当传热方向和纤维方向垂直时其绝热性能比传热方向与纤维方向平行时要好。

3. 应射型

当外来的热辐射能 I_0 投射到物体上时，通常会将其中一部分能量 I_B 反射掉，另一部分 I_A 被吸收（透射部分忽略不计）。根据能量守恒原理，则：

$$I_A + I_B = I_0$$

而 I_A/I_0 说明材料对热辐射的吸收性能，用吸收率"A"表示，比值 I_B/I_0 说明材料对热辐射的反射性能，用反射率"B"表示，即：

$$A + B = 1$$

由此可以看出，可利用某些材料对热辐射的反射作用，在需要绝热的部位表面贴上这种材料，就可以将绝大部分外来热辐射（如太阳光）反射掉，从而起到绝热的作用。

土木工程中，常把导热系数不大于0.23W/(m·K)的材料称为绝热材料。选用绝热材料时，一般要求其导热系数不大于0.23W/(m·K)，体积密度小于600kg/m^3，抗压强度不小于0.30MPa。

12.3 吸 声 材 料

吸声材料是一种能在较大程度上吸收由空气传递的声波能量的土木工程材料。在音乐厅、影剧院、大会堂、播音室等室内的墙面、地面、天棚等部位，采用适当的吸声材料，能改善声波在室内的传播质量，保持良好的音响效果。

12.3.1 吸声材料的作用原理

声音来源于物质的振动。声音（能）在传播过程中，一部分由于声能随着距离的增大而扩散；另一部分则因空气分子的吸收而减弱。这种减弱现象，在室外空旷处较明显，而在体积不大的室内，声能的减弱主要是靠房间四壁的材料表面对声能的吸收。

当声波遇到材料表面时，一部分被反射，一部分穿透材料，其余部分则传递给材料，引起材料孔隙中的空气分子与孔壁的摩擦及黏滞阻力的产生；相当一部分声能转化为热能被吸收掉。这些被吸收的能量（包括部分穿透材料的声能）E 与原来传递给材料的全部能量 E_0 之比称为吸声系数 a，它是评定材料吸声性能优劣的主要指标。a 用下式表示：

$$a = \frac{E}{E_0}$$

吸声系数 a 与声音的频率及声音的入射方向有关。因此，吸声系数是声音从各个方向入射的吸收平均值，同时必须指出是对哪一频率的吸收。通常采用6个频率，即125Hz、250Hz、500Hz、1000Hz、2000Hz、4000Hz。

任何材料都能吸收声音，但吸收程度有很大差别。一般将对上述6个频率的平均吸声系数 a 大于0.20的材料称为吸声材料。

12.3.2 吸声材料的特征和要求

多孔吸声材料的主要特征是轻质、多孔，且以较细小的开口孔隙或连通孔隙为主。吸声材料大多为疏松多孔材料，如矿棉、毯子、玻璃棉等。多孔性吸声材料具有大量内外连通的微孔和连续的气泡，通气性良好。当声波入射到材料表面时，声波能很快沿微孔进入材料内部，引起孔隙或气泡内的空气振动。由于摩擦，空气的黏滞阻力和材料内部的热传导作用，使相当一部分声能转化为热能而被吸收。多孔材料吸声的先决条件是声波易于进入微孔,因此不论材料内部还是材料表面都应当是多孔的。

多孔材料的吸声性能与材料的体积密度和内部构造有关。在土木工程材料中,吸声材料的厚度,材料背后是否有空气层,以及材料的表面状况,对吸声性能都有影响。多孔性吸声材料的吸声系数,一般从低频到高频逐渐增大,故对高、中频声音的吸收效果较好。影响多孔性吸声材料吸声效果的因素有以下几个方面:

1. 材料的体积密度

就同种多孔材料(如矿渣棉)来说,当其体积密度增大(即孔隙率减小)时,对低频声音的吸声效果有所提高,但对高频声音吸声效果则有所降低。

2. 材料的厚度

增加多孔材料的厚度,可以提高对低频声音的吸声效果,而对高频声音则没多大影响。

3. 孔隙特征

材料的孔隙越细越多,吸声效果越好。孔隙粗大,则效果较差。如果材料中的孔隙大多为单独的不连通的封闭气泡(如聚氯乙烯泡沫塑料),则因空气不能进入,从吸声机理上看,它已不属于多孔性吸声材料,故其吸声效果大大降低。当多孔材料表面涂刷油漆或受潮吸湿时,材料孔隙为水分或涂料所堵塞,则其吸声效果也将大大降低。

12.3.3　土木工程中常用吸声材料的技术性能

土木工程上常用的吸声材料及其设置情况见表12-5。

表12-5　常用的吸声材料的主要性质

品　种	厚度(mm)	体积密度(kg/m^3)	不同频率(Hz)下的吸声材料						装置情况
			125	250	500	1000	2000	4000	
石膏砂浆(掺有水泥、玻璃纤维)	2.2	—	0.24	0.12	0.09	0.30	0.32	0.83	粉刷在墙上
石膏砂浆(掺有水泥、玻璃纤维)	1.3	—	0.25	0.78	0.97	0.81	0.82	0.85	喷射在钢丝网板条上,表面滚平后有15cm空气层
水泥膨胀珍珠岩	2	350	0.16	0.46	0.64	0.48	0.56	0.56	贴实
矿渣棉	3.13 8.0	210 240	0.10 0.35	0.21 0.65	0.60 0.65	0.95 0.75	0.85 0.88	0.72 0.92	贴实
玻璃棉	5.0 5.0 5.0	80 130 20	0.06 0.10 0.10	0.08 0.12 0.35	0.18 0.31 0.85	0.44 0.76 0.85	0.72 0.85 0.86	0.82 0.99 0.86	贴实
超细玻璃棉	15.0	20	0.50	0.80	0.85	0.85	0.86	0.80	贴实
脲醛泡沫塑料	5.0	20	0.22	0.29	0.40	0.68	0.95	0.94	贴实
软质聚氨酯泡沫塑料	2.0 4.0 6.0 8.0	30~40 30~40 30~40 30~40	— — — —	—	0.11 0.24 0.40 0.63	0.17 0.43 0.68 0.93	—	0.72 0.74 0.97 0.93	贴实
吸声泡沫玻璃	4.0	120~180	0.11	0.32	0.52	0.44	0.52	0.33	贴实
地毯	厚	—	0.20	—	0.30	—	0.50	—	铺于木搁栅楼板上

续表

品　种	厚度(mm)	体积密度(kg/m^3)	不同频率(Hz)下的吸声材料						装置情况
			125	250	500	1000	2000	4000	
帷幕	厚	—	0.10	—	0.50	—	0.60	—	有折叠、靠墙装置
软木板	2.5	260	0.05	0.11	0.25	0.63	0.70	0.70	贴实
木丝板	3.0	—	0.10	0.36	0.62	0.53	0.71	0.90	钉在木龙骨上，后留10cm空气层
工业毛毡	3.0	370	0.10	0.28	0.55	0.60	0.60	0.59	张贴在墙上
铝合金穿孔板	0.1	—	—	—	—	—	—	—	后留5~10cm空气层
穿孔纤维板(穿孔率5%，孔径5mm)	1.6	—	0.13	0.38	0.72	0.89	0.82	0.66	钉在木龙骨上，后留5cm空气层
胶合板(三夹板)	0.30	—	0.21 0.60	0.73 0.38	0.21 0.18	0.19 0.05	0.08 0.05	0.12 0.08	钉在木龙骨上,后留5~10cm空气层
穿孔胶合板(五夹板)(孔径5mm，孔心距25mm)	0.5	—	0.01 0.23 0.20	0.25 0.69 0.95	0.55 0.86 0.61	0.30 0.47 0.32	0.16 0.26 0.23	0.19 0.27 0.55	钉在木龙骨上,后留5~10cm空气层,填充矿物棉

12.3.4　吸声材料的选用与安装

在建筑物内采用吸声材料,可以抑制噪声,保持良好的音质(声音清晰而不失真)。因此,在礼堂、影剧院和教室等地方,必须采用吸声材料。常用的吸声材料的主要组成、特征与应用见表11-5。在选用和安装吸声材料时,必须注意以下几点:

1)为保证吸声材料的吸声效果,应将其安装在最易接触声波和反射次数最多的表面上,但不应把吸声材料都集中在墙壁或天花板上,应均匀地分布在室内各表面上。

2)大多数吸声材料的强度较低,应设置在较高处,以免碰撞而被破坏。

3)多数吸声材料易吸湿,安装时要注意材料的胀缩问题。

4)选用的吸声材料应不易虫蛀、腐朽且不易燃烧。

5)应尽可能选用吸声系数较高的材料,以节省材料用量,达到经济目的。

6)安装吸声材料时,应注意勿使材料的细孔被油漆的漆膜堵塞而降低吸声效果。

12.3.5　吸声材料与保温、隔声材料的异同

某些吸声材料和保温材料一样,都是多孔性材料,有的连名称都相同,但两者在孔隙特征上却有着完全不同的要求。吸声材料要求具有互相连通的开口孔隙,这种孔隙越多,其吸声性能越好;保温材料则要求具有互不连通的封闭孔隙,这种孔隙越多,其保温性能越好。至于如何使名称相同的材料具有不同的孔隙特征和性能,则主要取决于原料组分中的某些差别和生产过程中的热工制度、压力大小等。如泡沫塑料在生产过程中采用不同的加热、加压制度,可得到孔隙特征不同的制品。

吸声和隔声虽然都是把声音的传播限定在一定范围内,但其所用的材料却不尽相同。吸声性能好的材料,大都是疏松、多孔的轻质材料,但不能把它们简单地当作隔声材料使用。因

为人们要隔绝的声音按其传播途径可分为空气声(由于空气的振动)和固体声(由于固体的撞击或振动)两种。对空气声,根据声学中的"质量定律"墙或板传声的大小主要取决于其单位体积质量(kg/m^3),质量越大,越不易振动,隔声效果越高。因此,必须选用密实、质量大的材料作为隔声材料,如黏土砖、钢板、混凝土和钢筋混凝土等。对固体声最有效的隔绝措施,是采用不连续的结构处理,即在墙壁和承重梁之间、房屋的框架和隔墙及楼板之间加弹性衬垫,如毛毡、软木、橡皮等材料,或在楼板上加弹性地毯等。。

实训与创新

深入各实训基地,到建筑装饰施工现场,收集土木工程中所采用的各种建筑装饰材料、绝热材料、吸声材料等功能材料的种类、技术要求以及检测方法和手段,并撰写一篇关于建筑装饰材料、绝热材料、吸声材料在今后土木工程中的发展前景的科技小论文。

复习思考题与习题

12.1　装饰材料在外观上有哪些基本要求?

12.2　选用装饰材料应注意哪些问题?

12.3　常用装饰材料有哪几类?

12.4　在本章所列的装饰材料中,你认为哪些适宜用于外墙装饰? 哪些适宜用于内墙装饰? 说明原因。

12.5　影响材料导热系数的因素有哪些?

12.6　选用绝热材料时应注意哪些问题?

12.7　影响多孔性吸声材料吸声效果的因素有哪些?

12.8　在选用和安装吸声材料时应注意哪些问题?

12.9　为什么不能简单地将一些吸声材料用作隔声材料?

参 考 文 献

[1] 中国建筑工业出版社.现行建筑材料规范大全[M].北京:中国建筑工业出版社,2000.
[2] 柯国军主编. 土木工程材料[M]. 北京:北京大学出版社,2006.
[3] 葛勇主编. 土木工程材料[M]. 北京:中国建材工业出版社,2007.
[4] 湖南大学等合编. 土木工程材料[M]. 北京:中国建筑工业出版社,2002.
[5] 陈建奎主编. 混凝土外加剂原理与应用(第二版)[M]. 北京:中国计划出版社,2004.
[6] 陈宝璠. 土木工程材料[M]. 北京:中国建材工业出版社,2008.
[7] 中国建筑科学研究院. 普通混凝土配合比设计规程(JGJ 55—2011). 北京:中国建筑工业出版社,2011.
[8] 黄晓明,吴少鹏,赵永利编著. 沥青与沥青混合料[M]. 南京:东南大学出版社,2002.
[9] 张雄主编. 建筑功能材料[M]. 北京:中国建筑工业出版社,2000.
[10] 陈宝璠. 土木工程材料检测实训[M]. 北京:中国建材工业出版社,2009.
[11] 郭正兴. 土木工程施工[M]. 南京:东南大学出版社,2007.
[12] 杨嗣信. 建筑业重点推广新技术应用手册[M]. 北京:中国建筑工业出版社,2003.
[13] 陈宝璠. 建筑装饰材料[M]. 北京:中国建材工业出版社,2009.
[14] 刘东辉等. 建筑水暖电施工技术与实例[M]. 北京:化学工业出版社,2009.
[15] 陈宝璠. 建筑水电工程材料[M]. 北京:中国建材工业出版社,2010.
[16] 杨天佑. 建筑装饰工程施工(3 版)[M]. 北京:中国建筑工业出版社,2003.
[17] 何世玲. 土力学与基础工程[M]. 北京:化学工业出版社,2005.
[18] 陈宝璠. 建筑水电工程材料安装操作实训[M]. 北京:中国建材工业出版社,2010.
[19] 《建筑施工手册(第四版)》编写组.建筑施工手册[M]. 第 4 版,北京:中国建筑工业出版社,2008.
[20] 张原. 土木工程施工(上、下册)[M]. 北京:中国建筑工业出版社,2008.